实例006
立体文字/31

实例007
立体LOGO/34

实例008
真实反射/41

实例009
折射效果/45

3立
/4

实例11
镜头稳定/50

实例012
环境贴图/51

实例013
图层弯曲变形/52

Camera 1

实例014
羽化工具/57

实例015
修复滚动快门/59

实例016
基本校色/62

实例017
高级校色/63

实例018
调速/64

实例019
素材稳定/65

实例020
更换背景/66

实例021
基础抠像/67

实例022
高级抠像/69

实例023
补光/71

实例024
皮肤润饰/72

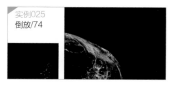

实例025
倒放/74

实例026
立体投影/76

VFX798

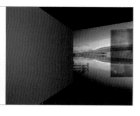

实例027
彩色投影/78

实例028
照片立体化/80

实例029
变焦/81

实例030
景深/83

实例031
地球旋转/84

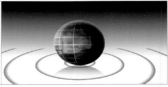

实例032 深入地下/87

实例033 揉纸效果/89

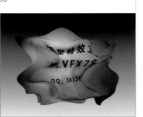

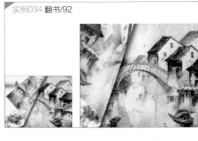

实例034 翻书/92

实例035
开花/93

实例036
模拟反射/96

实例037
虚拟城市/98

实例038
立体网格/100

实例039
水晶球/102

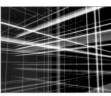

实例040
三维雾效/105

实例041
水墨/108

实例042
淡彩/110

实例043
铅笔素描/112

实例044
油画/114

实例045
墨迹飘逸/115

实例046
墨滴/119

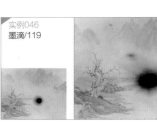

实例047
留色/123

实例048
油漆字/124

实例049
立体挤出
线条/128

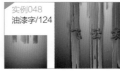

实例050
生长/130

实例051
旧胶片/133

实例052
手写字/134

实例053
炫彩图案/136

实例054
万花筒/138

实例055
晕染/139

实例056
金属字/143

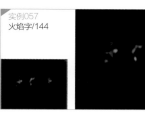

实例057
火焰字/144

实例058
泡泡字/147

实例059
零落的字符/150

实例060
骇客字效/152

实例061
恐怖字/153

实例062
文字烟化/156

实例063
立体字/160

实例064
光影成字/161

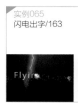

实例065
闪电出字/163

实例066
玻璃字/167

实例067
发光字/169

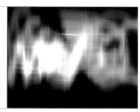

实例068
霓虹字/172

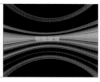

实例069
时码变换
/175

实例070
破碎字/177

实例071
立体旋转字
/179

实例072
爆炸字/181

实例073
抖落的文字/183

实例074
飞溅的文字/185

实例075
飘扬的文字/186

实例076
实拍跟踪/190

实例077
场景造型/191

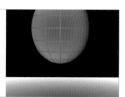

实例078
弹跳球/192

实例079
蝴蝶飞舞/194

实例080
草图动画/195

实例081
震颤/197

实例082
时间停滞/198

实例083
运动拖尾/200

实例084
碎块变形/201

实例085
拉开幕布
/203

实例086
溢彩流光
/204

实例087
游动波纹/206

实例088
翻转的卡片
/207

实例089
胶片穿行/209

实例090
立体光环球/212

实例091
七彩折扇/214
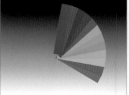

实例092
翻版转换/216

实例093
空间裂变/218

实例094
立体LOGO/221

实例095
脸皮脱落/223

实例096
音频彩条/226

实例097
跳动的亮点/227

实例098
舞动的音频线
/229
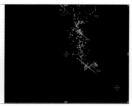

实例099
音乐舞台背景/233
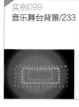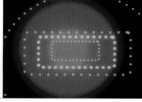

实例100
音乐闪烁背景
/236

实例101
音乐波动/239

实例102
飞散的方块/241
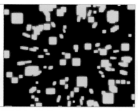

实例103
音频动效/245
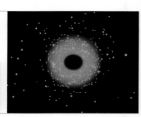

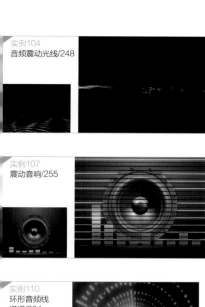

实例104
音频震动光线/248

实例105
节奏闪动/251
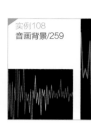
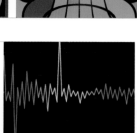

实例106
音量指针/254

实例107
震动音响/255

实例108
音画背景/259
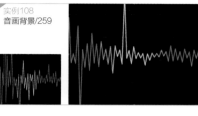

实例109
穿透力光线/261

实例110
环形音频线
通道/264
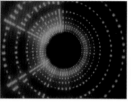

实例111
3D线条/267

实例112
立体光芒/269
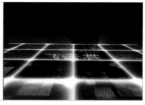

实例113
心率光线/272

实例114
点阵发光/274

实例115
扰动光线/277

实例116
描边光线/280

实例117
网格金光/284
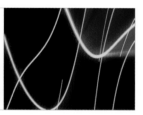

实例118
电光魔球/286

实例119
光纤穿梭/290

实例120
流动光效/293

实例121
旋转射灯/296

实例122
魔幻流线/298

实例123
动感流线/301

实例124
炫彩光影/305

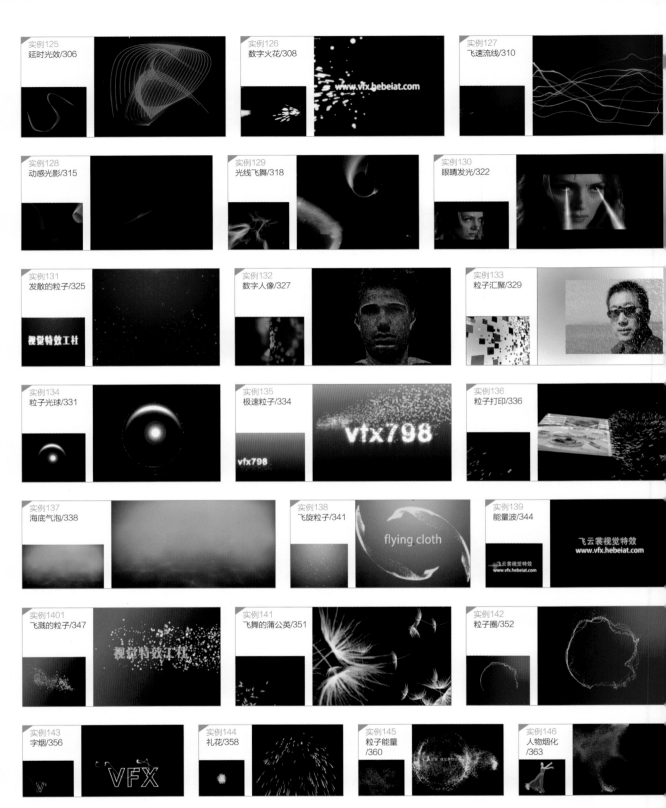

实例125
延时光效/306

实例126
数字火花/308

实例127
飞速流线/310

实例128
动感光影/315

实例129
光线飞舞/318

实例130
眼睛发光/322

实例131
发散的粒子/325

实例132
数字人像/327

实例133
粒子汇聚/329

实例134
粒子光球/331

实例135
极速粒子/334

实例136
粒子打印/336

实例137
海底气泡/338

实例138
飞旋粒子/341

实例139
能量波/344

实例1401
飞溅的粒子/347

实例141
飞舞的蒲公英/351

实例142
粒子圈/352

实例143
字烟/356

实例144
礼花/358

实例145
粒子能量
/360

实例146
人物烟化
/363

实例147
烟雾拖尾
/364

实例148
彩球汇聚
/367

实例149
光点飞舞
/369

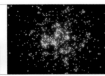

实例150
波光粼粼
/370

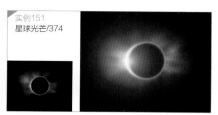

实例151
星球光芒/374

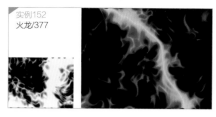

实例152
火龙/377

实例153
魔幻空间/379

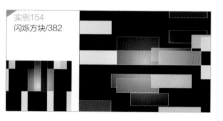

实例154
闪烁方块/382

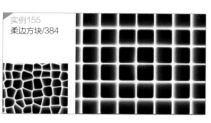

实例155
柔边方块/384

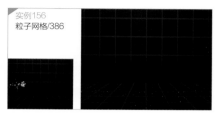

实例156
粒子网格/386

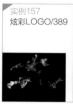

实例157
炫彩LOGO/389

实例158
字幻飞舞/390

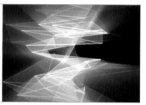

实例159
晶格生长/395

实例160
花瓣雨/398

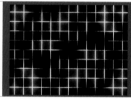

实例161
随机网格/400

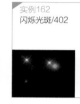

实例162
闪烁光斑/402

实例163
穿越隧道/403

实例164
空中花开/406

实例165
灰烬背景/408

实例166
流光背景/410

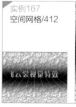

实例167
空间网格/412

实例168
绒毛效果/415

实例169
玻璃雪球/417

实例170
辉煌展示/420

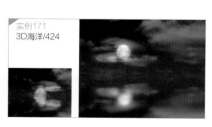

实例171
3D海洋/424

实例172
林间透光/427

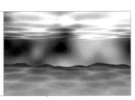
实例173
水下世界/428

实例174
飘落的秋叶/431

实例175
太空星球/433

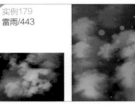

实例176
彩色星云/437

实例177
水珠滴落/439

实例178
飘雪/440

实例179
雷雨/443

实例180
星空闪烁/448

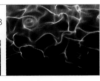
实例181
火焰/449

实例182
流动的云/453

实例183
玻璃板/455

实例184
巧克力/458

实例185
海上日出
/460

实例186
水漫LOGO
/461

实例187
雨珠涟漪
/465

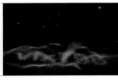
实例188
流体/468

实例189
定向爆破
/471

实例190
燃烧/473

实例191
冰冻/476

实例192
粒子波动/479

实例193
水里折射/482

实例194
机枪扫射/484

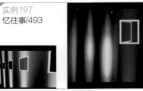

实例195
爆炸效果/486

实例196
体育频道/489

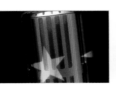
实例197
忆往事/493

实例198
正尚传媒LOGO
演绎/504

实例199
音乐力量/513

实例200
飞云裳影音广告
/525

After Effects CC
影视后期制作实战
从入门到精通

吴桢 王志新 纪春明◎编著

人民邮电出版社

北　京

图书在版编目（CIP）数据

After Effects CC影视后期制作实战从入门到精通 /
吴桢，王志新，纪春明编著. —— 北京 ：人民邮电出版社，
2017.8（2020.1重印）
ISBN 978-7-115-45431-7

Ⅰ. ①A… Ⅱ. ①吴… ②王… ③纪… Ⅲ. ①图象处
理软件 Ⅳ. ①TP391.413

中国版本图书馆CIP数据核字(2017)第083681号

内 容 提 要

本书结合作者多年从事影视特效合成的丰富经验和技术理论，通过 200 个典型的案例详细讲解了 After Effects CC 2014 在视频后期制作中的方法与技巧。全书共 13 章，依次讲解了 After Effects CC 2014 的基础知识、光线追踪 3D 功能、素材润饰、三维空间、美术效果、文字特效、运动特效、音频特效、绚丽光线、超级粒子、幻彩空间、模拟自然及几个不同风格的综合实例等内容。通过学习本书，读者能够学习到专业应用案例的制作方法和流程。

随书附赠下载资源，包含了书中 200 个案例的 42 个多小时的多媒体教学视频、素材文件和 AEP 最终文件，可以帮助读者掌握学习内容的精髓。

本书采用"完全案例"的编写形式，兼具技术手册和应用技巧参考手册的特点，技术实用，讲解清晰，不仅适合从事影视制作、栏目包装、电视广告、后期编辑与合成的广大初、中级从业人员作为自学用书，也适合作为相关院校影视后期、电视创作和视频合成专业的教材。

◆ 编　　著　吴　桢　王志新　纪春明
　　责任编辑　杨　璐
　　责任印制　陈　犇

◆ 人民邮电出版社出版发行　　北京市丰台区成寿寺路 11 号
　　邮编　100164　　电子邮件　315@ptpress.com.cn
　　网址　http://www.ptpress.com.cn
　　北京捷迅佳彩印刷有限公司印刷

◆ 开本：787×1092　1/16
　　印张：33.5　　　　　　　　　彩插：4
　　字数：926 千字　　　　　　　2017 年 8 月第 1 版
　　印数：4 301 — 4 900 册　　　2020 年 1 月北京第 5 次印刷

定价：79.00 元

读者服务热线：(010)81055410　印装质量热线：(010)81055316
反盗版热线：(010)81055315
广告经营许可证：京东工商广登字 20170147 号

前言
FOREWORD

本书属于After Effects CC 2014自学和进阶的实战手册图书，结合了作者多年从事影视特效合成的丰富经验和技术理论，精选了200个典型案例，对于软件每个功能的讲解都从必备的基础操作开始，让读者在实战中循序渐进地学习相应软件知识和操作技巧。全书共13章，依次讲解了After Effects CC 2014的基础知识、光线追踪3D功能、素材润饰、三维空间、美术效果、文字特效、运动特效、音频特效、绚丽光线、超级粒子、幻彩空间、模拟自然及几个不同风格的综合实例等内容，不仅能帮助读者充分掌握该模块中讲解到的知识和技巧，还能使读者学习到专业应用案例的制作方法和流程。

内容特点

·完善的学习模式

"实例要点+实例目的+知识点链接+操作步骤+提示"5大环节保障了可学习性。明确每一阶段的学习目的，做到有的放矢。200个实际案例，涵盖了大部分常见应用。

·进阶式知识讲解

全书共13章，每一章都是一个技术专题，从基础入手，逐步进阶到灵活应用。基础讲解与操作紧密结合，方法全面，技巧丰富，不但能学习到专业的制作方法与技巧，还能提高实际应用的能力。

配套资源

·全程同步的教学视频

200集42个小时多媒体语音教学视频，由一线教师亲授，详细记录了所有案例的具体操作过程，边学边做，同步提升操作技能。

·超值的配套工程文件

提供书中所有实例的素材文件，便于读者直接实现书中案例，掌握学习内容的精髓。还提供了所有实例的AEP文件，供读者对比学习。

资源下载及其使用说明

本书所述的资源文件已作为学习资料提供下载，扫描右侧二维码即可获得文件下载方式。如果大家在阅读或使用过程中遇到任何与本书相关的技术问题或者需要什么帮助，请发邮件至szys@ptpress.com.cn，我们会尽力为大家解答。

资源下载

本书读者对象

本书采用"完全案例"的编写形式，兼具技术手册和应用技巧参考手册的特点，技术实用，讲解清晰，不仅适合从事影视制作、栏目包装、电视广告、后期编辑与合成的广大初、中级从业人员作为自学用书，也适合相关院校影视后期、电视创作和视频合成专业作为学习教材。

本书在编写过程中得到了家人和很多业内朋友的大力支持，在此感谢参与拍摄视频素材和制作精美实例的王妍、王淑军、李鑫、师晶晶、朱鸿飞、华冰、赵昆、彭聪、吴倩、朱虹、马莉娜、李占方、朱鹏、杨柳、刘一凡、宋盘华、苗鹏、梁磊、孙丽莉、李爽、张国廷、胡月、张天明、李尚君、贾燕、陈春伟、陈瑞瑞、刘丽坤、常静、范欢等。

由于作者水平有限，书中纰漏在所难免，恳请读者和专家批评指正，也希望能够与读者建立长期交流学习的互动关系，技术方面的问题可以及时与我们联系。

编者

2017年3月

目录
CONTENTS

第 09 章 绚丽光线

第 10 章 超级粒子

第 11 章 幻彩空间

第

01

章

基础知识

本章是关于After Effects CC影视后期合成的基本操作知识，主要涉及工程的创建、参数设置、素材的导入与管理，以及影片的输出等内容。

实例 001 项目与偏好设置

- **案例文件** | 光盘\工程文件\第1章\001项目与偏好设置
- **视频文件** | 光盘\视频教学1\第1章\001.mp4
- **难易程度** | ★ ★ ☆ ☆ ☆
- **学习时间** | 4分31秒
- **实例要点** | After Efffects的项目与偏好设置　　基本的操作流程
- **实例目的** | 掌握在后期合成中如何进行必要的项目设置，了解基本的后期工作流程，为以后的学习做准备

▌ 操作步骤 ▌

01 首先在程序中打开软件After Effects CC 2014，进入工作界面，如图1-1所示。

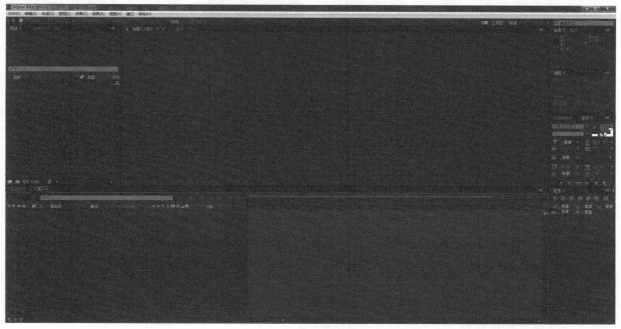

图1-1

02 打开软件之后，这是安装之后第一次使用，必须进行的工作就是设置项目。选择主菜单中的"文件"｜"项目设置"命令，弹出"项目设置"对话框。

03 选择"默认基准"为25，如图1-2所示。设置此项是便于后期合成时掌握时间节奏，之所以将数值设置为25是因为我国内地的电视节目使用的是PAL制式，每秒25帧。

图1-2

04 在"颜色设置"选项组中选择颜色通道的位数。单击"深度"右边的长条,选择"每通道8位"选项,表示每个颜色通道为8位,颜色值为256,整体画面共RGB3个通道,颜色值为256×256×256,如图1-3所示。

05 在面板底部的"音频设置"选项组中,设置音频的采样率,通常选择比较高的48.000kHz,如图1-4所示。

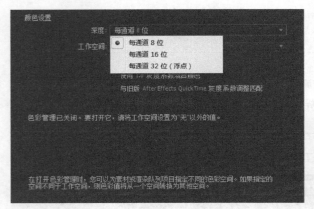

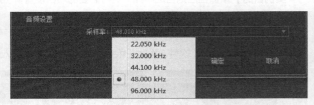

图1-3 图1-4

06 单击"确定"按钮关闭对话框,以后新建的项目都会应用刚才的设置。

接下来,简单讲解使用After Effects软件进行后期合成的流程。

01 选择主菜单中的"合成"|"新建合成"命令,在"合成设置"面板中进行参数设置,创建一个新的合成,如图1-5所示。

02 导入素材文件。选择主菜单中的"文件"|"导入"|"文件"命令,打开文件浏览器,查找并选择要导入的文件,单击"导入"按钮,文件就排列到项目窗口中了,如图1-6所示。

03 在项目窗口中双击素材图标,打开素材视图,拖曳时间线指针,查看素材的内容,如图1-7所示。

04 从项目窗口中拖曳素材图标到时间线面板中,这时就创建了一个图层,可以执行添加滤镜、调整变换参数、创建动画等操作。

05 选中该图层,选择主菜单中的"效果"|"颜色校正"|"曲线"命令,添加"曲线"滤镜,调节对比度,打开滤镜控制面板,调整曲线的形状,如图1-8所示。

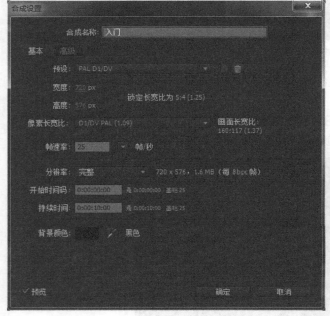

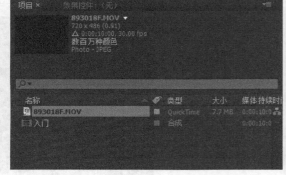

图1-5 图1-6

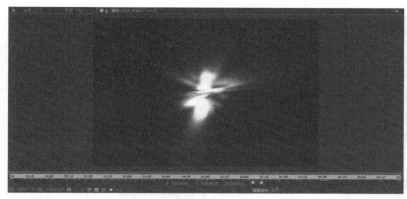
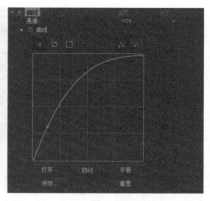

图1-7 图1-8

06 在时间线面板中，拖曳时间线指针，查看调整之后的效果，如图1-9所示。

07 再次导入素材。在项目窗口的空白处单击鼠标右键，从弹出的菜单中选择"导入"丨"文件"命令，弹出"导入文件"对话框，查找需要的素材，选中并单击"导入"按钮，新的素材就出现在项目窗口中了，如图1-10所示。

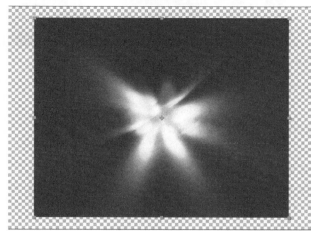
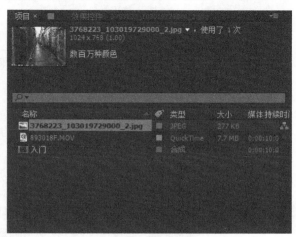

图1-9 图1-10

08 拖曳新的素材到时间线面板中，选中上面的图层，设置蒙版模式为"相加"，如图1-11所示。

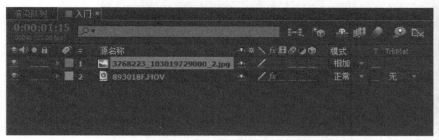

图1-11

09 在时间线面板中单击三角按钮，展开属性栏，调整"位置"参数，向下调整图层的位置，使其接近图层2的地面，如图1-12所示。

10 拖曳时间线指针，查看合成的预览效果，如图1-13所示。

图1-12

图1-13

提示

第一次使用 After Effects 软件时，会以默认设置打开。
可以根据具体的工作要求改变这些设置，系统会自动保存，以后再打开软件，将应用新的设置。

在使用After Effects CC 2014软件时还可以对通过"首选项"设置面板进行用户个人的偏好设置。

01 打开软件After Effects CC 2014，进入工作界面，选择主菜单中的"编辑"｜"首选项"｜"常规"命令，弹出"首选项"设置面板，第一项是"常规"选项栏，如图1-14所示。

图1-14

02 单击"预览"选项，打开"预览"选项栏，如图1-15所示。

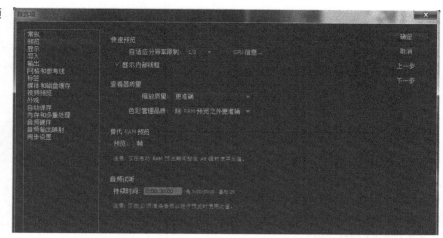

图1-15

03 单击"显示"选项，打开"显示"选项栏，一般就接受默认设置，不需要改变。

04 单击"导入"选项，打开"导入"选项栏，因为我们采用PAL制式，所以将"序列素材"对应的数值改为25，这样导入图像序列文件时，也遵循每秒25帧来计算长度，如图1-16所示。

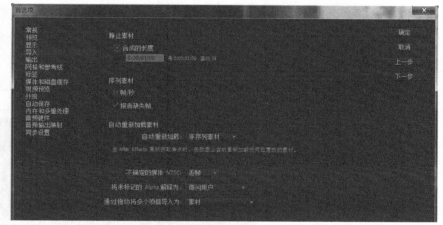

图1-16

05 单击"媒体和磁盘缓存"选项，展开"媒体和磁盘缓存"选项栏。在"磁盘缓存"栏中勾选"启用磁盘缓存"选项，然后单击"选择文件夹"按钮，查找并选择用于缓存的文件夹，如图1-17所示。

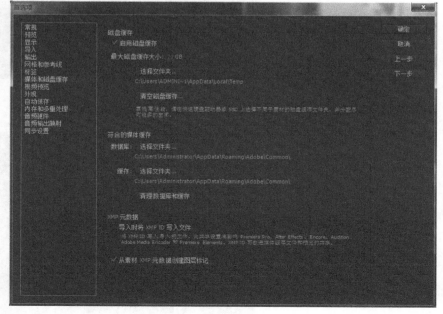

图1-17

06 单击"自动保存"选项，展开"自动保存"选项栏，勾选"自动保存项目"选项，还可在该选项栏中设置自动存储的时间间隔和副本数量，如图1-18所示。

07 其他的选项栏一般不需要修改设置。这样，偏好设置就完成了，单击"确定"按钮即可关闭设置面板。

图1-18

实例 002 工作区操作

● **案例文件** ▏光盘\工程文件\第1章\002 工作区操作

● **视频文件** ▏光盘\视频教学1\第1章\002.mp4

● **难易程度** ▏★ ★ ☆ ☆ ☆

● **学习时间** ▏17分11秒

● **实例要点** ▏工作区操作

● **实例目的** ▏掌握项目窗口、时间线、效果控制面板，以及预览窗口的运用和操作

使用After Effects CC 2014软件时，可以根据后期工作的需要，或者个人喜好，选择不同的工作区，这样就可以关闭或显示某些控制面板，大大提高工作效率。

┤操作步骤┝

01 打开软件After Effects CC 2014，进入工作界面。新建一个项目，这时看到的工作区与前一次相同，如目前的工作区就是标准的，如图2-1所示。

图2-1

02 选择主菜单中的"窗口"｜"工作区"｜"动画"命令，选择动画工作区，如图2-2所示。

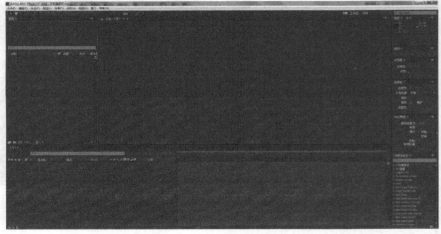

图2-2

03 在屏幕的右端显示了多个用于动画控制的面板，如"摇摆器""动态草图""效果和预设"等。

04 导入一段动画素材，选择"效果"工作区，如图2-3所示。

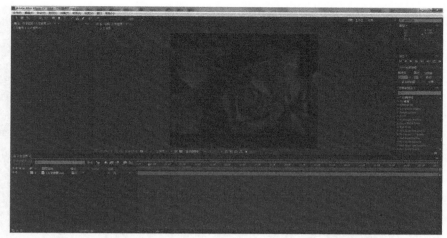

图2-3

05 拖曳素材到▣图标上，创建一个新的合成，然后在右侧的"效果和预设"面板中查找要添加的滤镜，如"CC Vector Blur"，如图2-4所示。

06 拖曳该滤镜到图层上，或者双击该滤镜，都可以应用到该图层，然后在滤镜参数面板中设置参数，如图2-5所示。

图2-4

图2-5

07 选择"运动跟踪"工作区，右侧会出现"跟踪器"控制面板，如图2-6所示。

图2-6

08 导入一段视频素材，拖曳到▣图标上，创建一个新的合成。在时间线面板中选中该图层，单击"跟踪器"控制面板中的"跟踪运动"按钮，接下来就可以进行运动跟踪了，如图2-7所示。

09 选择"绘画"工作区，同时打开素材视图和合成预览视图，这样便于在绘画时查看合成效果，而且在右侧显示"绘画"和"画笔"控制面板，如图2-8所示。

10 单击笔刷工具📌，在中间比较大的素材视图中直接绘画如图2-9所示，在合成视图中可以看到最后的效果。

图2-7

图2-8

图2-9

11 选择 "文本" 工作区，关于文本设置的 "字符" 和 "段落" 面板都会显示出来，如图2-10所示。

12 单击文本工具 T，设置字符的大小、颜色和间距等属性，然后可以直接在视图中输入文字，如图2-11所示。

图2-10　　　　　　　　　　　　　　　　图2-11

13 选择主菜单中的 "窗口" | "工作区" | "标准" 命令，选择标准工作区，也就是刚开始的工作界面，如图2-1所示。

　　时间线面板不仅展示了合成图像中图层与图层的上下排列关系、时间先后关系、混合方式及蒙版模式，还有更丰富的关键帧控制。

01 关闭软件，再打开软件After Effects CC 2014，进入工作界面。导入一段视频素材，拖曳到时间线面板中，根据素材的尺寸和时间长度创建一个新的合成，而且该合成的名称与素材的名称一致。

02 导入一张图片，并拖曳到时间线面板中，放置于底层。

　　如果要查看底层的内容，可以单击上面图层的 ⊙ 图标，关闭其可视性。也可以不关闭可视性，激活对应底层的图标 ◉，单独显示该图层，如图2-12所示。

图2-12

03 选中底层，单击 ▶ 按钮展开属性栏，调整该图层的 "缩放" 值，或者直接在视图中调整图层的大小。

04 复制图层。在时间线面板中，每添加一个图层，都是自动从上向下排列的。

05 在时间线面板中包含多个图层的属性，如 "变换" "父级" "模式" 等。这些属性栏可以在不需要的时候，隐藏，也可以在需要的时候显示出来。单击左下角的 图标，隐藏或展开图层，如图2-13所示。

图2-13

06 单击左下角的 图标，展开或隐藏图层入点/出点/时间伸缩属性栏等，如图2-14所示。

图2-14

07 在时间线面板中可以设置图层的蒙版模式，如图2-15所示。

08 单击合成预览视窗底部的▒按钮，以透明背景方式查看合成效果，如图2-16所示。

09 在时间线面板中选择作为蒙版的图层2，添加"色阶"滤镜，降低亮度，增强对比度，如图2-17所示。

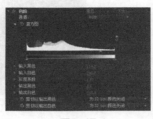

图2-15 　　　　　　　　　　图2-16 　　　　　　　　　图2-17

10 为了能够保证在调整底层时，蒙版图层也一起变化，可以将图层2链接为底层的子对象，如图2-18所示。

11 在视图中拖曳底层，调整其位置。单击◎图标，取消"独奏"，显示合成预览视图，当前是图层1的内容。

12 选中图层1，选择圆形遮罩工具●，直接在合成视图中绘制一个圆形遮罩，并调整形状和位置，如图2-19所示。

图2-18 　　　　　　　　　　　　　　　　　　　　图2-19

13 为图层绘制蒙版，在时间线面板中会自动展开蒙版属性栏，调整蒙版羽化的数值为80，如图2-20所示。

图2-20

14 导入一张背景图片，并拖曳到时间线面板中，放置于底层。展开图层属性，调整大小，匹配合成尺寸。

15 选中图层1，单击"模式"属性栏下的"正常"按钮，弹出图层混合模式，选择"强光"，并调整图层的位置，如图2-21所示。

图2-21

提示

多试用几种其他的混合模式，各有不同的效果。也可以选中图层3，尝试不同的混合模式。

16 在时间线面板的注释栏下单击，可以输入图层注释，尤其是复杂的合成项目，做一些必要的注释对以后的修改很有帮助，如图2-22所示。

图2-22

17 在属性标题"注释"上单击鼠标右键，从弹出的菜单中选择"隐藏此项"命令，隐藏该属性栏，如图2-23所示。

图2-23

18 如果在属性标题上单击鼠标右键，从弹出的菜单中选择"列数"｜"注释"命令，就展开"注释"属性栏，如图2-24所示。

19 在时间线面板的底部拖滑块，可以放大或缩小时间线视图的显示。当使用的图层比较多，合成的时间比较长，或者在编辑关键帧时，会经常用此方法改变时间线视图的大小。

20 在时间线面板的右上端单击■按钮，弹出菜单，有很多命令与主菜单对应，还有很多命令与时间线面板上的图标对应，如图2-25所示。

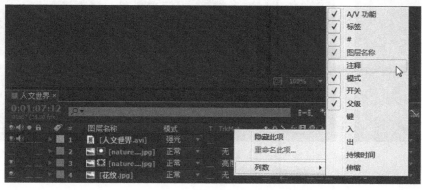

图2-24   图2-25

21 从弹出菜单中选择"合成设置"命令，弹出"合成设置"对话框，重新设置"持续时间"为20秒。

22 在时间标尺上单击，查看对应时间位置的合成预览效果，如图2-26所示。

图2-26

23 保存工程文件。

After Effects属于多窗口操作，除了前面讲述过的时间线面板，还有多个控制窗口，可以用来预览、管理素材、查看流程图等，下面通过实例详细讲解常用的窗口功能。

01 打开软件After Effects CC 2014，进入工作界面，打开一个以前的项目文件，如图片。

02 在项目窗口中可以命名、管理和组织素材。在项目窗口空白处单击鼠标右键，从弹出的菜单中选择"新建文件

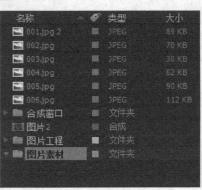 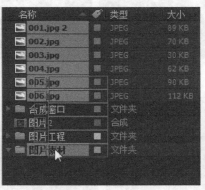 

夹"命令，创建一个文件夹，命名为"图片素材"，然后把图片素材拖到这个文件夹中，如图2-27所示。

图2-27

03 单击对应素材图标或文件夹名称右侧的色标，选择其他的颜色，如图2-28所示。

04 在项目窗口底部单击━按钮，创建一个文件夹，命名为"合成窗口"，分别把合成"窗口操作"和"图片素材"拖曳到其中。这样素材管理很有序，尤其是对于使用大量素材的合成来说更重要，如图2-29所示。

05 为了便于识别素材，可以对素材进行重新命名。用鼠标右键单击序列图片的素材图标，从弹出的菜单中选择"重命名"命令，然后输入新的名称即可，如图2-30所示。

| 图2-28 | 图2-29 | 图2-30 |

提示

在项目窗口中选择要重命名的素材图标，按 Enter 键，然后就可以输入新的名称了。

切换窗口，只需要单击选项卡，很方便。在时间线面板中单击选项卡"图片2"，激活合成"图片2"为当前合成。

效果控制面板是后期合成中使用比较频繁的，可以利用它调整滤镜参数、控制曲线或滑块等。选择合成"图片2"的图层图片，选择主菜单中的"效果"|"颜色校正"|"曲线"命令，添加曲线滤镜。自动打开效果控制面板，直接调整曲线的形状，合成预览视图实时反馈，如图2-31所示。

06 单击"项目"选项卡，打开项目窗口，单击"效果控件"选项卡，打开效果控制面板。

07 在合成预览窗口的左上角单击小三角按钮，弹出合成列表，选择其中一个，这个合成就变成当前激活的合成。这与在时间线面板中单击选项卡进行切换是一样的，如图2-32所示。

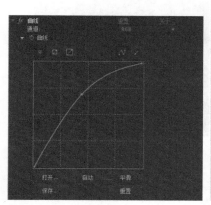

图2-31

图2-32

08 在项目窗口的右侧单击█按钮，显示流程图视图，包含所有的合成。

09 双击名称左侧的合成图标，激活为当前合成。单击"+"号，展开该合成中的素材和滤镜等流程分支，这里可以随意移动这些图标进行排列，如图2-33所示。

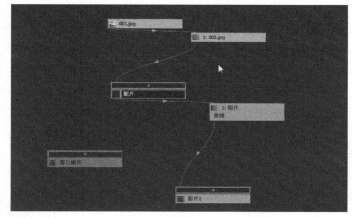

图2-33

10 在流程示意图中双击相应的图标，如素材图标，就会打开素材视图。

对于相对复杂的合成，使用流程图更便于管理和操作。导入一个多分层的PSD文件，创建一个合成。单击█按钮，打开流程图，显示的分支会有很多。

11 在流程图中，也可以改变标签的颜色。单击图标的名字，从弹出的菜单中选择新的颜色即可，如图2-34所示。

12 关于窗口和面板的操作，后面还会根据后期合成工作中应用具体的功能做进一步的讲解。

13 保存工程文件。

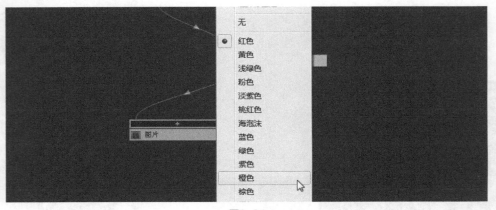

图2-34

导入PSD分层文件

- **案例文件** 光盘\工程文件\第1章\3 导入PSD分层文件
- **视频文件** 光盘\视频教学1\第1章\003.mp4
- **难易程度** ★★☆☆☆
- **学习时间** 2分36秒
- **实例要点** 以合成和分层的方式导入PSD文件
- **实例目的** 学习多种导入PSD分层文件的方法

对于图像处理来说，Adobe Photoshop软件的应用最广泛，在影视后期制作中不仅可以使用它来修饰一些静态素材，更多的时候会应用由它创建的PSD分层文件，以便很快把分层的脚本文件导入After Effects 中，然后进行特效制作或动画加工，创建自己满意的影片。

打开软件After Effects CC 2014，进入工作界面，创建一个新的合成，命名为"物语"。

┃操作步骤┃

01 在项目窗口的空白处单击鼠标右键，从弹出的菜单中选择"导入"｜"文件"命令，弹出"导入文件"对话框，查找并选择需要的PSD图片，选择"导入为"为"素材"，如图3-1所示。

02 单击"打开"按钮，弹出对话框，在"图层选项"选项栏中勾选"选择图层"选项，然后选择"图层2"，如图3-2所示。

图3-1   图3-2

03 单击"确定"按钮并关闭对话框，在项目窗口中添加一个素材图标，导入PSD分层文件的其中一层。双击该素材图标，打开素材视图，如图3-3所示。

04 再次导入素材，选择"合成"的方式，如图3-4所示。

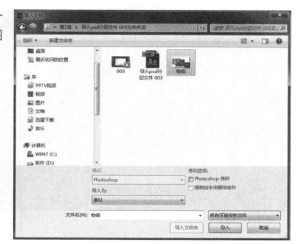

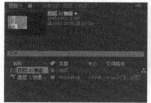

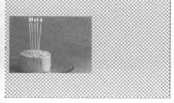

图3-3

图3-4

05 单击"导入"按钮，弹出对话框，接受默认值，直接单击"确定"按钮。在项目窗口中添加了一个合成图标，并与原来的文件名称一致。双击该图标，在时间线面板中展开图层，如图3-5所示。

图3-5

> **提示**
>
> 在时间线面板中，可以对这些图层单独操作，比如关闭可视性、Solo，调整变换属性、父子链接等，同时查看合成预览视图中的变化。

06 导入*.psd分层文件，还有第3种方式，即选择"合成-保持图层大小"选项，以合成方式导入项目并保持各分层的尺寸。

07 保存工程文件。

实例 004 导入文件

● **案例文件** | 光盘\工程文件\第1章\004 导入文件

● **视频文件** | 光盘\视频教学1\第1章\004.mp4

● **难易程度** | ★★☆☆☆

● **学习时间** | 8分18秒

● **实例要点** | 导入图像序列　导入视频文件

● **实例目的** | 了解导入常用的动态及静态图片的方法，以及保留通道的技巧

┤操作步骤├

01 双击"项目"窗口的空白区域，导入已有的After Effects工程文件到项目窗口中，双击该合成图标，打开该合成的时间线，如图4-1所示。

图4-1

02 可以进一步处理素材，如速度调节、应用特效等。

应用After Effects CC 2014进行后期合成，经常会使用大量的图片素材，也包括由其他3D软件渲染输出的图片序列。

01 打开软件After Effects CC 2014，进入工作界面。创建一个新的合成，命名为"图片"素材。

02 选择主菜单中的"文件" | "导入" | "文件"命令，打开"导入文件"对话框，查找并选择要导入的一张图片。一定要注意，如果所选择的文件夹中的图片素材是按顺序排号的，要取消勾选"JPEG序列"选项，如图4-2所示。

03 从项目窗口中拖曳素材图标到合成视图中，直接创建一个图层，如图4-3所示。

图4-2

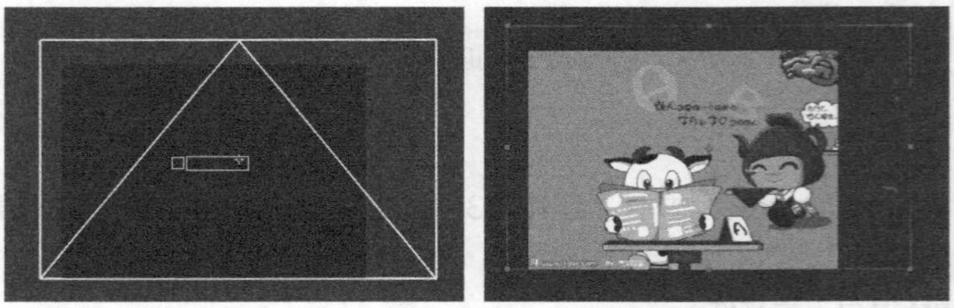

图4-3

04 双击项目窗口空白处，弹出"导入文件"对话框，按住Ctrl键可以选择多个文件，单击"导入"按钮，一同导入项目窗口中，如图4-4所示。

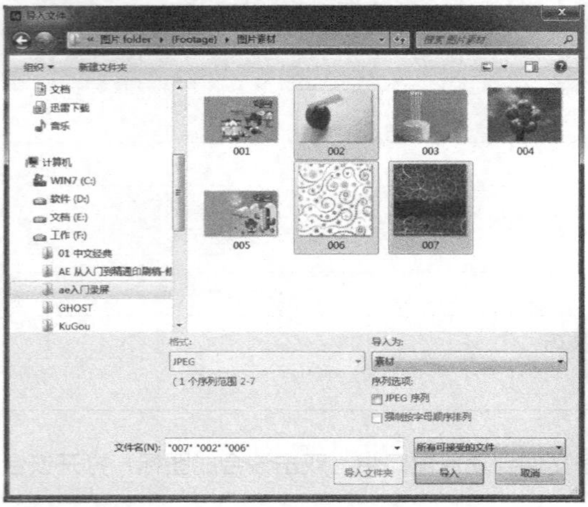

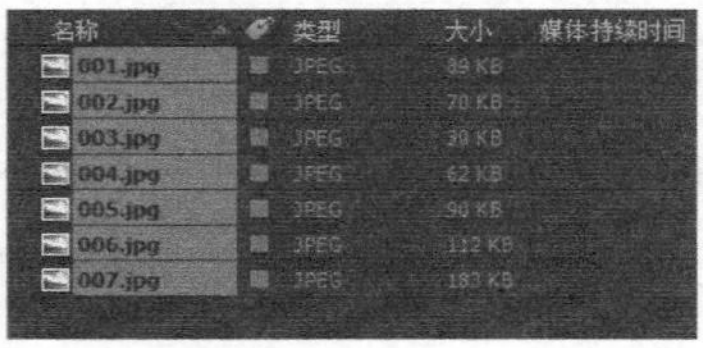

图4-4

05 在项目窗口中双击素材图标，打开素材视图，可以查看素材的内容。

06 用鼠标右键单击项目窗口空白处，从弹出的菜单中选择"导入"｜"文件"命令，打开"导入文件"对话框，查找并选择需要的图片序列，只需选择其中一张图片，勾选"JPEG序列"项，单击"导入"按钮，就会将所有序号位数相同的图片以一个序列文件的方式导入，如图4-5所示。

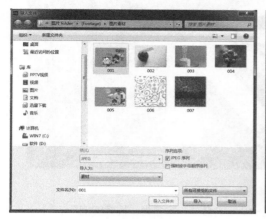
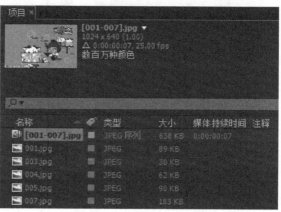

图4-5

07 双击序列素材图标，打开素材视图，拖曳时间线可以查看内容。如果中间有断开的序号，会显示彩条。

08 在后期合成中，经常会使用三维动画软件输出的文件，如*.tga，有的包含Alpha通道，有的不需要包含。导入文件"扇.tga"，弹出导入选项对话框，如图4-6所示。

09 由此可以看出这个素材是包含Alpha通道的，也就保存了透明信息。在项目窗口中双击该素材图标，打开素材视图，单击 ▧ 按钮以透明背景方式显示，如图4-7所示。

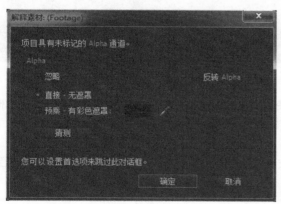

图4-6 图4-7

10 在项目窗口中，用鼠标右键单击该素材图标，从弹出的菜单中选择"解释素材"｜"主要"命令，弹出"解释素材"对话框，如图4-8所示。

11 勾选"忽略"选项，单击"确定"按钮关闭对话框。此时素材视图发生了变化，原来图片的黑色背景显示出来，如图4-9所示。

12 在项目窗口中，用鼠标右键单击该素材图标，从弹出的菜单中选择"解释素材"｜"主要"命令，弹出"解释素材"对话框，勾选"直接-无遮罩"选项，单击"确定"按钮关闭对话框，图片的背景又变成了透明。

13 保存工程文件。

在After Effects中进行后期合成，会使用大量的音频或视频素材，兼容多种格式的文件。不过一定要注意，音视频文件存在不同的压缩编解码问题，有时会出现不能导入素材的情况，需要安装特定的编解码，或者将原素材转化成可以兼容的格式。

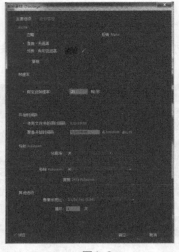

图4-8　　　　　　　　　　　　　　　　　　　图4-9

01 打开软件After Effects CC 2014，进入工作界面。创建一个新的合成，命名为"视频实例"。

02 在项目窗口空白处单击鼠标右键，从弹出的菜单中选择"导入"｜"文件"命令，弹出"导入文件"对话框，查找并选择一个视频文件，如"孩子02.mp4"。

03 在项目窗口中双击该素材图标，打开素材视图，拖曳时间线指针，查看素材的内容，如图4-10所示。

04 从项目窗口中拖曳该素材图标到时间线面板中，创建一个图层，素材的时间长度也明确显示，如图4-11所示。

图4-10　　　　　　　　　　　　　　　　　　图4-11

05 完整的影片肯定离不开音乐、人声和特效音。一般使用标准的音频格式*.wav。导入音频素材与导入其他类型的素材方法相同。只是在项目窗口中双击素材图标，虽然也会打开素材视图，当然看不到任何内容，拖曳时间线也不会听到声音。

06 从项目窗口中拖曳该素材图标到时间线面板中，单击时间控制器面板中的播放按钮，开始预览内存，直到时间线面板的顶端显示一条绿线，如图4-12所示。

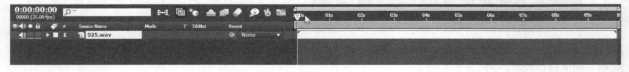

图4-12

07 这时边播放，就能够听到声音了。

08 在时间线面板中单击音频图层的█按钮，展开属性栏，可以查看音频波形，如图4-13所示。

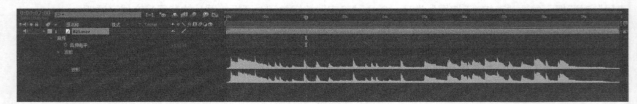

图4-13

09 这样便于掌握音乐的节奏，便于设置音频图层的时间点。如设置该图层的入点，如图4-14所示。

10 根据合成的长度，需要为音频层设置淡出效果。拖曳当前时间线指针到8秒15帧的位置，激活"音频电平"记录关键帧按钮，创建第一个关键帧。然后拖曳时间线指针到合成的终点，设置"音频电平"为-48，创建第二个关键帧，如图4-15所示。

11 导入视频素材后，可以改变播放速度，以配合音乐的节奏。单击时间线面板左下角的按钮，展开入点/出点/时间拉伸属性栏，调整对应图层1的Stretch的数值，使图层延长到合成的终点，如图4-16所示。

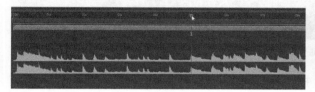

图4-14　　　　　　　　　　　　　　　　　　　　　　　图4-15

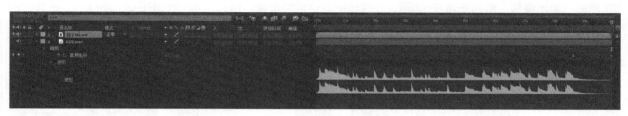

图4-16

12 除了导入*.mp4格式的文件外，还可以导入多种标准的视频文件，如*.mpg、*.mov等。

13 保存工程文件。

实例 005　输出影片

- **案例文件**┃光盘\工程文件\第1章\005 输出影片
- **视频文件**┃光盘\视频教学1\第1章\005.mp4
- **难易程度**┃★★☆☆☆
- **学习时间**┃3分02秒
- **实例要点**┃输出格式的设置
- **实例目的**┃使用多种方式输出影片或图像，不同的文件格式会关系到影片的大小、分辨率、质量及音频

---**┃ 操作步骤 ┃**---

01 打开软件After Effects CC 2014，进入工作界面。选择主菜单中的"文件"|"打开项目"命令，选择要打开的项目文件，单击"打开"按钮，如图5-1所示。

图5-1

02 将时间指针移动到目标帧，输出静帧图片，如图5-2所示。

图5-2

03 选择主菜单中的"合成"|"添加到渲染队列"命令，打开"渲染队列"面板，选择"渲染设置"为"最佳设置"，如图5-3所示。

04 单击"输出模块"后的三角按钮 ，在弹出的对话框中设置"格式"为"'JPEG'序列"，在弹出的"JPEG选项"对话框中，选择"品质"为"最高"，如图5-4所示。

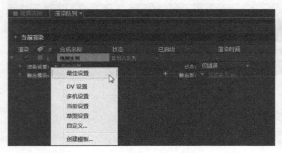

图5-3   图5-4

05 单击"输出到"后的三角按钮，设置存储位置，单击"渲染"按钮，完成静帧输出。

06 设置输出QuickTime格式视频，打开时间线上的"孩子02.mp4"合成窗口，拖动鼠标设置输出区域，如图5-5所示。

图5-5

07 选择主菜单中的"合成"|"添加到渲染队列"命令，打开"渲染队列"控制面板，选择"渲染设置"为"最佳设置"。

08 单击"输出模块"后的三角按钮，在弹出的对话框中设置"格式"为QuickTime，如图5-6所示。

09 设置"视频输出"下的"通道"为RGB，如图5-7所示。

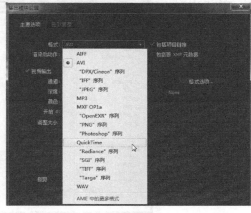

图5-6   图5-7

10 单击"输出到"后的三角按钮，设置存储位置，单击"渲染"按钮，完成视频输出。

11 设置输出WAV格式的音频文件，打开时间线上的"孩子02.mp4"合成窗口，以鼠标拖动的方式设置输出区域，如图5-8所示。

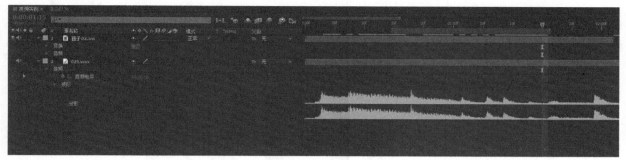

图5-8

12 选择主菜单中的"合成"|"添加到渲染队列"命令，打开"渲染队列"面板，选择"渲染设置"为"最佳设置"，如图5-9所示。

13 单击"输出模块"后的三角按钮▮，在弹出的对话框中设置"格式"为WAV，如图5-10所示。

图5-9

图5-10

14 单击"输出到"后的三角按钮，设置存储位置，单击"渲染"按钮，完成视频输出。

15 设置输出RAM格式文件，打开时间线上的"作业"合成窗口，用鼠标拖动的方式设置输出区域，如图5-11所示。

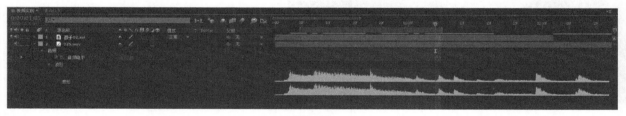

图5-11

16 选择主菜单中的"合成"|"保存RAM预览"命令，预览完成后，自动弹出存储位置，单击"保存"按钮，即可渲染生成视频，如图5-12所示。

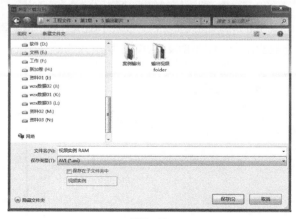

图5-12

第 # 02 章

光线追踪 3D 功能

本章主要讲解After Effects CC 2014在光线跟踪渲染器合成中
创建立体Logo、折射及反射等效果。

实 例 006　**立体文字**

- **案例文件** | 光盘\工程文件\第2章\006 立体文字
- **视频文件** | 光盘\视频教学1\第2章\006.mp4
- **难易程度** | ★★☆☆☆
- **学习时间** | 21分31秒
- **实例要点** | 新增立体功能
- **实例目的** | 在After Effects CC 2014的"光线追踪3D"渲染模式下，学习制作立体文字效果

知识点链接

在After Effects CC 2014中，可以在光线跟踪3D合成中创建具有倒角和挤出效果的文字，当设置合适的灯光和摄影机时，可以比较明显地看到立体效果。

操作步骤

01 打开After Effects CC 2014，选择主菜单中的"合成"|"新建合成"命令，新建一个合成，命名为"立体文字"，选择预设为PAL D1/DV，设置时长为5秒，如图6-1所示。

02 单击"高级"选项卡，选择"渲染器"为"光线追踪3D"，如图6-2所示。

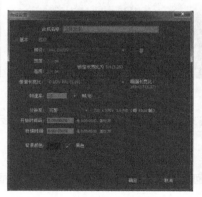

图6-1

图6-2

03 在时间线面板中单击鼠标右键，在弹出的菜单中选择"新建"|"纯色"命令，并将其命名为"背景"，如图6-3所示。

04 选择文字工具，输入"立体文字"并调整其位置，如图6-4所示。

图6-3

图6-4

05 在时间线面板中单击鼠标右键，在弹出的菜单中选择"新建"|"灯光"，新建一个聚光灯，具体设置如图6-5所示。

06 分别激活背景层和文字层的3D属性，并调整其位置到视图方便的位置。

07 在时间线面板的空白处单击鼠标右键，在弹出的快捷菜单中选择"新建"|"摄像机"命令，新建一个摄像机，如图6-6所示。

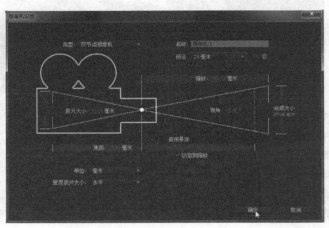

图6-5   图6-6

08 在时间线面板中展开文字图层属性，设置倒角和挤出高度，如图6-7所示。

09 调整摄影机、聚光灯的位置和角度，调整摄影机视图，查看立体图形的效果，并调整背景层的大小，如图6-8所示。

图6-7   图6-8

10 选择文本层，展开其属性，调整文字角度和位置，以便能更好地展示其立体效果。具体参数设置如图6-9所示。

11 双击"灯光1"，调整聚光灯亮度，如图6-10所示。

12 展开文字图层属性，再展开"几何选项"，选择"斜面样式"为"凸面"，调整文字的棱角的圆滑度，具体设置如图6-11所示。

13 打开文字层的材质选项，激活Casts Shadows。调整摄影机和聚光灯的位置，使文字的投影更加真实和美观，效果如图6-12所示。

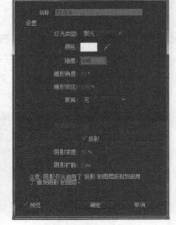

图6-9   图6-10

图6-11　　　　　　　　　　　　　　　　图6-12

提示

对于表现立体效果来讲，摄影机和灯光的使用是非常重要的，需要合适的视角。

14 拖曳时间线指针到3秒，调整摄影机的位置和角度，并创建关键帧，如图6-13所示。

图6-13

15 拖曳时间线指针到0秒，调整摄影机的位置和角度，并创建关键帧，如图6-14所示。

图6-14

16 拖曳时间线指针到2秒，调整摄影机的位置和角度，并创建关键帧。选择摄影机运动的关键帧，设置插值为"缓动"，如图6-15所示。

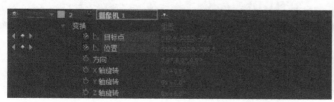

图6-15

17 单击播放按钮，查看合成预览效果，如图6-16所示。

18 在时间线面板中单击鼠标右键，在弹出的菜单中选择"新建"|"灯光"命令，选择"灯光类型"为"环境"，新建一个环境光，使整体颜色更加和谐，如图6-17所示。

图6-16

图6-17

19 单击播放按钮▶，查看最终的合成效果，如图6-18所示。

图6-18

实例 007 立体LOGO

● **案例文件** ┃ 光盘\工程文件\第2章\007 立体LOGO
● **视频文件** ┃ 光盘\视频教学1\第2章\007.mp4
● **难易程度** ┃ ★★★☆☆
● **学习时间** ┃ 24分33秒
● **实例要点** ┃ 绘制图形的立体效果
● **实例目的** ┃ 通过创建图形的立体效果，掌握灯光和摄影机表现立体LOGO的技巧

┃ 知识点链接 ┃

　　在光线追踪3D合成中创建文字和形状图层，选择合适的倒角类型，设置挤出的深度，可以得到满意的立体LOGO。

┃ 操作步骤 ┃

01 打开After Effects CC 2014，选择主菜单中的"合成"｜"新建合成"命令，新建一个合成，命名为"立体LOGO"，选择预设为PAL D1/DV，设置时长为5秒，如图7-1所示。
02 单击"高级"选项卡，选择"渲染器"为"光线追踪3D"，如图7-2所示。

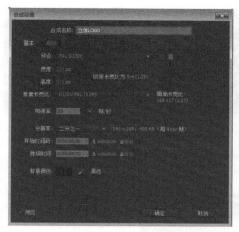

图7-1　　　　　　　　　　　　　　　　图7-2

03 选择圆形路径工具，在合成视图中直接绘制一个椭圆，如图7-3所示。

04 调整椭圆的位置和大小，如图7-4所示。

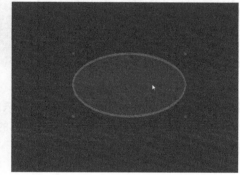

图7-3　　　　　　　　　　　　　　　　图7-4

05 调整椭圆的填充颜色为红色，设置"描边"为8。

06 在时间线面板的空白处单击鼠标右键，在弹出的快捷菜单中选择"新建"｜"摄像机"命令，新建一个摄影机，如图7-5所示。

07 新建一个聚光灯，参数设置如图7-6所示。

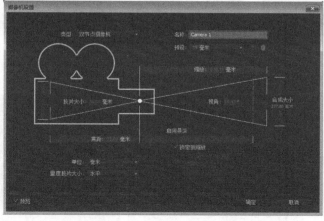

图7-5　　　　　　　　　　　　　　　　图7-6

08 在时间线面板中激活"形状图层"的3D属性，展开该图层的几何属性，设置倒角和挤出高度，如图7-7所示。

图7-7

09 调整聚光灯的位置和角度，再调整摄影机视图，查看立体图形的效果，如图7-8所示。

10 新建一个点光源，具体参数设置及显示如图7-9所示。

图7-8   图7-9

11 切换到顶视图，调整两个灯光的位置，如图7-10所示。

12 再新建一个点光源，设置灯光的具体参数，此时图形的立体效果比较明显了，如图7-11所示。

图7-10   图7-11

13 调整这3个灯光的位置和角度，以获得更加理想的立体效果，如图7-12所示。

图7-12

14 调整椭圆形的挤出厚度，查看合成预览效果，如图7-13所示。

15 选择文本工具，输入字符"VFX"，激活该图层的3D属性，设置字体、字号和颜色等属性，如图7-14所示。

图7-13   图7-14

16 在时间线面板中展开文本图层的几何属性，设置倒角和挤出参数，如图7-15所示。

图7-15

17 分别在顶视图、左视图中调整文本图层与椭圆的相互位置，如图7-16所示。

图7-16

> **提示**
>
> 在三维空间合成中，最好分别在顶视图、前视图和左视图中调整元素之间的位置关系。

18 展开文本图层的材质选项，激活"投影"选项，如图7-17所示。

图7-17

19 双击"灯光1",在灯光设置面板中调整投影参数,如图7-18所示。

20 双击"灯光2",在灯光设置面板中调整投影参数,如图7-19所示。

图7-18   图7-19

21 选择摄影机旋转工具,调整摄影机视图,查看立体LOGO的效果,如图7-20所示。

22 由于底部边缘的光照不是很理想,需要调整3个灯光的相互位置,如图7-21所示。

图7-20   图7-21

23 调整文本图层的缩放比例为110%,查看调整灯光之后的效果,如图7-22所示。

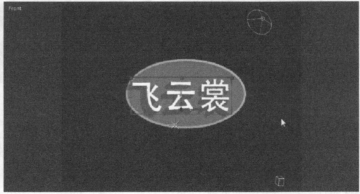

图7-22

24 新建一个环境灯,具体参数设置如图7-23所示。

25 分别调整"灯光1"和"灯光2"的参数,达到自己满意的效果,如图7-24所示。

26 拖曳时间线指针到3秒,调整摄影机的位置和角度,并创建关键帧,如图7-25所示。

27 拖曳时间线指针到0秒,调整摄影机的位置参数,选择椭圆图层,背景变成暗红,如图7-26所示。

28 在时间线面板中双击"灯光3",在灯光设置面板中调整颜色为(R: 201 G: 253 B: 239),强度为85,如图7-27所示。

图7-23　　　　　　　　　　　　　　　图7-24

图7-25

图7-26　　　　　　　　　　　　　　　图7-27

29 拖曳时间线指针到2秒，调整摄影机的位置，并创建关键帧，如图7-28所示。

30 在顶视图中调整摄影机的运动路径，如图7-29所示。

  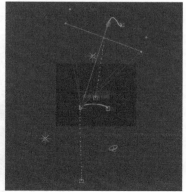

图7-28　　　　　　　　　　　　　　　图7-29

> **提示**
>
> 调整运动路径可以更方便地调整运动的路线、方向和速度。

31 选择摄影机运动的关键帧，设置插值为"缓动"。

32 选择椭圆图形，展开"材质"选项，设置放射参数，如图7-30所示。

33 选择文本图层，展开"材质"选项，设置放射参数，如图7-31所示。

图7-30

图7-31

图7-32

34 调整摄影机位置，直到自己满意为止。

35 调整文本图层，设置"反射强度"为75，如图7-32所示。

36 关闭"灯光2"，选择文本图层的倒角样式为"凸面"，如图7-33所示。

图7-33

37 选择主菜单中的"效果"｜"透视"｜"投影"命令，添加"投影"滤镜，如图7-34所示。

38 再次调整"灯光1"的位置，使投影面积减小，查看预览效果，如图7-35所示。

图7-34

图7-35

39 调整椭圆参数，如图7-36所示。

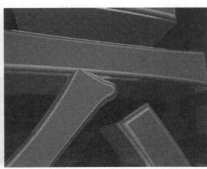

图7-36

40 单击播放按钮 ▶，查看最终的合成效果，如图7-37所示。

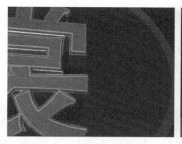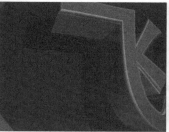

图7-37

实例 008　**真实反射**

- **案例文件** | 光盘\工程文件\第2章\008 真实反射
- **视频文件** | 光盘\视频教学1\第2章\008.mp4
- **难易程度** | ★★☆☆☆
- **学习时间** | 9分23秒
- **实例要点** | 反射材质属性
- **实例目的** | 掌握光线跟踪渲染器合成中三维图层的真实反射属性及参数的设置

┃ 知识点链接 ┃

在"光线追踪3D"渲染器的合成中，通过设置三维图层的反射参数，可以反射周围的三维图层，也可以反射到环境贴图。

┃ 操作步骤 ┃

01 打开软件After Effects CC 2014，选择主菜单中的"合成"|"新建合成"命令，新建一个合成，选择预设为PAL D1/DV，设置时长为5秒，单击"高级"选项卡，选择"渲染器"为"光线追踪3D"，如图8-1所示。

02 单击"选项"按钮，在弹出的渲染器选项面板中，设置光线跟踪的参数，如图8-2所示。

图8-1　　　　　　　　图8-2

提示

在制作过程中，"光线跟踪品质"的参数值可以设置得稍低一些，这样可以提高速度，当制作完成需要渲染输出时，再调整到比较高的数值。

03 新建一个灰色固态层，命名为"地面"，如图8-3所示。

04 在时间线面板中激活图层"地面"的3D属性，调整该图层的位置、大小和角度，如图8-4所示。

图8-3

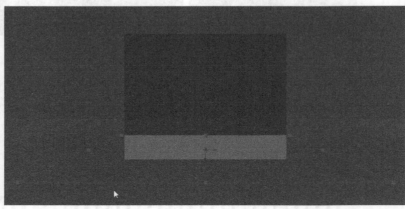

图8-4

05 新建一个摄影机，具体参数设置如图8-5所示。

06 导入一个天空图片素材，拖曳到时间线上，激活3D属性，如图8-6所示。

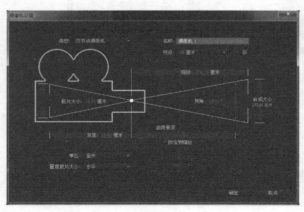

图8-5

图8-6

07 用鼠标右键单击"天空"图层，从弹出的菜单中选择"环境图层"命令，使该图层作为环境贴图，如图8-7所示。

08 选择图层"地面"，展开材质属性，设置反射参数，如图8-8所示。

图8-7

图8-8

09 展开环境贴图的属性，调整贴图的角度，如图8-9所示。

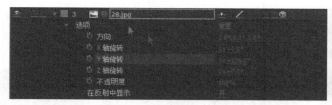 

图8-9

10 选择文本工具 ，输入字符"雨中即景"，设置字体、字号及颜色等属性，如图8-10所示。

11 激活文本图层的3D属性，调整与地面的相互位置，如图8-11所示。

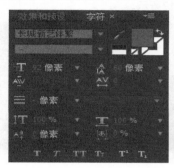  

图8-10　　　　　　　　　　　　　　　　　图8-11

12 选择图层"地面"，调整反射参数，如图8-12所示。

图8-12

13 选择文本图层，选择主菜单中的"动画"|"将动画预设应用于"命令，选择动画设为"交换"，单击"打开"按钮应用该预设，如图8-13所示。

14 新建一个固态层，命名为"涟漪"，具体参数设置如图8-14所示。

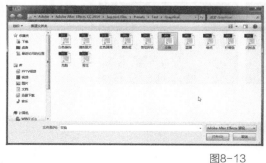  

图8-13　　　　　　　　　　　　　　　图8-14

15 选择主菜单中的"效果"｜"模拟"｜CC Drizzle命令，添加涟漪滤镜，但没有任何效果显现，需要调整固态层的颜色为灰色，如图8-15所示。

16 在效果控制面板中调整涟漪滤镜的参数，如图8-16所示。

图8-15   图8-16

17 选择"涟漪"图层的混合模式为"叠加"，调整图层的位置和大小，如图8-17所示。

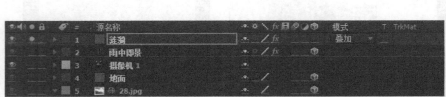

图8-17

> **提示**
>
> 在"光线追踪 3D"渲染器的合成中，三维图层不再应用混合选项。

18 再次调整涟漪滤镜的参数，使涟漪细小一些，如图8-18所示。

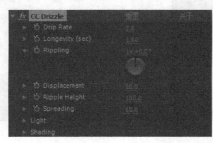

图8-18

19 选择主菜单中的"效果"｜"扭曲"｜"边角定位"滤镜，调整图层，使其具有透视感，尽量与地面相匹配，如图8-19所示。

图8-19

20 在时间线面板中选择底层，即环境贴图，设置方位关键帧，如图8-20所示。

图8-20

21 单击播放按钮■,查看最终的合成预览效果,如图8-21所示。

图8-21

实例 009　**折射效果**

- **案例文件**▏光盘\工程文件\第2章\009 折射效果
- **视频文件**▏光盘\视频教学1\第2章\009.mp4
- **难易程度**▏★ ★ ☆ ☆ ☆
- **学习时间**▏12分39秒
- **实例要点**▏透明材质属性
- **实例目的**▏掌握三维图层透射材质属性,创建类似玻璃的折射变形效果

┃ 知识点链接 ┃

在"光线追踪3D"渲染器合成中,设置倒角和挤出形成立体图形,然后设置折射和透明度等材质可以创建玻璃效果。

┃ 操作步骤 ┃

01 打开软件After Effects CC 2014,导入一段实拍素材"DSC_0037",拖曳到■图标上,创建一个新的合成。选择主菜单中的"合成" | "合成设置"命令,在弹出的面板中,单击"高级"选项卡,选择"渲染器"为"光线追踪3D",如图9-1所示。

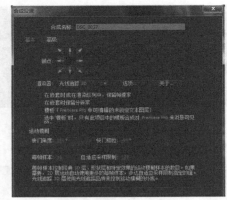

图9-1

02 选择矩形路径工具，在合成视图中直接绘制一个长方形，调整其颜色和描边，如图9-2所示。

03 在时间线面板中分别激活两个图层的3D属性。新建一个聚光灯，参数设置如图9-3所示。

图9-2

图9-3

04 在顶视图和左视图中分别调整聚光灯和矩形的位置，如图9-4所示。

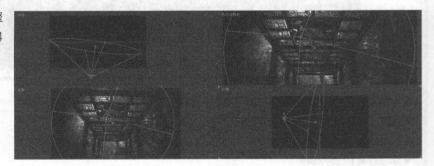

图9-4

05 单击长方形图层，展开其属性，设置"圆度"为20，展开"填充"属性，调整"不透明度"为80，调整旋转角度和位置，以便更好地观察视图，如图9-5所示。

图9-5

06 选择长方形图形，展开材质选项，设置放射参数，如图9-6所示。

图9-6

07 选择长方形图层，展开"矩形 1"组中的"填充"选项，调整颜色和不透明度，如图9-7所示。

图9-7

08 单击播放按钮，查看最终的合成预览效果，如图9-8所示。

图9-8

实例 010　3D相机跟踪

● **案例文件** ┃ 光盘\工程文件\第2章\010 3D相机跟踪

● **视频文件** ┃ 光盘\视频教学1\第2章\010.mp4

● **难易程度** ┃ ★★★☆☆

● **学习时间** ┃ 10分18秒

● **实例要点** | 根据实拍场景创建摄影机

● **实例目的** | 根据实拍场景进行跟踪运算，创建摄影机，这样就可以修饰拍摄的素材或者添加一些装饰性元素

▋ 知识点链接 ▋

3D相机跟踪通过分析视频序列，从而提取摄影机运动和三维场景数据。此功能允许添加新的3D对象到一个2D场景中。

▋ 操作步骤 ▋

01 打开软件After Effects CC 2014，在项目窗口空白处双击，导入一段实拍视频素材"幼儿.mp4"，将该素材拖曳到圙图标上，创建一个新的合成。

02 设置合成的时间长度为4秒，调整素材的入点和出点。

> **提示**
>
> 应用 3D 相机跟踪，需要高质量素材，尤其是在明暗对比方面。

03 在时间线面板中选择视频素材图层，选择主菜单中的"动画" | "跟踪摄像机"命令，添加"3D 摄像机跟踪器"滤镜，自动开始分析，如图10-1所示。

04 等待一段时间，进入摄影机分析阶段，直到出现很多的跟踪点，如图10-2所示。

图10-1　　　　　　　　　　　　　　　　　　　图10-2

> **提示**
>
> 这两个步骤都是系统自动进行的，我们要等待一小段时间，等待多长时间取决于机器的配置。

05 选取合适的跟踪点，可以创建文本、色块、摄影机等，如图10-3所示。

> **提示**
>
> 在合成视图中移动鼠标，系统会根据相邻的跟踪点分析呈现靶形的跟踪平面，要特别注意它的透视与场景是否匹配。

06 在效果控制面板中展开"高级"选项组，选择不同的分析模式，创建不同的跟踪点，以便选择合适的跟踪点。

07 选择"最平场景"选项，如图10-4所示。

图10-3　　　　　　　　　　　　　　　　图10-4

08 选择合适的跟踪点，创建一个3D的文本和摄影机，如图10-5所示。

图10-5

09 调整文本的大小和位置，如图10-6所示。

10 展开文本图层的方位属性，调整角度和颜色，如图10-7所示。

图10-6　　　　　　　　　　　　　　　　　　　图10-7

11 添加"斜面Alpha"滤镜，具体参数设置如图10-8所示。

12 选择图层的混合模式为"柔光"，效果显示如图10-9所示。

图10-8　　　　　　　　　　　　　　　图10-9

13 新建一个合成，命名为"欢乐童年"，将时间设置成3秒。

14 拖曳幼儿素材到时间线面板中，调整文本层的位置和角度，1.01秒时设置成出点，如图10-10所示。

15 修改字符为"欢乐儿童"，调整字号和颜色等属性，如图10-11所示。

图10-10　　　　　　　　　　　　　　　图10-11

16 拖曳时间线指针，查看合成预览效果，如图10-12所示。

图10-12

运动镜头稳定

- **案例文件** ┃ 光盘\工程文件\第2章\011 运动镜头稳定
- **视频文件** ┃ 光盘\视频教学1\第2章\011.mp4
- **难易程度** ┃ ★★☆☆☆
- **学习时间** ┃ 2分55秒
- **实例要点** ┃ 稳定运动状态下拍摄的素材
- **实例目的** ┃ 在运动状态下拍摄一些场景时，难免会晃动镜头，新增的稳定功能很实用，而且效果非常好

┨ 知识点链接 ┠

变形稳定器VFX——简单实用的稳定器。

┨ 操作步骤 ┠

01 运行After Effect CC 2014软件，导入一段实拍的视频素材，将其拖至合成图标█上，根据素材创建合成。

02 拖动时间线查看素材，可以看出画面质量不高，抖动很厉害，如图11-1所示。

03 选择主菜单中的"效果"|"颜色校正"|"自动对比度"命令，添加"自动对比度"滤镜，调节画面的对比度，调整"修剪黑色"为2.3，效果如图11-2所示。

04 选择主菜单中的"效果"|"扭曲"|"变形稳定器VFX"命令，添加稳定素材滤镜，然后会自动跟踪稳定，需要等待一段时间。

05 分析过程需要两步，如图11-3所示。

图11-1 　　　　　　　　　　图11-2 　　　　　　　　　　图11-3

06 单击播放按钮▶查看最终效果，如图11-4所示。

图11-4

环境贴图

- **案例文件** | 光盘\工程文件\第2章\012 环境贴图
- **视频文件** | 光盘\视频教学1\第2章\012.mp4
- **难易程度** | ★★☆☆☆
- **学习时间** | 6分16秒
- **实例要点** | 创建环境贴图
- **实例目的** | 环境贴图既可以用于反射，也可以用于合成背景

┤ 知识点链接 ├

在新增功能中可以将图层设置为环境贴图，从而被其他图层反射。

┤ 操作步骤 ├

01 打开After Effects CC 2014软件，导入一段视频素材"街灯.MOV"，将素材拖至合成图标，根据素材创建一个新合成。在合成窗口单击██按钮，选择"合成设置"命令，修改时长为5秒。

02 关闭素材的声音，在"合成设置"面板中选择"高级"选项卡，设置参数，如图12-1所示。

03 激活素材的3D属性，单击鼠标右键，在弹出的菜单中选择"环境图层"命令，添加环境贴图滤镜。

04 在时间线空白处单击鼠标右键，选择"新建"|"纯色"命令，新建一个灰色固态层，命名为"地面"，拖至合成的底层，激活3D属性，沿x轴旋转90°，使其处于地面的位置，效果如图12-2所示。

图12-1

图12-2

05 选择 “地面”图层，打开“材质选项”，修改“反射衰减”为60。

06 新建一个35mm的摄影机，选择 “街灯”图层，打开“合成设置”面板，将预设改为PAL D1/DV方形像素。选择 “地面”图层，在展开的“材质选项”组中调整“反射强度”为100。

07 打开摄影机的左视图，调整摄影机的位置，如图12-3所示。

08 选择 “地面”图层，打开左视图，调整位置。重新调整“反射强度”为30， “反射衰减”为0。

09 新建一个聚光灯，设置灯光的“强度”为100。激活左视图，调整灯光的位置，如图12-4所示。

图12-3

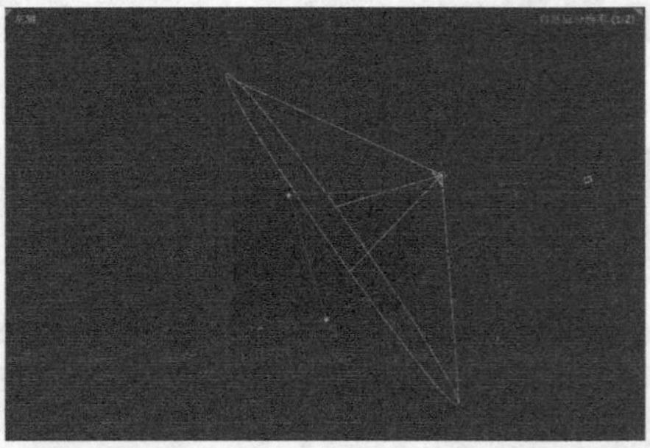
图12-4

10 修改“地面”的颜色为浅蓝色，新建一个环境灯光，设置灯光的“强度”为30。

11 选择 “地面”图层，选择主菜单中的“效果”|“生成”|“渐变”命令，添加“渐变”滤镜，接受默认值。

12 单击播放按钮▶，查看最终效果，如图12-5所示。

图12-5

实例 013 图层弯曲变形

- **案例文件 |** 光盘\工程文件\第2章\013 图层弯曲变形
- **视频文件 |** 光盘\视频教学1\第2章\013.mp4
- **难易程度 |** ★★☆☆☆
- **学习时间 |** 16分30秒
- **实例要点 |** 创建图层的弯曲变形
- **实例目的 |** 创建三维图层的弯曲变形效果，可以作为有透视感的合成背景，也可以创建弯曲的光线效果

▌知识点链接▐

在光线追踪的渲染器中，可以将一个3D图层变弯曲，还可以设置弯曲的角度及曲面的分段数。

▌操作步骤▐

01 打开软件After Effects CC 2014，选择主菜单中的"合成"｜"新建合成"命令，新建一个合成，选择预设为PAL D1/DV，设置时长为6秒，如图13-1所示。

02 单击"高级"选项卡，选择"渲染器"为"光线追踪3D"，单击"确定"按钮，关闭"合成设置"对话框，如图13-2所示。

图13-1

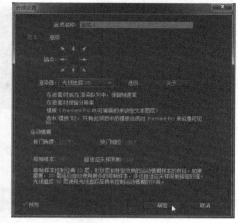
图13-2

03 新建一个黑色固态层，添加"分形杂色"滤镜，如图13-3所示。

04 设置"演变"的关键帧，拖曳时间线到起点，激活"演变"前的码表，创建第一个关键帧，拖曳时间线指针到合成的终点，调整数值为350，如图13-4所示。

图13-3

图13-4

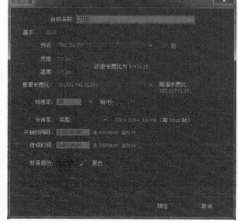
图13-5

05 新建一个合成，命名为"方块"，如图13-5所示。

06 新建一个黑色图层，添加"分形杂色"滤镜，具体参数设置及效果如图13-6所示。

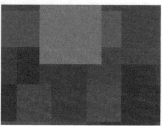
图13-6

07 设置"演变"的关键帧，拖曳时间线到起点，激活"演变"前的码表，创建第一个关键帧，拖曳时间线指针到合成的终点，调整数值为180，如图13-7所示。

08 为该图层添加"三色调"滤镜，改变方块的色调，如图13-8所示。

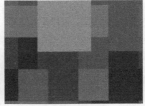

图13-7   图13-8

09 新建一个合成，命名为"变形"。从项目窗口中拖曳"合成1"到时间线上，展开"几何"选项，设置弯度和段参数，如图13-9所示。

图13-9

提示

为了更好地展现图层弯曲的效果，需要调整视角。

10 新建一个摄影机，具体参数设置如图13-10所示。

11 选择摄影机工具，调整摄影机视图，查看图层弯曲的效果，如图13-11所示。

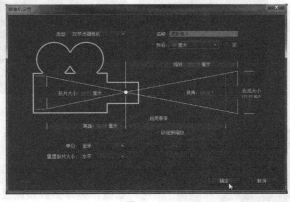
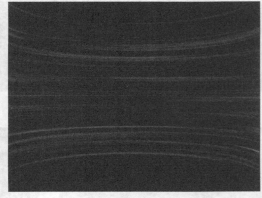

图13-10   图13-11

12 调整图层的段数，使曲面更光滑一些，如图13-12所示。

图13-12

13 在时间线面板中双击摄影机，打开"摄影机设置"对话框，选择一个广角预设，如图13-13所示。

14 选择摄影机工具，调整视图，查看图层的弯曲效果，如图13-14所示。

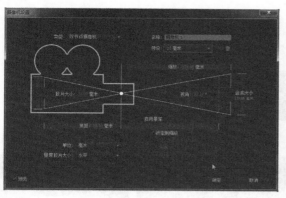

图13-13

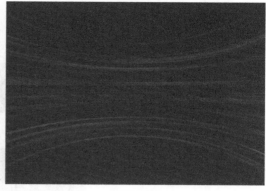

图13-14

15 选择图层"合成1"，添加"CC Toner"滤镜，调整光线的色调，如图13-15所示。

16 创建一个聚光灯，具体参数设置如图13-16所示。

图13-15

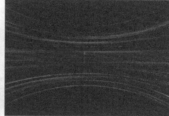

图13-16

> **提示**
>
> 在三维合成中，应用灯光可以强化立体效果。

17 直接在合成视图中调整聚光灯的位置，查看合成预览效果，如图13-17所示。

18 调整聚光灯的参数及位置，如图13-18所示。

图13-17

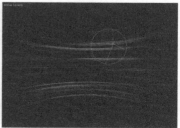

图13-18

19 从项目窗口中拖曳"方块"合成到时间线上，激活3D属性，如图13-19所示。

20 选择"方块"图层，调整弯度和段参数，然后调整方块的位置和大小，如图13-20所示。

图13-19 　　　　　　　　　　　　　　图13-20

21 继续调整"方块"图层的弯度和段参数，如图13-21所示。

图13-21

22 调整图层"合成1"的弯度和段参数，如图13-22所示。

图13-22

23 新建一个调节图层，添加"发光"滤镜，具体参数设置及效果显示如图13-23所示。

图13-23

24 选择图层"合成1"，调整"CC Toner"滤镜的参数，改变光线的色调，如图13-24所示。

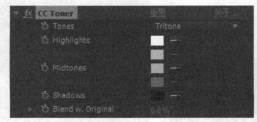

图13-24

25 选择摄影机工具，调整视图查看合成预览效果，如图13-25所示。

26 选择文本工具，输入字符"飞云裳影视特效"，设置文本属性，如图13-26所示。

图13-25　　　　　　　　　　　图13-26

27 为文本添加"投影"滤镜，具体参数设置及效果显示如图13-27所示。

图13-27

28 单击播放按钮 ，查看最终的合成预览效果，如图13-28所示。

图13-28

实例 014　羽化工具

- **案例文件** ┃ 光盘\工程文件\第2章\014 羽化工具

- **视频文件** ┃ 光盘\视频教学1\第2章\014.mp4

- **难易程度** ┃ ★★☆☆☆

- **学习时间** ┃ 16分04秒

- **实例要点** ┃ 利用羽化工具调整羽化边缘

- **实例目的** ┃ 学习用羽化工具调整蒙版羽化的技巧，创建不均匀羽化的效果

━┃ **知识点链接** ┃━━━━━━━━━━━━━━━━━━━━━━━━━━━━

　　羽化工具可以绘制蒙版的羽化区域，在不同位置可以具有不同的羽化值。

▌操作步骤 ▌

01 打开After Effects CC 2014软件，导入一段视频素材"窗前.mp4"，双击素材，查看素材效果，然后将其拖至合成图标，根据素材创建一个新合成，如图14-1所示。

02 选择工具栏中的钢笔工具 ，沿着人物轮廓绘制蒙版，然后调整蒙版形状，减少空白处，如图14-2所示。

03 选择蒙版工具中的"蒙版羽化工具"，调整蒙版的羽化边缘，如图14-3所示。

图14-1　　　　　　　　　　　图14-2　　　　　　　　　　　图14-3

04 选择"窗前"图层，打开"蒙版1"的"蒙版路径"，添加关键帧，反复调整遮罩的形状，使遮罩随着人物动作变化而变化，效果如图14-4所示。

图14-4

05 设置"蒙版1"的"蒙版扩展"为-10。复制"窗前"图层，设置图层2的遮罩参数，如图14-5所示。

图14-5

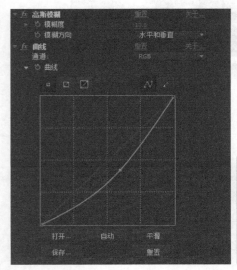

06 选择图层2，添加"高斯模糊"滤镜，设置"模糊度"为10 。添加"曲线"滤镜，调整图像的对比度和亮度，设置及效果如图14-6所示。

07 设置图层1的蒙版参数，"蒙版羽化"为20，"蒙版扩展"为-8。

图14-6

08 在时间线空白处单击鼠标右键，选择"新建"|"纯色"命令，新建一个固态层，添加"梯度渐变"滤镜，设置滤镜参数，将图层的混合模式设置为"柔光"，设置及合成效果如图14-7所示。

图14-7

09 反复调整两个 "窗前"图层的羽化参数，达到理想效果。

10 选择中间图层，选择主菜单中的"效果"|"模糊和锐化"|"钝化蒙板"命令，添加"钝化蒙版"滤镜，将"阈值"改为2。

11 保存工程文件，查看最终效果，如图14-8所示。

图14-8

实例 015 修复滚动快门

● **案例文件** ┃ 光盘\工程文件\第2章\015 修复滚动快门

● **视频文件** ┃ 光盘\视频教学1\第2章\015.mp4

● **难易程度** ┃ ★★☆☆☆

● **学习时间** ┃ 2分10秒

● **实例要点** ┃ 修复单反相机拍摄的视频

● **实例目的** ┃ 目前使用单反相机拍摄视频的人很多，为了解决移动镜头拍摄素材的缺陷，使用修复滚动快门功能相当快捷有效

┃ 知识点链接 ┃

果冻效应修复——修复单反相机拍摄的视频素材，可以减少因滚动快门产生的畸变。

┃ 操作步骤 ┃

01 打开After Effects CC 2014软件，导入一段实拍素材"MVI_2433.MOV"，拖至合成图标上，根据素材创建一个新合成。

02 在项目面板中双击视频素材，拖曳时间线指针查看视频内容，在7秒的位置设置图层的入点，单击播放按钮查看视频内容，再次在6秒25帧处选择图层的入点，选择"合成"|"合成设置"命令，打开"合成设置"面板，调整时长为5秒。

03 选择 "MVI_2433.MOV" 图层，将时间指针拖至1秒28帧处，选择主菜单中的"效果"|"扭曲"|"果冻效应修复"命令，参数设置如图15-1所示。

图15-1

04 将时间指针拖至2秒22帧处，关闭特效"果冻效应修复"，查看对比效果，画面清晰，效果如图15-2所示。

（源素材） （修复后）

图15-2

05 单击播放按钮▐▐▐，查看最终效果，可以看到画面质量较之前提升了，如图15-3所示。

图15-3

第

03

章

素材润饰

本章重点讲解素材的处理和修饰，包括校色、变速、抠像等。

实例 016　基本校色

- ● 案例文件┃光盘\工程文件\第3章\016 基本校色
- ● 视频文件┃光盘\视频教学1\第3章\016.mp4
- ● 难易程度┃★★☆☆☆
- ● 学习时间┃1分47秒
- ● 实例要点┃基本的调色技巧
- ● 实例目的┃本例学习对素材校色的基本技巧，通过调整曲线、色阶和色调等达到调色的目的

┃知识点链接┃

应用"曲线"滤镜调整图层的对比度和亮度。

┃操作步骤┃

01 打开软件After Effects CC 2014，导入一段视频素材"山水风景.mp4"，在项目面板中双击视频，在"素材"窗口中截取一段合适的素材，拖至时间线面板，自动创建一个以"山水风景"命名的合成。

02 在时间线空白处单击鼠标右键，选择"新建"|"调整图层"命令，新建一个调节层，选择主菜单中的"效果"|"颜色校正"|"曲线"命令，添加"曲线"滤镜。

03 调节曲线形状，增加画面的亮度和对比度，如图16-1所示。

04 查看对比校色效果，如图16-2所示。

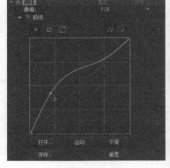

图16-1

（校色前）

（校色后）

图16-2

实例 017 高级校色

- **案例文件** | 光盘\工程文件\第3章\017 高级校色
- **视频文件** | 光盘\视频教学1\第3章\017.mp4
- **难易程度** | ★★☆☆☆
- **学习时间** | 4分51秒
- **实例要点** | 高级校色技巧
- **实例目的** | 应用Color Finesse滤镜校正素材的色彩、亮度等，通过众多的控制选项或预置模式获得比较理想的效果

▌知识点链接▐

　　SA Color Finesse——很实用的校色软件，不仅可以手工调整曲线，还可以选择专业的胶片预置模板。

▌操作步骤▐

01 打开软件After Effects CC 2014，导入需要校色的素材，选择主菜单中的"合成"|"新建合成"命令，创建一个新的合成。

02 在时间线面板中选择该素材，选择主菜单中的"效果"|"Synthetic Aperture"|"SA Color Finesse3"命令，添加SA"Color Finesse 3"滤镜，打开参数控制面板，如图17-1所示。

03 可以在简化模式下调整，展开Simplified Interface（简单界面）选项栏，调整颜色轮，改变色调，还可以调整曲线，获得需要的效果，如图17-2所示。

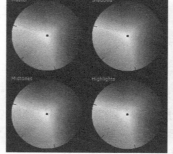

图17-1

图17-2

04 单击Full Interface（完全界面）按钮，进入完全界面模式，可以查看很多颜色、亮度等的参数是否超标，如图17-3所示。

05 调整曲线参数，如图17-4所示。

图17-3

图17-4

06 拖曳时间线指针查看手动校色的效果，如图17-5所示。

图17-5

实例 018 调速

- **案例文件 |** 光盘\工程文件\第3章\018 调速
- **视频文件 |** 光盘\视频教学1\第3章\018.mp4
- **难易程度 |** ★★☆☆☆
- **学习时间 |** 3分09秒
- **实例要点 |** 调整动态素材的播放速度
- **实例目的 |** 在后期合成中，为了配合节奏或角色情绪，调整动态素材的播放速度是很常见的，学习应用时间重映像方式调整素材的速度

知识点链接

启用时间重映射——实现动态素材的变速。

操作步骤

01 打开软件After Effects CC 2014，导入一段视频段素材"奔马02.mp4"并拖到时间线面板中，创建一个命名为"奔马02"的合成。设置合成的尺寸为720×576，预设为D1/DV PAL(1.09)。

02 选择图层"奔马02"，选择主菜单中的"图层"｜"时间"｜"启用时间重映射"命令，添加时间重置映射命令，在时间线上会出现两个关键帧，如图18-1所示。

图18-1

03 调整关键帧距离，可以调整素材的播放速度。拖曳当前时间指针到6秒位置，调整"时间重映射"为3秒，视频的播放速度变慢，参数设置如图18-2所示。

图18-2

04 拖曳时间线到7秒位置，添加关键帧，参数不变，6秒到7秒的时间中画面处于静止状态。

05 拖曳时间线到10秒位置，将最后一个关键帧拖到10秒的位置，7秒到10秒的视频播放速度加快。

06 单击播放按钮，查看动画效果，如图18-3所示。

图18-3

实例 019 素材稳定

- **案例文件** ┃光盘\工程文件\第3章\019 素材稳定
- **视频文件** ┃光盘\视频教学1\第3章\019.mp4
- **难易程度** ┃★★☆☆☆
- **学习时间** ┃3分38秒
- **实例要点** ┃对实拍素材进行稳定
- **实例目的** ┃在拍摄素材时，难免出现摄影机抖动或晃动的情况，对素材进行稳定处理是很重要的步骤

知识点链接

"跟踪运动"提供了素材稳定跟踪器，选择特征点作为跟踪点对实拍素材进行稳定处理。

操作步骤

01 打开After Effects CC 2014软件，导入一段实拍素材"MVI_5452.MOV"，拖至合成图标，根据素材创建一个新合成，拖曳时间线指针查看视频内容，可以看出画面抖动得很剧烈。

02 选取一段画面抖动比较剧烈的内容，打开"合成设置"面板，修改时长为6秒。选中视频素材图层，选择主菜单中的"动画"｜"跟踪运动"命令，添加跟踪器，选择画面中两个相对而言比较稳定的点，如图19-1所示。

图19-1

03 单击"跟踪器"面板中的"向前分析"按钮进行跟踪分析，分析结束后，查看跟踪路线，需要仔细调整跟踪点的位置，确保跟踪点在跟踪区域内。

04 调整好跟踪点的位置，单击"跟踪器"面板中的"向前分析"按钮，重新进行分析。

05 选择"跟踪器"面板中的"跟踪类型"为"稳定"，单击"应用"按钮，完成跟踪。

06 调整图层的"缩放"参数值，使画面稳定，跟踪完成。

07 单击播放按钮▶查看最终的效果，如图19-2所示。

图19-2

08 此时，画面的抖动程度有所减小，如有需要可输出影片后重复跟踪，以达到更理想的效果。

实例 020 更换背景

- **案例文件** ┃ 光盘\工程文件\第3章\020 更换背景
- **视频文件** ┃ 光盘\视频教学1\第3章\020.mp4
- **难易程度** ┃ ★★★☆☆
- **学习时间** ┃ 13分36秒
- **实例要点** ┃ Roto笔刷抠像
- **实例目的** ┃ 通过本例学习应用Roto笔刷抠出前景人物，将实拍时纷乱的背景替换成新的背景

┃ 知识点链接 ┃

Roto Brush——强大的绘画工具，可以将前景从复杂的背景中分离出来。

┃ 操作步骤 ┃

01 打开软件After Effects CC 2014，导入实拍素材"更换背景"，将其拖至合成图标🔲，创建一个以"更换背景"命名的合成。

02 在时间线面板中双击该图层，打开图层视图，然后选择"Roto笔刷"工具✏，在视图中需要保留的区域中单击，如图20-1所示。

03 在需要保留的图像范围内绘制笔刷，可以看见围绕人物轮廓的选区，如图20-2所示。

图20-1   图20-2

04 如果选区不够完整，可以继续绘制笔刷，直到包围需要的轮廓，如图20-3所示。

05 按住Alt键在背景区域绘制笔刷，可以减去多余部分，如图20-4所示。

图20-3   图20-4

06 按键盘上的Page Down键或Page Up键，向前一帧或向后一帧，开始运算，一旦发现抠图轮廓出现问题，可以及时绘制笔刷，进行修补，如图20-5所示。

07 运算完毕，可以拖动时间线指针查看抠图的效果，也可以查看透明模式、蒙版模式及通道模式，如图20-6所示。

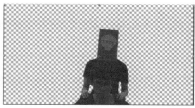

图20-5　　　　　　　　　　　　　　　　　　　　　　　　图20-6

08 在"Roto Brush笔刷和调整边缘"效果控制面板中，展开"Roto笔刷传播"选项栏，勾选"查看搜索区域"选项，如图20-7所示。

09 在"Roto Brush笔刷和调整边缘"效果控制面板中，展开"Roto笔刷遮罩"选项栏，参数设置及效果显示如图20-8所示。

图20-7　　　　　　　　　　　　　　　　　　　　　　图20-8

10 尝试调整遮罩的数值，设置"羽化"为10%，"对比度"为100%，勾选"微调Roto笔刷遮罩"选项，查看通道，如图20-9所示。

11 展开"运动模糊"选项栏，调整"每帧样本"为16。

12 展开"净化"选项栏，调整"增加净化半径"为3.5。

13 导入一张风景图片，接下来就可以更换背景了，更换之后查看合成预设效果，如图20-10所示。

图20-9　　　　　　　　　　　　　　　　　　　　图20-10

实例 021　基础抠像

● **案例文件** ┃ 光盘\工程文件\第3章\021 基础抠像

● **视频文件** ┃ 光盘\视频教学1\第3章\021.mp4

● **难易程度** ┃ ★ ★ ☆ ☆ ☆

● **学习时间** ┃ 6分43秒

● **实例要点** ┃ 应用Keylight快捷抠像

● **实例目的** ┃ 通过本例学习应用Keylight快捷抠像的方法，掌握常用的抠像器参数

▌ 知识点链接 ▌

Keylight——很典型的高级抠像工具，多种视图模式有助于检查抠像的效果，便于弥补缺陷。

遮罩保护——为了避免抠除保留区域中的蓝色，应用动态遮罩进行保护。

▌ 操作步骤 ▌

01 打开软件After Effects CC 2014，导入两段视频"晨.mp4"和"舞蹈.mov"，选择视频"舞蹈"，将其拖曳到时间线面板上，将自动创建一个命名为"舞蹈"的合成，时间长度与视频长度一致。

02 关闭视频"舞蹈"的声音，如图21-1所示。

图21-1

03 将视频"晨"拖曳到时间线面板上，关闭其声音。

04 在时间线面板中选择图层"视频.mov"，选择主菜单中的"效果"｜"键控"｜Keylight(1.2)命令，添加高级抠像滤镜，单击Screen Color（屏幕颜色）对应的吸管图标，吸取视图中的蓝色，如图21-2所示。

05 选择View（查看）为Status（状态）查看抠出的蓝色区域是否完整，如图21-3所示。

图21-2　　　　　　　　　　　　　　　　　　　　　　　　图21-3

06 调整Screen Gain（屏幕增益）和Screen Balance（屏幕平衡）的参数值，如图21-4所示。

07 展开Screen Matte（屏幕蒙板）选项组，设置Screen Shrink/Grow为-1.0，其他参数设置如图21-5所示。

08 选择View（查看）模式为Screen Matte（屏幕蒙板），查看抠像的结果，如图21-6所示。

图21-4　　　　　　　　　　图21-5　　　　　　　　　　图21-6

09 选择View（查看）模式为Final Result（最终结果），查看动态抠像结果，如图21-7所示。

10 关闭图层"舞蹈.mov"的可视性，拖动视频"晨.mp4"，选择一段比较合适的视频，打开图层"舞蹈.mov"的可视性，调整图层"舞蹈.mov"的位置到图层"晨"的合适位置，如图21-8所示。

11 展开Keylight特效面板中的Foreground Colour Correction（前景颜色校正）选项，勾选Enable Colour Correction（启用颜色校正），设置Contrast（对比度）为10，展开Colour Suppression（颜色抑制）选项组，选择Suppress（抑制）项为Blue（蓝色），展开Edge Colour Suppression（边缘颜色抑制）选项，参数设置如图21-9所示。

图21-7　　　　　　　　　图21-8　　　　　　　　　　　　　　图21-9

12 打开图层"舞蹈.mov"的（位置）属性，调整位置参数。

13 在时间线空白处单击鼠标右键，选择"新建"｜"纯色"命令，新建一个黑色固态层，命名为"遮幅"，选择遮罩工具，创建一个矩形遮罩，勾选遮罩参数的"反转"选项，如图21-10所示。

图21-10

14 选择"舞蹈.mov"图层，选择主菜单中的"效果"｜"颜色校正"｜"曲线"命令，为其添加"曲线"滤镜，调整亮度和对比度，如图21-11所示。

15 单击"播放"按钮，查看最终的抠像动画效果，如图21-12所示。

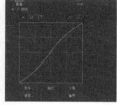 

图21-11

图21-12

实例 022　高级抠像

● **案例文件**┃光盘\工程文件\第3章\022 高级抠像

● **视频文件**┃光盘\视频教学1\第3章\022.mp4

● **难易程度**┃★ ★ ★ ☆ ☆

● **学习时间**┃8分29秒

● **实例要点**┃应用Primatte复杂背景抠像

● **实例目的**┃针对不均匀的蓝幕背景，应用Primatte Keyer可以很容易地解决这些问题，配合颜色抑制滤镜可获得更加理想的效果

┃ **知识点链接** ┃

　　Primatte——方便实用的高级抠像器，可以很好地处理背景颜色不均匀的情况。

┃ **操作步骤** ┃

01 打开软件After Effects CC 2014，导入两段视频素材"鸽子蓝屏"和"松树山"，拖动素材"鸽子蓝屏"至时间线面板，创建了一个名称为"鸽子蓝屏"的合成，拖动素材"松树山"至时间线面板。

02 选中图层"鸽子蓝屏"，选择主菜单中的"效果"│"Primatte"│"Primatte Keyer"命令，添加抠像插件，展开"Selection"（选择）选项，选择第一个按钮"SELECT BG"，如图22-1所示。

图22-1

03 在合成窗口中单击并拖曳鼠标，拾取要抠除的背景蓝色，抠像效果如图22-2所示。

图22-2

04 选择View（查看）模式为Matte（蒙版）选项，抠像效果如图22-3所示。

05 选择Select 中的CLEAN BG（清理背景）按钮，在蒙版视图的黑色区域中单击并拖曳光标，使鸽子之外的区域变成黑色，效果如图22-4所示。

06 使用Select中的CLEAN FG（清理前景）按钮，在需要保留的鸽子区域拖曳鼠标，减少白色区域的杂点，选择View（查看）模式为Comp（合成），查看抠像效果，继续在合成视图中残留的黑色或灰色区域滑动鼠标，如图22-5所示。

图22-3　　　　　　　　　　　　图22-4　　　　　　　　　　　　图22-5

07 展开Correction（校正）选项，勾选Inward Defocus选项，修改其他参数，如图22-6所示。

08 选择View（查看）为Matte（蒙版）选项，展开Alpha Controls（Alpha控制）选项中的色阶，调整参数及抠像效果，如图22-7所示。

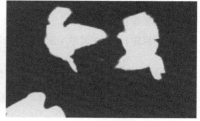

图22-6

图22-7

09 选择View（查看）为Comp（合成）选项，调整色阶参数，效果如图22-8所示。

10 展开Correction（校正）选项，选择Correct中的SPILL SPONGE按钮，在视图中鸽子的边缘拖曳光标，缩小蒙版边缘，展开Composite Controls（合成控制）选项，将Background Layer选择为松树山，展开Spill Killer，勾选Enable，设置Strength为5.0%。

11 选择主菜单中的"效果"｜"键控"｜"溢出抑制"命令，用吸管吸取Select中Base Color Sample的颜色，修改Suppression值为80，效果如图22-9所示。

图22-8

图22-9

12 选择主菜单中的"效果"｜"遮罩"｜"简单阻塞工具"命令，修改"简单阻塞"为2，效果如图22-10所示。

13 单击播放按钮，查看最终的抠像动画效果，如图22-11所示。

图22-10

图22-11

实 例 023　补光

● **案例文件** | 光盘\工程文件\第3章\023 补光

● **视频文件** | 光盘\视频教学1\第3章\023.mp4

● **难易程度** | ★★☆☆☆

● **学习时间** | 2分56秒

● **实例要点** | 灯光设置

● **实例目的** | 本例主要学习通过对三维图层添加灯光的方法调整局部的光照效果，赋予需要的光影效果

▎知识点链接▎

灯光特性——主要是灯光的强度、颜色设置，尽量与原场景匹配。

▎操作步骤▎

01 打开软件After Effects CC 2014，导入一段素材"奇异的花.mp4"，在项目面板中双击视频素材，在"素材"窗口中截取一段合适的素材内容，拖曳视频素材至 上，根据素材创建一个合成。

02 在时间线面板中选择该图层，激活三维属性，在时间线空白处单击鼠标右键，选择"新建" | "灯光"命令，新建一个点光源，对画面进行补光，调整"灯光1"的参数，如图23-1所示。

03 在时间线空白处单击鼠标右键，选

择"新建" | "灯光"命令，新建一个环境光，提高画面中物体的亮度，调整参数如图23-2所示。

图23-1   图23-2

04 单击播放按钮 ，查看补光效果，如图23-3所示。

图23-3

实例 024 皮肤润饰

● **案例文件** | 光盘\工程文件\第3章\024 皮肤润饰

● **视频文件** | 光盘\视频教学1\第3章\024.mp4

● **难易程度** | ★★★☆☆

● **学习时间** | 5分29秒

● **实例要点** | 皮肤降噪

● **实例目的** | 本例主要通过调整曲线改变人物脸部的光亮，应用"移除颗粒"滤镜消除皮肤的噪波，改善人物皮肤的外观

■ **知识点链接** ▌

　　移除颗粒——典型的降噪工具。

　　Magic Bullet Looks——一款很方便的校色插件。

■ **操作步骤** ▌

01 打开软件After Effects CC 2014，导入一段实拍素材"少女.mp4"，从项目窗口中将图标拖曳到▣图标上，根据素材创建一个新的合成。

02 选择主菜单中的"效果"｜"杂色和颗粒"｜"移除颗粒"命令，添加降噪滤镜。展开"钝化蒙板"选项组，在脸部的不同位置调整"数量"的数值，如图24-1所示。

图24-1

03 选择"查看模式"为"最终输出"，将会直接输出降噪效果。复制"少女.mp4"图层，设置顶层"少女.mp4"的混合模式为"柔光"，查看合成预览效果，如图24-2所示。

04 选择顶层图层"少女.mp4"，选择主菜单中的"效果"｜"模糊 和锐化"｜"高斯模糊"命令，添加高斯模糊滤镜，设置"模糊度"为2。

05 选择主菜单中的"效果"｜"颜色校正"｜"曲线"命令，添加曲线滤镜，调整图层的对比度和亮度，效果如图24-3所示。

 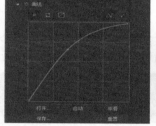 

图24-2　　　　　　　　　　　　　　　图24-3

06 在时间线空白处单击鼠标右键，选择"新建"｜"调整图层"命令，新建一个调节层，选择主菜单中的"效果"｜Magic Bullet Suite｜Magic Bullet Looks命令，添加Looks滤镜。在效果面板中单击Edit按钮，进入Magic Bullet Looks面板，反复切换效果，最终选择People组中的Classic Skin Smoother选项，如图24-4所示。

07 Looks的右侧添加曝光、环境光及色相等滤镜，并调整色相参数，如图24-5所示。

图24-4　　　　　　　　　　　　　　　图24-5

08 保存工程，单击播放按钮▣查看效果，如图24-6所示。

图24-6

实 例
025 倒放

- **案例文件**▎光盘\工程文件\第3章\025 倒放
- **视频文件**▎光盘\视频教学1\第3章\025.mp4
- **难易程度**▎★ ★ ☆ ☆ ☆
- **学习时间**▎3分25秒
- **实例要点**▎动态素材倒放
- **实例目的**▎本例主要学习应用时间反转图层命令反向播放素材

┃ **知识点链接** ┃

　　时间反向图层——使动态素材反向播放。

┃ **操作步骤** ┃

01 打开软件After Effects CC 2014，导入一段视频素材"水.mp4"，从项目窗口中将素材拖曳到█图标上，根据素材创建一个新的合成。拖动时间指针查看正常播放效果，如图25-1所示。

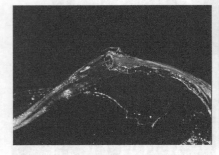  

图25-1

02 选择 "水"图层，选择主菜单中的"图层"｜"时间"｜"时间反向图层"命令，添加时间反转滤镜，视频素材开始倒放。

03 单击播放按钮█，查看倒放效果，如图25-2所示。

 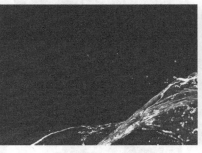 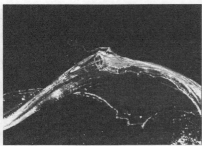

图25-2

第

04 章

三维空间

本章主要讲述After Effects CC 2014在三维空间合成方面的功能，重点讲解灯光和摄影机的应用。

实例 026 立体投影

● **案例文件** | 光盘\工程文件\第4章\026 立体投影

● **视频文件** | 光盘\视频教学1\第4章\026.mp4

● **难易程度** | ★★☆☆☆

● **学习时间** | 11分14秒

● **实例要点** | 立体投影

● **实例目的** | 本例主要学习灯光的设置及三维图层投影参数的设置

知识点链接

灯光特性——调整灯光的位置和投影参数，获得理想的三维投影效果。

操作步骤

01 打开软件After Effects CC 2014，选择主菜单中的"合成"｜"新建合成"命令，创建一个新的合成，选择预设为PAL D1/DV，设置时间长度为6秒。

02 新建一个固态层，命名为"地面"，将颜色设置为浅灰色。激活3D属性▣，调整角度、位置和大小比例，如图26-1所示。

03 在时间线空白处单击鼠标右键，选择"新建"｜"灯光"命令，选择"灯光类型"为"聚光"，新建一个聚光灯，设置灯光的参数，设置"强度"为100，"锥形角度"为100，勾选"投影"选项。打开顶视图，调整灯光的位置，如图26-2所示。

04 新建一个35mm的摄影机，使用摄影机工具▣调整摄影机的位置，效果如图26-3所示。

图26-1

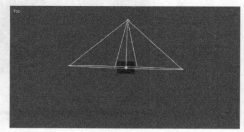

图26-2

图26-3

05 使用文本工具输入字符"VFX798"，激活3D属性，效果如图26-4所示。打开左视图，调整文本的位置，设置文本图层的"投影"选项为"开"，效果如图26-4所示。

06 新建一个点灯光，颜色为浅橙色，设置"强度"为60，取消勾选"投影"选项。打开左视图，调整灯光的位置，使其位于摄影机的前面，如图26-5所示。

图26-4   图26-5

07 选择"灯光1",展开变换属性,激活"位置"的关键帧记录器,创建灯光从左向右移动的位置动画,如图26-6所示。

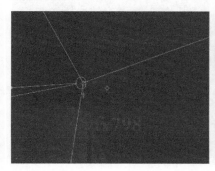  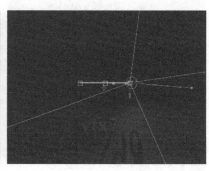

图26-6

08 创建摄影机由远及近运动的动画,效果如图26-7所示。

图26-7

09 选择文本图层,选择主菜单中的"效果"|"透视"|"斜面Alpha"命令,设置参数,如图26-8所示。

10 新建一个黑色固态层,使用遮罩工具绘制一个椭圆形的遮罩,设置羽化值为150,勾选"反转"选项,图层的混合模式为"强光",图层的不透明度值为60%,效果如图26-9所示。

图26-8   图26-9

11 选择"地面"图层,选择主菜单中的"效果"|"过渡"|"线性擦除"命令,添加"线性擦除"滤镜,参数设置及效果显示如图26-10所示。

图26-10

12 单击播放按钮▶，查看动画效果，如图26-11所示。

图26-11

<table>
<tr><td>实 例
027</td><td>**彩色投影**</td></tr>
</table>

● **案例文件**▎光盘\工程文件\第4章\027 彩色投影

● **视频文件**▎光盘\视频教学1\第4章\027.mp4

● **难易程度**▎★ ★ ☆ ☆ ☆

● **学习时间**▎14分27秒

● **实例要点**▎灯光投影　　光线传递

● **实例目的**▎本例主要学习灯光的投影特性，通过光线传递数值的设置，获得彩色玻璃透光的效果

▎知识点链接 ▎

灯光属性——灯光除照明之外的特性，可以设置合理的"透光率"参数值，实现类似彩色玻璃透光的效果。

▎操作步骤 ▎

01 打开软件After Effects CC 2014，导入图片素材"nature_10-053"和"42"，然后选择主菜单中的"合成"｜"新建合成"命令，创建一个新的合成，设置长度为5秒。

02 将图片"42"拖曳到时间线面板中，然后在时间线空白处单击鼠标右键，选择"新建"｜"固态层"命令，新建一个浅灰色图层，复制一次，然后激活图层的3D属性■。

03 在时间线空白处单击鼠标右键，选择"新建"｜"摄像机"命令，创建一个摄影机，然后调整3个图层的角度和位置，呈现立体空间，调整摄影机的角度、大小和位置，获得一个比较好的构图，如图27-1所示。

04 在时间线空白处单击鼠标右键，选择"新建"|"灯光"命令，设置"灯光类型"为"聚光"，"强度"为100%，新建一个聚光灯，在顶视图中调整灯光的位置，如图27-2所示。

图27-1　　　　　　　　　　　图27-2

05 选择"42"图层，选择主菜单中的"效果"|"颜色校正"|"色阶"命令，添加"色阶"滤镜，如图27-3所示。

06 将图片"nature_10-053"拖曳到时间线上，打开三维属性，调整三维角度和位置，如图27-4所示。

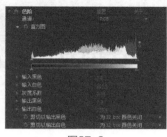

图27-3　　　　　　　　　　　图27-4

07 在时间线面板中展开灯光的"灯光选项"属性，激活"投影"选项为"开"，展开图层"nature_10-053"的"材质选项"属性栏，激活"投影"选项，设置"透光率"为100%，如图27-5所示。

08 选择文本工具，输入字符"飞云裳"，"颜色"为蓝色，激活三维属性，调整位置、大小和角度，查看其投影效果，如图27-6所示。

 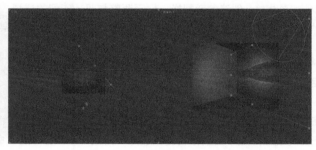

图27-5　　　　　　　　　　　图27-6

09 在时间线空白处单击鼠标右键，选择"新建"|"灯光"命令，新建一个环境灯光，选择"灯光类型"为"环境"，设置"强度"为10%，"颜色"为浅紫色，如图27-7所示。

10 在顶视图中创建聚光灯移动的动画，如图27-8所示。

11 创建摄影机动画，查看彩色投影的动画效果，如图27-9所示。

图27-7

图27-8　　　　　　　　　　　图27-9

实 例	
028	**照片立体化**

● **案例文件**┃光盘\工程文件\第4章\028 照片立体化

● **视频文件**┃光盘\视频教学1\第4章\028.mp4

● **难易程度**┃★★★★☆

● **学习时间**┃11分29秒

● **实例要点**┃基于照片构建立体场景

● **实例目的**┃通过本例学习利用灯光的特性和辅助图层构建一个三维空间，与参照的背景照片相匹配，创建摄影机动画

┃知识点链接┃

网格效果——创建参考网格，便于调整与照片匹配的透视。

灯光——设置灯光的投影属性，将照片图像投影到参考图层上。

┃操作步骤┃

01 启动软件After Effects CC 2014，导入一张照片"墙体"，拖到■图标上，创建一个新的合成，选择预设为PAL D1/DV，时长为10秒。

02 在时间线空白处单击鼠标右键，选择"新建"┃"摄像机"命令，新建一个35mm的摄影机。

03 在时间线空白处单击鼠标右键，选择"新建"┃"固态层"命令，新建一个白色固态层，命名为"栅格1"。

04 选择主菜单中的"效果"┃"生成"┃"网格"命令，添加"网格"滤镜，选择"大小依据"为"宽度滑块"，设置"宽度"为50，"边界"为4。激活该图层的3D属性■，如图28-1所示。

图28-1

05 复制图层，重命名为"栅格2"，旋转呈水平显示。调整上下的位置，底边与图层"栅格1"对齐。调整图层"栅格1"的位置，使两个图层对接成直角，类似于背景的墙体，如图28-2所示。

06 在时间线空白处单击鼠标右键，选择"新建"┃"灯光"命令，选择"灯光类型"为"点"，新建一个点光源，设置"颜色"为白色，勾选"投影"选项，如图28-3所示。

07 复制"墙体"图层，重命名为"映像"，激活3D属性■，缩小到36%。

08 调整"映像"图层的z轴位置，向前离开摄影机一点，然后缩放到满屏，基本与"墙体"图层吻合，如图28-4所示。

图28-2   图28-3   图28-4

09 创建摄影机的动画。拖曳时间线指针，查看合成预览效果，如图28-5所示。

图28-5

实 例
029   变焦

- **案例文件** | 光盘\源文件\第4章\029 变焦
- **视频文件** | 光盘\视频教学1\第4章\029.mp4
- **难易程度** | ★★★☆☆
- **学习时间** | 7分40秒
- **实例要点** | 调整摄影机的焦距
- **实例目的** | 本例主要学习应用运动跟踪器，确定跟踪特征点，将跟踪数据应用于图层运动或效果的控制点运动

┤ 知识点链接 ├

摄影机的"景深"选项，可以很好地使场景产生焦点和虚实的变化。

┤ 操作步骤 ├

01 打开After Effects CC 2014软件，创建一个合成，选择预设为PAL D1/DV 方形像素，时长为6秒。
02 选择文本工具，输入字符"飞云裳影音工社"，激活3D属性；输入字符"VFX798"，激活3D属性；输入字符"影视特效社区"，激活3D属性，如图29-1所示。

03 打开顶视图，调整文本图层的位置，以方便做变焦效果。

04 在时间线空白处单击鼠标右键，选择"新建"｜"摄像机"命令，创建一个35mm的摄影机，勾选"景深"选项。

05 展开摄影机选项，打开顶视图，参数设置如图29-2所示。

图29-1　　　　　　　　　　　　　　　　　图29-2

06 展开摄影机选项，设置参数，调整出变焦的效果，将时间线指针放到1秒的位置，激活"焦距"选项，创建关键帧，效果如图29-3所示。

07 将时间指针放在2秒的位置，调整"焦距"为750，效果如图29-4所示。

08 将时间指针放在3秒的位置，调整"焦距"为1 000，效果如图29-5所示。

图29-3　　　　　　　　　　图29-4　　　　　　　　　　图29-5

09 在时间线空白处单击鼠标右键，选择"新建"｜"固态层"命令，新建一个固态层并命名为"背景"，放在时间线面板的底层，添加"分形杂色"滤镜，设置"杂色类型"为"块"，参数设置及效果显示如图29-6所示。

图29-6

10 选择"背景"图层，激活3D属性，打开顶视图，调整位置，效果如图29-7所示。

11 调整"缩放"图层的参数，将时间线指针放在4秒的位置，调整焦距为1 259，调整文本"飞云裳影视工社"的颜色并加上勾边，效果如图29-8所示。

图29-7　　　　　　　　　　　　　　　図29-8

12 将时间线指针放在5秒的位置，激活"光圈"的关键帧，在5秒10帧的位置设置"光圈"为100。

13 单击播放按钮■，查看最终效果，如图29-9所示。

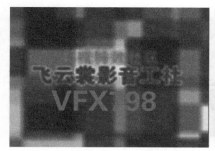

图29-9

实例 030 景深

- **案例文件 |** 光盘\工程文件\第4章\030 景深
- **视频文件 |** 光盘\视频教学1\第4章\030.mp4
- **难易程度 |** ★★★☆☆
- **学习时间 |** 7分37秒
- **实例要点 |** 景深设置
- **实例目的 |** 本例主要学习在三维合成中设置摄影机的焦距、光圈等参数，根据不同的距离产生景深模糊的效果

知识点链接

　　启用景深——激活摄影机的"景深"，设置合适的"模糊层次"数值，调整"焦距"，就会产生景深模糊效果。

操作步骤

01 打开软件After Effects CC 2014，选择主菜单中的"合成"｜"新建合成"命令，创建一个新的合成，选择预设为PAL D1/DV，长度为8秒。

02 选择文本工具▥，输入字符"flying"，激活3D属性▥，复制5次，然后在顶视图调整z轴方向的距离，依次相隔700，如图30-1所示。

03 在时间线空白处单击鼠标右键，选择"新建"｜"摄像机"命令，创建一个广角摄影机，选择预设为15mm，勾选"启用景深"选项，取消勾选"锁定到缩放"选项，如图30-2所示。

04 在时间线面板中展开"摄像机选项"属性栏，调整"焦距"为600，获得比较满意的景深效果，如图30-3所示。

图30-1

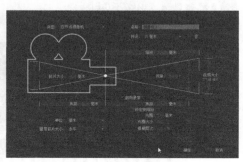

图30-2

05 创建摄影机向前推镜头的动画，直到5秒停止，如图30-4所示。

图30-3　　　　　　　　　　　　　　　　　　图30-4

06 在在5秒到7秒之间，设置"焦距"的关键帧，由350变到800，改变聚焦点，产生虚实变换的动画效果。

07 选择文本图层5，修改字符为"云裳幻像"，调整字符大小和位置，如图30-5所示。

08 选择文本图层6，修改字符为"www.vfx798.cn"，调整字符大小和位置，如图30-6所示。

09 导入一张背景图片，激活3D属性，调整"位置"的数值，放置于最远的位置，放大到1 000%。绘制圆形遮罩，设置"蒙版羽化"为160。

10 选择主菜单中的"效果"｜"生成"｜"梯度渐变"命令，添加渐变滤镜，选择"渐变形状"为"径向渐变"，设置"起始颜色"为深紫色，"结束颜色"为黑色，"渐变起点"为（508.3，384.4），"渐变终点"为（1096.5，796.8），设置"与原始图像混合"参数的关键帧，0秒时为0，6秒时为60%，如图30-7所示。

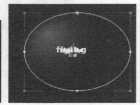

图30-5　　　　　　图30-6　　　　　　　　　　图30-7

11 单击播放按钮▶，查看景深的动画效果，如图30-8所示。

图30-8

<table>
<tr><td>实例
031</td><td>**地球旋转**</td></tr>
</table>

- **案例文件** ┃ 光盘\工程文件\第4章\031 地球旋转
- **视频文件** ┃ 光盘\视频教学1\第4章\031.mp4
- **难易程度** ┃ ★★★☆☆
- **学习时间** ┃ 9分59秒
- **实例要点** ┃ 创建立体球
- **实例目的** ┃ 本例主要学习三维图层的转换，应用CC Sphere滤镜创建立体球体的运动效果

┃ 知识点链接 ┃

CC Sphere——将平面图层变成球面。

无线电波——创建放射的动态波纹。

┃ 操作步骤 ┃

01 打开After Effects CC 2014软件，导入一张图片"山云.jpg"，拖至合成图标上，根据素材创建一个新合成。

02 选择主菜单中的"效果"｜"颜色校正"｜"色阶"命令，添加"色阶"滤镜，效果如图31-1所示。

03 新建一个固态层，命名为"网格"，选择主菜单中的"效果"｜"生成"｜"网格"命令，添加"网格滤镜"，设置该滤镜参数，然后在时间线面板中选择图层混合模式为叠加，查看效果如图31-2所示。

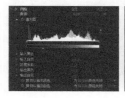

图31-1

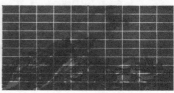

图31-2

04 新建一个固态层，选择图层混合模式为"柔光"，选择主菜单中的"效果"｜"杂色和颗粒"｜"分形杂色"命令，添加分形杂色滤镜，参数设置如图31-3所示，然后激活"演化"选项，创建旋转一周的关键帧。

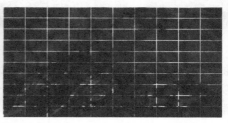

图31-3

05 将合成"山云"拖至合成图标上，创建一个新合成，重命名为"地球"，激活3D属性。选择主菜单中的"效果"｜"透视"｜"CC Sphere"命令，添加"CC Sphere"滤镜。打开"Rotation"选项组，激活"Y Rotation"，创建"Y Rotation"旋转两周的动画，拖曳时间线指针查看效果，如图31-4所示。

图31-4

06 新建一个摄影机，使用摄影机工具调整位置，新建一个灰色固态层，命名为"地面"，激活3D属性，打开旋转属性，将"X轴旋转"设置为90°，调整其位置，将其放置于地球的下面，如图31-5所示。

07 选择图层"地面"，选择主菜单中的"效果"｜"过渡"｜"线性擦除"命令，添加线性擦除滤镜，参数设置如图31-6所示。

图31-5   图31-6

08 新建一个灰色固态层，命名为"背景"，添加"梯度渐变"滤镜，参数设置及效果显示如图31-7所示。使用摄影机工具█调整位置，使其具有立体感。

09 选择图层"山云"，选择主菜单中的"效果"｜"颜色校正"｜"色相/饱和度"命令，添加色相/饱和度滤镜，参数设置及效果显示如图31-8所示。

图31-7   图31-8

10 复制图层"山云"，打开"旋转属性"，将"X轴旋转"设置为90°，拖至合适位置，如图31-9所示。

11 选择图层2位置的"山云"，设置"不透明度"为40，选择主菜单中的"效果"｜"过渡"｜"线性擦除"命令，添加线性擦除滤镜，参数设置及效果显示如图31-10所示。

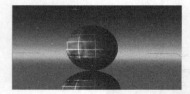

图31-9   图31-10

12 选择图层"地面"，选择主菜单中的"效果"｜"生成"｜"无线电波"命令，添加无线电波滤镜，参数设置及效果显示如图31-11所示。

13 设置图层3的混合模式为"强光"。

14 新建一个白色固态层，命名为"高光"，选择圆形遮罩工具绘制遮罩并复制遮罩。设置遮罩的混合模式为"相减"，羽化值为20，羽化扩展为-2，图层的混合模式为"强光"，图层的"不透明度"为67，效果如图31-12所示。

图31-11   图31-12

15 单击播放按钮█查看最终效果，如图31-13所示。

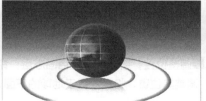

图31-13

实 例
032　　**深入地下**

- **案例文件** | 光盘\源文件\第4章\032 深入地下
- **视频文件** | 光盘\视频教学1\第4章\032.mp4
- **难易程度** | ★★★★☆
- **学习时间** | 46分02秒
- **实例要点** | 创建摄影机　　多视图切换
- **实例目的** | 本例主要学习在三维合成中创建摄影机、设置摄影机的焦距等参数及在三维合成中使用多个视图

▌ 知识点链接 ▐

灯光透射——将背景图层映射到固态层，将照片变成三维空间。

▌ 操作步骤 ▐

01 打开After Effects CC 2014软件，导入素材"地表"，将其拖至合成图标上，根据素材创建一个新合成，合成名称改为"深入地下"。

02 在时间线空白处单击鼠标右键，选择"新建"|"纯色"命令，新建一个固态层。选择主菜单中的"效果"|"生成"|"网格"命令，添加"网格"滤镜，激活图层的3D属性，调整位置，如图32-1所示。

03 复制固态层，回到初始状态，打开右视图，调整图层的位置，最终效果如图32-2所示。

04 新建一个24mm的摄影机，新建一个聚光灯，接受默认值。关闭两个固态层的特效。调整摄影机和灯光的位置，将摄影机位置参数粘贴给图层"地表"和"灯光1"，效果如图32-3所示。

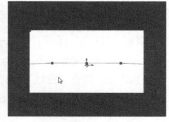

图32-1　　　　　　　　　　　图32-2　　　　　　　　　　　图32-3

05 选择"地表"图层，展开"材质选项"，设置"投影"选项为"仅"，"透光率"为100。打开顶视图，调整"地表"的位置，最终效果如图32-4所示。

06 新建一个空对象，将其拖至"灯光1"下面，链接摄影机为空对象的子对象。隐藏两个固态层，打开空对象的"位置"属性，创建位移动画，0秒时为（640，360，0.0），4秒时为（640,520,0.0）。单击播放按钮▐▶查看预览效果，如图
32-5所示。

图32-4　　　　　　　　　　　　　　　图32-5

07 导入图片素材"剖面.jpg",拖至时间线面板的底层,打开3D属性,展开"材质选项",设置"接受灯光"选项为"关"。选择主菜单中的矩形工具,绘制蒙版,如图32-6所示。

08 打开顶视图,调整"剖面"图层的位置,选择主菜单中的"效果"|"风格化"|"毛边"命令,添加"毛边"滤镜,参数设置及效果显示如图32-7所示。

图32-6 图32-7

09 添加"曲线"滤镜,参数设置及效果显示如图32-8所示。

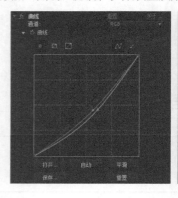

图32-8

10 选择"地表"图层,添加"曲线"滤镜,分别调整RGB、绿色、蓝色、红色的曲线,拖曳时间指针查看效果,如图32-9所示。

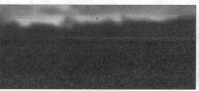

图32-9

11 复制"剖面"图层,导入一张图片素材"SoilRough0066-57-s.jpg",选中图层7,按住Alt键,拖动图片"SoilRough0066-57-s.jpg"至图层7,替换素材"剖面",调整图片的大小和位置,调整遮罩的大小,设置羽化值为239,调整"曲线"和"毛边"滤镜参数至理想效果,如图32-10所示。

12 导入一张图片素材"植物.png",拖至时间线面板的底层,打开3D属性,展开"材质选项",设置"接受阴影"为"关"。复制图层"植物.png"12次,调整位置,效果如图32-11所示。

13 选择所有的植物图层,选择主菜单中的"效果"|"模糊和锐化"|"快速模糊"命令,添加"快速模糊"滤镜,设置"模糊度"为7.5,如图32-12所示。

图32-10 图32-11 图32-12

14 反复调整各图层的位置，以达到理想效果。单击播放按钮▶，查看最终的效果，如图32-13所示。

图32-13

实例 033 揉纸效果

- **案例文件** ┃ 光盘\工程文件\第4章\033 揉纸效果
- **视频文件** ┃ 光盘\视频教学1\第4章\033.mp4
- **难易程度** ┃ ★★★☆☆
- **学习时间** ┃ 14分24秒
- **实例要点** ┃ 三维空间的揉纸动画
- **实例目的** ┃ 在本例中学习应用Mettle FreeForm Pro滤镜插件创建立体空间中的揉纸变形动画

▌ 知识点链接 ▌

Mettle FreeForm Pro——一款立体变形插件，在本例中用于创建揉纸的效果。
聚光灯——应用灯光强化揉纸的立体感。

▌ 操作步骤 ▌

01 打开软件After Effects CC 2014，导入一张飞云裳网站的背景图片，然后选择主菜单中的"合成"｜"新建合成"命令，创建一个新的合成，选择预设为PAL D1/DV，命名为"纸面"，设置时长为6秒，如图33-1所示。
02 选择文本工具▊，输入字符"视觉特效工社"及"www.VFX798.cn QQ:58388116"，如图33-2所示。
03 拖曳合成"纸面"到▣图标上，创建一个新的合成，重命名为"揉纸"。在时间线面板中选择该图层，选择主菜单中的"效果"｜"Mettle"｜"Mettle FreeForm Pro"命令，添加一个自由变形滤镜，在预览视图中可以看到变形滤镜的控制栅格，如图33-3所示。

图33-1　　　　　　　　　　图33-2　　　　　　　　　　图33-3

04 在效果控制面板中展开"Grid"选项组，设置"Rows"和"Columns"数值均为5，如图33-4所示。

图33-4

05 在时间线面板空白处单击鼠标右键，选择"新建"|"摄像机"命令，创建一个摄影机，然后选择摄影机工具，调整不同的视角，这样便于拖曳控制点，使图层产生三维变形，如图33-5所示。

06 在1秒位置，激活"Mesh Distortion"选项的记录动画按钮，创建第一个关键帧，然后拖曳指针到3秒位置，在视图中拖曳控制点，或调整控制点的句柄，调整局域变形的效果，使图层产生三维变形，如图33-6所示。

> **提示**
>
> 为了方便拖曳控制点，可展开"3D Transform"选项组，随时调整旋转角度。

07 拖曳时间线指针到5秒，继续调整变形，如图33-7所示。

图33-5

图33-6

图33-7

> **提示**
>
> 为了方便拖曳控制点，可展开"Grid Control Points"选项组，单独调整每个点的坐标。

08 创建摄影机动画，查看揉纸的动画效果，如图33-8所示。

图33-8

09 为了增强图片揉搓后的立体感，在时间线空白处单击鼠标右键，选择"新建"|"灯光"命令，创建一个聚光灯，选择"灯光类型"为"聚光"，设置颜色为浅黄色，勾选"投影"选项。调整其在视图中的位置，如图33-9所示。

10 在时间线空白处单击鼠标右键，选择"新建"|"灯光"命令，创建一个环境光，设置"灯光类型"为"环境"。设置"灯光2"的参数，"强度"为80%；设置"灯光1"的参数，"强度"为32%。

11 再创建一个点光源，设置"灯光类型"为"点光"，作为补光，取消勾选"投影"选项，设置"强度"为15%。查看动画效果，如图33-10所示。

图33-9   图33-10

12 选择主菜单中的"合成"|"新建合成"命令，新建一个合成，命名为"纹理"，在时间线空白处单击鼠标右键，选择"新建"|"纯色"命令，新建一个固态层，选择主菜单中的"效果"|"杂色和颗粒"|"分形杂色"命令，添加"分形杂色"滤镜，提高"对比度"的数值为220，展开"变换"选项组，取消勾选"统一缩放"选项，设置"缩放高度"为600，如图33-11所示。

 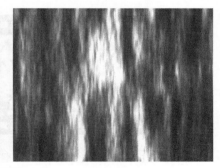

图33-11

13 打开合成"揉纸"，拖曳合成"纹理"到时间线中，关闭其可视性。选择"纸面"图层，在"Freeform"效果面板中展开"Displacement Mapping"选项组，选择"Displacement Layer"为"纹理"，设置"Displacement Height"为5，设置1秒到2秒之间的关键帧，1秒时为0，2秒时为5。查看合成预览的动画效果，如图33-12所示。

  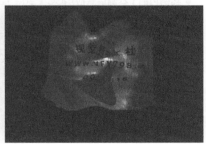

图33-12

14 在时间线空白处单击鼠标右键，选择"新建"|"纯色"命令，新建一个固态层，命名为"背景"，选择主菜单中的"效果"|"生成"|"梯度渐变"命令，添加渐变滤镜，设置"起始颜色"为黑色，"结束颜色"为浅蓝色，如图33-13所示。

图33-13

15 拖曳时间线指针，查看最终的揉纸动画效果，如图33-14所示。

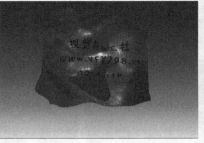

图33-14

实例 034 翻书

● **案例文件** ┃ 光盘\工程文件\第4章\034 翻书
● **视频文件** ┃ 光盘\视频教学1\第4章\034.mp4
● **难易程度** ┃ ★ ★ ☆ ☆ ☆
● **学习时间** ┃ 2分31秒
● **实例要点** ┃ 创建翻书动画
● **实例目的** ┃ 本例讲解应用CC Page Turn滤镜创建翻书的动画效果，应用"投影"增强立体感

┃ 知识点链接 ┃

CC Page Turn——使用该插件实现翻书动画效果。

┃ 操作步骤 ┃

01 启动软件After Effects CC 2014，选择主菜单中的"合成" ┃ "新建合成"命令，创建一个新的合成，命名为"翻书"，长度为10秒。

02 选择"文件" ┃ "导入" ┃ "文件"命令，导入两张图片"2413527_153710528170_2"和"4570400_134103993095_2"，然后拖曳到时间线面板，调整大小及位置。

03 选择"4570400_134103993095_2"图层，选择主菜单中的"效果" ┃ "扭曲" ┃ "CC Page Turn"命令，添加翻转页滤镜，参数设置如图34-1所示。

04 设置"Fold Position"的关键帧，0秒时为（768，366.5），1秒时为（720，288），2秒时为（-325，288）拖曳时间线指针，查看翻书动画效果，如图34-2所示。

图34-1 图34-2

05 选择"效果"｜"透视"｜"投影"命令，添加"投影"滤镜，参数调整及效果显示如图34-3所示。

图34-3

06 单击播放按钮 ▶，查看最终效果，如图34-4所示。

图34-4

实 例
035　　开花

● **案例文件** ┃ 光盘\工程文件\第4章\035 开花

● **视频文件** ┃ 光盘\视频教学1\第4章\035.mp4

● **难易程度** ┃ ★★★★☆

● **学习时间** ┃ 34分14秒

● **实例要点** ┃ Mettle FreeForm Pro创建变形动画

● **实例目的** ┃ 本例主要学习利用Mettle FreeForm Pro创建图层变形动画，并设置灯光的颜色、强度、投影等基本参数，强化立体效果

┃ **知识点链接** ┃

Mettle FreeForm Pro——立体变形插件，创建图层的空间变形效果，模拟开花效果。

聚光灯——应用灯光强化立体感。

操作步骤

01 打开软件After Effects CC 2014，新建一个合成，命名为"花瓣"，设置"宽度"为200，"高度"为400，时长6秒。

02 新建一个玫红色固态层和一个橙色固态层，选择主菜单中的矩形工具，在橙色固态层中绘制一个矩形遮罩，复制4次，并依次排开，如图35-1所示。

03 新建一个合成，选择预设为PAL D1/DV方形像素，命名为"开花"。

04 将合成"花瓣"拖至合成"开花"的时间线面板中，添加"Mettle FreeForm Pro"滤镜，设置"Rows"为3，"Columns"为3。

05 在0秒时激活"Mesh Distortion"关键帧，将时间线指针拖曳到0秒的位置，调整花瓣形状，如图35-2所示。

06 将时间线指针拖曳到2秒的位置，展开"3D Transform"选项组，设置"Y轴旋转"的参数并调整花瓣的形状，如图35-3所示。

  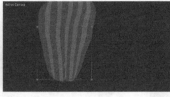 

图35-1　　　　　　　　图35-2　　　　　　　　　　　　　　图35-3

07 0秒时激活图层"X轴旋转"的关键帧记录器，设置参数为0°，2秒时为-12°。

08 复制"花瓣"图层，命名为"花瓣2"，展开"3D Transform"选项组，设置"Y轴旋转"值为270°。

09 复制"花瓣2"图层，命名为"花瓣3"，展开"3D Transform"选项组，设置"Y轴旋转"值为90°。

10 复制"花瓣3"图层，命名为"花瓣4"，展开"3D Transform"选项组，设置"Y轴旋转"值为180°。

11 新建一个35mm的摄影机，新建一个聚光灯，颜色为淡黄色，灯光强度为100，勾选"投影"选项，调整灯光和摄影机的位置。

12 新建一个环境灯光，灯光强度为40，选择摄影机工具调整位置，效果如图35-4所示。

13 在项目面板中复制合成"花瓣"，命名为"花瓣背面"，双击打开合成"花瓣背面"，在时间线面板中设置固态层的颜色，如图35-5所示。

14 将"花瓣背面"拖至合成"开花"时间线面板，并关闭其可视性。设置所有"花瓣"图层的"Backside controls"为"花瓣背面"，效果如图35-6所示。

图35-4　　　　　　　　　　　　图35-5　　　　　　　　　　　图35-6

15 新建一个固态层，命名为"花心"，选择主菜单中的"效果"|"Trapcode"|"Particle"命令，添加粒子滤镜。设置"速度"为0，"重力"为-20，展开"辅助系统"选项组，参数设置如图35-7所示。展开"发射器"选项组，设置"发射附加条件"组中的"预运行"为100。激活"粒子数量/秒"的关键帧记录器，在0秒时设置参数值为400，2帧时为0，"生命"为6，调整"重力"为-8。反复调整参数值的大小，以获得理想的花蕊。

16 将"花心"图层拖至图层7的位置，调整位置，如图35-8所示。

17 创建一个合成，将合成"开花"导入时间线面板，添加"启用时间重映射"滤镜，在1秒18帧的位置添加关键帧，删除0秒位置的关键帧，设置图层的入点为1秒18帧。

18 打开图层"开花"的"缩放"属性，调整数值为62%，添加"发光"滤镜，设置"发光半径"为20，复制"开花"图层两次，调整3个图层的位置及大小，如图35-9所示。

图35-7

图35-8

图35-9

19 选择"开花3"图层，添加"三色调"滤镜，参数设置及效果显示如图35-10所示。

图35-10

20 选择"开花"图层，添加"色相/饱和度"滤镜，设置"主色相"为-160°，效果如图35-11所示。

21 新建一个固态层，命名为"背景"，并激活其3D属性，添加"梯度渐变"滤镜并设置参数，复制"背景"图层，一个作为背景，一个作为地面，查看合成预览效果，如图35-12所示。

图35-11

图35-12

22 设置3个"开花"图层的开花速度并新建一个摄影机。

23 将"花心"图层进行预合成，添加"启用时间重映射"滤镜，设置播放时间。

24 单击播放按钮▶，查看最终效果，如图35-13所示。

图35-13

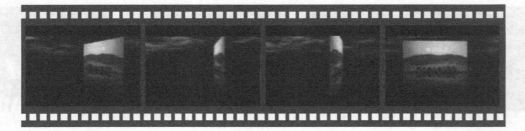

实例 036 模拟反射

- **案例文件** | 光盘\工程文件\第4章\036 模拟反射
- **视频文件** | 光盘\视频教学1\第4章\036.mp4
- **难易程度** | ★ ★ ☆ ☆ ☆
- **学习时间** | 10分48秒
- **实例要点** | 模拟反射效果
- **实例目的** | 本例主要学习在三维空间中模拟地面发射的效果，应用"线性划像"滤镜创建反射图层的淡化效果

知识点链接

线性擦除——模拟反射图层的淡化效果。

操作步骤

01 打开软件After Effects CC 2014，选择主菜单中的"合成"｜"新建合成"命令，创建一个新的合成，选择预设为HDTV 1080 25，设置长度为20秒，命名为"屏幕01"。

02 在时间线空白处单击鼠标右键，选择"新建"｜"固态层"命令，新建一个灰色图层，命名为"标牌"，绘制圆角矩形遮罩，如图36-1所示。

03 导入图片"005.jpg"，放在背景层，调整其比例和位置，设置轨道遮罩模式为Alpha，然后打开"标牌"图层的可视性，设置混合模式为"柔光"，如图36-2所示。

04 选择主菜单中的"合成"｜"新建合成"命令，新建一个合成，选择预设为HDTV 1080 25，设置高度为2160，长度为20秒，命名为"屏幕反射01"，然后将合成"屏幕01"导入时间线，复制一层，命名为"屏幕反射01"，设置缩放为（100，-100），调整两图层在视图中的位置，如图36-3所示。

图36-1

图36-2

图36-3

05 选择"屏幕反射01"，选择主菜单中的"效果"｜"过渡"｜"线性擦除"命令，添加线性擦除滤镜，设置"过渡完成"为55%，"擦除角度"为180°，"羽化"为360，调整"不透明度"为75%，如图36-4所示。

06 选择主菜单中的"合成"｜"新建合成"命令，新建一个合成，命名为"云背景"，选择预设为HDTV 1080 25，长度为20秒，在时间线空白处单击鼠标右键，选择"新建"｜"固态层"命令，新建一个图层，选择主菜单中的"效果"｜"生成"｜"梯度渐变"命令，添加一个渐变滤镜，设置"起始颜色"为深红色，"结束颜色"为黑色，如图36-5所示。

图36-4   图36-5

07 在时间线空白处单击鼠标右键，选择"新建"｜"固态层"命令，新建一个图层，命名为"云"，选择主菜单中的"效果"｜"杂色和颗粒"｜"分形杂色"命令，添加分形噪波滤镜，设置"缩放宽度"为2 000，"缩放高度"为220，"对比度"为360，"亮度"为-50，展开"子设置"选项栏，设置"子影响"为88，"子缩放"为56，设置"演化"参数的关键帧，在合成起点时数值为0度，终点时数值为4圈，如图36-6所示。

08 选择主菜单中的"效果"｜"颜色校正"｜"色相/饱和度"命令，添加"色相/饱和度"滤镜，勾选"色彩化"选项，设置"着色色相"为129°，"着色饱和度"为6，"着色亮度"为-40，图层混合模式为"相加"，如图36-7所示。

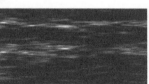

图36-6   图36-7

09 选择主菜单中的"效果"｜"过渡"｜"线性擦除"命令，添加"线性擦除"滤镜，设置"过渡完成"为70%，"羽化"为150，展开"分形杂色"滤镜的"变换"选项组，调整"缩放高度"为400，如图36-8所示。

图36-8

10 选择主菜单中的"效果"｜"模糊和锐化"｜"快速模糊"命令，添加"快速模糊"滤镜，设置"模糊度"为20。

11 选择主菜单中的"合成"｜"新建合成"命令，新建一个合成，命名为"反射合成"，长度为10秒，将合成"屏幕反射01"和"云背景"拖曳到时间线面板中，并激活 "屏幕反射01" 图层的三维属性。

12 在时间线空白处单击鼠标右键，选择"新建"｜"相机"命令，新建一个摄影机并打开"景深"选项，设置"焦距"为278mm，调整视图。设置"屏幕反射01"的动画，从屏幕右边旋转入画面。查看动画效果，如图36-9所示。

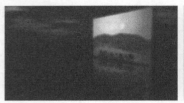 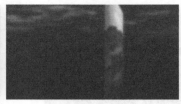 

图36-9

实 例
037 　　虚拟城市

● **案例文件** ┃ 光盘\工程文件\第4章\037 虚拟城市
● **视频文件** ┃ 光盘\视频教学1\第4章\037.mp4
● **难易程度** ┃ ★★★★☆
● **学习时间** ┃ 26分27秒
● **实例要点** ┃ 构建三维场景
● **实例目的** ┃ 本例学习在三维空间中创建立体楼房，然后激活塌陷变换功能，通过控制摄影机来创建三维场景的动画

┃ **知识点链接** ┃

　　立方体构成——调整三维图层的位置和角度，组成立方体。
　　塌陷变换——激活三维合成的"塌陷变换"按钮■，能够在新的合成中保持三维属性。

┃ **操作步骤** ┃

01 打开软件After Effects CC 2014，导入图片素材"building-side.jpg"，将其拖至合成图标上，根据素材创建一个合成。

02 在时间线空白处单击鼠标右键，从弹出的菜单中选择"新建"|"纯色"命令，新建一个黑色图层。选择矩形遮罩工具■，随机绘制遮罩，以显露图片"building-side.jpg"中的灯光，如图37-1所示。

03 选择"building-side"图层，将其拖至合成图标上，创建一个新合成，激活3D属性，选择复制图层"building-side"，按R键，展开旋转属性，设置"Y轴旋转"值为90°；复制"building-side"图层，按R键，展开旋转属性，设置"Y轴旋转"值为-90°，复制"building-side"图层，按P键，展开位置属性，调整参数。新建一个35mm的摄影机，打开顶视图，调整位置，最终构建楼房的四面墙壁。

04 导入图片素材"roof.jpg"，拖至时间线面板，激活3D属性，按R键，展开旋转属性，设置"X轴旋转"值为-90°，使用摄影机工具■调整位置，将其作为楼房的楼顶，最终效果如图37-2所示。

05 选择主菜单中的"合成"|"新建合成"命令，再创建一个新的合成，命名为"楼"。将合成"building-side. 2"拖至合成窗口。复制"building-side. 2"图层，选择图层2，选择主菜单中的"效果"|"颜色校正"|"色调"命令，添加"色调"滤镜，调整"将白色映射到"对应的颜色为黑色。添加"快速模糊"滤镜，调整"模糊度"的数值为63，勾选"重复边缘像素"。打开"缩放"属性，取消锁定同比例大小，修改"缩放"的数值。

06 新建一个合成，命名为"虚拟城市"，拖曳合成"楼"至时间线面板，激活■，塌陷图层变换，这时可以看到

立体的楼群。调整"缩放"的数值为78,导入图片"roof.jpg",拖至时间线面板,按R键,展开旋转属性,设置"X轴旋转"为90°,调整位置,使其作为地面。选择主菜单中的"效果"|"风格化"|"动态拼贴"命令,添加"动态拼贴"滤镜,参数设置如图37-3所示。

07 调整 "楼"图层的缩放数值。新建一个摄影机,使用摄影机工具█调整位置,如图37-4所示。

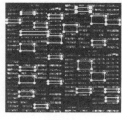

图37-1

图37-2

图37-3

图37-4

08 复制 "楼"图层6次,分别调整位置和缩放数值,使用摄影机工具█调整楼群位置,创建摄影机由远及近的位移动画。

09 选择文本工具,输入字符"flying cloth",激活文本的3D属性,调整位置,将其放置楼顶,选择主菜单中的"效果"|"风格化"|"发光"命令,添加"发光"滤镜,设置"发光阈值"为54.5,反复调整文本图层的位置,最终效果如图37-5所示。

10 导入图片素材"NY Skyline.jpg",将其拖至时间线面板的底层,调整图层的位置。

11 新建一个"点灯光",调整位置,设置灯光的"强度"为60。

12 新建一个调节层,添加"发光"滤镜,设置"发光阈值"为20。

13 选择"NY Skyline.jpg",展开"不透明度"属性,设置不透明度为45°。添加"快速模糊"滤镜,设置"模糊度"为5,效果如图37-6所示。

14 选择 "roof.jpg"图层,添加"曲线"滤镜,调整画面的亮度和对比度,效果如图37-7所示。

图37-5

图37-6

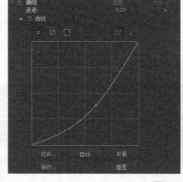

图37-7

15 单击播放按钮█查看最终效果,如图37-8所示。

图37-8

实例 038 立体网格

- **案例文件**｜光盘\工程文件\第4章\038 立体网格
- **视频文件**｜光盘\视频教学1\第4章\038.mp4
- **难易程度**｜★★★☆☆
- **学习时间**｜23分38秒
- **实例要点**｜构建光线空间
- **实例目的**｜本例主要应用光线构建三维空间，并设置"空对象"作为摄像机的父体从而控制摄影机的运动

｜ 知识点链接 ｜

分形杂色——应用分形噪波滤镜生成动态的光线效果。

三维图层属性——调整图层在三维空间的位置和角度。

｜ 操作步骤 ｜

01 打开软件After Effects CC 2014，选择主菜单中的"合成"｜"新建合成"命令，创建一个新的合成，设置长度为10秒，命名为"光束"。

02 在时间线面板空白处单击鼠标右键，选择"新建"｜"固态层"命令，创建一个黑色固态层，选择主菜单中的"效果"｜"杂色和颗粒"｜"分形杂色"命令，添加"分形杂色"滤镜。

03 选择"分形类型"为"字符串"，设置"对比度"为300，"溢出"为"剪切"，图层的缩放为（8 000，100），如图38-1所示。

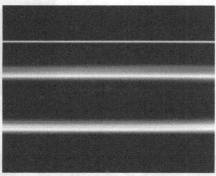

图38-1

04 展开"子设置"选项组，设置"子影响"为120，"子缩放"为15，如图38-2所示。

05 在"分形杂色"滤镜控制面板中展开"演化选项"选项组，勾选"循环演化"选项，设置"随机植入"为380，如图38-3所示。

06 设置"子旋转"参数的关键帧，合成起点的数值为0°，终点的数值为3°；设置"演化"参数关键帧，在合成起点时数值为137°，终点的数值为135°，勾选"中心辅助比例"选项。查看动画效果，如图38-4所示。

图38-2

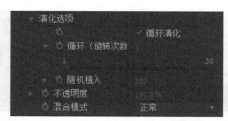
图38-3

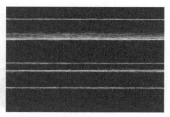
图38-4

07 选择主菜单中的"效果"|"风格化"|"发光"命令，添加"发光"滤镜，设置"发光阈值"为36，"发光半径"为18，"发光强度"为2，选择"发光颜色"选项为"A和B颜色"，设置"颜色A"为蓝色，如图38-5所示。

08 选择主菜单中的"合成"|"新建合成"命令，新建一个合成，设置长度为8秒，命名为"栅格"，尺寸为1440×576。在时间线空白处单击鼠标右键，选择"新建"|"纯色"命令，新建一个图层，选择主菜单中的"效果"|"生成"|"网格"命令，添加"网格"滤镜，选择"大小依据"选项为"宽度滑块"，"宽度"为72，如图38-6所示。

图38-5

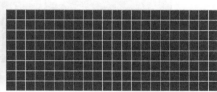
图38-6

09 选择主菜单中的"合成"|"新建合成"命令，新建一个合成，命名为"网格空间"，长度为8秒。在时间线空白处单击鼠标右键，选择"新建"|"纯色"命令，新建一个黑色图层，命名为"背景"。选择主菜单中的"效果"|"生成"|"四色渐变"命令，添加"四色渐变"滤镜。设置"颜色1"为蓝色，"颜色2"为绿色，"颜色3"为紫色，"颜色4"为黑色，如图38-7所示。

10 在时间线空白处单击鼠标右键，选择"新建"|"空对象"命令，新建一个"空对象"，激活3D属性，然后从项目面板中拖曳光束到时间线面板中3次，设置混合模式为"相加"，分别调整角度和位置，呈立体交叉，然后把3个光束链接为"空对象"的子物体，调整"空对象"的角度，便于查看空间效果，如图38-8所示。

图38-7

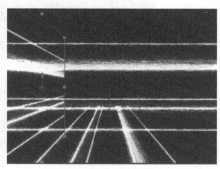
图38-8

11 选择主菜单中的"效果"|"模糊和锐化"|"高斯模糊"命令，为光束图层添加"高斯模糊"滤镜，设置"模糊度"为200，"模糊方向"为"水平"，降低"不透明度"到40%，如图38-9所示。

12 将"空对象"的角度复原，然后拖曳合成"栅格"到时间线面板中进行复制，调整角度和位置。分别把3个栅格图层链接为"空对象"的子对象，并调整"空对象"的角度，便于查看空间效果，调整图层"栅格"的"不透明度"到20%，调整3个栅格图层的混合模式为"相加"。查看合成预览效果，如图38-10所示。

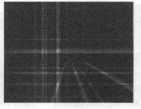

图38-9　　　　　　　　　　　　　　图38-10

13 在时间线空白处单击鼠标右键，选择"新建"｜"摄像机"命令，新建一个摄影机，调整位置和角度。

14 选择"光束"，创建上下移动的动画，复制3次，调整它们在时间线上的时间点，然后链接成"空对象"的子物体，呈连续运动。

15 设置摄影机位置的关键帧，创建摇镜头动画。单击播放按钮▶▶，查看立体网格空间的动画效果，如图38-11所示。

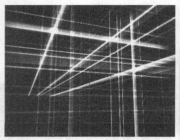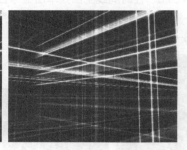

图38-11

| 实 例 **039** | **水晶球** |

- **案例文件**｜光盘\工程文件\第4章\039 水晶球
- **视频文件**｜光盘\视频教学1\第4章\039.mp4
- **难易程度**｜★★★☆☆
- **学习时间**｜19分10秒
- **实例要点**｜球面无缝贴图　　地面反射效果
- **实例目的**｜通过三维球体的创建并赋予贴图纹理，模拟地面反射效果，强化三维空间

┨ 知识点链接 ┠

极坐标——极坐标变换，创建球形贴图。

CC Sphere——制作球体。

┨ 操作步骤 ┠

01 打开软件After Effects CC 2014，导入两张图片素材"pic01.jpg"和"pic02.jpg"，将"pic01.jpg"拖至合成图标，根据素材创建一个合成。

02 选择 "pic01.jpg" 图层，选择主菜单中的"效果" | "扭曲" | "极坐标"命令，添加"极坐标"滤镜，设置"插值"为100，如图39-1所示。

03 复制 "pic01.jpg" 图层，展开"缩放"属性，设置"缩放"为-100。选择主菜单中的"效果" | "过渡" | "线性擦除"命令，添加"线性擦除"滤镜，然后调整图层的位置，设置参数，如图39-2所示。

图39-1 图39-2

04 将图片"pic02.jpg"拖至合成图标上，创建一个新合成，选择矩形遮罩工具，绘制遮罩，并复制 "pic02.jpg" 图层，调整位置，如图39-3所示。

05 选择图层1，激活"独奏"属性，添加"线性擦除"滤镜，设置"过渡完成"为8，"擦除角度"为90°，"羽化"为60，取消"独奏"属性；选择图层2，设置"过渡完成"为8，"擦除角度"为270°，"羽化"为60。调整图层的位置，修改合成尺寸，使画面填满合成窗口，如图39-4所示。

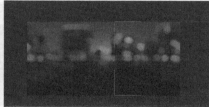

图39-3 图39-4

06 将合成"pic02"拖至合成图标上，创建一个新合成，选择主菜单中的"效果" | "扭曲" | "偏移"命令，添加"偏移"滤镜，激活"将中心转化为"选项的关键帧记录器，0秒时数值为（570.0，360.0），最后一秒时数值为（1 422.0，360.0）。

07 创建一个新合成，选择预设为PAL D1/DV方形像素，时长为10秒，命名为"水晶球"。将合成"pic01"拖至时间线面板，选择主菜单中的"效果" | "透视" | "CC Sphere"命令，添加"CC Sphere"滤镜，参数设置及效果显示如图39-5所示。

08 将合成"pic 03"拖至时间线面板的顶层，设置图层的混合模式为"相加"，设置图层的"不透明度"为100%。新建一个固态层并命名为"蒙版"，使用矩形遮罩工具绘制遮罩，设置图层"pic 03"的蒙版模式为"Alpha遮罩"，设置遮罩的羽化值为97，如图39-6所示。

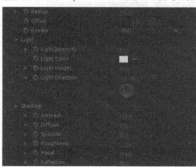

图39-5 图39-6

09 新建一个调节层，添加"曲线"滤镜，参数设置及效果显示如图39-7所示。

10 创建一个新合成并命名为"最后"，将合成"水晶球"拖至时间线面板，新建一个固态层，命名为"地面"，激活3D属性，打开旋转属性，设置"X轴旋转"为90°，将其拖至合成窗口的底层作为地面，添加"渐变"滤镜，参数设置及效果显示如图39-8所示。

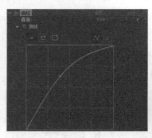   

图39-7 图39-8

11 打开 "水晶球" 图层的 "缩放" 属性，设置 "缩放" 为70，新建一个白色固态层并命名为 "背景"，拖至时间线面板的底层，选择 "地面" 图层，添加 "线性擦除" 滤镜，参数设置如图39-9所示。

图39-9

12 复制 "水晶球" 图层，重命名为 "水晶球反射"，设置 "缩放" 为（70.0，-70.0），设置 "位置" 为（236.0，626.0），效果如图39-10所示。

13 选择 "水晶球反射" 图层，添加 "线性擦除" 滤镜，参数设置及效果显示如图39-11所示。设置图层的混合模式为 "相加"，"水晶球" 图层的混合模式为 "柔光"。

图39-10 图39-11

14 拖动时间线指针查看效果，如果不满意，可重新调整合成 "水晶球"。打开合成 "水晶球"，新建一个灰色固态层，使用钢笔工具绘制蒙版，为水晶球添加阴影，设置图层的混合模式为 "Add"，效果如图39-12所示。

15 复制 "pic 01" 图层，拖至时间线面板的顶层，设置固态层轨道遮罩模式为 "Alpha遮罩pic 01"，设置固态层的不透明度为12%。

16 复制 "水晶球" 和 "水晶球反射" 图层，命名为 "水晶球2" 和 "水晶球反射2"，调整位置和缩放数值为45，新建一个固态层，添加 "渐变" 滤镜，设置图层的混合模式为 "屏幕"，图层的 "不透明度" 为50，参数设置及效果显示如图39-13所示。

图39-12 图39-13

17 单击播放按钮查看最终预览效果，如图39-14所示。

图39-14

实例
040　三维雾效

- **案例文件** | 光盘\工程文件\第4章\040 三维雾效
- **视频文件** | 光盘\视频教学1\第4章\040.mp4
- **难易程度** | ★★★☆☆
- **学习时间** | 3分11秒
- **实例要点** | 应用"3D通道"滤镜
- **实例目的** | 通过本例学习RPF文件通道信息的使用，在合成中添加3D通道滤镜，包括深度蒙版、ID指向及3D雾效等，增强三维合成的效果

知识点链接

RPF文件——包含对象ID、材质ID、Z通道等丰富的图像信息，为后期处理提供了很多条件。
雾3D——通过调整远近深度的数值来改变雾效的起始点。

操作步骤

01 启动软件After Effects CC 2014，导入一段RPF序列文件，在弹出的"解释素材"对话框中勾选"忽略"选项，这样忽略通道，保留背景，如图40-1所示。

02 拖曳该素材到■图标上，创建一个新的合成，命名为"depth"。

03 选择主菜单中的"效果" | "3D通道" | "3D通道提取"命令，添加"3D通道提取"滤镜，参数设置及效果显示如图40-2所示。

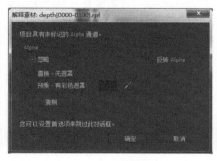

图40-1

图40-2

04 选择主菜单中的"效果" | "3D通道" | "雾3D"命令，添加雾滤镜，关闭"3D通道提取"滤镜，参数设置及效果显示如图40-3所示。

05 新建一个黑色固态层，添加"分形杂色"滤镜，参数设置及效果显示如图40-4所示。

图40-3

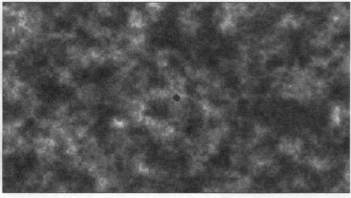

图40-4

06 选择固态层，将其预合成，命名为"噪波"。设置"雾3D"中的"渐变图层"为噪波图层，"图层贡献"为50。设置"分形杂色"的参数，如图40-5所示。

07 设置"演化"的关键帧，旋转2周，设置"变换"选项组中"缩放"和"偏移（湍流）"的关键帧动画，调整"复杂度"为6。

08 将合成"噪波"拖至合成"depth"，修改特效"雾3D"的参数，如图40-6所示。

图40-5 图40-6

09 单击播放按钮，查看雾效的动画效果，如图40-7所示。

图40-7

第

05

章

美术效果

本章讲述了几种典型的美术效果，这也是影视后期制作中常用
的素材加工手法。

水墨

● **案例文件**｜光盘\工程文件\第5章\041 水墨

● **视频文件**｜光盘\视频教学1\第5章\041.mp4

● **难易程度**｜★★☆☆☆

● **学习时间**｜4分45秒

● **实例要点**｜勾勒明暗边缘　消除图像细节

● **实例目的**｜本例学习应用风格化滤镜勾勒边缘，应用色阶和高斯模糊滤镜消除图像细节，通过消除颜色和图层混合获得水墨效果

▌知识点链接▐

色阶——调高亮度，消除图像的细节。

中间值——将图像色块化，将轮廓和色彩交界进一步柔化。

▌操作步骤▐

01 打开软件After Effects CC 2014，导入一段实拍素材"自然之美.mp4"，拖到▣图标上，创建一个新的合成，命名为"水墨效果"。

02 在时间线面板中复制该图层。选择下面的图层，激活"独奏"，选择主菜单中的"效果"｜"颜色校正"｜"色相/饱和度"命令，添加"色相/饱和度"滤镜，降低"主饱和度"为-100%，消除图像的颜色。

03 选择主菜单中的"效果"｜"颜色校正"｜"色阶"命令，添加"色阶"滤镜，向左移动右边的小三角，增加输入白点，消除图像的明暗细节，如图41-1所示。

04 选择主菜单中的"效果"｜"杂色和颗粒"｜"中间值"命令，添加"中间值"滤镜，设置半径为15，将图像色块化，如图41-2所示。

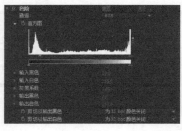

图41-1　　　　　　　　　　　　　　　　　　　图41-2

05 选择主菜单中的"效果"｜"风格化"｜"发光"命令，添加"发光"滤镜，设置"发光阈值"为90%，"发光半径"为15，"发光强度"为0.5，查看预览效果，如图41-3所示。

06 关闭该图层的"独奏"。选择上面的图层，激活"独奏"，选择主菜单中的"效果"｜"颜色校正"｜"色相/饱和度"命令，添加"色相/饱和度"滤镜，降低"主饱和度"为-100%，消除图像的颜色。

图41-3

07 添加"曲线"滤镜，如图41-4所示。

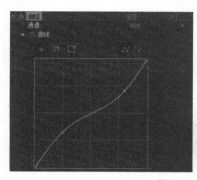

08 选择主菜单中的"效果"｜"风格化"｜"查找边缘"命令，添加"查找边缘"滤镜，设置"与原始图像混合"选项为26，提取山及人物的轮廓，如图41-5所示。

图41-4   图41-5

09 添加"色阶"滤镜，如图41-6所示。

10 添加"高斯模糊"滤镜，设置"模糊度"为2，如图41-7所示。

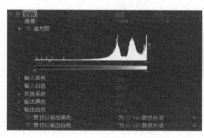
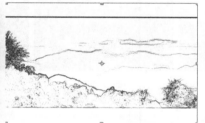
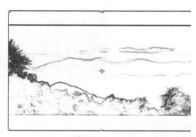

图41-6   图41-7

11 取消"独奏"，设置该图层的混合模式为"相乘"，设置不透明度为62%，查看合成预览效果，如图41-8所示。

12 选择底层，调整色阶参数，如图41-9所示。

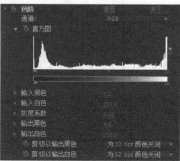

图41-8   图41-9

13 调整"中间值"滤镜的"半径"为10。

14 从项目窗口中拖曳合成"水墨效果"到合成图标上，创建一个新的合成，重命名为"水墨最终"。

15 导入一张风景图片，拖曳到时间线面板的底层。

16 选择图层"水墨效果"，设置该图层的混合模式为"相乘"，如图41-10所示。

17 添加"曲线"滤镜，如图41-11所示。

图41-10　　　　　　　　　　　　　　图41-11

18 激活合成"水墨效果"，选择顶层
"水墨2"，调整"查找边缘"滤镜的混
合参数值为20%，如图41-12所示。

图41-12

19 激活合成"水墨最终"，调整底层不透明度为10%，查看最终合成预览效果，如图41-13所示。

图41-13

**实　例
042**　　**淡彩**

● **案例文件** ┃ 光盘\工程文件\第5章\042 淡彩

● **视频文件** ┃ 光盘\视频教学1\第5章\042.mp4

● **难易程度** ┃ ★★☆☆☆

● **学习时间** ┃ 5分15秒

● **实例要点** ┃ 消除图像细节　　　勾勒明暗边缘

● **实例目的** ┃ 本例学习应用色阶和中间值滤镜消除图像细节，通过降低饱和度和图层混合，获得淡彩效果

▎知识点链接▎

线性颜色键——线性抠像滤镜能消除大面积的底色和中间色，再通过色阶滤镜减少过渡。

中间值——通过将图像色块化，使轮廓和色彩交界进一步柔化。

01 打开软件After Effects CC 2014，导入一段实拍素材"环城河.mp4"，选择主菜单中的"合成"|"新建合成"命令，创建一个新的合成，名称保持默认，选择预设为 D1/DV PAL（1.09），时间长度为5秒，拖曳视频素材到时间线面板上，然后复制一层。

02 在时间线面板中选择上面的图层，选择主菜单中的"效果"|"键控"|"线性颜色键"命令，添加"线性颜色键"滤镜。单击吸管▓，在合成窗口中吸取白色，然后调整其他参数，如图42-1所示。

图42-1

03 选择主菜单中的"效果"|"模糊和锐化"|"高斯模糊"命令，添加"高斯模糊"滤镜，设置"模糊度"为1，设置该图层混合模式为"相乘"，效果如图42-2所示。

04 在时间线面板中选择下面的图层，选择主菜单中的"效果"|"颜色校正"|"色阶"命令，添加"色阶"滤镜。向左拖曳右边的小三角以增大"输入白色"的值，目的是消除图像的明暗细节，如图42-3所示。

图42-2

图42-3

05 选择主菜单中的"效果"|"杂色和颗粒"|"中间值"命令，添加"中间值"滤镜，设置"半径"为5，将图像色块化，如图42-4所示。

06 选择主菜单中的"效果"|"颜色校正"|"色阶"命令，添加"色阶"滤镜，调整滤镜，再一次消除图像的明暗细节，如图42-5所示。

图42-4

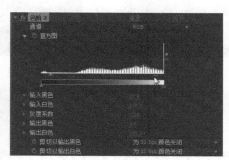

图42-5

07 选择主菜单中的"效果"|"颜色校正"|"色相/饱和度"命令，添加"色相/饱和度"滤镜，降低"主饱和度"为-37，查看预览效果，如图42-6所示。

08 在项目窗口中拖曳合成"合成1"到▣图标上，创建一个新的合成，重命名为"淡彩效果完成"。导入图片"图片1"和"176076…48-2"，将其拖曳到时间线上，调整图层的大小，获得比较合适的构图。设置"淡彩效果"图层的混合模式为"相乘"，如图42-7所示。

图42-6

图42-7

09 在时间线上选择"宣纸"，选择主菜单中的"效果"｜"颜色校正"｜"色阶"命令，添加"色阶"滤镜，调整后的效果如图42-8所示。

10 选择主菜单中的"效果"｜"颜色校正"｜"色相/饱和度"命令，添加"色相/饱和度"滤镜，降低"主饱和度"为-23，查看合成预览效果，如图42-9所示。

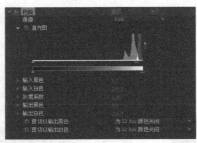

图42-8

图42-9

11 在时间线空白处单击鼠标右键，选择"新建"｜"纯色"命令，新建一个黑色固态层，绘制蒙版，勾选"反转"选项，效果如图42-10所示。

12 调整"题字"图层在画面中的位置，为其创建淡入动画，即设置透明度的关键帧。单击播放按钮，查看合成预览效果，如图42-11所示。

图42-10

图42-11

实例 043 铅笔素描

● **案例文件** | 光盘\工程文件\第5章\043 铅笔素描

● **视频文件** | 光盘\视频教学1\第5章\043.mp4

● **难易程度** ┃ ★★☆☆☆

● **学习时间** ┃ 2分57秒

● **实例要点** ┃ 笔触描边效果

● **实例目的** ┃ 本例学习使用查找边缘和画笔描边滤镜创建描边和笔触的效果

┃ **知识点链接** ┃

　　查找边缘——勾勒出图像中人物的轮廓。

　　画笔描边——产生画笔的笔触效果。

┃ **操作步骤** ┃

01 打开软件After Effects CC 2014，导入一段素材，然后拖曳到合成图标上，创建一个新的合成，并复制该图层。

02 在时间线面板中选择上面的图层，选择主菜单中的"效果"｜"风格化"｜"查找边缘"命令，添加"查找边缘"滤镜，勾勒出人物的轮廓，如图43-1所示。

图43-1

03 选择主菜单中的"效果"｜"颜色校正"｜"色相/饱和度"命令，添加色相/饱和度滤镜，降低"主饱和度"的值到-100%，如图43-2所示。

04 选择主菜单中的"效果"｜"颜色校正"｜"色阶"命令，添加"色阶"滤镜，调整输入黑白点及输出黑点的参数值，减少图像中的细节，尽量保留比较好的轮廓线，如图43-3所示。

图43-2

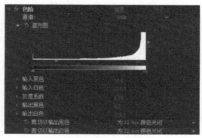

图43-3

05 选择主菜单中的"效果"｜"风格化"｜"画笔描边"命令，添加"画笔描边"滤镜，如图43-4所示。

06 选择主菜单中的"效果"｜"模糊和锐化"｜"高斯模糊"命令，添加"高斯模糊"滤镜，设置"模糊度"为2，如图43-5所示。

图43-4

图43-5

07 新建一个白色固态层，命名为"背景"，并拖曳到最底层。

08 选择图层2，激活"独奏"，选择主菜单中的"效果"｜"颜色校正"｜"色相/饱和度"命令，添加"色相/饱和度"滤镜，降低饱和度到-100，如图43-6所示。

09 取消图层2的"独奏"。设置图层1的混合模式为"相乘"，降低不透明度为80%，降低图层2的不透明度为

20%，查看合成预览效果，如图43-7所示。

图43-6　　　　　　　　　　　　　　　　　　图43-7

实　例 044　　**油画**

- **案例文件**┃光盘\工程文件\第5章\044 油画
- **视频文件**┃光盘\视频教学1\第5章\044.mp4
- **难易程度**┃★★☆☆☆
- **学习时间**┃3分03秒
- **实例要点**┃油画效果
- **实例目的**┃本例学习应用Video Gogh滤镜创建油画效果

┃知识点链接┃

Video Gogh——制作油画或水彩效果的插件。

┃操作步骤┃

01 打开软件After Effects CC 2014，选择"合成"｜"新建合成"命令，新建一个合成，命名为"油画"，选择预设为PAL D1/DV，"持续时间"为3秒。

02 导入素材"森林"到时间线上，缩放至适合大小，如图44-1所示。

03 为图层添加"画笔描边"滤镜并设置粒子动画，参数设置如图44-2所示。

图44-1　　　　　　　　　　　　　　　　图44-2

04 将图层复制一层，重命名为"森林通道"，并添加"色相/饱和度"滤镜，为其去色，再添加"曲线"滤镜提高对比度，并关闭其可视性，如图44-3所示。

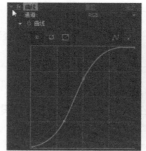

图44-3

05 新建一个调节层，添加"置换图"滤镜，如图44-4所示。

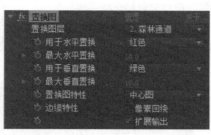

图44-4

06 选择主菜单中的"效果"｜"RE:Vision Plug-ins"｜"Video Gogh"命令，添加"艺术画"滤镜，如图44-5所示。

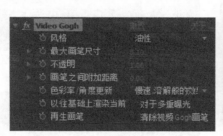

图44-5

实例 045　墨迹飘逸

- **案例文件**｜光盘\工程文件\第5章\045 墨迹飘逸
- **视频文件**｜光盘\视频教学1\第5章\045.mp4
- **难易程度**｜★★★☆☆
- **学习时间**｜8分41秒
- **实例要点**｜应用蓝宝石滤镜
- **实例目的**｜通过本例学习应用蓝宝石滤镜，创建沿路径分布的墨迹飘逸动画效果

▌知识点链接 ▌

S_WarpBubble——Sapphire插件组的成员，用于制作墨迹飘逸效果。

▌操作步骤 ▌

01 打开软件After Effect CC 2014，选择主菜单中的"合成"｜"新建合成"命令，新建一个合成，命名为"流动线"，选择预设为PAL D1/DV，长度为5秒。

02 选择主菜单中的"图层"｜"新建"｜"固态层"命令，创建一个白色的固态层，命名为"背景"，尺寸设置与合成一致。

03 选择主菜单中的"图层"｜"新建"｜"固态层"命令，创建一个白色的固态层，命名为"3D Stroke"，尺寸设置与合成一致。

04 选择"3D Stroke"图层，在工具栏中选择钢笔工具 ，直接在合成预览窗口中绘制一条曲线，效果如图45-1所示。

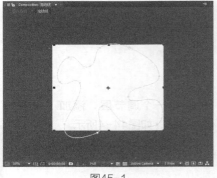

图45-1

05 在时间线窗口中选择"3D Stroke"图层，双击效果预设面板下"Trapcode"组中的"3D Stroke"效果，在效果控制面板中单击"颜色"对应的色块，设置颜色为黑色，查看合成预览效果，如图45-2所示。

图45-2

06 设置"厚度"为25，"羽化"为100，"末"为50，勾选"循环"选项，查看合成预览效果，如图45-3所示。

图45-3

07 激活"锥度"属性组中的"应用"选项，这时的勾边两端是尖的，设置"终点厚度"为100，查看合成预览效果，如图45-4所示。

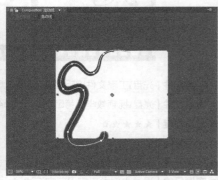

图45-4

08 展开3D勾边效果的"变换"属性，调整弯曲变形等参数，查看合成预览效果，如图45-5所示。

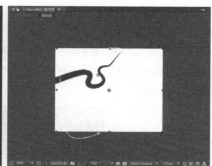

图45-5

09 展开"摄像机"属性，调整"XY位置"参数值，具体设置及效果显示如图45-6所示。

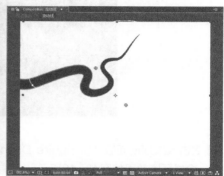

图45-6

10 在时间线窗口中，设置"3D Stroke"效果组中的"偏移"和"Z旋转"效果动画，拖曳当前时间线指针到起点位置，添加关键帧，拖曳当前时间指针到04:24位置，具体参数设置如图45-7所示。

图45-7

11 在时间线窗口中拖曳时间线指针，查看合成预览效果，如图45-8所示。

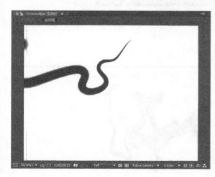

图45-8

12 选择主菜单中的"合成"│"新建合成"命令，创建一个合成，命名为"墨迹飘逸"，选择预设为PAL D1/DV，长度为5秒。

13 从项目窗口中拖曳合成"舞动线"到合成"墨迹飘逸"时间线窗口中，选择 "舞动线"图层，双击效果预设面板"Sapphire Distort"组中的"S_WarpBubble2"效果，在效果控制面板中调整其各项参数，合成预览效果如图45-9所示。

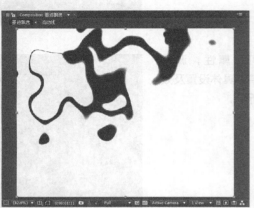

图45-9

14 双击效果预设面板"Sapphire Distort"组中的"S_WarpBubble"效果，在效果控制面板中调整其各项参数，合成预览效果如图45-10所示。

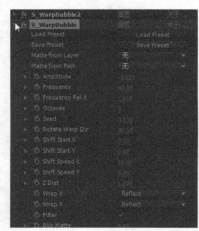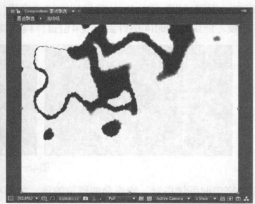

图45-10

15 在时间线窗口中拖曳时间线指针，查看最终合成预览效果，如图45-11所示。

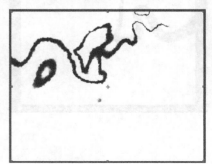

图45-11

实例 046　墨滴

- **案例文件** | 光盘\工程文件\第5章\046 墨滴
- **视频文件** | 光盘\视频教学1\第5章\046.mp4
- **难易程度** | ★★★☆☆
- **学习时间** | 18分05秒
- **实例要点** | 墨滴晕染效果
- **实例目的** | 本例应用多种滤镜创建墨滴晕染扩散的动画效果

▌ 知识点链接 ▌

分形杂色——创建墨滴的噪波贴图。

粗糙边缘——创建墨滴扩散边缘晕染的效果。

▌ 操作步骤 ▌

01 打开软件After Effects CC 2014，选择主菜单中的"合成"|"新建合成"命令，创建一个新的合成，命名为"光斑"，长度为5秒，导入"水墨背景""纹理"和"宣纸"图片。

02 新建一个黑色固态层，命名为"光斑1"，选择主菜单中的"图层"|"预合成"命令进行预合成，然后打开该预合成，选择黑色固态层，添加"Optical Flares"滤镜，选择合适的光斑预设，如图46-1所示。

图46-1

03 在效果控制面板中设置"Scale"关键帧，0秒时为5%，3秒时为80%。查看动画效果，如图46-2所示。

图46-2

04 选择主菜单中的"效果"|"颜色校正"|"色相/饱和度"命令，添加"色相/饱和度"滤镜，设置"主饱和度"为-100，降低饱和度，变成黑白色。

05 拖曳图片"纹理2"到时间线上的底层，选择 "光斑"图层，选择主菜单中的"效果"|"扭曲"|"置换图"命令，添加"置换贴图"滤镜，选择"置换图层"为"纹理2"，用颜色通道作为置换，设置"最大水平置换"和"最大垂直置换"的数值为5，这样光斑的周边反射线就发生了扭曲，如图46-3所示。

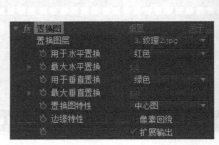

图46-3

06 在时间线空白处单击鼠标右键，选择"新建"|"固态层"命令，新建一个白色图层，设置混合模式为"屏幕"，绘制一个圆形蒙版，设置"蒙版羽化"为60，"不透明度"为80%，效果如图46-4所示。

07 选择主菜单中的"效果"|"生成"|"描边"命令，添加"描边"滤镜，设置"画笔硬度"为60%，"不透明度"为12%，"画笔大小"为3.2，如图46-5所示。

图46-4   图46-5

08 选择主菜单中的"效果"|"杂色和颗粒"|"分形杂色"命令，添加"分形杂色"滤镜，增加中央区域的噪波，选择"分形类型"为"脏污"，设置"对比度"为80，"亮度"为20，"缩放"为150，"复杂度"为3.5，如图46-6所示。

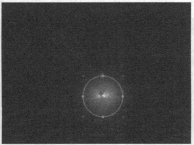

图46-6

09 可以适当设置"演化"动画，幅度要小，比如200°到258°。调整该图层的透明度为80%，查看合成预览，如图46-7所示。

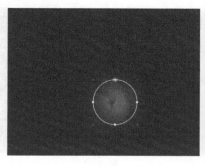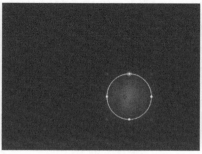

图46-7

10 选择主菜单中的"效果"｜"颜色校正"｜"色阶"命令，添加"色阶"滤镜，增加暗部和对比度，设置"输入黑色"为40，这样就可以看到中央区域的黑白混杂效果；选择主菜单中的"效果"｜"模糊和锐化"｜"高斯模糊"命令，添加"高斯模糊"滤镜，设置"模糊度"为5，如图46-8所示。

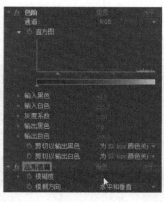

图46-8

11 设置遮罩在0~3秒之间由小放大的关键帧动画，拖曳时间线，查看动画效果，如图46-9所示。

图46-9

12 在项目窗口中拖曳合成图标"光斑"到 图标上，新建一个新的合成，命名为"光斑通道"。在时间线空白处单击鼠标右键，选择"新建"｜"纯色"命令，新建一个白色的固态图层，放在最底层，设置轨道遮罩模式为"亮度反转遮罩光斑"，效果如图46-10所示。

13 选择"光斑"图层，选择主菜单中的"效果"｜"颜色校正"｜"色阶"命令，添加"色阶"滤镜，调整"输入黑色"为30，修剪掉过长的毛边，如图46-11所示。

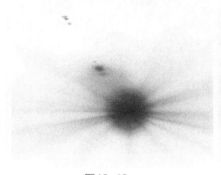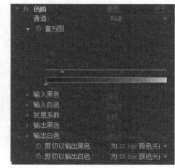

图46-10　　　　　　　　　　　　　　　　　图46-11

14 选择主菜单中的"合成"|"新建合成"命令，新建一个合成，命名为"墨滴"，导入宣纸和山水图片素材，然后拖曳合成"光斑通道"到该合成中，使其位于第一层，再选择主菜单中的"效果"|"通道"|"反转"命令，添加"反转"滤镜，效果如图46-12所示。

图46-12

图46-13

15 选择合成"光斑通道"，再选择固态层，设置轨道遮罩模式为"亮度遮罩 光斑"，效果如图46-13所示。

16 选择合成"墨滴"，设置"光斑通道"的图层混合模式为"相乘"，复制该图层，降低透明度为50%。

17 选择主菜单中的"效果"|"风格化"|"毛边"命令，添加"毛边"滤镜，使墨滴边缘变成不规则形状，设置"边界"为40，"边缘锐度"为0.6，"分形影响"为0.4，"复杂度"为4，如图46-14所示。

图46-14

18 选择主菜单中的"效果"|"通道"|"最小/最大"命令，添加"最小/最大"滤镜，扩展轮廓，再选择"操作"选项为"最大值"，"通道"为"Alpha和颜色"，"半径"为6，这样可以比较好地模拟宣纸上湿润的效果，如图46-15所示。

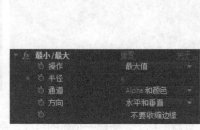
图46-15

19 在时间线空白处单击鼠标右键，选择"新建"|"固态层"命令，新建一个黑色图层，绘制圆形蒙版，设置0~1秒之间的形状跟随墨滴变化的动画，还有"蒙版羽化"选项由5~20秒的动画，拖曳时间线，查看墨滴晕开的动画效果，如图46-16所示。

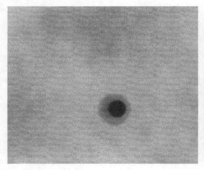
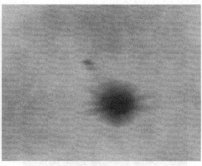
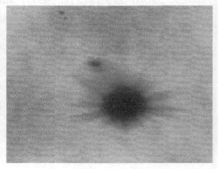
图46-16

20 修改黑色图层及两个"背景通道"层的大小和位置。查看合成预览效果，如图46-17所示。

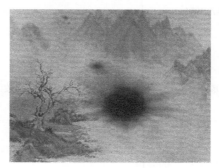

图46-17

21 选择 "水墨背景"图层，复制一层，命名为"背景蒙版"，选择主菜单中的"效果"｜"颜色校正"｜"色阶"命令，添加"色阶"滤镜，设置从1~4秒的"输入白色"动画，由黑色变亮；选择 "水墨背景"图层，设置轨道遮罩模式为"亮度反转遮罩背景蒙版"。然后查看山水图像淡入的动画效果。

22 选择"背景蒙版"图层，选择主菜单中的"效果"｜"模糊和锐化"｜"高斯模糊"命令，添加"高斯模糊"滤镜，设置"模糊度"为4，如图46-18所示。

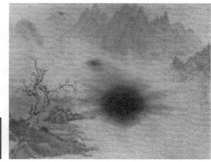

图46-18

23 为了丰富场景，可以复制一些小的墨滴。查看最终的墨滴效果，如图46-19所示。

 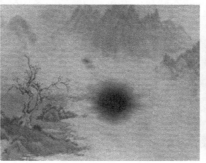 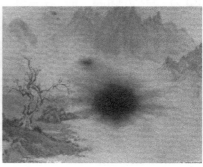

图46-19

实 例 047 　**留色**

- **案例文件**∣光盘\工程文件\第5章\047 留色
- **视频文件**∣光盘\视频教学1\第5章\047.mp4
- **难易程度**∣★★☆☆☆
- **学习时间**∣2分17秒
- **实例要点**∣保留指定颜色
- **实例目的**∣本例讲解了应用保留颜色滤镜保留指定颜色，并调整其他区域颜色的效果

┃知识点链接┃

保留颜色——保留吸取的颜色。

颜色范围——删除一种颜色，然后更换新的颜色。

┃操作步骤┃

01 打开软件After Effects CC 2014，导入一段素材"小女孩.mp4"，拖曳到合成图标上，创建一个新的合成，命名为"留色"。

02 在时间线面板中选择 "小女孩"图层，选择主菜单中的"效果"｜"颜色校正"｜"保留颜色"命令，添加"保留颜色"滤镜。选择"匹配颜色"为"使用色相"选项，单击吸管按钮，在视图中吸取要保留的黄色，然后设置"脱色量"为100%，"边缘柔和度"为2%，如图47-1所示。

图47-1

03 选择主菜单中的"效果"｜"颜色校正"｜"色相/饱和度"命令，添加"色相/饱和度"滤镜，调整"主色相"的滑块，使其呈现绿色，如图47-2所示。

04 为"色相/饱和度"的"主色相"添加关键帧，呈现不同颜色的变化效果。单击播放按钮，查看最后的合成效果，如图47-3所示。

图47-2　　　　　　　　　　　　　　　　图47-3

实　例
048　油漆字

- **案例文件** ┃光盘\工程文件\第5章\048 油漆字
- **视频文件** ┃光盘\视频教学1\第5章\048.mp4
- **难易程度** ┃★ ★ ★ ☆ ☆
- **学习时间** ┃9分48秒
- **实例要点** ┃油漆涂刷痕迹　　黏稠效果
- **实例目的** ┃本例主要讲解应用"残影"滤镜创建油漆涂刷的痕迹，应用"CC Glass"滤镜创建流体黏稠的厚重感，增强真
实感

━┃ **知识点链接** ┃━

残影——产生运动延迟，创建油漆的刷痕。
CC Glass——产生流动液体的厚度感。

━┃ **操作步骤** ┃━

01 打开软件After Effects CC 2014，选择主菜单中的"合成"｜"新建
合成"命令，创建一个新的合成，命名为"nosie"，选择预设为 PAL
D1/DV ，设置时长为5秒。

02 在时间线空白处单击鼠标右键，选择"新建"｜"纯色"命令，新建一
个灰色固态层，选择主菜单中的"效果"｜"杂色和颗粒"｜"分形杂
色"命令，添加"分形杂色"滤镜，展开"变换"选项栏，取消勾选"统
一缩放"选项，设置"缩放高度"为3 000，如图48-1所示。

图48-1

03 选择主菜单中的"合成"｜"新建合成"命令，新建一个合成，命名为"油漆字"。选择文本工具，输入字
符"飞云裳"，调整字体大小，复制图层一次，关闭下面图层的可视性，然后设置文本图层由上而下飞越屏幕的动
画，时间为1秒03帧，如图48-2所示。

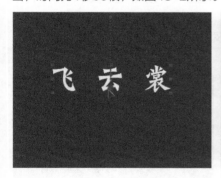  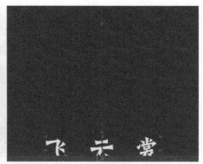

图48-2

04 再复制该图层两次，调整位置和运动方向，构成往复循环，如图48-3所示。

图48-3

05 将最底层的"飞云裳"拖至时间线面板的最顶层，将合成"noise"拖至时间线的最底层并关闭其可视性。

06 在时间线空白处单击鼠标右键，选择"新建"｜"调整图层"命令，新建一个调节图层，将其命名为"油

漆"。选择主菜单中的"效果"｜"时间"｜"残影"命令，添加"残影"滤镜，参数设置及效果显示如图48-4所示。

07 选择主菜单中的"效果"｜"杂色和颗粒"｜"分形杂色"命令，添加"分形杂色"滤镜，展开"变换"选项栏，设置"缩放高度"为3000，效果如图48-5所示。

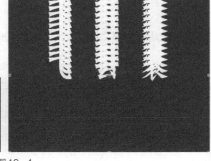

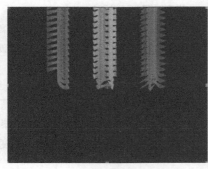

图48-4

图48-5

08 选择主菜单中的"效果"｜"模糊和锐化"｜"快速模糊"命令，添加"快速模糊"滤镜，设置"模糊度"为16，"模糊方向"为"垂直"。将其拖至"效果控件"面板的最底层，效果如图48-6所示。

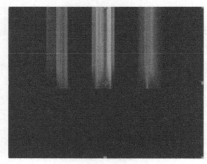

图48-6

09 复制特效"快速模糊"，设置"模糊度"为11，"模糊方向"为"水平和垂直"，将其拖至"效果控件"面板的第2层，效果如图48-7所示。

10 选择主菜单中的"效果"｜"风格化"｜"CC Glass"命令，添加"玻璃效果"滤镜，选择"Bump Map"为"noise"，其他参数设置及效果显示如图48-8所示。

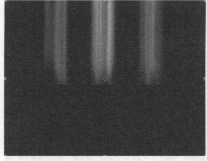

图48-7

图48-8

11 选择主菜单中的"效果"｜"风格化"｜"毛边"命令，添加"毛边"滤镜，设置"边缘锐度"为1.96，"伸缩宽度或高度"为-1.5，如图48-9所示。

12 选择主菜单中的"效果"｜"透视"｜"斜面 Alpha"命令，添加"斜面 Alpha"滤镜，设置"边缘厚度"为3.3，效果如图48-10所示。

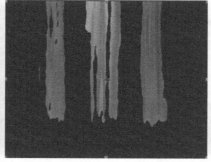

图48-9

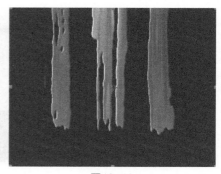

图48-10

13 在时间线空白处单击鼠标右键，选择"新建"｜"调整图层"命令，新建一个调节层，重命名为"调色"，选择主菜单中的"效果"｜"颜色校正"｜"CC Toner"命令，添加"色调"滤镜，设置"Highlights"颜色为浅绿，"Midtone"为绿色，"Shadows"为深绿，如图48-11所示。

图48-11

14 在时间线空白处单击鼠标右键，选择"新建"｜"调整图层"命令，新建一个调节层，命名为"TEXT"，选择主菜单中的"效果"｜"风格化"｜"CC Glass"命令，添"加玻璃效果"滤镜，参数设置及效果显示如图48-12所示。

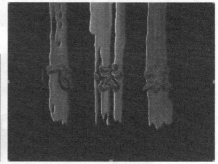

图48-12

15 将时间线面板的所有图层选中进行预合成，命名为"油漆文字Final"，拖至合成图标上，新建一个合成，在时间线空白处单击鼠标右键，选择"新建"｜"固态层"命令，新建一个图层并命名为"BG"，选择主菜单中的"效果"｜"生成"｜"梯度渐变"命令，添加"梯度渐变"滤镜，参数设置及效果如图48-13所示。

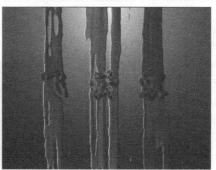

图48-13

16 复制"油漆文字"图层，选中第2个图层，选择主菜单中的"效果"｜"颜色校正"｜"色调"命令，添加"色调"滤镜，如图48-14所示。

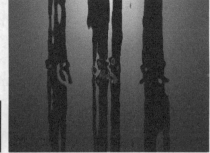

图48-14

17 选择主菜单中的"效果"｜"模糊和锐化"｜"快速模糊"命令，添加"快速模糊"滤镜，设置"模糊度"为19，"模糊方向"为"水平和垂直"。

18 拖曳时间线指针，查看油漆字的动画效果，如图48-15所示。

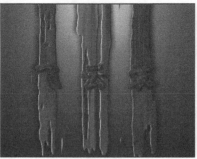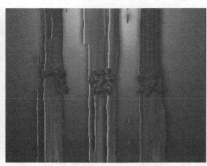

图48-15

实例 049 立体挤出线条

● **案例文件**｜光盘\工程文件\第5章\049 立体挤出线条

● **视频文件**｜光盘\视频教学1\第5章\049.mp4

● **难易程度**｜★★★☆☆

● **学习时间**｜6分55秒

● **实例要点**｜创建动画拖尾

● **实例目的**｜在本例中首先创建图形的运动，应用残影滤镜增加运动拖尾，形成运动图形的色彩

知识点链接

残影——延时滤镜，创建运动拖尾。

操作步骤

01 打开软件After Effects CC 2014，创建一个新的合成，命名为"边缘"，导入素材"星星边.ai"和"星星面

.ai"，设置时长为5秒。

02 拖曳图片"星星边.ai"到时间线面板中，如图49-1所示。

图49-1

03 新建一个合成，命名为"边缘"，长度为5秒。拖曳合成"边缘"到时间线面板中，展开"位置""旋转"和"缩放"属性栏，分别在0秒和6秒设置关键帧，如图49-2所示。

图49-2

04 在时间线面板中复制该图层，重命名为"边缘绿色"，添加"色相/饱和度"滤镜，调整星星的色调为绿色，调整"边缘-绿色"图层的运动路径，如图49-3所示。

图49-3

05 调整两个图层的"缩放"和"位置"关键帧的数值，使两个星星图层的运动有所差异。拖曳时间线指针，查看合成预览效果，如图49-4所示。

图49-4

06 在项目窗口中，拖曳合成"边缘运动"到合成图标上，创建一个新的合成，重命名为"边缘挤出"。选择"边缘运动"图层，添加"残影"滤镜，设置"残影时间"为-0.003秒，"残影数量"为2 000，选择"残影运算符"为"混合"，如图49-5所示。

07 在项目窗口中复制合成"边缘运动"，重命名为"面运动"，双击打开该合成，在时间线面板中选择"边缘"

图层，然后按住Alt键，从项目窗口中拖曳素材"星星面"到 "边缘"图层上并释放鼠标，这样就替换了素材，用同样的方式替换 "边缘绿色"图层，如图49-6所示。

图49-5

图49-6

08 在项目窗口中，拖曳合成"边缘挤出"到合成图标上，创建一个新的合成，重命名为"立体挤出完成"，拖曳合成"面运动"和"边缘运动"到时间线面板中，选择主菜单"效果" ｜ "风格化" ｜ "查找边缘"命令，添加 "查找边缘"滤镜，设置"边缘运动"的图层混合模式为"相乘"，查看合成预览效果，如图49-7所示。

09 新建一个固态层，命名为"背景"，移到底层，添加"梯度渐变"滤镜，如图49-8所示。

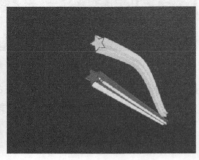

图49-7

图49-8

10 拖曳时间线指针，查看最终的立体挤出的动画效果，如图49-9所示。

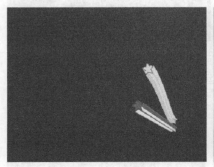
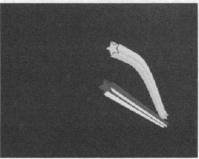
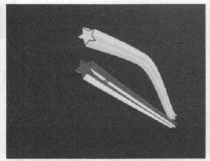

图49-9

实例 050 **生长**

- **案例文件 |** 光盘\工程文件\第5章\050 生长
- **视频文件 |** 光盘\视频教学1\第5章\050.mp4
- **难易程度 |** ★★★☆☆
- **学习时间 |** 16分34秒
- **实例要点 |** 沿环纹绘制路径　　　沿路径勾边动画
- **实例目的 |** 在本例中首先参考花样图片绘制多条路径，应用描边滤镜创建沿路径的勾边动画

▌ 知识点链接 ▐

　　描边——创建沿路径的勾边动画，模拟生长效果。

▌ 操作步骤 ▐

01 打开软件After Effects CC 2014，导入分层PSD文件，以"合成"的模式导入，保留其中的分层和样式。

02 在项目窗口中双击合成"flourish01"，在时间线中可以看到分层。

03 如果需要的话，设置合成的时间长度为5秒。

04 在时间线空白处单击鼠标右键，选择"新建"|"固态层"命令，新建一个固态层，命名为"背景"，添加"梯度渐变"滤镜，如图50-1所示。

图50-1

05 选择"layer1"图层，关闭其他图层的可视性。选择钢笔工具，参考图样绘制一条路径。选择主菜单中的"效果"|"生成"|"描边"命令，添加"描边"滤镜，选择"绘画样式"为"显示原始图像"，设置"结束"的关键帧，0秒时为0，1秒时为100%，如图50-2所示。

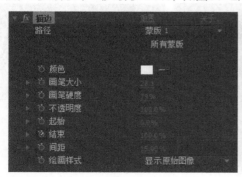

图50-2

06 拖曳时间线指针，查看花枝生长效果，如图50-3所示。

07 选择"主干"图层，打开其可视性。选择钢笔工具，参照图样绘制多条路经，最好按照由根部向上的顺序。选择主菜单中的"效果"|"生成"|"描边"命令，添加"描边"滤镜，勾选"路径"右边的"所有蒙版"，同样选择"绘画样式"为"显示原始图像"，设置"结束"的关键帧，如图50-4所示。

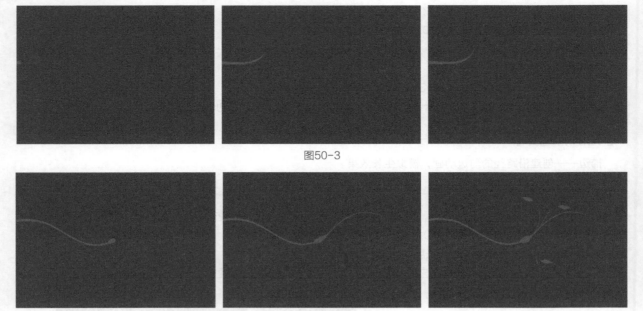

图50-3

图50-4

08 用上面的方法为其余几个花枝图层创建生长动画，如图50-5所示。

图50-5

09 选择"图层 1"，打开其可视性，选择主菜单中的"效果"｜"通道"｜"最小/最大"命令，添加"最小/最大"滤镜，选择"操作"为"最小值"，选择"通道"为"Alpha 和颜色"，设置"半径"由大变小的关键帧动画，预览效果如图50-6所示。

图50-6

10 选择其他的花朵图层，然后调整关键帧的时间点。

11 单击播放按钮▶，查看最终的花枝生长的预览效果，如图50-7所示。

图50-7

- **案例文件**┃光盘\工程文件\第5章\051 旧胶片
- **视频文件**┃光盘\视频教学1\第5章\051.mp4
- **难易程度**┃★★☆☆☆
- **学习时间**┃2分19秒
- **实例要点**┃旧胶片素材叠加
- **实例目的**┃本例讲解了应用旧胶片素材叠加的方法创建旧胶片效果，然后添加羽化遮罩对图层的四角调整亮度

┃ 知识点链接 ┃

　　虚拟景深——应用遮罩和模糊，将前景范围之外的区域进行模糊处理。

　　图层叠加——通过源素材与旧胶片噪波素材的混合，产生旧胶片效果。

┃ 操作步骤 ┃

01 打开软件After Effects CC 2014，选择主菜单中的"合成"｜"新建合成"命令，创建一个新的合成，命名为"旧胶片"，导入一段素材"旧胶片.mp4"，从项目窗口中将该素材拖曳到时间线面板中，调整与合成尺寸一致，并复制一层。

02 在时间线面板中选择上面的图层，绘制圆形遮罩，选择主菜单中的"效果"｜"模糊和锐化"｜"快速模糊"命令，添加"快速模糊"滤镜，设置"模糊度"为50。在时间线面板中展开该图层的蒙版属性，选择模式为"相加"，设置"蒙版羽化"为150。这样就形成了类似景深模糊的效果，如图51-1所示。

图51-1

03 导入旧胶片素材"Old Film.mov"，选择主菜单中的"图层"｜"变换"｜"适合复合"命令，素材将会与合成尺寸一致，设置图层的混合模式为"相乘"。

04 在时间线空白处单击鼠标右键，选择"新建"｜"调整图层"命令，新建一个调节图层，选择主菜单中的"效果"｜"颜色校正"｜"色相/饱和度"命令，添加"色相/饱和度"滤镜，勾选"彩色化"项，设置"着色色相"为25°，"着色饱和度"为25，"着色亮度"为10，查看预览效果，如图51-2所示。

图51-2

05 拖曳时间线指针，查看最终的效果，如图51-3所示。

图51-3

实 例	
052	**手写字**

- **案例文件** | 光盘\工程文件\第5章\052 手写字
- **视频文件** | 光盘\视频教学1\第5章\052.mp4
- **难易程度** | ★ ★ ★ ☆ ☆
- **学习时间** | 8分17秒
- **实例要点** | 沿路径书写笔画
- **实例目的** | 在本例中学习沿笔画绘制路径，然后应用写入滤镜创建沿路径的勾边动画，得到书写运动效果

│ 知识点链接 │

用动态遮罩创建手写动画效果。

│ 操作步骤 │

01 打开软件After Effects CC 2014，选择主菜单中的"合成" | "新建合成"命令，创建一个新的合成，命名为"书法字"，选择预设为PAL D1/DV，设置持续时间为3秒。

02 导入素材"宣纸"和"天"到时间线上。

03 分别调整素材"宣纸"和"天"的位置和大小，如图52-1所示。

04 "天"字可分3笔书写，将层"天"复制3层，如图52-2所示。

图52-1

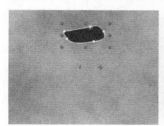

图52-2

05 用钢笔工具分别为每层绘制"蒙版"，如图52-3所示。

图52-3

06 选择第1个层，为其添加"写入"滤镜，设置"画笔大小"为30，设置"画笔位置"动画路径，如图52-4所示。

图52-4

07 设置"绘画样式"为"显示原始图像"，如图52-5所示。

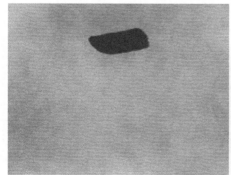

图52-5

08 用同样的方法设置剩下3个图层的手写动画，如图52-6所示。

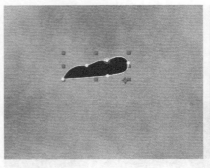  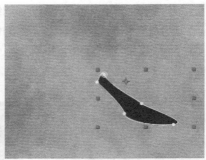

图52-6

09 拖动时间指针，预览动画，如图52-7所示。

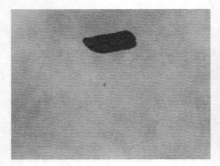  

图52-7

实例 053 炫彩图案

- **案例文件** 光盘\工程文件\第5章\053 炫彩图案
- **视频文件** 光盘\视频教学1\第5章\053.mp4
- **难易程度** ★★☆☆☆
- **学习时间** 5分49秒
- **实例要点** 用残影滤镜创建重叠效果
- **实例目的** 本例讲解应用圆形和残影滤镜创建重叠的图案效果

知识点链接

圆形——创建圆环。

残影——创建运动延时效果，产生运动拖尾。

操作步骤

01 打开软件After Effects CC 2014，创建一个新的合成，命名为"光环"，选择预设为PAL D1/DV，时长为5秒。

02 新建一个蓝色图层，命名为"光环"，添加圆形滤镜，具体参数设置如图53-1所示。

03 添加"快速模糊"滤镜，设置"模糊度"为4。

04 添加"发光"滤镜，设置"发光阈值"为10%，"发光半径"为20，"发光强度"为2，如图53-2所示。

图53-1　　　　　　　　　　　　　　　　　图53-2

05 确定当前指针在0秒，激活图层"位置"和"缩放"记录关键帧开关 ，创建第一个关键帧，拖曳时间线指针到2秒，设置"缩放"为20%，"位置"为（650，50），如图53-3所示。

06 复制图层，重命名为"光环 2"，调整图层的入点向后20帧。如此再复制两次，最终效果如图53-4所示。

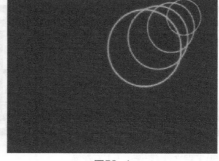

图53-3　　　　　　　　　　　　　　图53-4

07 新建一个调节图层，添加"基本 3D"滤镜，设置"旋转"为80。

08 激活"倾斜"记录关键帧开关 ，拖曳时间线指针到5秒，设置"倾斜"为6周。拖曳时间线指针，查看光环的动画效果，如图53-5所示。

图53-5

09 新建一个合成，命名为"炫彩"，拖曳合成"光环"到时间线面板中。添加"残影"滤镜，设置"残影时间"为-0.04秒，"残影数量"为12，"残影运算符"为"相加"，如图53-6所示。

10 打开合成"光环"，分别打开"光环2""光环3"和"光环4"，修改特效"圆形"中的"颜色"。

图53-6

11 导入一段素材"893018F.MOV"，将其拖至时间线。

12 选择 "光环"图层，添加"发光"滤镜，设置"发光半径"为60。拖曳时间线，查看炫彩动画效果，如图53-7 所示。

图53-7

实例 054 万花筒

- **案例文件** | 光盘\工程文件\第5章\054 万花筒
- **视频文件** | 光盘\视频教学1\第5章\054.mp4
- **难易程度** | ★★★☆☆
- **学习时间** | 1分21秒
- **实例要点** | 创建魔幻花样效果
- **实例目的** | 本例应用CC Flo Motion滤镜创建万花筒效果，设置节点动画，可以获得魔幻的花样图案

知识点链接

CC Flo Motion——创建动态的流体变形效果。

操作步骤

01 打开软件After Effects CC 2014，选择主菜单中的"合成" | "新建合成"命令，创建一个新的合成，命名为 "万花筒"， 选择预设为PAL D1/DV，设置"持续时间"为5秒。

02 导入"万花筒素材"，将其拖到时间线上。

03 选择主菜单"效果" | "扭曲" | CC Flo Motion滤镜，设置"Amount 1"为150，"Amount 2"为 300，得到的结果如图54-1 所示。

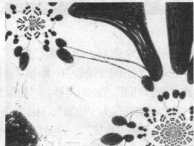

图54-1

04 确定当前时间线在0秒，激活"Amount 1"和"Amount 2"的关键帧记录器，拖曳时间线到合成的终点，调整"Amount 1"和"Amount 2"的数值分别为0和600。

05 单击播放按钮▶，查看万花筒效果，如图54-2所示。

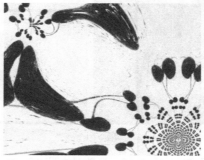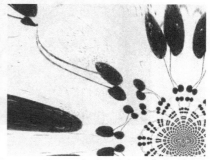

图54-2

实例 055　晕染

- **案例文件** ┃ 光盘\工程文件\第5章\055 晕染
- **视频文件** ┃ 光盘\视频教学1\第5章\055.mp4
- **难易程度** ┃ ★★★★☆
- **学习时间** ┃ 7分21秒
- **实例要点** ┃ 粒子动画　定义粒子形状
- **实例目的** ┃ 通过本例学习粒子的基本控制技巧，以及自定义粒子形状，比如用云图片定义粒子形状，创建墨水晕染的效果

┃ 知识点链接 ┃

　　Particular——以烟雾贴图作为粒子贴图，通过设置力学参数，模拟喷墨的效果。

┃ 操作步骤 ┃

01 打开软件After Effects CC 2014，导入动态素材"烟雾.mov"，拖曳到合成图标上，创建一个新的合成，命名为"贴图"。

02 选择主菜单"合成"｜"新建合成"命令，创建一个新的合成，命名为"喷墨效果"，选择预设为HDV/HDTV 720 25，设置时间长度为8秒。

03 拖曳合成"贴图"到时间线面板中，关闭其可视性。新建一个白色固态层，命名为"背景"，再新建一个黑色固态层，命名为"粒子"，选择主菜单"效果"｜"Trapcode"｜"Particular"命令，添加粒子滤镜。

04 展开"粒子"选项组，选择"粒子类型"为"子画面"，展开"材质"选项组，选择"图层"为贴图，"时间采样"为随机-静帧，设置"随机种子"为2，"生命"为6秒，"生命随机"为20%，"尺寸"为400，"尺寸随机"为35%，"不透明度随机"为30，如图55-1所示。

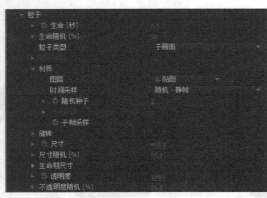
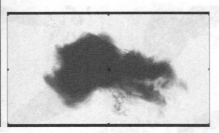

图55-1

05 展开"发射器"选项组，设置"粒子数量/秒"为10，调整"位置XY"为（640，-5），"X 旋转"为60°，如图55-2所示。

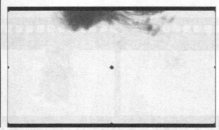

图55-2

06 展开"物理学"选项组，设置"重力"为500，粒子呈现出质量感，查看动画效果，如图55-3所示。

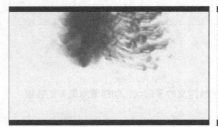
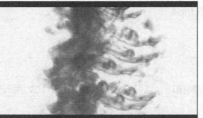
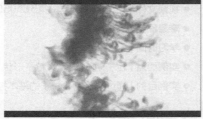

图55-3

07 在"发射器"选项组中设置"粒子数量/秒"的关键帧，0秒时为3，1秒时为10，3秒时为2；在"粒子"选项组中展开"生命期尺寸"选项组，选择第3种贴图，展开"生命期不透明度"选项组，选择第3种贴图，如图55-4所示。

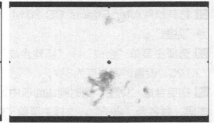

图55-4

08 展开"气"选项组，设置空气阻力、风力等参数，具体参数设置如图55-5所示，展开"扰乱场"选项组，设置"影响尺寸"为50，"影响位置"为60。

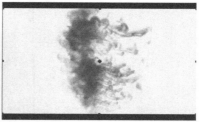

图55-5

09 在"粒子"选项组中展开"旋转"选项组，设置"随机旋转"为50，设置"旋转 Z"的关键帧，0秒时为0，8秒时为100°。查看粒子的动画效果，如图55-6所示。

图55-6

10 在"气"选项组中展开"球形场"选项组，设置球形场的参数，如图55-7所示。

图55-7

11 新建一个调节层，添加"曲线"滤镜，调整亮度和对比度，如图55-8所示。

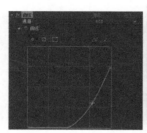
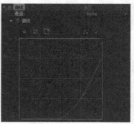

图55-8

12 新建一个合成，命名为"喷墨完成"，设置时长为20秒，拖曳合成"喷墨效果"到时间线面板中，选择主菜单"图层"|"时间"|"启用时间重映射"命令，在时间线面板中展开属性栏，在2秒处单击，添加一个关键帧，然后拖曳最后一个关键帧到合成的终点，延长图层的出点到终点。

13 新建一个固态层，命名为"上色"，添加"四色渐变"滤镜，接受默认值，设置该图层的混合模式为"叠加"。

14 单击时间控制器上的播放按钮，查看喷墨的动画效果，如图55-9所示。

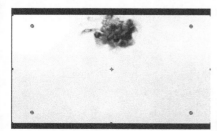

图55-9

第 **06** 章

文字特效

Flying cloth
VFX

文字特效是影视后期合成中重要的组成部分，可以选择运动预设、破碎文字、发光文字，以及玻璃、闪电等字效。

实例 056　金属字

- **案例文件** ┃ 光盘\工程文件\第6章\056 金属字
- **视频文件** ┃ 光盘\视频教学1\第6章\056.mp4
- **难易程度** ┃ ★★☆☆☆
- **学习时间** ┃ 1分31秒
- **实例要点** ┃ 文字立体化　　赋予金属色
- **实例目的** ┃ 本例应用"斜面Alpha"滤镜创建文字的立体感，应用色光滤镜为立体字上色，赋予金属质感

▌知识点链接 ▌

斜面Alpha——创建文字的立体厚度效果。

▌操作步骤 ▌

01 打开软件After Effect CC 2014，创建一个新的合成，命名为"金属字"，选择预设为PALD1/DV，时长为5秒。

02 选择文字工具T，输入字符"金属字"，设置合适的字体和大小。

03 选择主菜单"效果"|"生成"|"梯度渐变"命令，添加"梯度渐变"滤镜，如图56-1所示。

图56-1

04 选择主菜单中的"效果"|"透视"|"斜面 Alpha"命令，为文字添加"斜面Alpha"滤镜，设置"边缘厚度"为4.00。

05 添加"色光"滤镜，参数设置如图56-2所示。

图56-2

06 选择主菜单中的"效果"|"遮罩"|"遮罩阻塞工具"命令，调整文字边缘，具体参数设置如图56-3所示。

07 添加"曲线"滤镜，调节文字亮度和对比度，获得比较满意的效果，如图56-4所示。

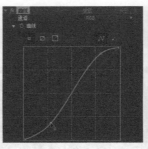

图56-3　　　　　　　　　　　　　　　　　　图56-4

<table>
<tr><td>实 例
057</td><td>**火焰字**</td></tr>
</table>

- **案例文件** | 光盘\工程文件\第6章\057 火焰字
- **视频文件** | 光盘\视频教学1\第6章\057.mp4
- **难易程度** | ★ ★ ☆ ☆ ☆
- **学习时间** | 10分49秒
- **实例要点** | 烧毁效果　　火焰上色
- **实例目的** | 本例主要讲解为文字添加"CC Burn Film"滤镜，应用"CC Toner"滤镜为火焰添加颜色，创建火焰烧毁效果

知识点链接

CC Burn Film——模拟燃烧的效果。

毛边——增强火焰边缘的粗糙细节。

操作步骤

01 打开软件After Effects CC 2014，选择主菜单中的"合成"｜"新建合成"命令，创建一个新的合成，选择预设为PAL D1/DV，时长为5秒，命名为"火焰字"。

02 选择文本工具 **T** ，输入字符"火焰字"，选择合适的字体和字号，设置颜色为棕色。

03 选择主菜单"效果"｜"风格化"｜"CC Burn Film"命令，添加"燃烧胶片"滤镜，设置Burn的关键帧，0秒时为0，5秒时为65%，如图57-1所示。

图57-1

04 复制图层，重命名为"火焰 2"，调整文本颜色为白色。选择主菜单"效果"｜"颜色校正"｜"色阶"命令，添加"色阶"滤镜，在0秒处单击"直方图"关键帧按钮，在6秒处设置关键帧，调整亮度和对比度，如图57-2所示。

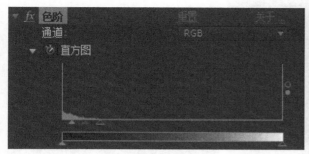

图57-2

05 拖曳时间线指针，查看动画效果，如图57-3所示。

图57-3

06 选择主菜单中的"效果"｜"颜色校正"｜"色调"命令，添加"色调"滤镜，设置"将黑色映射到"为红棕色，"将白色映射到"为褐色，如图57-4所示。

07 选择主菜单中的"效果"｜"过时"｜"颜色键"命令，添加"颜色键"滤镜，单击"主色"后面的吸管，在画面中吸取蓝色，设置"颜色容差"为255，"薄化边缘"为5，"羽化边缘"为1，抠出蓝色，如图57-5所示。

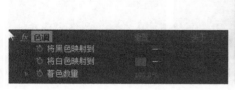

图57-4　　　　　　　　　　　　　　　　　　图57-5

08 选择主菜单中的"效果"｜"颜色校正"｜"色阶"命令，添加"色阶"滤镜，选择"通道"为Alpha，设置"Alpha 输入白色"为9，如图57-6所示。

09 选择主菜单中的"效果"｜"模糊和锐化"｜"快速模糊"命令，添加"快速模糊"滤镜，设置"模糊度"为50，如图57-7所示。

图57-6　　　　　　　　　　　　　　　　　　图57-7

10 选择主菜单中的"效果"|"杂色和颗粒"|"分形杂色"命令，添加"分形杂色"滤镜，设置"分形类型"为"湍流平滑"，设置"对比度"为200，"复杂度"为10，如图57-8所示。

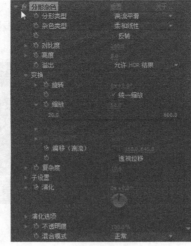
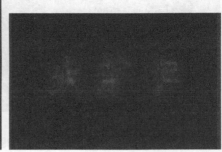

图57-8

11 展开"变换"选项组，设置"缩放"为50，设置"偏移（湍流）"为从底端移动到顶端的关键帧动画；设置"演化"旋转10周。拖曳时间线指针，查看合成预览效果，如图57-9所示。

图57-9

12 选择主菜单中的"效果"|"颜色校正"|"CC Toner"命令，添加"色调"滤镜，设置"Highlights"为浅黄色，"Midtones"为橙黄色，"Shadows"为深黄色，如图57-10所示。

图57-10

13 选择主菜单中的"效果"|"风格化"|"毛边"命令，添加"毛边"滤镜，选择"边缘类型"为"粗糙化"，设置"边缘锐度"为0.25，"比例"为250，"伸缩宽比或高度"为-0.3。设置"偏移(湍流）"为从底端移动到顶端的关键帧动画，在第1秒为（0，583），设置"演化"旋转5周。拖曳时间线指针，查看合成预览效果，如图57-11所示。

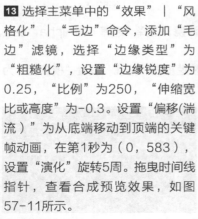
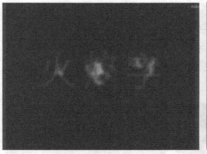
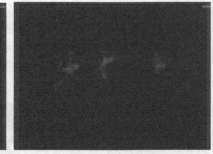

图57-11

14 复制"火焰2"图层，重命名为"火焰3"，设置"火焰2"图层的混合模式为"线性减淡"。

15 单击播放按钮，预览燃烧文字的动画效果，如图57-12所示。

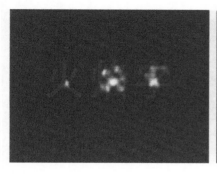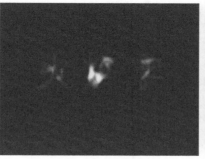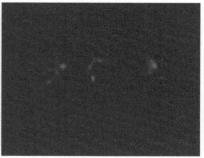

图57-12

实 例 058　泡泡字

- **案例文件**▕光盘\工程文件\第6章\058 泡泡字
- **视频文件**▕光盘\视频教学1\第6章\058.mp4
- **难易程度**▕★★★☆☆
- **学习时间**▕9分32秒
- **实例要点**▕创建上升的气泡　　　　　创建上升的字符
- **实例目的**▕本例应用"泡沫"滤镜制作上升的气泡，通过设置字符为气泡纹理贴图，创建随气泡上升的字符动画

▎知识点链接 ▎

凸出——创建文字透镜变形效果。

泡沫——创建上升的气泡效果。

▎操作步骤 ▎

01 启动软件After Effects CC 2014，选择主菜单中的"合成"｜"新建合成"命令，创建一个新的合成，命名为"文字"，选择预设为PAL D1/DV，设置时长为30秒。

02 选择文本工具**T**，输入字符"flyingcloth"。选择合适的字体和字号，设置颜色，如图58-1所示。

图58-1

03 选择主菜单中的"效果"｜"扭曲"｜"凸出"命令，添加"凸出"滤镜，设置"水平半径"为320，"凸出高度"为1，如图58-2所示。选择主菜单"合成"｜"新建合成"命令，新建一个合成，命名为"文字气泡"。拖曳合成"文字"到时间线面板中，关闭可视性。

图58-2

04 在时间线空白处单击鼠标右键，选择"新建"｜"纯色"命令，新建一个图层，命名为"气泡"，选择主菜单中的"效果"｜"模拟"｜"泡沫"命令，添加"泡沫"滤镜，选择"视图"为"已渲染"。展开"制作者"选项栏，参数设置如图58-3所示。

图58-3

05 展开"气泡"选项栏，参数设置如图58-4所示。

图58-4

06 展开"物理学"选项栏，参数设置如图58-5所示。

图58-5

07 展开"正在渲染"选项栏，参数设置如图58-6所示。

图58-6

08 复制图层，重命名为"气泡文字"，在"正在渲染"选项栏中选择"气泡纹理"为"用户自定义"，然后选择"气泡纹理分层"为"文本"，"气泡方向"为"物理方向"，如图58-7所示。

09 在时间线空白处单击鼠标右键，选择"新建"｜"灯光"命令，新建一个"聚光"灯光，设置颜色为蓝色，激活"气泡文字"的三维属性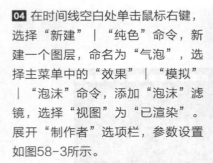，调整灯光的位置，如图58-8所示。

图58-7 图58-8

10 在时间线空白处单击鼠标右键，选择"新建"｜"灯光"命令，新建一个"环境"灯光，设置"强度"为60%，颜色为浅蓝色，如图58-9所示。

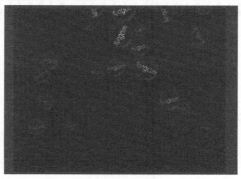

图58-9

11 调整图层"气泡文字"的混合模式为"相加"，选择"气泡"层，在"正在渲染"选项组中选择"气泡纹理"为"小雨"，如图58-10所示。

12 在时间线空白处单击鼠标右键，选择"新建"｜"纯色"命令，新建一个图层，拖曳到底层，选择主菜单中的"效果"｜"生成"｜"梯度渐变"命令，添加"梯度渐变"滤镜，设置"渐变起点"为（465.0，44.0），"起始颜色"为灰白色，"渐变终点"为（75.0，525.0），"结束颜色"为黑色，"渐变形状"为"径向渐变"，如图58-11所示。

图58-10 图58-11

13 拖曳时间线，查看动画效果，如图58-12所示。

 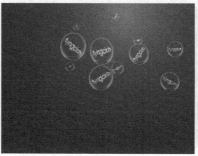 

图58-12

实例 **059** 零落的字符

- ● **案例文件** | 光盘\工程文件\第6章\059 零落的字符
- ● **视频文件** | 光盘\视频教学1\第6章\059.mp4
- ● **难易程度** | ★★★☆☆
- ● **学习时间** | 5分34秒
- ● **实例要点** | 图层掉落　　　自定义掉落的形状
- ● **实例目的** | 本例学习应用"粒子运动场"滤镜创建图层破碎的动画，自定义掉落形状为字符，从而产生字符零落的效果

┃ 知识点链接 ┃

粒子运动场——创建文字的零落效果，应用渐变贴图控制掉落的先后顺序。

┃ 操作步骤 ┃

01 打开软件After Effects CC 2014，选择主菜单中的"合成"｜"新建合成"命令，创建一个新的合成，命名为"文字"，选择预设为PAL D1/DV，长度为5秒。选择文本工具**T**，输入字符"¥"，颜色为黄色，调整到合适位置，如图59-1所示。

图59-1

02 在时间线空白处单击鼠标右键，选择"新建"｜"空对象"命令，建立空对象，打开其旋转属性，设置参数的关键帧。在0秒的位置打开X旋转、Y旋转、Z旋转前面的码表，将时间指针拖到最后一秒，设置三者的旋转数值均为2周，效果如图59-2所示。

图59-2

03 选择主菜单中的"合成"｜"新建合成"命令，创建一个新的合成，命名为"参考层"，选择预设为PAL D1/DV，长度为5秒，在时间线空白处单击鼠标右键，选择"新建"｜"纯色"命令，新建一个黑色固态层，选择图层，选择主菜单"效果"｜"生成"｜"梯度渐变"命令，为其添加一个"梯度渐变"滤镜，效果如图59-3所示。

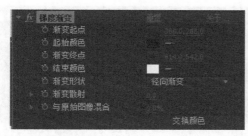

图59-3

04 选择主菜单中的"合成"｜"新建合成"命令，创建一个新的合成，命名为"飞舞的字符"，将"文字"和"参考层"拖至此合成的时间线上，在时间线空白处单击鼠标右键，选择"新建"｜"纯色"命令，新建一个黑色固态层，选择图层，选择主菜单中的"效果"｜"模拟"｜"粒子运动场"。

05 展开"发射"选项，参数设置如图59-4所示。

06 展开"图层映射"选项，参数设置如图59-5所示。

图59-4

图59-5

07 展开"永久属性映射器"选项，设置参数如图59-6所示。

图59-6

08 关闭"文字"和"参考层"图层的可视性，单击播放按钮▶，查看最终的文字零落效果，如图59-7所示。

图59-7

实例 060 骇客字效

- **案例文件** ┃ 光盘\工程文件\第6章\060 骇客字效
- **视频文件** ┃ 光盘\视频教学1\第6章\060.mp4
- **难易程度** ┃ ★★★★☆
- **学习时间** ┃ 6分24秒
- **实例要点** ┃ 字符变换　　粒子下落
- **实例目的** ┃ 本例学习应用"粒子运动场"滤镜发射粒子，将字符变换设置为粒子贴图，创建连续下落的字符

▍知识点链接▍

粒子运动场——创建网格粒子。

▍操作步骤▍

01 打开软件After Effects CC 2014，创建一个新的合成，命名为"坠落数码"，选择预设为PALD1/DV，时长为8秒。

02 新建一个固态层，命名为"01小"。选择主菜单中的"效果"|"模拟"|"粒子运动场"命令，添加粒子系统滤镜。在参数控制面板中单击"选项"按钮，在弹出的对话框中单击"编辑发射文字"按钮，弹出"编辑发射文字"对话框，在文字编辑器中输入数字0123456789，选择合适的字体，勾选"随机"项，单击"确定"按钮关闭对话框，如图60-1所示。

03 接下来设置其发射器范围、发射速度、颜色、粒子文字的大小等，具体参数如图60-2所示。

04 将 "01小"图层复制一层，重命名为"01中"，适当更改参数，使其字体稍大一些，颜色稍亮一些，产生与上一数字层不在同一层的效果，如图60-3所示。

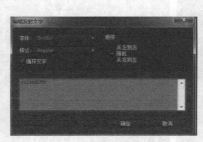

图60-1

图60-2

图60-3

05 重复上一操作，复制一个粒子文字层，命名为"01大"。适当更改参数，使其字体稍大一些，颜色稍亮一些，产

生与上一数字层不在同一层的效果，如图60-4所示。

06 选择3个图层，选择主菜单中的"图层"|"预合成"命令，将3个图层合并，命名为01。

07 选择主菜单中的"效果"|"时间"|"残影"命令，添加"残影"滤镜，使运动画面延续。设置必要的参数，如图60-5所示。

图60-4　　　　　　　　　　　　　　　　　　　　图60-5

08 选择图层01，复制一次，暂时关闭上一层的显示，将下一层重命名为"01模糊"，为其添加"定向模糊"滤镜，设置"模糊长度"为50，"方向"为0，产生一个纵身模糊效果。

09 选择主菜单中的"效果"|"风格化"|"发光"命令，添加"发光"效果，使用默认值，调整图层"01模糊"的不透明度为40%。查看坠落字符的动画效果，如图60-6所示。

图60-6

实例 061　　恐怖字

● **案例文件** | 光盘\工程文件\第6章\061 恐怖字

● **视频文件** | 光盘\视频教学1\第6章\061.mp4

● **难易程度** | ★★★☆☆

● **学习时间** ┃ 9分51秒

● **实例要点** ┃ 液化变形　　　　置换变形

● **实例目的** ┃ 本例学习应用"液化"滤镜创建文字的液化变形效果，应用"置换图"滤镜创建液化的笔画贴合背景墙面的凹凸变形效果

┃ 知识点链接 ┃

液化——产生文字的液化效果。

置换图——创建文字流过背景墙面时的凹凸变形。

┃ 操作步骤 ┃

01 打开软件After Effects CC 2014，选择主菜单中的"合成"｜"新建合成"命令，创建一个新的合成，命名为"恐怖字"，选择预设为PAL D1/DV，设置时长为8秒，如图61-1所示。

02 选择文本工具▢，输入字符"恐怖字"，设置合适的字体和大小。

03 选择主菜单中的"效果"｜"扭曲"｜"液化"命令，添加"液化"滤镜，展开"变形工具选项"选项栏，设置"画笔大小"为7，"画笔压力"为100。拖曳时间指针到起点，激活"扭曲百分比"的动画记录按钮▢，创建关键帧，设置数值为10，拖曳指针到7秒，设置"扭曲百分比"为200%，在"工具"选项栏中单击手指涂抹工具，直接在视图中涂抹文字的笔画，直到获得满意的效果，如图61-2所示。

图61-1　　　　　　　　　　　　　　　　图61-2

04 导入素材"nature_10-037.jpg"，创建一个新的合成，命名为"背景墙"，拖曳图片"nature_10-037.jpg"到时间线，如图61-3所示。

05 在时间线窗口中选择"背景墙"层，添加"色调"滤镜，然后再添加"快速模糊"滤镜，设置参数如图61-4所示。

图61-3　　　　　　　　　　　　　　　　图61-4

06 选择主菜单中的"合成"｜"新建合成"命令，新建一个合成，在设置面板中命名为"滴血背景墙"。从项目窗口中拖动 "nature_10-037.jpg" 图层、合成"恐怖字"和"背景墙"到时间线，调整其顺序。关闭 "背景墙"图层的可视性，设置 "恐怖字"图层的混合模式为"相乘"，激活"nature_10-037.jpg"的3D属性，调整到合适的位置，如图64-5所示。

图61-5

07 在时间线窗口中选择"恐怖字"层，添加"毛边"滤镜，设置边缘粗糙效果，设置该图层"毛边"下"边界"选项的关键帧，分别在00：10、00:15和02:00位置，具体设置如图61-6所示。

图61-6

08 选择主菜单中的"合成"｜"新建合成"命令，新建一个合成，命名为"恐怖字效"，将合成"滴血文字"和"背景"拖曳到时间线面板中，设置"滴血文字"图层的混合模式为"强光"。

09 选择主菜单中的"效果"｜"扭曲"｜"置换图"命令，添加"置换图"滤镜，选择"置换图层"为"背景墙"，设置"最大水平置换"为10，"最大垂直置换"为5，如图61-7所示。

图61-7

10 单击播放按钮，查看恐怖滴血的动画效果，如图61-8所示。

图61-8

实例 062 文字烟化

- ● **案例文件** 光盘\工程文件\第6章\062 文字烟化
- ● **视频文件** 光盘\视频教学1\第6章\062.mp4
- ● **难易程度** ★★★★☆
- ● **学习时间** 23分35秒
- ● **实例要点** 置换变形　　烟雾化效果
- ● **实例目的** 通过本例学习应用"分形杂色"创建噪波贴图，应用"置换图"滤镜分散文字，然后应用"复合模糊"和"网格变形"滤镜创建烟雾缥缈的效果

知识点链接

湍流置换——产生紊乱变形，形成文字分散的效果。
网格变形——通过网格变形修整烟雾的形态。

操作步骤

01 打开软件After Effects CC 2014，选择主菜单中的"合成"｜"新建合成"命令，创建一个新的合成，命名为"Logo"，选择预设为PAL D1/DV，设置长度为5秒。

02 在时间线空白处单击鼠标右键，选择"新建"｜"纯色"命令，新建一个黑色图层，然后选择文本工具，输入字符"影视特效"，颜色为白色，选择主菜单中的"效果"｜"透视"｜"斜面 Alpha"命令，添加"斜面 Alpha"滤镜，接受默认值即可，如图62-1所示。

03 选择主菜单中的"合成"｜"新建合成"命令，新建一个合成，命名为"噪波纹理"，在时间线空白处单击鼠标右键，选择"新建"｜"纯色"命令，新建一个黑色图层，选择主菜单中的"效果"｜"杂色和颗粒"｜"分形杂色"命令，添加"分形杂色"滤镜，选择"分形类型"为"湍流平滑"，"杂色类型"为"柔和线性"，"缩放"为20，具体参数如图62-2所示。

图62-1

图62-2

04 选择主菜单中的"合成"｜"新建合成"命令，新建一个合成，命名为"转场纹理"，将合成"噪波纹理"拖曳到时间线面板中，在时间线空白处单击鼠标右键，选择"新建"｜"纯色"命令，新建一个白色图层，设置混合模式为"强光"，选择主菜单中的"效果"｜"过渡"｜"线性擦除"命令，添加"线性擦除"滤镜，设置"羽化"为360，设置"过渡完成"从1秒到4秒的转场动画，1秒时为0，4秒时为100%，如图62-3所示。

图62-3

05 选择主菜单中的"效果"｜"颜色校正"｜"色光"命令，添加"色光"滤镜，展开"输入相位"，选择"获取相位，自"为Alpha，展开"输出循环"选项栏，选择"使用预设调板"为"渐变灰色"，展开"修改"选项栏，勾选"更改空像素"，如图62-4所示。

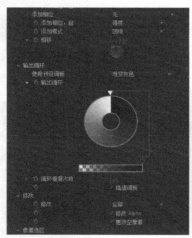

图62-4

06 选择主菜单中的"效果"｜"颜色校正"｜"曲线"命令，添加"曲线"滤镜，增加亮度和对比度，具体参数设置如图62-5所示。

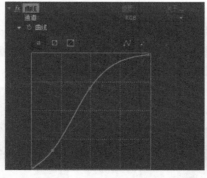

图62-5

07 选择主菜单中的"合成"｜"新建合成"命令，新建一个合成，命名为"紊乱纹理"，将合成"转场纹理"拖曳到时间线面板中，选择主菜单中的"效果"｜"扭曲"｜"湍流置换"命令，添加"湍流置换"滤镜，选择"演化"，选择主菜单中的"动画"｜"命令"，为"演化"添加如下表达式：

time*250

拖曳时间线指针，查看动画效果，如图62-6所示。

图62-6

08 选择主菜单中的"效果"｜"模糊和锐化"｜"快速模糊"命令，添加"快速模糊"滤镜，设置"模糊度"为10，如图62-7所示。

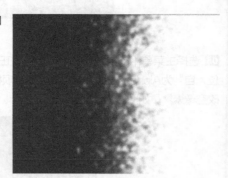

图62-7

09 选择主菜单中的"合成"｜"新建合成"命令，新建一个合成，命名为"烟化"，拖曳合成"Logo"和"紊乱纹理"到时间线面板中，设置图层"Logo"的轨道遮罩模式为"亮度遮罩 紊乱纹理"，如图62-8所示。

图62-8

10 在时间线空白处单击鼠标右键，选择"新建"｜"调整图层"命令，新建一个调节图层，命名为"置换"，选择主菜单中的"效果"｜"扭曲"｜"置换图"命令，添加"置换图"滤镜。在"置换图"效果控制面板中，选择"置换图层"为"紊乱纹理"，设置"最大水平置换"为-20，"最大垂直置换"为-50，如图62-9所示。

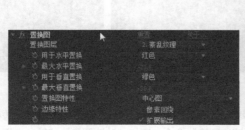

图62-9

11 因为置换，Logo产生了错位。选择主菜单中的"效果"｜"扭曲"｜"变换"命令，添加"变换"滤镜，拖曳到"置换图"滤镜的上一级。在时间线面板中展开图层的属性栏，选择"位置"属性，选择主菜单中的"动画"｜"添加表达式"命令，为"位置"添加如下表达式：

[394+effect（"置换图"）（"最大水平置换"），288+effect（"置换图"）（"最大垂直置换"）]
查看动画效果，如图62-10所示。

图62-10

12 在时间线空白处单击鼠标右键，选择"新建"｜"调整图层"命令，新建一个调节图层，命名为"模糊"，选择主菜单中的"效果"｜"模糊和锐化"｜"复合模糊"命令，添加"复合模糊"滤镜，选择"模糊图层"为"紊乱纹理"，勾选"反转模糊"选项，如图62-11所示。

图62-11

13 在时间线空白处单击鼠标右键，选择"新建"｜"调整图层"命令，新建一个调节图层，命名为"紊乱"，选择主菜单中的"效果"｜"扭曲"｜"湍流置换"命令，添加"湍流置换"滤镜，设置"数量"为150，"大小"为16，"演化"为-20，如图62-12所示。

图62-12

14 复制"紊乱纹理"图层，放置在调节层"紊乱"的上面，设置"紊乱"图层的轨道遮罩模式为"亮度反转遮罩　紊乱纹理"，如图62-13所示。

15 选择主菜单中的"合成"｜"新建合成"命令，新建一个合成，命名为"烟化最终"，拖曳合成"烟化"到时间线面板中，选择主菜单中的"效果"｜"扭曲"｜"网格变形"命令，添加"网格变形"滤镜，设置"行数"为10，"列数"为12，调整控制点，使升起的烟雾有所变形，增强真实感，如图62-14所示。

图62-13

图62-14

16 在时间线空白处单击鼠标右键，选择"新建"｜"纯色"命令，新建一个灰色图层，设置混合模式为"经典颜色减淡"，使烟变浓。拖曳时间线查看烟化的动画效果，如图62-15所示。

图62-15

<table>
<tr><td>实 例
063</td><td>立体字</td></tr>
</table>

● **案例文件** | 光盘\工程文件\第6章\063 立体字

● **视频文件** | 光盘\视频教学 1\第6章\063.mp4

● **难易程度** | ★★★☆☆

● **学习时间** | 11分22秒

● **实例要点** | 创建文字的立体效果

● **实例目的** | 本例主要学习为文字添加"斜面Alpha"和"投影"滤镜,创建文字的立体效果

---| **知识点链接** |---

CC Radial Fast Blur——放射模糊,创建文字的放射状阴影。

---| **操作步骤** |---

01 打开软件After Effects CC 2014,创建一个合成,命名为"立体文字",选择预设为PAL D1/DV,时长为5秒。

02 新建一个固态层,命名为"BG",添加一个"梯度渐变"滤镜,产生渐变效果,如图63-1所示。

03 选择文字工具,输入字符"AE CC 2014",设置合适的字体和大小,如图63-2所示。

图63-1

图63-2

04 选择主菜单中的"效果"|"生成"|"梯度渐变"命令，为文字添加"梯度渐变"滤镜。颜色可根据自己的需要调整，如图63-3所示。

图63-3

05 选择主菜单中的"效果"|"透视"|"斜面Alpha"命令，添加"斜面Alpha"滤镜，使文字轮廓立体化，如图63-4所示。

图63-4

06 复制几层，调整下面的文字层，调整其位置大小、位置，关闭"斜面Alpha"滤镜。

07 选择图层"AE CC 2014"，选择主菜单中的"效果"|"模糊和锐化"|"CC Radial Fast Blur"，如图63-5所示。

图63-5

08 设置Center的关键帧，0帧时数值为（340,206），4秒24帧时为（350,206）。查看最终的立体文字效果，如图63-6所示。

图63-6

实例 064　光影成字

- **案例文件 |** 光盘\工程文件\第6章\064 光影成字
- **视频文件 |** 光盘\视频教学 1\第6章\064.mp4
- **难易程度 |** ★★★☆☆
- **学习时间 |** 9分11秒
- **实例要点 |** 分形噪波和置换变形
- **实例目的 |** 本例学习应用分形噪波滤镜创建纹理贴图，应用"置换图"滤镜创建动态的光影效果

▌知识点链接 ▌

分形杂色——创建文字模糊和置换变形的噪波贴图。

置换图——置换贴图，产生文字的烟雾状变形。

▌操作步骤 ▌

01 打开软件After Effects CC 2014，选择主菜单中的"合成"｜"新建合成"命令，创建一个新的合成，命名为"光影贴图"，选择预设为PAL D1/DV，设置长度为5秒。

02 在时间线空白处单击鼠标右键，选择"新建"｜"纯色"命令，新建一个图层，选择主菜单中的"效果"｜"杂色和颗粒"｜"分形杂色"命令，添加分形噪波滤镜，设置"对比度"为200，"复杂度"为2，展开"变换"选项栏，设置"缩放"为150，设置"演化"的关键帧，0帧时为0°，100帧时为720°，如图64-1所示。

03 在时间线面板中设置该图层淡出的关键帧动画，3秒时不透明度为100%，4秒时为0。

04 选择主菜单中的"合成"｜"新建合成"命令，新建一个合成，命名为"光影变字"，时长为5秒，首先导入一张背景图片，拖曳合成"光影贴图"到时间线面板中，关闭其可视性。

05 选择文本工具 **T**，输入字符"Flying cloth VFX"，颜色为浅黄色，如图64-2所示。

图64-1   图64-2

06 设置文本图层的"缩放"关键帧，0秒时为（150.0，100.0%），4秒时为（100.0，100.0%）。设置位移关键帧，0秒时数值为（350.0，292.0），4秒时数值为（480.0，494.0）。

07 选择文本图层，选择主菜单中的"效果"｜"模糊和锐化"｜"复合模糊"命令，添加"复合模糊"滤镜，选择"模糊图层"为"光影贴图"，设置"最大模糊"为30，如图64-3所示。

08 选择主菜单中的"效果"｜"扭曲"｜"置换图"命令，添加"置换图"滤镜，选择"置换图层"为"光影贴图"，选择"用于水平置换"为"亮度"，"用于垂直置换"为"亮度"，"最大水平置换"为-35，"最大垂直置换"为150，如图64-4所示。

图64-3

图64-4

09 选择主菜单中的"效果"｜"风格化"｜"发光"命令，添加"发光"滤镜，选择"发光基于"为"Alpha 通道"，设置"发光阈值"为8%，"发光半径"为80，"发光强度"为2.5，设置"颜色 A"为橙色，"颜色 B"为红色，如图64-5所示。

10 选择主菜单中的"效果"｜"透视"｜"投影"命令，添加"投影"滤镜，设置"距离"为8，"柔和度"为5，如图64-6所示。

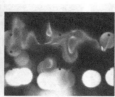
图64-5

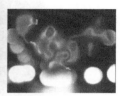
图64-6

11 拖曳时间线指针，查看光影字的动画效果，如图64-7所示。

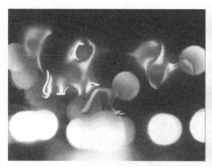

图64-7

实例 065　**闪电出字**

● **案例文件** ┃ 光盘\工程文件\第6章\065 闪电出字
● **视频文件** ┃ 光盘\视频教学 1\第6章\065.mp4
● **难易程度** ┃ ★★★☆☆
● **学习时间** ┃ 13分21秒
● **实例要点** ┃ 闪电效果

● **实例目的** | 本例应用"高级闪电"滤镜创建闪电动画，应用粒子对出字进行装饰

━┃ **知识点链接** ┃━

高级闪电——创建闪电效果。

Particular——创建粒子效果。

━┃ **操作步骤** ┃━

01 打开软件After Effects CC 2014，选择主菜单中的"合成"｜"新建合成"命令，创建一个新的合成，命名为"电击文字"，选择预设为PAL D1/DV，设置长度为5秒。

02 在时间线空白处单击鼠标右键，选择"新建"｜"纯色"命令，新建一个图层，命名为"背景"，选择主菜单中的"效果"｜"生成"｜"梯度渐变"命令，添加"梯度渐变"滤镜，设置"起始颜色"为蓝色，"结束颜色"为黑色，"渐变形状"为"径向渐变"，如图65-1所示。

图65-1

03 选择文本工具🅣，输入字符"Flying cloth"，选择"效果和预设"命令，选择动画预设为"打字机"，并调整关键帧为0到4秒。选择主菜单中的"效果"｜"生成"｜"梯度渐变"命令，添加"梯度渐变"滤镜，设置"起始颜色"为白色，"结束颜色"为黑色，"渐变形状"为"径向渐变"，如图65-2所示。

图65-2

04 选择主菜单中的"效果"｜"透视"｜"斜面Alpha"命令，添加"斜面Alpha"滤镜，设置"灯光角度"为50°，如图65-3所示。

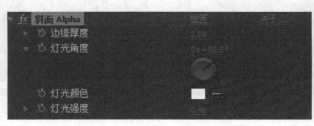

图65-3

05 选择主菜单中的"效果"｜"颜色校正"｜"曲线"命令，添加"曲线"滤镜，调整曲线，如图65-4所示。

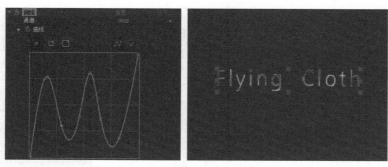

图65-4

06 选择主菜单中的"效果"｜"颜色校正"｜"色相/饱和度"命令，添加"色相/饱和度"滤镜，如图65-5所示。

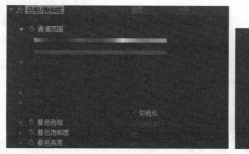

图65-5

07 在时间线空白处单击鼠标右键，选择"新建"｜"纯色"命令，新建一个黑色图层，命名为"闪电"，选择主菜单中的"效果"｜"生成"｜"高级闪电"命令，添加"高级闪电"效果滤镜，设置图层的混合模式为"相加"。设置效果参数，如图65-6所示。

图65-6

08 设置"源点"和"方向"的关键帧动画，使闪电随着文字显现，在0~4秒从左到右移动，如图65-7所示。

图65-7

09 在时间线空白处单击鼠标右键，选择"新建"｜"纯色"命令，新建一个图层，命名为"粒子"，选择主菜单中的"效果"｜"Trapcode"｜"Particular"命令，添加"Particular"滤镜，展开"发射器"选项栏，具体参数设置如图65-8所示。

图65-8

10 选择"粒子"层的"位置XY"，选择主菜单中的"动画"｜"添加表达式"命令，为"位置 XY"创建表达式，在时间线面板中链接"高级闪电"效果的"方向"参数。

11 展开"粒子"选项栏，具体参数设置如图65-9所示。

12 展开"物理学"选项栏，具体参数设置如图65-10所示。

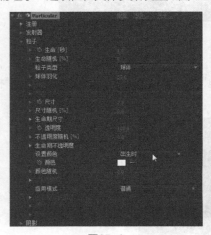

图65-9

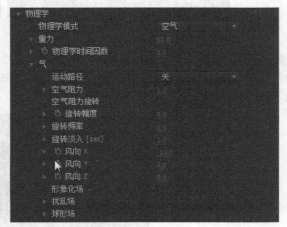

图65-10

13 选择主菜单中的"效果"｜"风格化"｜"发光"命令，添加"发光"滤镜，设置"发光阈值"为20%，"发光半径"为15，"发光强度"为2，"颜色 A"为青色，"颜色 B"为蓝色，如图65-11所示。

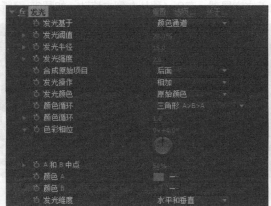

图65-11

14 调整文本动画及闪电动画的关键帧，将第2个关键帧移动到5秒。

15 设置除背景图层外其余图层的混合模式为"相加"。单击播放按钮，查看动画预览效果，如图65-12所示。

  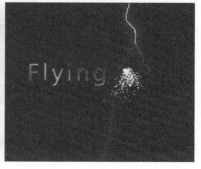

图65-12

实例 066 玻璃字

- **案例文件** | 光盘\工程文件\第6章\066 玻璃字
- **视频文件** | 光盘\视频教学 1\第6章\066.mp4
- **难易程度** | ★★★☆☆
- **学习时间** | 10分49秒
- **实例要点** | 图层调整　　折射变形
- **实例目的** | 本例主要学习应用模糊和曲线调整创建文字的立体感，应用"强光"混合模式和"置换图"创建玻璃折射的变形效果

知识点链接

计算——通过运算创建立体文字效果。

操作步骤

01 打开软件After Effects CC 2014，选择主菜单中的"合成"｜"新建合成"命令，创建一个新的合成，命名为"word"，选择预设为PAL D1/DV，设置"持续时间"为5秒。

02 选择文本工具，输入字符"AE CC 2014"，选择字体、字号和颜色，调整文本的"位置"为（394，380），如图66-1所示。

03 添加高斯模糊滤镜，设置"模糊度"为12。

04 在时间线面板中选择文本图层进行复制，重命名为"AE CC 2015"，调整"位置"为（404，390），选择主菜单中的"效果"｜"通道"｜"计算"命令，添加"计算"滤镜，选择"第二个图层"为AE CC 2015，设置"第二个图层不透明度"为80%，如图66-2所示。

图66-1 图66-2

05 添加"高斯模糊"滤镜,设置"模糊度"为4。

06 选择主菜单中的"效果"|"颜色校正"|"曲线"命令,添加"曲线"滤镜,如图66-3所示。

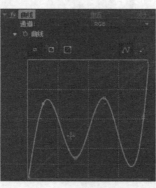

图66-3

07 添加"CC Toner"滤镜,设置高光和中间色的颜色,如图66-4所示。

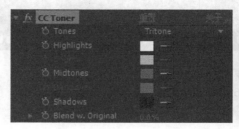

图66-4

08 新建一个调节图层,添加"曲线"滤镜,增加画面的亮度和对比度,如图66-5所示。

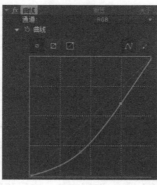

图66-5

09 选择主菜单中的"合成"|"新建合成"命令,创建一个新的合成,命名为"玻璃文字",后导入一张纹理图片,并拖曳到时间线面板中。

10 拖曳合成"word"到时间线面板中,拖曳时间线指针到合成的终点,调整"位置"的数值,创建文字由左向右移动的动画。放置于顶层,设置图层的混合模式为"强光",如图66-6所示。

图66-6

11 复制图层"word",调整出入点,如图66-7所示。

图66-7

12 单击播放按钮▶,查看最终的玻璃字效果,如图66-8所示。

图66-8

实例 067 **发光字**

● **案例文件**▎光盘\工程文件\第6章\067 发光字

● **视频文件**▎光盘\视频教学 1\第6章\067.mp4

● **难易程度**▎★★☆☆☆

● **学习时间**▎17分19秒

● **实例要点**▎文字发射光线效果

● **实例目的**▎本例主要讲解应用"CC Light Burst"滤镜创建发射光线的效果，通过调整曲线设置光线的颜色和亮度

▌知识点链接▐

CC Light Burst——典型的发光插件。

Shine——典型的发光插件。

▌操作步骤▐

01 打开软件After Effects CC 2014，选择主菜单中的"合成"｜"新建合成"命令，创建一个新的合成，命名为"文字"，选择预设为PAL D1/DV，设置长度为8秒。

02 选择文字工具，建立一个文字层，输入字符"AFTER EFFECTS CC 2014"，设置合适的字体、大小和颜色，如图67-1所示。

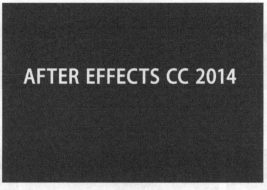

图67-1

03 创建一个新的合成，命名为"noise"，在时间线空白处单击鼠标右键，选择"新建"｜"纯色"命令，建立一个固态层，命名为"noise"，选择主菜单中的"效果"｜"杂色和颗粒"｜"分形杂色"命令，添加"分形杂色"滤镜，设置"演化"关键帧，0秒时为0，5秒时为360°，如图67-2所示。

04 创建一个新的合成，命名为"发光文字"，时长为5秒。

05 拖曳合成"文字"到时间线上，并设置"noise"图层的轨道遮罩模式为"Alpha遮罩 文字"，将文字图层将作为"noise"图层的蒙版，如图67-3所示。

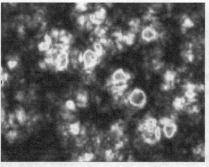

图67-2   图67-3

06 新建一个固态层，命名为"BG"，选择主菜单中的"效果"｜"生成"｜"梯度渐变"，添加"梯度渐变"滤镜，如图67-4所示。

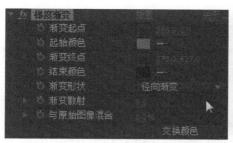

图67-4

07 选择主菜单中的"图层"|"新建"|"调整图层"命令，新建一个调节层。选择主菜单中的"效果"|"生成"|"CC Light Rays"命令，添加"CC Light Rays"滤镜，设置参数，如图67-5所示。

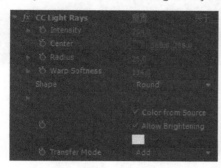

图67-5

08 选择主菜单中的"效果"|"生成"|"CC Radial Fast Blur"滤镜，添加"CC Radial Fsat Blur"滤镜，设置"Amount"为87，"Zoom"为Brightest，如图67-6所示。

图67-6

09 将调节层的混合模式设置成"相加"，如图67-7所示。

10 选择主菜单中的"图层"|"新建"|"调整图层"命令，新建一个调节层，添加"曲线"滤镜，如图67-8所示。

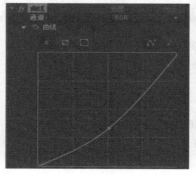
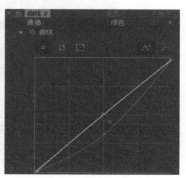

图67-7

图67-8

11 将 "noise" 图层和 "文字" 图层转化为三维层。

12 新建一个摄影机，如图67-9所示。

13 选择文本图层，添加"色相/饱和度"滤镜，设置"不透明度"为50%，在0~3秒，设置位移数值由0变到100的动画，如图67-10所示。

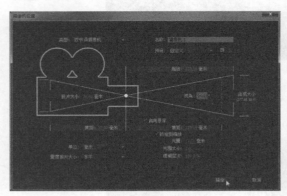

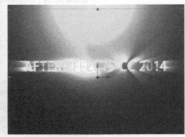

图67-9　　　　　　　　　　　　　　　　　　　　　　　图67-10

14 设置摄影机的位置关键帧，查看文字发光的动画效果，如图67-11所示。

图67-11

实例 068 霓虹字

- **案例文件** | 光盘\工程文件\第6章\068 霓虹字
- **视频文件** | 光盘\视频教学 1\第6章\068.mp4
- **难易程度** | ★★☆☆☆
- **学习时间** | 6分43秒
- **实例要点** | 文字边缘扩展　　　四色渐变上色
- **实例目的** | 本例主要学习应用"无线电波"为文字添加扩展动画，应用"四色渐变"滤镜创建霓虹色彩

▌知识点链接▐

无限电波——沿文字的轮廓产生放射波。

快速模糊——将水平和竖直方向的模糊相互叠加，产生十字星光的效果。

▌操作步骤▐

01 打开软件After Effects CC 2014，选择主菜单中的"合成"｜"新建合成"命令，创建一个新的合成，选择预设为PAL D1/DV，设置时长为5秒。

02 选择文本工具▣，输入字符"VFX798"，调整比较小的字距，使字符交叠在一起，然后重命名图层为"VFX798"，设置混合模式为"相加"。选择主菜单中的"效果"｜"生成"｜"无线电波"命令，添加"无线电波"滤镜，参数设置如图68-1所示。

03 展开"波动"选项组，参数设置如图68-2所示。

图68-1　　　　　　　　　　　图68-2

04 展开"描边"选项组，具体参数设置如图68-3所示。

图68-3

05 选择主菜单中的"效果"｜"模糊和锐化"｜"方框模糊"命令，添加"方框模糊"滤镜，如图68-4所示。

图68-4

06 复制文本图层，重命名为"VFX799"，调整"方框模糊"的参数值，"模糊半径"为5，如图68-5所示。

图68-5

07 选择主菜单中的"效果"|"风格化"|"毛边"命令,添加"毛边"滤镜,参数设置如图68-6所示。

图68-6

08 选择主菜单中的"效果"|"模糊和锐化"|"快速模糊"命令,添加"快速模糊"滤镜,选择"模糊方向"为"水平",设置"模糊度"为100,如图68-7所示。

09 复制"VFX799"图层,重命名为"VFX800",调整"快速模糊"滤镜,选择"模糊方向"为"垂直",如图68-8所示。

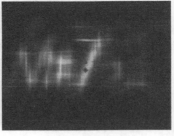

图68-7

图68-8

10 复制"FX800"图层,重命名为"FX801",关闭"快速模糊"滤镜,如图68-9所示。

11 在时间线空白处单击鼠标右键,选择"新建"|"调整图层"命令,新建一个调节层,选择主菜单中的"效果"|"生成"|"四色渐变"命令,添加"四色渐变"滤镜,设置混合模式为"颜色",设置颜色控制点的关键帧,如图68-10所示。

图68-9

图68-10

12 在时间线空白处单击鼠标右键,选择"新建"|"调整图层"命令,新建一个调节图层,选择主菜单中的"效果"|"风格化"|"发光"命令,添加"发光"滤镜,如图68-11所示。

图68-11

13 单击播放按钮，查看最终的文字扫光效果，如图68-12所示。

图68-12

实例 069　时码变换

- **案例文件** | 光盘\工程文件\第6章\069 时码变换
- **视频文件** | 光盘\视频教学1\第6章\069.mp4
- **难易程度** | ★ ★ ☆ ☆ ☆
- **学习时间** | 5分57秒
- **实例要点** | 创建时码变换　　调整动画速度
- **实例目的** | 本例主要讲解应用"时间码"滤镜创建时码变换的动画效果，应用"启用时间重映射"属性调整动画的速度

知识点链接

时间码——创建变换的字符。

操作步骤

01 打开软件After Effects CC 2014，选择主菜单中的"合成" | "新建合成"命令，创建一个新的合成，命名为"时间码"，选择预设为PAL D1/DV，设置"持续时间"为3秒。

02 选择主菜单中的"图层" | "新建" | "纯色"命令，新建一个固态层，命名为"文字"。

03 选择主菜单中的"效果" | "文字" | "时间码"命令，添加"时间码"滤镜。设置"文字"图层的不透明度为50，设置"开始帧"的关键帧，第0帧时数值为0，第1秒10帧的数值为1 746，具体参数设置如图69-1所示。

图69-1

04 选择主菜单中的"效果"|"风格化"|"发光"命令，为"文字"添加"发光"滤镜，参数设置如图69-2所示。

05 将"文字"转化成三维层，设置"位置"属性的关键帧，0帧时数值为（358.0，286.0，−1107.0），1秒时为（358.0，286.0，0.0）。

06 新建一个合成，命名为"时码变换"，导入素材"Background.mov"到时间线，将合成"时间码"拖到时间线上，设置其混合模式为"屏幕"，效果如图69-3所示。

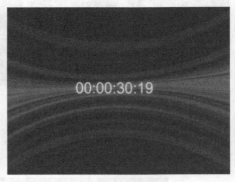

图69-2   图69-3

07 选择主菜单中的"图层"|"时间"|"启用时间重映射"命令，自动添加"时间重映射"关键帧。拖曳时间指针到第1秒10帧，单击时间线上"时间重映射"前面的添加关键帧按钮■，添加一个关键帧，删除最后一个关键帧。

08 新建一个调节层，为其添加"CC Lens"滤镜，设置"Size"为150。查看合成预览效果，如图69-4所示。

09 为调节层添加"曲线"滤镜，调整视图亮度，如图69-5所示。

 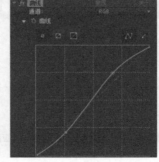

图69-4   图69-5

10 打开合成"时间码"，选择"文字"图层，调整"文本颜色"为浅蓝色，添加"发光"滤镜，设置其参数，如图69-6所示。

11 将"时间码"图层复制一层，设置其"不透明度"的关键帧，产生闪动效果。设置1秒10帧时数值为0%，1秒15帧时数值为100%，1秒20帧时数值为0%，2秒时数值为100%，2秒05帧时数值为0%。

12 单击播放按钮■，查看合成预览效果，如图69-7所示。

 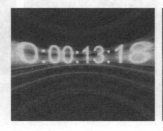  

图69-6   图69-7

实例 070　破碎字

- **案例文件** | 光盘\工程文件\第6章\070 破碎字
- **视频文件** | 光盘\视频教学1\第6章\070.mp4
- **难易程度** | ★★★☆☆
- **学习时间** | 8分03秒
- **实例要点** | 贴图控制破碎的顺序
- **实例目的** | 本例主要学习应用"碎片"滤镜制作破碎文字的动画效果，通过贴图来控制破碎的顺序

知识点链接

碎片——破碎效果，应用贴图控制爆炸点及碎块飞行的状态。

操作步骤

01 启动After Effects CC 2014，创建一个新的合成，选择预设为PAL D1/DV，命名为"渐变"，设置长度为8秒。

02 在时间线空白处单击鼠标右键，在弹出的快捷菜单中选择"新建" | "纯色"命令，新建一个黑色固态层，选择黑色固态层，添加"梯度渐变"效果，设置渐变参数，如图70-1所示。

图70-1

03 创建一个新的合成，命名为"噪波"，选择预设为PAL D1/DV，长度为8秒。在时间线空白处单击鼠标右键，在弹出的快捷菜单中选择"新建" | "纯色"命令，新建一个黑色固态层，选择主菜单中的"效果" | "杂色和颗粒" | "杂色"命令，如图70-2所示。

04 创建一个新的合成，命名为"破碎"，选择预设为PAL D1/DV，长度为8秒。

05 选择文本工具，创建文本图层，如图70-3所示。

图70-2

图70-3

06 拖曳合成"渐变"和"噪波"到时间线面板中，关闭这个图层的可视性。

07 选择文字层，选择主菜单中的"效果"｜"模拟"｜"碎片"命令，添加"碎片"滤镜，展开"形状"选项，选择"图案"为"自定义"，选择"自定义碎片图案"为"噪波"。展开"作用力1"选项组，设置"深度"为0.5，"半径"为1，"强度"为0.5，具体参数如图70-4所示。

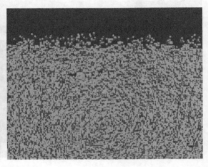

图70-4

08 展开"渐变"选项，选择"渐变图层"为"渐变"，设置"碎片阈值"的关键帧，在合成的起点数值为0，6秒时数值为100%，选择"视图"为"已渲染"，查看破碎效果，如图70-5所示。

图70-5

09 在时间线中调整动画曲线，先快后慢，查看动画效果，如图70-6所示。

图70-6

10 在效果控制面板中展开摄影机控制面板，调整摄影机的旋转和位置参数，查看合成预览效果，如图70-7所示。

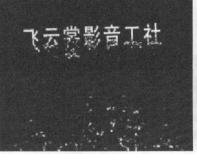
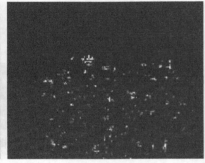

图70-7

实例 071　立体旋转字

- **案例文件** ┃ 光盘\工程文件\第6章\071 立体旋转字
- **视频文件** ┃ 光盘\视频教学1\第6章\071.mp4
- **难易程度** ┃ ★★★☆☆
- **学习时间** ┃ 8分55秒
- **实例要点** ┃ 纹理贴图　　文字飞旋动画
- **实例目的** ┃ 本例应用"梯度渐变"和"色光"滤镜创建纹理贴图，应用"碎片"滤镜创建文字的飞旋动画，并赋予厚度和表面纹理

┃ 知识点链接 ┃

碎片——创建并挤出立体文字。

┃ 操作步骤 ┃

01 启动软件After Effects CC 2014，选择主菜单中的"合成"｜"新建合成"命令，新建一个合成，命名为"立体旋转文字"，设置长度为5秒。

02 在时间线空白处单击鼠标右键，选择"新建"｜"纯色"命令，命名为"渐变层"，为其添加"效果"｜"生成"｜"梯度渐变"滤镜，选中"渐变层"，选择主菜单中的"图层"｜"预合成"命令，进行预合成并命名为"渐变层"，如图71-1所示。

图71-1

03 在时间线空白处单击鼠标右键，选择"新建"｜"纯色"命令，设置固态层为黑色，命名为"表面层"，为其添加"梯度渐变"和"色光"滤镜，如图71-2所示。

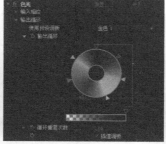

图71-2

04 选中"表面层",选择主菜单中的"图层"|"预合成"进行预合成并命名为"表面层"。

05 在时间线空白处单击鼠标右键,选择"新建"|"纯色"命令,设置固态层为黑色,命名为"侧面层",为其添加"梯度渐变"和"色光"滤镜,如图71-3所示。

06 选中"侧面层",选择主菜单中的"图层"|"预合成"命令,进行预合成并重命名为"侧面层"。

07 选择文本工具,输入字符"Flyingcloth",颜色为白色,如图71-4所示。

图71-3 图71-4

08 复制"Flyingcloth"图层,命名为"参考层",选择主菜单中的"图层"|"预合成"进行预合成并命名为"参考层 合成1"。

09 选中"Flyingcloth"图层,选择主菜单中的"效果"|"模拟"|"碎片"命令,添加"碎片"滤镜,如图71-5所示。

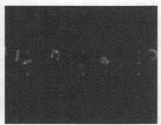

图71-5

10 在时间线空白处单击鼠标右键,选择"新建"|"摄像机"命令,新建一个35mm的摄影机,调整视图,如图71-6所示。

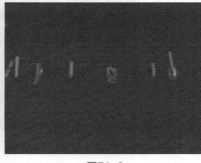
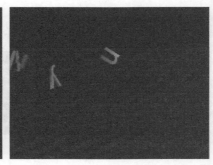

图71-6

实例
072   爆炸字

- **案例文件** ┃ 光盘\工程文件\第6章\072 爆炸字
- **视频文件** ┃ 光盘\视频教学1\第6章\072.mp4
- **难易程度** ┃ ★★★☆☆
- **学习时间** ┃ 8分47秒
- **实例要点** ┃ 爆炸效果
- **实例目的** ┃ 本例主要讲解为文字添加"CC Pixel Polly"滤镜，创建爆炸效果

┃ **知识点链接** ┃

CC Pixel Polly——创建文字的破碎效果。

发光——为碎片上色，模拟爆炸的火焰效果。

┃ **操作步骤** ┃

01 启动软件After Effects CC 2014，选择主菜单中的"合成"｜"新建合成"命令，创建一个新的合成，命名为"爆炸字"，选择预设为PAL D1/DV，设置时长为5秒。

02 选择文本工具，输入字符"FX129"。拖曳指针到10帧，按Ctrl+Shift+D键分裂图层，如图72-1所示。

图72-1

03 选择比较长的一段，重命名为"碎块 1"，选择主菜单中的"效果"｜"模拟"｜"CC Pixel Polly"命令，添加"CC Pixel Polly"滤镜，设置"Force"从入点到1秒的关键帧，值由0变到100。查看效果如图72-2所示。

04 复制图层，重命名为"碎块 2"，删除"CC Pixel Polly"滤镜，选择主菜单中的"效果"｜"扭曲"｜"碎片"命令，添加"碎片"滤镜，选择"视图"为"已渲染"。展开"形状"选项栏，参数设置如图72-3所示。

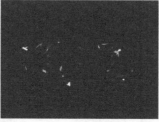

图72-2

图72-3

05 展开"物理学"选项栏，设置参数如图72-4所示。

图72-4

06 展开"作用力1"选项栏，设置"半径"从入点到1秒的关键帧，值由0变到0.4。查看效果，如图72-5所示。

图72-5

07 复制 "碎块 1"图层，重命名为"粉末"，暂时关闭"CC Pixel Polly"滤镜。在时间线面板中单击"动画"右边的 按钮，从弹出的菜单中选择"缩放"命令，添加"缩放"动画器，单击入点激活按钮，添加第一个关键帧，设置3秒时的关键帧为1%。添加"散步"动画器，在入点添加关键帧，设置"散步数量"到3秒为10的关键帧，如图72-6所示。

图72-6

08 选择主菜单中的"效果"|"风格化"|"散布"命令，添加"散布"滤镜，拖曳到上一级，设置"散步数量"的关键帧，在入点添加关键侦，3秒时为1 000，如图72-7所示。

图72-7

09 重新打开"CC Pixel Polly"滤镜，设置"Grid Spacing"为1，如图72-8所示。

10 在时间线空白处单击鼠标右键，选择"新建"|"调整图层"命令，新建一个调节层，选择主菜单中的"效果"|"颜色校正"|"三色调"命令，添加"三色调"滤镜，如图72-9所示。

图72-8   图72-9

11 选择图层1至图层5，选择主菜单中的"图层"｜"预合成"命令，进行预合成，命名为"爆炸"。

12 选择主菜单中的"效果"｜"风格化"｜"发光"命令，添加"发光"滤镜，如图72-10所示。

13 拖曳时间线，查看动画效果，如图72-11所示。

图72-10

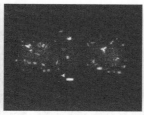

图72-11

实例 073 抖落的文字

- **案例文件** | 光盘\工程文件\第6章\073 抖落的文字
- **视频文件** | 光盘\视频教学1\第6章\073.mp4
- **难易程度** | ★★★☆☆
- **学习时间** | 10分03秒
- **实例要点** | 文字破碎下落
- **实例目的** | 本例主要讲解为文字添加"碎片"滤镜，创建散落效果，将文字本身作为破碎形状，抖落的就是完整的字符

知识点链接

碎片——创建文字的破碎效果，将文字本身作为形状贴图。

操作步骤

01 打开软件After Effects CC 2014，选择主菜单中的"合成"｜"新建合成"命令，创建一个新的合成，命名为"Logo"，选择预设为PAL D1/DV，长度为4秒。选择文本工具T，输入字符 "视觉特效工社www.vfx798.cn，颜色为暗红色，如图73-1所示。

02 选择主菜单中的"合成"｜"新建合成"命令，创建一个新的合成，命名为"墙"，选择预设为PAL D1/DV，设置时长为4秒。导入一张墙面图片，并拖曳到时间线面板中，单击鼠标右键，选择"变换"｜"适合复合"命令。再导入纹理图片，调整图大小，设置混合模式为"强光"，如图73-2所示。

03 选择主菜单中的"合成"｜"新建合成"命令，创建一个新的合成，命名为"字牌"，选择预设为PAL D1/DV，设置时长为4秒。拖曳合成"墙"至时间线，拖曳合成"Logo"到时间线面板中，设置混合模式为"线性光"，如图73-3所示。

图73-1

图73-2

图73-3

04 选择主菜单中的"效果"｜"透视"｜"斜面 Alpha"命令，添加"斜面Alpha"
滤镜，设置"边缘厚度"为2，"灯光强度"为0.5，如图73-4所示。

图73-4

05 选择主菜单中的"合成"｜"新建合成"命令，创建一个新的合成，命名为"贴图"，选择预设为PAL D1/
DV，长度为4秒。

06 拖曳合成"Logo"到时间线面板中，在时间线空白处单击鼠标右键，选择"新建"｜"纯色"命令，新建一个黑色图
层，双击该图层，选择笔刷，绘制笔画，勾选"在透明背景上绘画"项，查看贴图效果，如图73-5所示，关闭"在透
明背景上绘画"项。

07 选择主菜单中的"合成"｜"新建合成"命令，新建一个合成，命名为"抖落"，拖曳合成"Logo""贴图""字
牌"和金属图片到时间线面板中，关闭图层"贴图"和"Logo"的可视性。选择图层"字牌"，选择主菜单中的"效
果"｜"模拟"｜"碎片"命令，添加"碎片"滤镜，选择"视图"为"已渲染"，展开"形状"选项栏，选择"图案"
为"自定义"，选择"自定义碎片"为"logo"，拖曳时间指针，查看效果，如图73-6所示。

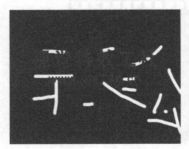
图73-5

图73-6

08 展开"渐变"选项栏，选择"渐变图层"为"贴图"，设置"碎片阈值"的关键帧，值从
0到100%，查看动画效果，如图73-7所示。

图73-7

09 展开"作用力 1"选项栏，设置"深度"为0.5，"半径"为2，"强度"为0.5，查看动画
效果，如图73-8所示。

图73-8

10 调整动画曲线，开始比较缓，如图73-9所示。

图73-9

11 单击播放按钮▐▶，查看最终的斑驳掉落效果，如图73-10所示。

图73-10

实例 074　飞溅的文字

● **案例文件** ┃ 光盘\工程文件\第6章\074 飞溅的文字
● **视频文件** ┃ 光盘\视频教学1\第6章\074.mp4
● **难易程度** ┃ ★★★☆☆
● **学习时间** ┃ 10分50秒
● **实例要点** ┃ 碎片滤镜的力学参数
● **实例目的** ┃ 本例主要讲解应用"碎片"滤镜创建文字飞溅效果，通过设置破碎的力学参数来控制飞溅的动画效果。

┃ 知识点链接 ┃

碎片——控制破碎的力，控制碎片的飞行动画。

┃ 操作步骤 ┃

01 选择主菜单中的"合成"｜"新建合成"命令，新建一个1 500×1 500的合成，命名为"旋转文字"，设置时长为12秒。

02 选择文本工具 **T**，输入文本"FEIYUNSHANG"，设置文本属性，如图74-1所示。

03 复制文本图层，命名为"参考层"。

04 选择文本图层的文本"FEIYUN SHANG"，打开图层的三维属性 ，选择主菜单中的"效果"｜"模拟"｜"碎片"命令，添加"碎片"滤镜。展开"形状"选项组，参数设置，如图74-2所示。

图74-1　　　　　　　　　　图74-2

05 展开"作用力1""作用力2"选项组，参数设置如图74-3所示。

图74-3

06 展开"渐变"选项组，设置"渐变图层"为"表面"，设置"碎片阈值"的关键帧，3秒05帧时为0%，4秒时为100%，如图74-4所示。

07 展开"物理学"选项组，参数设置如图74-5所示。

图74-4

08 设置"粘度"的关键帧，4秒时为0，4秒07帧时为1。

09 展开"灯光"选项组，参数设置如图74-6所示。

图74-5　　　　　　　　图74-6

10 导入"图片"，打开三维属性，调整文本"FEIYUNSHANG"与"图片"的位置、大小，以及旋转角度，关闭图层"参考层"的可视性。拖曳时间线预览动画，如图74-7所示。

图74-7

提示

碎片滤镜包含了破碎类型、形状、力学、渐变控制，以及灯光等参数，可以制作立体效果、树叶飘落、爆炸等效果，而且可以匹配三维合成中的摄影机运动。

实例 075　飘扬的文字

- **案例文件** | 光盘\工程文件\第6章\075 飘扬的文字
- **视频文件** | 光盘\视频教学1\第6章\075.mp4
- **难易程度** | ★★★☆☆
- **学习时间** | 9分05秒
- **实例要点** | 分形噪波创建布料纹理　　置换变形产生飘扬动画
- **实例目的** | 本例主要讲解应用"分形杂色"滤镜创建噪波纹理，应用"置换图"创建置换变形，从而产生飘扬动画

┨ 知识点链接 ┠

分形杂色——创建布料纹理。

置换图——创建置换变形，产生飘扬的效果。

┨ 操作步骤 ┠

01 打开软件After Effects CC 2014，选择主菜单中的"合成"｜"新建合成"命令，创建一个新的合成，命名为"波动纹理"，选择预设为PAL D1/DV，长度为5秒。

02 在时间线空白处单击鼠标右键，选择"新建"｜"纯色"命令，新建一个图层，选择主菜单中的"效果"｜"杂色和颗粒"｜"分形杂色"命令，添加"分形杂色"滤镜，选择"分形类型"为"湍流平滑"，选择"杂色类型"为"样条"，展开"变换"选项栏，取消勾选"统一缩放"，设置"缩放高度"为2 000，"复杂度"为3，如图75-1所示。

图75-1

03 设置"旋转"的关键帧，0秒时为0，5秒时为90；设置"演化"的关键帧，0秒时为0，5秒时为360；设置"偏移"的关键帧，0秒时为（−30，288），5秒时为（740，288），效果如图75-2所示。

图75-2

04 选择主菜单中的"合成"｜"新建合成"命令，新建一个合成，命名为"旗帜"。在时间线空白处单击鼠标右键，选择"新建"｜"纯色"命令，新建一个红色图层，设置缩放为75%，如图75-3所示。

图75-3

05 复制该图层，选择主菜单中的"图层"｜"纯色设置"命令，调整颜色为蓝色，绘制矩形遮罩，勾选"反转"，效果如图75-4所示。

06 选择文本工具 T，输入字符"AE CC 2014"，选择主菜单中的"效果"｜"透视"｜"斜面 Alpha"命令，添加"斜面Alpha"滤镜，应用默认值，如图75-5所示。

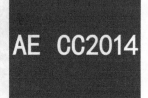

图75-4　　　　　　　　图75-5

07 拖曳合成"波动纹理"到时间线面板中，放置在顶层，设置混合模式为"柔光"，如图75-6所示。

08 复制蓝色图层，放置在顶层，设置混合模式为"模板 Alpha"，如图75-7所示。

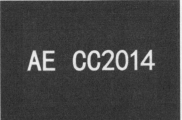

图75-6   图75-7

09 选择主菜单中的"合成"｜"新建合成"命令，新建一个合成，命名为"飘扬文字"，拖曳合成"波动纹理"和"旗帜"到时间线面板中，如图75-8所示。

10 选择"旗帜"图层，选择主菜单中的"效果"｜"扭曲"｜"置换图"命令，添加"置换图"滤镜，参数设置如图75-9所示。

图75-8   图75-9

11 选择主菜单中的"效果"｜"扭曲"｜"贝塞尔曲线变形"命令，添加"贝塞尔曲线变形"滤镜，设置控制点的关键帧，如图75-10所示。

12 在时间线空白处单击鼠标右键，选择"新建"｜"调整图层"命令，新建一个调节层，选择主菜单中的"效果"｜"颜色校正"｜"曲线"命令，添加"曲线"滤镜，调整亮度，如图75-11所示。

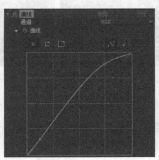

图75-10   图75-11

13 选择主菜单中的"效果"｜"扭曲"｜"变换"命令，添加"变换"滤镜，设置"缩放"为115%，单击播放按钮，查看动画预览效果，如图75-12所示。

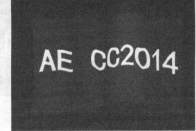
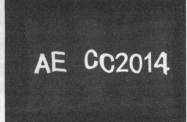
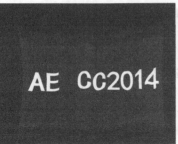

图75-12

运动特效

主要讲解后期合成的运动控制技巧，包括运动跟踪、时间控制、运动模糊和表达式等。

实例 076 实拍跟踪

- **案例文件**｜光盘\工程文件\第7章\076 实拍跟踪
- **视频文件**｜光盘\视频教学1\第7章\076.mp4
- **难易程度**｜★★★☆☆
- **学习时间**｜5分03秒
- **实例要点**｜运动跟踪
- **实例目的**｜本例主要讲解应用"运动跟踪"实拍的场景，在场景中添加装饰性元素

┃ 知识点链接 ┃

运动跟踪——应用运动跟踪器，创建跟随运动效果。

┃ 操作步骤 ┃

01 打开软件After Effects CC 2014，导入一段实拍素材"树林摇镜"，然后拖曳到合成图标上，创建一个新的合成。

02 导入一个PSD格式的图片"花束"，参数设置如图76-1所示。

03 将其拖至时间线，打开"缩放"属性，调整大小，将其放置到画面的合适位置。

04 选择"树林摇镜"图层，选择主菜单中的"动画"｜"跟踪运动"命令，添加跟踪器，参数设置如图76-2所示。

图76-1

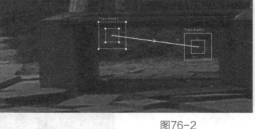

图76-2

05 单击面板中的"分析"按钮开始运动跟踪分析，查看分析效果，如图76-3所示。

图76-3

06 在跟踪面板中单击"编辑目标"按钮，在弹出的命令中选择"图层"为花束，单击"应用"按钮添加跟踪路线。

07 选择"花束"图层，使用钢笔工具绘制遮罩，设置羽化值为5，效果如图76-4所示。

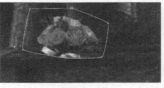

图76-4

08 复制 "花束"图层，调整"锚点"。选择图层1，添加"色相/饱和度" 滤镜，修改花束的颜色，调整"主色相"为-86。

09 查看最终效果，如图76-5所示。

图76-5

| 实例 077 | 场景造型 |

- **案例文件** ┃ 光盘\工程文件\第7章\077 场景造型
- **视频文件** ┃ 光盘\视频教学1\第7章\077.mp4
- **难易程度** ┃ ★★★★☆
- **学习时间** ┃ 10分46秒
- **实例要点** ┃ 运动跟踪   应用跟踪数据
- **实例目的** ┃ 本例学习应用"Mocha"跟踪动态素材，然后将跟踪数据应用到图层，创建变形关键帧，为实拍场景填补新的元素

┃ **知识点链接** ┃

在mocha AE中跟踪——区域跟踪功能，简单实用。

┃ **操作步骤** ┃

01 打开软件After Effects CC 2014，导入一段实拍场景素材"公园.mp4"，将其拖至合成图标上，根据素材创建一个新合成，如图77-1所示。

02 导入一张图片"大门.jpg"，将其拖至时间线面板，放于顶层。选择主菜单中的"动画" | "在mocha AE中跟踪"命令，在弹出的界面中选择██，绘制一个跟踪区域，选择██，绘制一个轮廓，选择██，将会出现一个框架，效果如图77-2所示。

图77-1 图77-2

03 单击"Trake"中的 ▶️ 进行跟踪区域分析。分析结束后单击"Export Tracking Date"按钮，弹出一个界面，如图77-3所示。

04 选择"大门"图层，选择主菜单中的"编辑" | "粘贴"命令，将运动跟踪粘贴给"大门"图层，如图77-4所示。

05 选择"大门"图层，展开"变换"选项，调整"位置""缩放"和"位置"的数值，最终效果如图77-5所示。

图77-3 图77-4 图77-5

06 选择"大门"图层，展开"边角定位"选项，分别选择"左上""右上""左下""右下"，并单击右边界面中"平滑器"的"应用"按钮。

07 导入一张图片"大门-matte.jpg"，将其拖至时间线的顶层，选择图层2的"轨道遮罩"模式为"亮度遮罩 大门-matte.jpg"。

08 选择图层2，添加"曲线"滤镜，调整图像的对比度和亮度，如图77-6所示。

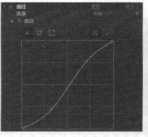

图77-6

09 单击播放按钮 ▶️，查看最终效果。

图77-7

实 例 078 **弹跳球**

- **案例文件 |** 光盘\工程文件\第7章\078 弹跳球
- **视频文件 |** 光盘\视频教学1\第7章\078.mp4
- **难易程度 |** ★★★☆☆
- **学习时间 |** 6分27秒
- **实例要点 |** 表达式创建弹跳变形
- **实例目的 |** 本例主要讲解应用表达式控制小球的缩放变形，创建弹跳的动画效果

▌知识点链接▐

表达式控制物体运动，创建弹跳变形效果。

▌操作步骤▐

01 打开软件After Effects CC 2014，创建一个新的合成，命名为"球体"，时长为5秒。

02 新建一个固态层，命名为"效果"，选择主菜单中的"效果"｜"生成"｜"梯度渐变"命令，添加"梯度渐变"滤镜，参数设置如图78-1所示。

03 选择主菜单中的"效果"｜"生成"｜"网格"命令，添加"网格"滤镜，参数设置如图78-2所示。

 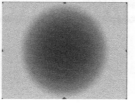  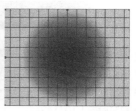

图78-1　　　　　　　　　　　　　　　　　　图78-2

04 选择主菜单中的"效果"｜"透视"｜CC Sphere命令，添加立体球化滤镜，使其变成球体，参数设置如图78-3所示。

图78-3

05 选择"效果"图层，打开"位置"属性，选择主菜单中的"动画"｜"添加表达式"命令，为"位置"添加表达式：bounceSpeed=1;flight=0.85;bounceHeight=250;t=Math.abs((time*2*bounceSpeed)%2-1);t=linear(t, flight, 0, 0, 1);b=Math.cos(t*Math.PI/2);value-[0, bounceHeight*b]，效果如图78-4所示。

图78-4

06 打开"缩放"属性，选择主菜单中的"动画"｜"添加表达式"命令，为"缩放"添加表达式：bounceSpeed=1;squash=0.5;stretch=1.2;flight=0.85;t=Math.abs((time*2*bounceSpeed)%2-1);t=(t>flight)?easeOut(t, flight, 1, stretch, squash):easeIn(t, 0, flight, 1, stretch);[value[0]/Math.sqrt(t), value[1]*t]，效果如图78-5所示。

图78-5

07 在时间线空白处单击鼠标右键，选择"新建"｜"纯色"命令，新建一个固态层，添加"梯度渐变"滤镜。打开"效果"图层和固态层的3D属性，使固态层作为地面，做出球体从地面弹跳的动画。单击播放按钮，查看最终效果，如图78-6所示。

图78-6

实例 079 蝴蝶飞舞

- **案例文件** | 光盘\工程文件\第7章\079 蝴蝶飞舞
- **视频文件** | 光盘\视频教学1\第7章\079.mp4
- **难易程度** | ★ ★ ★ ☆ ☆
- **学习时间** | 10分43秒
- **实例要点** | 翅膀摆动动画　　　　　　彩蝶飞行动画
- **实例目的** | 本例学习为翅膀图层的旋转属性添加循环摆动表达式，通过父子链接，设置身体图层的飞行运动路径，获得彩蝶飞舞的动画效果

知识点链接

用表达式控制蝴蝶的飞行。

操作步骤

01 打开After Effects CC 2014软件，导入分层图片素材"红蝴蝶.psd"，以"合成"形式导入，自动创建一个新的合成，命名为"红蝴蝶"。

02 在项目窗口中双击合成"红蝴蝶"，在时间线面板中可以看到多个图层，如图79-1所示。

03 将"左翅膀1""左翅膀2""右翅膀1""右翅膀2"和"触角"图层链接为"身体"图层的子对象，如图79-2所示。

图79-1　　　　　　　　　　　　　　　　　图79-2

04 激活图层的3D属性▣，选择"右翅膀1"图层，按R键，展开旋转属性，选择"Y旋转"，选择主菜单中的"动画" | "添加表达式"命令，为"Y旋转"添加如下表达式。

```
wigfreq=1;
wigangle=40;
wignoise=2;
Math.abs(rotation.wiggle(wigfreq，wigangle，wignoise))+50
```

05 选择"右翅膀2"图层，按R键，展开旋转属性，选择主菜单中的"动画" | "添加表达式"命令，为"Y旋转"添加表达式，链接到"右翅膀1"的"Y旋转"。拖动时间指针查看效果，如图79-3所示。

图79-3

06 选择"左翅膀1"图层，按R键，展开旋转属性，选择主菜单中的"动画"｜"添加表达式"命令，为"Y旋转"添加表达式，链接到"右翅膀2"的"Y旋转"，修改表达式为：-thisComp.layer（"右翅膀2"）.transform. yRotation。

07 选择 "左翅膀2"图层，按R键，展开旋转属性，选择主菜单中的"动画" ｜"添加表达式"命令，为"Y旋转"
添加表达式，链接到
"左翅膀1"的"Y旋
转"。拖动时间指针
查看蝴蝶飞舞效果，
如图79-4所示。

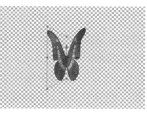

图79-4

08 选择锚点工具，分别调整各图层的中心点，如图79-5所示。

09 导入一张图片"背景花"，将其拖至时间线面板的底层，作为背景，单击鼠标右键，选择"变换"｜"适合复合"命令，调整图片至合成大小。

10 选择"身体"图层，创建位置和角度动画，获得飞舞的效果，如图79-6所示。

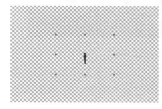

图79-5

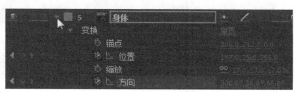

图79-6

11 可适当调整蝴蝶的
"缩放"值，单击播放按
钮，查看最终的蝴蝶飞舞
效果，如图79-7所示。

图79-7

实例 080 **草图动画**

● **案例文件**｜光盘\工程文件\第7章\080 草图运动

● **视频文件**｜光盘\视频教学1\第7章\080.mp4

● **难易程度**｜★ ★ ☆ ☆ ☆

● **学习时间**｜5分53秒

● **实例要点**｜绘制运动路径草图

● **实例目的** ┃ 本例主要学习自由绘制运动路径，改变播放速度来创建图层的位置动画

┃ **知识点链接** ┃

动态草图——用鼠标绘制运动路径。

┃ **操作步骤** ┃

01 打开After Effects CC 2014软件，选择主菜单中的"合成"｜"新建合成"命令，创建一个新合成，选择预设为"PAL D1/DV 方形像素"，时长为20秒。

02 新建一个橙色纯色，"宽度"为100，"高度"为100，选择主菜单中的"窗口"｜"动态草图"命令，将固态层移到合适的位置，在"动态草图"面板中选择"开始捕捉"命令，拖动固态层，在合成窗口中绘制移动路线，效果如图80-1所示。

03 选择主菜单中的"窗口"｜"平滑器"命令，设置"容差"为2，单击"应用"按钮，效果如图80-2所示。

图80-1 　　　　　　　　　　　　　　　　　　　　　　图80-2

04 拖动合成"合成 1"至合成图标上，根据"合成 1"创建一个新合成，命名为"合成 2"。选择主菜单中的"效果"｜"时间"｜"残影"命令，添加"残影"滤镜，设置"残影时间"为-0.2，"残影数量"为20，"残影运算符"为"相加"，单击播放按钮查看效果，如图80-3所示。

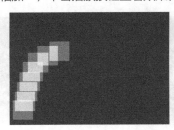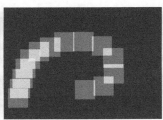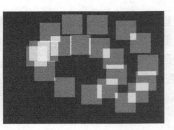

图80-3

05 新建一个调节层，选择主菜单中的"效果"｜Trapcode｜Star glow命令，添加星光滤镜；选择主菜单中的"效果"｜"模糊和锐化"｜CC Vector Blur命令，添加矢量模糊滤镜，设置Amount为50，单击播放按钮查看效果，效果如图80-4所示。

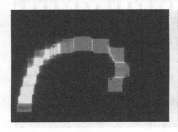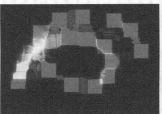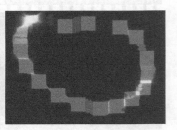

图80-4

06 复制合成"合成 1"，选择图层3，设置"缩放"为-186，"不透明度"为25。

07 单击播放按钮 ▶ 查看最终效果，如图80-5所示。

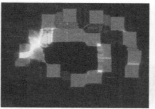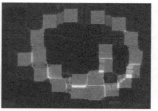

图80-5

实例 **081** 震颤

- **案例文件** ┃ 光盘\工程文件\第7章\081 震颤
- **视频文件** ┃ 光盘\视频教学1\第7章\081.mp4
- **难易程度** ┃ ★★★☆☆
- **学习时间** ┃ 4分50秒
- **实例要点** ┃ 运动摇摆器
- **实例目的** ┃ 本例主要讲解应用"摇摆器"控制摄影机位置关键帧之间的波动，以此产生震颤的动画效果

┃知识点链接┃

摇摆器——创建颤抖效果。

┃操作步骤┃

01 打开软件After Effects CC 2014，导入一段实拍素材"行走"，将其拖至合成窗口，根据素材创建一个新合成。

02 选中 "行走"图层，选择主菜单中的"图层"｜"时间"｜"启用时间重映射"命令，添加时间重置映射滤镜，拖动时间指针查看视频内容，将时间指针拖到6秒17帧的位置，添加"时间重映射"关键帧，并将关键帧向前移动，加快播放速度。

03 打开"合成设置"面板，调整合成时长为8秒。

04 在时间线空白处单击鼠标右键，选择"新建"｜"摄像机"命令，新建一个35mm的摄影机，激活图层"行走"的3D属性。

05 在时间线空白处单击鼠标右键，选择"新建"｜"空对象"命令，新建一个空物体，激活3D属性，将摄影机父子连接为"空 1"，摄影机跟随空物体运动。

06 打开空物体的"位置"属性，分别在3秒、8秒的位置创建关键帧。

07 将时间线指针拖至3秒的位置，选择主菜单中的"窗口"｜"摇摆器"命令，添加"摇摆器"滤镜，参数设置如图81-1所示。

08 选择图层1，打开"位置"选项，将8秒处的关键帧拖至6秒的位置，呈现出行走速度加快，画面震颤，然后又稳定的效果。打开摄影机，设置摄影机的"位置"为（0.0，0.0），-1200。

09 单击▱按钮，查看运动曲线图，如图81-2所示。

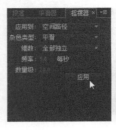

图81-1   图81-2

10 单击播放按钮，查看最终效
果，如图81-3所示。

图81-3

实例
082 时间停滞

- **案例文件** | 光盘\工程文件\第7章\082 时间停滞
- **视频文件** | 光盘\视频教学1\第7章\082.mp4
- **难易程度** | ★★★☆☆
- **学习时间** | 14分24秒
- **实例要点** | 非线性调整素材速度
- **实例目的** | 本例主要讲解应用"启用时间重映射"调整动态素材的速度，配合遮罩，分离同一场景中的运动元素，创建时间停滞的效果

┃ 知识点链接 ┃

启用时间重映射——调整关键帧，创建时间停滞效果。

┃ 操作步骤 ┃

01 打开软件After Effects CC 2014，导入一段视频素材"行走.mp4"，拖至合成图标，根据素材创建一个新合成。

02 拖动时间指针查看视频内容，复制"行走.mp4"图层，选择图层1，选择主菜单中的"图层"｜"时间"｜"启用时间重映射"命令，在素材起始位置和终点位置自动生成两个关键帧。将时间指针放在2秒6帧的位置，建立一个关键帧，拖动时间线指针查看素材内容，根据内容复制2秒6帧处的关键帧，将时间线指针放在5秒的位置，进行粘贴。

03 设置图层1 的入点时间为2秒06帧，拖曳时间线指针查看素材内容，在入点至5秒的时间段内，视频内容是静止状态。

04 选择钢笔工具，在图层1中绘制遮罩，如图82-1所示。

05 展开"蒙版"选项，选择"窗口"｜"蒙版插值"命令，单击"应用"按

图82-1

钮，设置"蒙版羽化"为5，"蒙版扩展"为-2。

06 选择图层2，将时间线指针放在2秒06帧的位置，选择主菜单中的"编辑"│"拆分图层"命令，将图层分开。将时间线指针放在2秒24帧的位置，将图层分开，删除图层3中的素材。将时间线放在3秒12帧的位置，将图层分开，选择图层3，使用矩形遮罩工具绘制遮罩，勾选"反选"，效果如图82-2所示。

07 选择图层1，使用矩形遮罩工具绘制遮罩，如图82-3所示。

图82-2　　　　　　　　　　　　　　　　　图82-3

08 选择图层3，选择主菜单中的"图层"│"时间"│"启用时间重映射"命令，在2秒24帧的位置建立关键帧，根据素材内容调整图层3中遮罩的大小，选择图层1，使用钢笔工具绘制遮罩，使画面更协调。

09 在2秒24帧时，激活图层1中"蒙版 2"的"蒙版路径"的关键帧，在3秒12帧时添加关键帧，创建遮罩的位移，使画面看起来是一个整体，查看效果，如图82-4所示。

图82-4

10 复制图层1，打开位于图层1的"行走.mp4"，设置遮罩的混合模式为"无"，将其拖至图层3的位置。选择图层1，根据内容，截取2秒06帧至6秒处的视频。

11 选择图层2，移动"蒙版2"的位置，设置"蒙版 2"的混合模式为"相加"，勾选"反选"，删除"蒙版路径"的关键帧。根据素材内容设置遮罩的形状，如图82-5所示。

图82-5

12 反复调整图层2中遮罩的形状，以及出现的时间。

13 单击播放按钮查看最终效果，如图82-6所示。

图82-6

实例 083 运动拖尾

- ● **案例文件** | 光盘\工程文件\第7章\083 运动拖尾
- ● **视频文件** | 光盘\视频教学1\第7章\083.mp4
- ● **难易程度** | ★ ★ ★ ☆ ☆
- ● **学习时间** | 6分30秒
- ● **实例要点** | "残影"滤镜参数设置
- ● **实例目的** | 本例主要讲解应用"残影"滤镜创建运动物体的拖尾

知识点链接

残影——创建运动拖尾效果。

操作步骤

01 打开软件After Effects CC 2014，导入一段实拍素材"DSC_0012.MOV"，将其拖至合成图标，根据素材创建一个新合成。拖曳时间线查看视频内容，如图83-1所示。

02 选择主菜单中的"效果" | "时间" | "残影"命令，添加"残影"滤镜，参数设置如图83-2所示。

03 选择主菜单中的"图层" | "时间" | "启用时间重映射"命令，添加时间重置映射滤镜，在4秒的位置添加"时间重映射"关键帧，拖动时间线查看效果。

图83-1

图83-2

04 在4秒的时候激活"残影时间"，在5秒时设置"残影时间"为0，在8秒时设置"时间重映射"为7秒15帧，使视频的播放速度加快。

05 设置"起始强度"为0.5，选择主菜单中的"编辑" | "撤销更改值"命令，设置"衰减"为0.8，调整"残影"的关键帧位置，效果如图83-3所示。

06 添加"曲线"滤镜，调整图像的对比度和亮度，如图83-4所示。

图83-3

图83-4

07 单击播放按钮■查看最终效果，如图83-5所示。

图83-5

实例 084　碎块变形

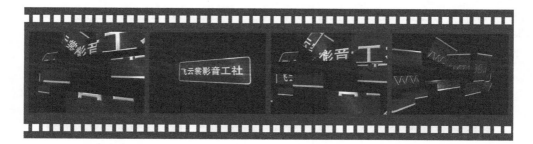

- **案例文件**｜光盘\工程文件\第7章\084 碎块变形
- **视频文件**｜光盘\视频教学1\第7章\084.mp4
- **难易程度**｜★★★☆☆
- **学习时间**｜23分09秒
- **实例要点**｜多个遮罩创建碎块
- **实例目的**｜本例主要讲解应用多个遮罩的组合创建碎块效果，通过摄影机画创建碎块的变形效果

┃ 知识点链接 ┃

摄影机——利用摄影机创建动画。

蒙版——利用"蒙版"创建碎块效果。

┃ 操作步骤 ┃

01 打开After Effects CC 2014软件，选择主菜单中的"合成"｜"新建合成"命令，创建一个新合成，选择预设为"PAL D1/DV方形像素"，设置时长为15秒。

02 选择文本工具，输入字符"飞云裳影音工社"，调整文本的大小、位置及颜色，如图84-1所示。

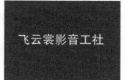

图84-1

03 选择文本图层，选择主菜单中的"效果"｜"透视"｜"斜面Alpha"命令，添加"斜面Alpha"滤镜，接受默认值，为字符添加浅灰色勾边，效果如图84-2所示。

04 选择矩形遮罩工具，绘制遮罩，将遮罩图层拖至时间线面板的底层，然后调整遮罩的位置、颜色，以及笔刷的大小，如图84-3所示。

05 选择两个图层，选择主菜单中的"图层"｜"预合成"命令，将其预合成，在弹出的界面中，将图层重命名为"logo 1"，选择第2个选项，单击"确定"按钮。

图84-2

06 在项目面板中复制合成"logo 1"，命名为"logo 2"，双击合成"logo 2"，在时间线面板中选择文本图层，重新输入字符"www.vfx798.cn"，修改遮罩图层的颜色，然后复制遮罩图层。选择图层3，选择主菜单中的"效果"｜"杂色和颗粒"｜"分形杂色"命令，添加"分形杂色"滤镜，参数设置如图84-4所示，选择图层2，设置图层的混合模式为柔光。

图84-3

图84-4

07 重新调整遮罩图层的颜色，选择吸管工具，使文字的勾边颜色与遮罩的边缘颜色一致，如图84-5所示。

08 打开合成"Comp 1"，选择"logo 1"图层，使用钢笔工具绘制遮罩，如图84-6所示。

09 复制"logo 1"图层，修改遮罩的大小，如图84-7所示。

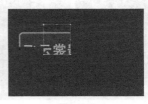

图84-5   图84-6   图84-7

10 依次类推，一共绘制17个遮罩，将"logo"分成17块，以方便做碎块的效果。

11 激活17个图层的3D属性，选择"logo 1"图层，打开位置属性和旋转属性，在2秒的位置激活关键帧记录器，在0秒的位置设置参数值（394.0，333.0，-594.0）。拖曳时间线指针查看效果，如图84-8所示。

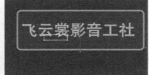

图84-8

12 依次类推，打开顶视图，设置其他图层的位移关键帧。新建一个15mm摄影机，调整摄影机的位置，效果如图84-9所示。

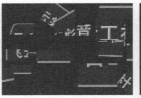

图84-9

13 在项目面板中复制合成"Comp 1"，重命名为"Comp 2"，选择所有的图层，用合成"logo 2"替换，效果如图84-10所示。

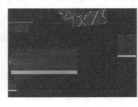

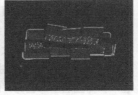

图84-10

14 创建一个新合成，命名为"最后变换"，将合成"Comp 1"拖至时间线面板，添加"启用时间重映射"滤镜，在4秒处添加关键帧，删除最后一秒处的关键帧，将0秒处的关键帧，复制到6秒的位置。

15 将合成"Comp 2"拖至时间线面板，添加"启用时间重映射"滤镜，将其拖至6秒的位置，调整"Comp 2"的时长为10秒。

16 新建一个15mm的摄影机，选择摄影机工具，调整摄影机的位置，创建摄影机的位移动画。

17 新建一个调节层，添加Shine和CC Light Sweep滤镜，增强光感，单击播放按钮查看最终预览效果，如图84-11所示。

图84-11

实例 085　拉开幕布

- **案例文件**┃光盘\工程文件\第7章\085 拉开幕布
- **视频文件**┃光盘\视频教学1\第7章\085.mp4
- **难易程度**┃★★★☆☆
- **学习时间**┃10分15秒
- **实例要点**┃"贝塞尔变形"变形动画
- **实例目的**┃本例主要讲解应用"贝塞尔变形"滤镜创建幕布的拉开变形效果

┃ 知识点链接 ┃

分形杂色——模拟幕布的纹理。

贝塞尔变形——创建拉开幕布的动画效果。

┃ 操作步骤 ┃

01 启动软件After Effects CC 2014，选择主菜单中的"合成"｜"新建合成"命令，新建一个合成，命名为"左边幕布"，选择预设为PAL D1/DV，设置时间长度为6秒。

02 在时间线空白处单击鼠标右键，选择"新建"｜"纯色"命令，新建一个固态层，命名为"噪波"，添加"分形杂色"滤镜，选择"分形类型"为"湍流平滑"，选择"溢出"为"剪切"。

03 展开"变换"选项组，取消勾选"统一缩放"，设置"缩放宽度"为30，"缩放高度"为10 000，如图85-1所示。

04 设置"演化"参数关键帧，在第0帧时为0，最后一帧时为720°。

图85-1

05 新建一个纯色，设置"颜色"为蓝色，并将其混合模式设置为"线性光"，如图85-2所示。

06 创建一个新合成，命名为"背景"，选择预设为PAL/DV，时间长度为6秒，新建一个黑色纯色，并为其添加"梯度渐变"滤镜，如图85-3所示。

图85-2　　　　　　　　图85-3

07 选择文字工具，在视图中建立文字层，输入文字“飞云裳”，调整文字的大小、字体和颜色，如图85-4所示。

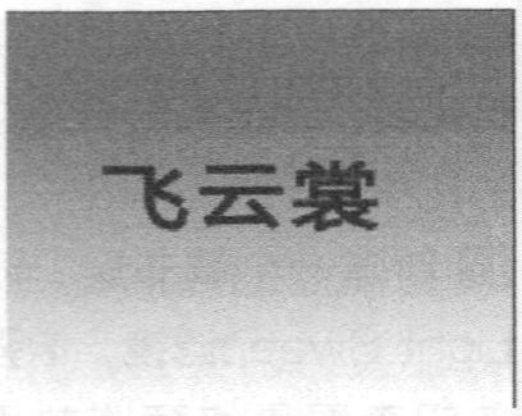

图85-4

08 将合成“左边幕布”拖曳到时间线上，选择“背景”层和文字层，设置入点时间为2秒，并激活其三维层属性。

09 选择“左边幕布”层，为其添加“贝塞尔变形”变形滤镜，设置关键帧动画，如图85-5所示。

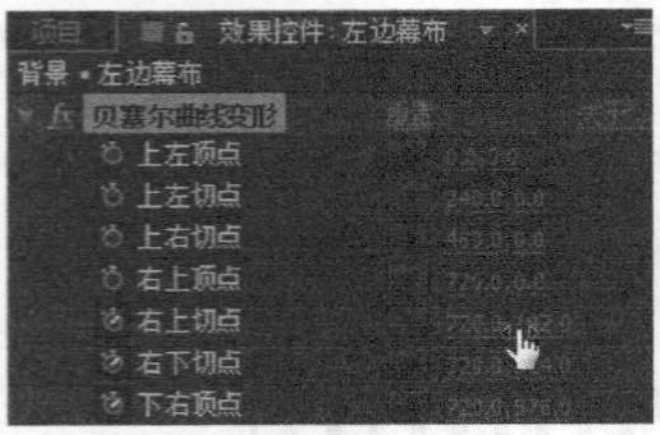

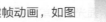

图85-5

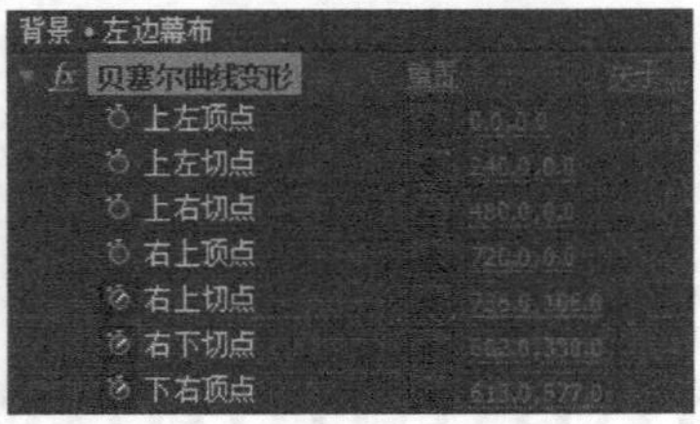

图85-6

10 将时间指针移到2秒10帧的位置，激活“右上切”“右下切”和“下右顶点”前面的码表，将时间指针移到最后一帧，参数设置如图85-6所示。

11 选中“左边幕布”，使用Ctrl+D键复制一层，重命名为“右边幕布”，展开旋转属性，设置*y*轴旋转为180°，使其与“左边幕布”对称。

12 同时选中“左边幕布”与“右边幕布”，将时间指针移到2秒1帧的位置，设置层位置动画，设置“左边幕布”的“位置”为（-4.0，288，0.0）；“右边幕布”的“位置”为（718，288，0.0）。

13 将时间指针移到最后一帧，设置左右幕布的层位置动画，“位置”分别为（-182，288，0.0）和（896，288，0.0）。

14 单击播放按钮，查看拉开幕布的动画效果，如图85-7所示。

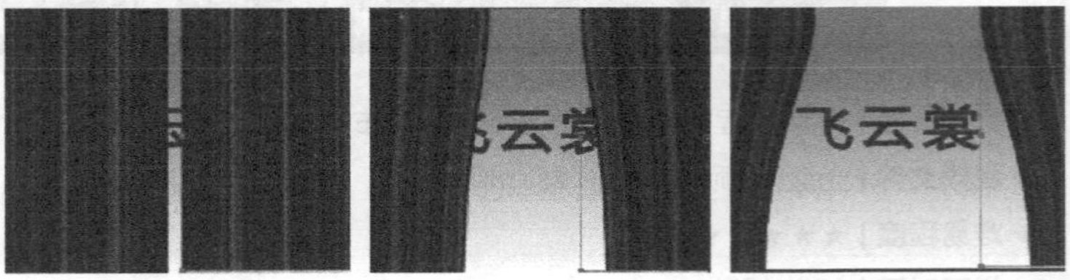

图85-7

实例 086 溢彩流光

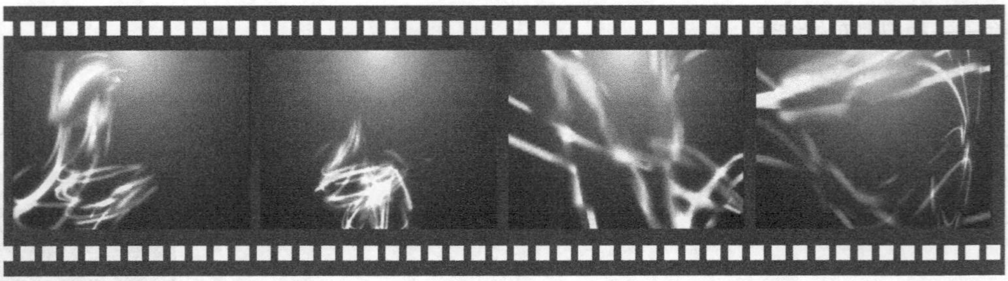

- **案例文件 |** 光盘\工程文件\第7章\086 溢彩流光
- **视频文件 |** 光盘\视频教学1\第7章\086.mp4
- **难易程度 |** ★★★☆☆
- **学习时间 |** 33分53秒
- **实例要点 |** 运动模糊　　贝塞尔变形
- **实例目的 |** 本例学习为快速运动的色块赋予运动模糊，应用“贝塞尔变形”滤镜产生光线变形，创建溢彩流光的效果

知识点链接

运动模糊——快速运动的色块因为运动模糊变得连续。

贝塞尔变形——调整光线的形状。

┤操作步骤├

01 打开软件After Effects CC 2014，选择主菜单中的"合成"|"新建合成"命令，创建一个新的合成，命名为"溢彩流光"，时长为3秒。

02 在时间线空白处单击鼠标右键，选择"新建"|"纯色"命令，新建一个黑色图层，命名为"紫色"。使用钢笔工具，在图层上绘制路径，如图86-1所示。

图86-1

03 选择主菜单中的"效果"|"生成"|"描边"命令，添加"描边"滤镜，选择"颜色"为紫色，"画笔大小"为3。

创建"起始"和"结束"参数的关键帧，将时间指针拖至1秒，设置参数值均为0，在1秒07帧设置参数值均为

图86-2

100。调整"起始"和"结束"参数的关键帧位置，如图86-2所示。

04 复制"紫色"图层，重命名为"黄色"，选择颜色为黄色。依次类推，新建红色、绿色、蓝色、粉色图层，并选择相应的颜色。

05 分别修改6个图层的路径，使路径出现的位置不同，效果如图86-3所示。

06 在时间线空白处单击鼠标右键，选择"新建"|"调整图层"命令，新建一个调节层，选择主菜单中的"效果"|"风格化"|"发光"命令，添加"发光"滤镜，参数设置如图86-4所示。

图86-3　　　　　　　　　　　　　　　　　　　图86-4

07 选择6个颜色图层，设置混合模式为"相加"。拖动时间指针查看效果，如图86-5所示。

  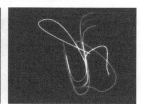

图86-5

08 新建一个调节层，选择主菜单中的"效果"|"扭曲"|"放大"命令，添加"放大"滤镜，效果如图86-6所示。

图86-6

09 复制"放大"特效11次，随意修改"中心"的数值，效果如图86-7所示。

 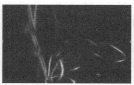 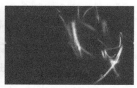

图86-7

10 选择主菜单中的"效果"|"时间"|"残影"命令，添加"残影"滤镜，修改"残影时间"为-0.073。

11 在时间线空白处单击鼠标右键，选择"新建"|"摄像机"命令，新建一个摄像机，选择6个颜色图层，打开图层的三维属性。激活摄像机的兴趣点和位置属性，建立摄像机的移动关键帧。

12 新建一个6秒的合成，将合成"溢彩流光"拖至此合成，添加"图层"|"时间"|"启用时间重映射"滤镜，使合成"溢彩流光"的播放时间加长。

13 新建一个固态层，命名为"BG"，设置图层的混合模式为"屏幕"，添加"梯度渐变"滤镜，设置参数如图86-8所示。

图86-8

14 查看最终的溢彩流光的动画效果，如图86-9所示。

图86-9

实　例
087 　游动波纹

- **案例文件**｜光盘\工程文件\第7章\087 游动波纹
- **视频文件**｜光盘\视频教学1\第7章\087.mp4
- **难易程度**｜★★★☆☆
- **学习时间**｜12分39秒
- **实例要点**｜创建立体波形
- **实例目的**｜本例主要讲解应用"波形环境"滤镜创建立体的波形

知识点链接

波形环境——创建立体波形。

操作步骤

01 启动软件After Effects CC 2014，选择主菜单中的"合成"｜"新建合成"命令，新建一个合成，选择预设为"PAL D1/DV 方形像素"，时长为6秒。

02 在时间线空白处单击鼠标右键，选择"新建"｜"纯色"命令，新建一个固态层，选择主菜单中的"效果"｜"模拟"｜"波形环境"命令，添加"波形环境"滤镜。拖动时间线查看效果，参数设置如图87-1所示。

图87-1

03 激活"位置"的关键帧，创建拖尾的动画，效果如图87-2所示。将合成"合成 1"拖至合成图标，创建一个新合成，选择图层"合成 1"，选择主菜单中的"效果"｜"模拟"｜"焦散"命令，添加"焦散"滤镜，使用文本工具输入字符"VFX798.CN"并调整字体的大小、颜色及位置，如图87-3所示。

图87-2   图87-3

04 将文本图层拖至时间线面板的底层，选择主菜单中的"图层"｜"预合成"命令，将其预合成，在弹出的面板中选择第2项。

05 设置滤镜"焦散"的参数，如图87-4所示。

06 新建一个调节层，添加色调滤镜，参数设置如图87-5所示。

图87-4

图87-5

07 设置滤镜"焦散"的"灯光"参数，如图87-6所示。

图87-6

08 调整CC Toner的参数。拖曳时间线查看最终效果，如图87-7所示。

图87-7

实例 088	翻转的卡片

- **案例文件** ┃ 光盘\工程文件\第7章\088 翻转的卡片
- **视频文件** ┃ 光盘\视频教学1\第7章\088.mp4
- **难易程度** ┃ ★★★☆☆
- **学习时间** ┃ 26分23秒

● **实例要点** ┃ 父子运动控制

● **实例目的** ┃ 本例主要讲解应用父子链接控制多个卡片的运动，虚拟对象是作为控制运动的常用的父对象

─┃ **知识点链接** ┃─

父子链接——通过控制虚拟父物体，方便地控制其他多图层的运动。

─┃ **操作步骤** ┃─

01 打开软件After Effects CC 2014，选择主菜单中的"合成"│"新建合成"命令，新建一个合成，选择预设为PAL D1/DV，时长为20秒。

02 在时间线空白处单击鼠标右键，选择"新建"│"纯色"命令，新建一个白色图层，再新建一个灰色图层，在白色图层上绘制矩形蒙版，在时间线面板中展开蒙版属性栏，勾选"反转"项。选择主菜单中的"效果"│"透视"│"投影"命令，添加"投影"滤镜，设置"柔和度"为5，如图88-1所示。

03 选择文本工具■，输入字符ｗｗｗ. flyingcloth.cn 云裳幻像NO.1，如图88-2所示。

图88-1　　　　　　　　　　　　　　　　　　　　　　图88-2

04 在项目窗口中重命名comp1为"卡片1"。新建一个合成，命名为"翻转的卡片"。复制合成"卡片 1"，重命名为"卡片 2"，双击打开该合成，编辑字符"www.flyingcloth.cn 云裳幻像NO.2"。

05 如此复制5次，编辑字符。

06 拖曳合成到时间线面板中，激活3D属性。在时间线空白处单击鼠标右键，选择"新建"│"空对象"命令，创建6个"空对象"，链接对应的卡片图层为父对象，如图88-3所示。

07 在时间线空白处单击鼠标右键，选择"新建"│"摄像机"命令，创建一个15mm的广角摄影机。调整摄影机的位置和角度，使全部卡片出画，如图88-4所示。

图88-3　　　　　　　　　　　　　　　　　　　　　　图88-4

08 选择"空1"，设置"位置"和"方向"的关键帧，创建飞落动画，如图88-5所示。

图88-5

09 在时间线空白处单击鼠标右键，选择"新建"|"纯色"命令，新建一个白色图层，拖曳到最底层，选择主菜单中的"效果"|"生成"|"梯度渐变"命令，添加渐变滤镜，设置"起始颜色"为浅蓝色，"结束颜色"为黑色。调整其在视图中的位置，如图88-6所示。

10 选择主菜单中的"效果"|"模糊和锐化"|"定向模糊"命令，添加"定向模糊"滤镜，设置"方向"为90°，"模糊长度"为125，效果如图88-7所示。

图88-6　　　　　　　　图88-7

11 复制"空 1"的关键帧，粘贴给"空2"相应的"位置"和"方向"属性，然后调整关键帧，创建新的飞落动画。

使用这种方法，分别为其余的空对象创建飞落动画，因为图片作为"空对象"的子对象，具有相应的动画属性，然后调整它们在时间线上的不同入点，如图88-8所示。

图88-8

12 查看最后的卡片翻转效果，如图88-9所示。

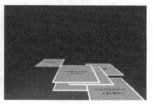

图88-9

实例 089　胶片穿行

- ● **案例文件**▎光盘\工程文件\第7章\089 胶片穿行
- ● **视频文件**▎光盘\视频教学1\第7章\089.mp4
- ● **难易程度**▎★★★☆☆
- ● **学习时间**▎25分53秒
- ● **实例要点**▎图层循环移动　　胶片的立体变形
- ● **实例目的**▎本例主要讲解应用"偏移"滤镜产生图层循环移动的动画，再使用"Mettle FreeForm pro"滤镜，使运动的胶片产生立体变形效果

┤知识点链接┝

偏移——产生图层循环移动的动画。

Mettle FreeForm pro——创建胶片的立体变形效果。

操作步骤

01 打开软件After Effects CC 2014，导入一个无接缝的胶片素材文件"胶片样式.pct"和"胶片背景.jpg"。

02 在项目窗口中单击鼠标右键，选择"新建文件夹"命令，新建一个文件夹，命名为"胶片素材"，然后导入一些用于制作胶片格内容的图片。

03 拖曳"胶片样式"到合成图标上，新建一个合称，选择主菜单中的"合成" | "合成设置"命令，设置时间为10秒。

04 从项目窗口中将素材图片拖曳到时间线上，调整大小和位置，使每一张图片对应在一个胶片格上，如图89-1所示。

图89-1

05 在项目窗口中拖曳合成图标"胶片单元"到图标上，新建一个合成，重命名为"胶片"，设置尺寸为1 440×167，在时间线上选择"胶片单元"，进行复制，移动两个图层的位置，如图89-2所示。

06 在项目窗口中拖曳合成图标"胶片"到合成图标上，新建一个合成，重命名为"胶片偏移"，选择 "胶片"图层，选择主菜单中的"效果"|"扭曲" |"偏移"命令，添加"偏移"滤镜，设置"将中心转换为"参数的动画，数值从0到1 440。拖曳时间线指针，查看胶片移动效果，如图89-3所示。

图89-2　　　　　　　　　　　　　　　　图89-3

07 在时间线空白处单击鼠标右键，选择"新建"|"纯色"命令，新建一个白色图层，命名为"白色1"，选择主菜单中的"效果"|"生成" |"梯度渐变"命令，添加渐变滤镜，从左向右，由黑色渐变到白色，如图89-4所示。

08 选择 "胶片"图层，设置轨道遮罩模式为"亮度遮罩　白色1"，查看合成预览效果，如图89-5所示。

图89-4　　　　　　　　　　　　　图89-5

09 选择主菜单中的"合成"|"新建合成"命令，新建一个合成，命名为"变形贴图"，尺寸为1 440×167，时间为10秒。在时间线空白处单击鼠标右键，选择"新建"|"纯色"命令，新建一个白色图层，命名为"白色1"，选择主菜单中的"效果" | "杂色和颗粒" | "分形杂色 "命令，添加"分形杂色"滤镜，选择"分形类型"为"阴天"，"杂色类型"为"样条"，勾选"反转"选项，设置对比度为135，亮度为60，设置"演化"动画旋转两周，如图89-6所示。

 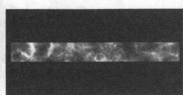

图89-6

10 在时间线空白处单击鼠标右键，选择"新建"|"纯色"命令，新建一个白色图层，绘制一个矩形蒙版，设置蒙版左右移动的动画，同时也可以改变形状，调整图层的不透明度为50%，如图89-7所示。

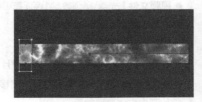

图89-7

11 复制该图层，调整动画时间和蒙版形状，有所差别就可以，如图89-8所示。

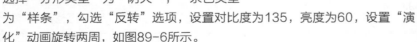

图89-8

12 在时间线空白处单击鼠标右键，选择"新建"|"纯色"命令，新建一个白色图层，命名为"白色3"，选择主菜单中的"效果"|"生成"|"梯度渐变"命令，添加渐变滤镜，从左向右，由黑色渐变到白色，设置混合模式为"相乘"，如图89-9所示。

图89-9

13 选择主菜单中的"合成"|"新建合成"命令，新建一个合成，命名为"胶片飞行"，选择预设为PAL D1/DV，设置时间为10秒，将合成"胶片偏移""变形贴图"，以及"胶片背景.jpg"拖曳到时间线上，查看合成预览效果，如图89-10所示。

图89-10

14 选择"胶片偏移"图层，选择主菜单中的"效果"|"Mettle"|"Mettle FreeForm pro"命令，添加超级自由变形滤镜。

15 展开Grid选项组，设置Rows为1，Columns为4，如图89-11所示。

16 展开Displacement Mapping选项组，选择Displacement Layer为图层"变形贴图"，Displace-ment Height为20，如图89-12所示。

图89-11 图89-12

17 在时间线空白处单击鼠标右键，选择"新建"|"摄像机"命令，新建摄影机，调整摄影机视图。

18 选择"胶片偏移"图层下的Mettle FreeForm pro滤镜，在合成窗口中直接调整控制点和切线句柄，直到获得需要的形状，如图89-13所示。

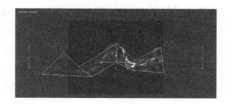

图89-13

19 展开3D Transform选项组，设置Rotation X为-12°，Rotation Y为-16°，就发生了弯曲变形，如图89-14所示。

20 打开"胶片背景"图片的可视性，选择"胶片偏移"图片，设置混合模式为"相加"，查看合成预览效果，如图89-15所示。

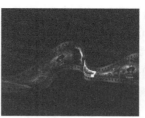

图89-14 图89-15

21 选择"胶片背景"图层，选择主菜单中的"效果"|"模糊和锐化"|"高斯模糊"命令，添加"高斯模糊"滤镜，设置"模糊度"为2。

22 查看合成预览效果，如图89-16所示。

图89-16

实例 090 立体光环球

● **案例文件** 光盘\工程文件\第7章\090 立体光环球

● **视频文件** 光盘\视频教学1\第7章\090.mp4

● **难易程度** ★★☆☆☆

● **学习时间** 13分45秒

● **实例要点** 创建环形光线　　　立体构成

● **实例目的** 本例讲解应用"极坐标"滤镜创建环形光线，应用"基本 3D"滤镜调整各光线的角度，构成立体效果

▌知识点链接 ▌

极坐标——创建环状光线。

基本3D——设置图层的立体参数，组成立体交叉的球状。

▌操作步骤 ▌

01 打开软件After Effects CC 2014，选择主菜单中的"合成"|"新建合成"命令，新建一个合成，命名为"light line"，时长为6秒，在时间线空白处单击鼠标右键，选择"新建"|"纯色"命令，新建一个白色图层，绘制细长条矩形蒙版，设置"蒙版羽化"为（101，3），效果如图90-1所示。

02 复制图层，调整缩放比例，使两条光线有所区别，如图90-2所示。

图90-1　　　　　　　　　图90-2

03 选择主菜单中的"合成"|"新建合成"命令，新建一个合成，命名为"light ring"，拖曳合成"light line"到时间线面板中，选择主菜单中的"效果"|"扭曲"|"极坐标"命令，添加"极坐标"滤镜，选择"转换类型"为"矩形到极线"，设置"插值"为100%，设置"旋转"的旋转关键帧，0秒时为0，1秒时为1圈。为"旋转"添加表达式。拖曳时间线指针，查看预览效果，如图90-3所示。

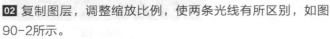

图90-3

04 选择主菜单中的"效果"｜"风格化"｜"发光"命令，添加"发光"滤镜，设置"发光阈值""发光半径"和"发光强度"等数值。设置"发光颜色"为"A和B颜色"，"颜色A"为青色，"颜色 B"为蓝色，如图90-4所示。

05 选择主菜单中的"合成"｜"新建合成"命令，新建一个合成，命名为"3D ring"，拖曳合成"light ring"到时间线面板中，重命名为"light ring 01"，选择主菜单中的"效果"｜"过时"｜"基本3D"命令，添加"基本3D"滤镜，默认其参数。

06 复制"light ring 01"图层，重命名为"light ring 02"，在"基本" 3D效果控制面板中，设置"旋转"为130°，"倾斜"为60°，如图90-5所示。

图90-4　　　　　　　　　　　　　　　　　　图90-5

07 复制 "light ring 02" 图层，重命名为"light ring 03"，设置"旋转"为220°，"倾斜"为60°，如图90-6所示。

08 复制图层"light ring 03"，命名为"light ring 04"，设置"旋转"为220，"倾斜"为169，如图90-7所示。

图90-6　　　　　　　　　　　　　　　　　　图90-7

09 复制 "light ring 01" 图层，命名为"light ring 05"，在"基本3D"面板中设置"旋转"为0°，"倾斜"为0°，在时间线面板中展开"变换"属性，设置"旋转"数值为155°，如图90-8所示。

图90-8

10 在时间线空白处单击鼠标右键，选择"新建"｜"纯色"命令，新建一个黑色图层，命名为BG，拖曳到底层，然后添加"梯度渐变"滤镜，调整其参数，如图90-9所示。

图90-9

11 选择"light ring 01~05"。单击鼠标右键，为其创建新的合成，命名为"3Dring 01"，如图90-10所示。

图90-10

12 复制"3D ring 01"图层，然后调整其属性参数，设置混合模式为"屏幕"，如图90-11所示。

13 再复制"3D ring 01"图层，调整其属性参数，直到自己满意为止。添加"曲线"滤镜，调整对比度，如图90-12所示。

图90-11

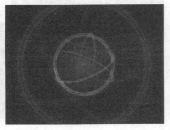

图90-12

14 查看预览动画效果，如图90-13所示。

图90-13

实例 091　　**七彩折扇**

- **案例文件** 光盘\工程文件\第7章\091 七彩折扇
- **视频文件** 光盘\视频教学1\第7章\091.mp4
- **难易程度** ★★★☆☆
- **学习时间** 9分34秒
- **实例要点** 表达式动画
- **实例目的** 本例首先创建一个虚拟对象的旋转属性关键帧，为其他图层添加与虚拟对象相关联的表达式，创建按顺序旋转的动画效果

▌ 知识点链接 ▐

表达式——应用表达式控制图层的旋转和颜色的变幻。

▌ 操作步骤 ▐

01 打开软件After Effects CC 2014，选择主菜单中的"合成"|"新建合成"命令，创建一个新的合成，选择预设为PAL D1/DV，设置时间长度为6秒。

02 在时间线面板空白处单击鼠标右键，选择"新建"|"纯色"命令，新建一个白色固态层，设置"宽度"为50，"高度"为300，命名为"扇页"，调整图层的中心点到底边，如图91-1所示。

03 选择主菜单中的"效果"|"生成"|"填充"命令，添加"填充"滤镜，设置"颜色"为红色，如图91-2所示。

图91-1　　　　　　　　图91-2

04 在时间线面板空白处单击鼠标右键，选择"新建"|"空对象"命令，新建一个空对象，选择主菜单中的"效果"|"表达式控制"|"角度控制"命令，添加"角度控制"滤镜，设置"角度"的关键帧，0秒时为0，5秒为12°。

05 选择"扇页 1"图层，按R键展开"旋转"属性，选择主菜单中的"动画"|"添加表达式"命令，添加如下表达式：controller=thisComp.layer（"空1"）;angle=thisComp.layer（"空 1"）.effect（"角度控制"）;angle*(index-controller.index);拖曳时间线指针，查看动画效果，如图91-3所示。

06 复制"扇页"图层，重命名为"扇页 2"。在Fill效果控制面板中调整"颜色"为橙色，如图91-4所示。

   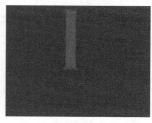

图91-3　　　　　　　　　　　　　　　　　　图91-4

07 连续复制"扇页 2"图层10次，分别调整填充的颜色，12个扇页基本上组成一个颜色循环，如图91-5所示。

08 在时间线面板中选择"空1"，展开"角度控制"滤镜控制面板，调整5秒时"角度"为9。查看合成预览效果，如图91-6所示。

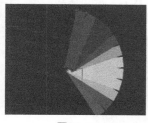   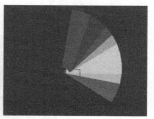

图91-5　　　　　　　　　　　　　　图91-6

09 还可以再复制几个扇页图层，然后调整它们的填充颜色。

10 在时间线面板空白处单击鼠标右键，选择"新建"|"纯色"命令，新建一个固态层，命名为"背景"，选择主菜单中的"效果"|"生成"|"梯度渐变"命令，添加渐变滤镜。

11 单击播放按钮▶，查看缤纷绚丽的折扇效果，如图91-7所示。

   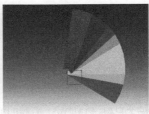

图91-7

| 实例 092 | 翻版转换 |

- **案例文件** 光盘\工程文件\第7章\092 翻版转换
- **视频文件** 光盘\视频教学1\第7章\092.mp4
- **难易程度** ★★☆☆☆
- **学习时间** 6分47秒
- **实例要点** 创建翻版转场动画
- **实例目的** 本例讲解应用"卡片擦除"滤镜创建翻版转场的动画效果,形成快节奏的多镜头切换

知识点链接

卡片擦除——创建卡片转场效果。

操作步骤

01 启用软件After Effects CC 2014,选择主菜单中的"合成"|"新建合成"命令,新建一个合成,选择预设为PAL D1/DV,设置时间长度为5秒。

02 新建一个固态层,作为背景层,添加"梯度渐变"滤镜,接受默认值。添加"分形杂色"滤镜,选择"分形类型"为"湍流平滑",设置"杂色类型"为"块","对比度"为175,"亮度"为-10,"混合模式"为"柔光",如图92-1所示。

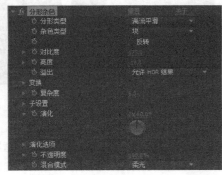 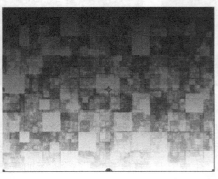

图92-1

03 选择主菜单中的"效果"|"风格化"|"浮雕"命令，添加"浮雕"滤镜；然后添加CC Toner滤镜，设置Midtones为蓝色，如图92-2所示。

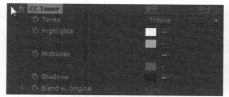

图92-2

04 新建一个固态层，添加"梯度渐变"滤镜，设置"起始颜色"为青色，"结束颜色"为黑色，选择"渐变形状"为"径向渐变"。设置图层混合模式为"强光"，调整颜色的起止点位置，如图92-3所示。

图92-3

05 导入两张图片，关闭"精美图片2.jpg"图层的可视性，选择图层1，添加"卡片擦除"滤镜，选择"背面图层"为"精美图片2.jpg"，设置"过渡完成"为15%，如图92-4所示。

图92-4

06 确定当前时间线指针在合成的起点，设置"卡片缩放"为1，展开"位置抖动"选项组，设置"Z 抖动量"为0，激活这些参数，记录关键帧属性，拖曳时间线指针到1秒，设置"卡片缩放"为0.6，"Z 抖动量"为10；拖曳时间线指针到3秒，设置"Z 抖动量"为10；拖曳时间线指针到4秒，设置"Z 抖动量"为0；拖曳时间线指针到5秒，设置"卡片缩放"为1，如图92-5所示。

图92-5

07 展开"摄像机位置"选项组，设置"焦距"为45，"Z 位置"为2，拖曳时间线指针到0，激活"Z 位置"关键帧记录器，拖曳时间线指针到3秒，设置"Z 位置"为1.25，如图92-6所示。

图92-6

08 设置"过渡完成"的关键帧，0秒时为100%，5秒时为0，如图92-7所示。

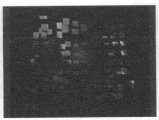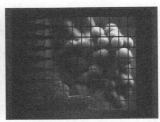

图92-7

09 添加"投影"滤镜，设置"距离"为20，"柔和度"为16，如图92-8所示。

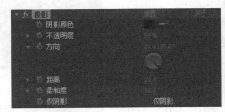

图92-8

10 保存工程文件，单击播放按钮▶，查看最终的合成预览效果，如图92-9所示。

图92-9

实例 093 空间裂变

- **案例文件**｜光盘\工程文件\第7章\093 空间裂变
- **视频文件**｜光盘\视频教学1\第7章\093.mp4
- **难易程度**｜★★★★☆
- **学习时间**｜15分05秒
- **实例要点**｜立方体阵列　　发光效果
- **实例目的**｜本例学习应用"碎片"滤镜创建运动的方块阵列，应用Shine滤镜增强方块的光效

┤ 知识点链接 ├

碎片——应用破碎滤镜创建立方体阵列的空间效果。

Shine——创建光束效果。

操作步骤

01 启动软件After Effects CC 2014，选择主菜单中的"合成"|"新建合成"命令，创建一个新的合成，命名为"大方块"，选择预设为PAL D1/DV，时长为5秒。

02 在时间线面板空白处单击鼠标右键，从弹出的菜单中选择"新建"|"摄像机"命令，创建一个摄影机，选择预设35mm。

03 新建一个蓝色图层，选择主菜单中的"效果"|"模拟"|"碎片"命令，添加"碎片"滤镜。选择"视图"为"已渲染"，展开"形状"选项组，选择"正方形"，设置"凸出深度"为2，如图93-1所示。

图93-1

04 展开"作用力1"选项组，参数设置如图93-2所示。

05 展开"物理学"选项组，参数设置如图93-3所示。

图93-2   图93-3

06 选择"摄像机系统"为"合成摄像机"，拖曳当前时间线指针到2秒，调整摄影机视图，激活"位置"和"Z轴旋转"记录关键帧属性，创建关键帧，拖曳时间线指针到3秒，并向前推镜头，如图93-4所示。

图93-4

07 新建一个合成，命名为"小方块"。新建一个蓝色图层，添加"碎片"滤镜，选择"视图"为"已渲染"，展开"形状"选项组，选择"图案"为"正方形"，设置"重复"为20，"凸出深度"为0，如图93-5所示。

08 展开"作用力 1"和"作用力 2"选项组，调整"半径"和"强度"的数值，如图93-6所示。

图93-5   图93-6

09 展开"物理学"选项组，具体参数设置如图93-7所示。

10 展开"摄像机位置"选项组，调整"旋转"和"位置"的数值，如图93-8所示。

图93-7 图93-8

11 新建一个合成，命名为"空间裂变"，拖曳合成"大方块"和"小方块"到时间线面板中。选择"小方块"图层，添加"高斯模糊"滤镜，设置"模糊度"为5。

12 选择主菜单中的"效果" | Trapcode | Shine命令，添加发光滤镜。展开"颜色模式"选项组，选择预设为"电弧"，如图93-9所示。

图93-9

13 设置"光芒长度"为15，"提升亮度"为20，展开"微光"选项组，设置"数量"为50，修改"光芒点"的位置，如图93-10所示。

图93-10

14 选择"小方块"图层，激活"独奏" ，选择"模式"为"相加"，拖曳时间线指针到19帧，激活"光线不透明度"参数记录关键帧开关，拖曳时间线指针到合成的起点，调整"光线不透明度"为0。

15 拖曳时间线指针到1秒，调整"发光点"的位置，直到看到强烈的发光，如图93-11所示。

16 分别拖曳时间线指针到2秒、3秒、4秒、5秒的位置，调整"发光点"的位置，直到看到强烈的发光。

17 选择"模式"为"变暗"，拖曳时间线指针，查看合成预览效果，如图93-12所示。

图93-11 图93-12

18 打开合成"大方块"，在"碎片"效果控制面板中展开"灯光"选项组，选择"灯光类型"为"点光源"，增强光照效果，设置"灯光强度"为1.50，如图93-13所示。

19 新建一个调节层，添加"曲线"滤镜，调整曲线，增强亮度和对比度，如图93-14所示。

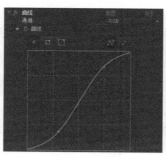

图93-13   图93-14

20 选择合成"空间裂变",新建一个调节层,添加"曲线"滤镜,调整曲线,增强亮度和对比度,如图93-15所示。

21 拖曳时间线,查看动画预览效果,如图93-16所示。

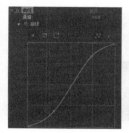
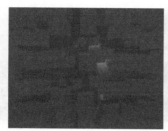

图93-15   图93-16

实例 094 立体LOGO

● **案例文件** ┃ 光盘\工程文件\第7章\094 立体LOGO

● **视频文件** ┃ 光盘\视频教学1\第7章\094.mp4

● **难易程度** ┃ ★★★☆☆

● **学习时间** ┃ 8分48秒

● **实例要点** ┃ 挤出立体字

● **实例目的** ┃ 本例讲解应用"碎片"滤镜挤出有厚度的文字,创建立体LOGO

─┃ **知识点链接** ┃─

分形杂色——创建噪波纹理。

碎片——产生文字的立体效果。

─┃ **操作步骤** ┃─

01 打开软件After Effects CC 2014,选择主菜单中的"合成"|"新建合成"命令,创建一个新的合成,命名为

"挤出纹理"，选择预设为PAL D1/DV，设置长度为5秒；然后在时间线空白处单击鼠标右键，选择"新建"|"纯色"命令，新建一个图层。选择主菜单中的"效果"|"杂色和颗粒"|"分形杂色"命令，添加"分形杂色"滤镜，选择"分形类型"为"湍流平滑"，勾选"反转"选项，设置其他参数，设置"演化"的关键帧，在0秒到5秒旋转1周。

02 选择主菜单中的"效果"|"颜色校正"|"色阶"命令，添加"色阶"滤镜，向左移动输入白点，呈现大量的白色区域，如图94-2所示。

03 选择主菜单中的"合成"|"新建合成"命令，新建一个合成，命名为"挤出"，拖曳合成"挤出纹理"到时间线面板中。

04 选择文本工具，输入字符"VFX.798"，然后关闭合成"挤出纹理"的可视性。

05 选择主菜单中的"效果"|"透视"|"斜面Alpha"命令，添加"斜面Alpha"滤镜，设置"边缘厚度"为8，"灯光强度"为0.4，如图94-3所示。

图94-1　　　　　　　　图94-2　　　　　　　　　　　　　　图94-3

06 选择主菜单中的"效果"|"模拟"|"碎片"命令，添加"碎片"滤镜，选择"视图"为"已渲染"，展开"形状"选项组，设置参数如图94-4所示。

07 设置"作用力 1"和"作用力 2"的数值均为0，展开"物理学"选项组，设置"重力"为0。

08 展开"纹理"选项组，设置"颜色""正面模式""侧面模式"和"背面模式"等参数，如图94-5所示。

图94-4　　　　　　　　　　　　　　　　图94-5

09 展开"灯光"选项组，调整"环境光"和"灯光位置"的数值，如图94-6所示。

图94-6

10 展开Camera Position选项组，设置摄影机的位置参数关键帧，如图94-7所示。

图94-7

11 选择主菜单中的"合成"|"新建合成"命令，新建一个合成，命名为"立体"，选择预设为PAL D1/DV，长度为5秒，拖曳合成"挤出"到时间线面板中。在时间线空白处单击鼠标右键，选择"新建"|"纯色"命令，新建一个固态层，添加渐变滤镜，参数设置如图94-8所示。

12 单击播放按钮，查看动画预览效果，如图94-9所示。

图94-8　　　　　　　　　　　　　　　图94-9

实例 095 脸皮脱落

- **案例文件**┃光盘\工程文件\第7章\095 脸皮脱落
- **视频文件**┃光盘\视频教学1\第7章\095.mp4
- **难易程度**┃★★★☆☆
- **学习时间**┃5分19秒
- **实例要点**┃贴图控制破碎的顺序
- **实例目的**┃本例讲解应用贴图控制"碎片"滤镜的破碎顺序，以及自定义碎片脱落的效果

┃知识点链接┃

碎片——创建破碎效果，使脸皮脱落。

┃操作步骤┃

01 打开软件After Effects CC 2014，导入一张TGA格式的图片"脸"，导入后需要设置参数，如图95-1所示。

02 选择主菜单中的"合成"|"新建合成"命令，创建一个新的合成，选择预设为PAL D1/DV，设置时长为8秒。将"脸"拖至时间线，调整"缩放"为115%。在时间线空白处单击鼠标右键，选择"新建"|"纯色"命令，新建一个固态层，命名为"背景"，放置合成的底层。添加"梯度渐变"滤镜，效果如图95-2所示。

图95-1　　　　　　　　　　　　　图95-2

03 复制 "脸" 图层，选中图层1，选择主菜单中的 "效果" ｜ "颜色校正" ｜ "曲线" 命令，添加 "曲线" 滤镜，调整图像的亮度和对比度，效果如图95-3所示。

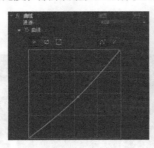

图95-3

04 选择主菜单中的 "效果" ｜ "模拟" ｜ "碎片" 命令，添加 "碎片" 滤镜，选择 "视图" 为 "已渲染"，展开 "形状" 和 "作用力1" 选项栏，调整参数如图95-4所示。

05 新建一个固态层，命名为 "渐变"，选择主菜单中的 "效果" ｜ "生成" ｜ "梯度渐变" 命令，添加渐变滤镜，参数设置如图95-5所示。

图95-4 · 图95-5

06 将图层 "渐变" 预合成，在预合成弹出的面板中选择第2个选项，将 "渐变" 拖至时间线底层，关闭可视性。

07 展开 "碎片" 滤镜中的 "渐变" 选项，设置 "渐变图层" 为 "渐变 合成 1"，设置 "碎片阈值" 的关键帧，在0秒时数值为0，在最后一秒时为100。设置 "形状" 选项组中的 "重复" 为25，"凸出深度" 为0.05。

08 打开图层2的可视性，单击播放按钮�，查看最终的效果，如图95-6所示。

图95-6

第

08

章

音频特效

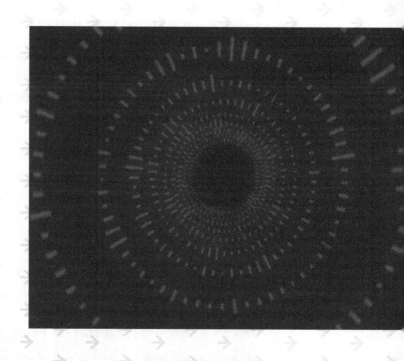

本章主要讲解了After Effects CC 2014中音频特效的应用，包括音频波形、转化音频振幅图层，以及使用表达式控制动画与音频节奏同步等技巧。

实例 096　音频彩条

- **案例文件**｜光盘\工程文件\第8章\096 音频彩条
- **视频文件**｜光盘\视频教学2\第8章\096.mp4
- **难易程度**｜★★☆☆☆
- **学习时间**｜3分36秒
- **实例要点**｜创建声音频谱效果
- **实例目的**｜本例应用"音频频谱"滤镜创建声音频谱效果，设置频谱的高度等参数，获得与音乐同步的彩条

知识点链接

Audio Spectrum——声音频谱滤镜，将音频素材视频化。

操作步骤

01 启动软件After Effects CC 2014，选择主菜单中的"合成"|"新建合成"命令，创建一个新的合成，选择预设为PAL D1/DV，设置时长为5秒，导入一张背景图片并调整比例，如图96-1所示。

图96-1

02 导入一段音频素材"音乐"。

03 在时间线空白处单击鼠标右键，选择"新建"|"纯色"命令，新建一个图层，命名为"音频线"，选择主菜单中的"效果"|"生成"|"音频频谱"命令，添加"音频频谱"滤镜。取消该图层的防锯齿，选择"音频层"为"音乐"，具体参数设置如图96-2所示。

图96-2

04 单击播放按钮，可以看到随音乐跳动的彩条，如图96-3所示。

图96-3

实例 **097** **跳动的亮点**

● **案例文件** | 光盘\工程文件\第8章\097 跳动的亮点

● **视频文件** | 光盘\视频教学2\第8章\097.mp4

● **难易程度** | ★★☆☆☆

● **学习时间** | 9分10秒

● **实例要点** | 随音乐跳动的亮点

● **实例目的** | 本例应用音频频谱和音频波形滤镜创建声音频谱和波形效果，设置波形的样式、宽度和高度等参数，获得与音乐同步跳跃的亮点

┃ 知识点链接 ┃

　　音频频谱——根据音频创建跳动的点。

　　音频波形——创建音频波形效果。

┃ 操作步骤 ┃

01 启动软件After Effects CC 2014，选择主菜单中的"合成"|"新建合成"命令，创建一个新的合成，选择预设为PAL D1/DV，设置时长为16秒，导入一段音频素材"music 5.mp3"。

02 拖曳音频文件到时间线面板中，展开"波形"属性栏，根据波形调整图层的入点。

03 在时间线空白处单击鼠标右键，选择"新建"|"纯色"命令，新建一个固态层，命名为"频谱 1"，选择主菜单中的"效果"|"生成"|"音频频谱"命令，添加"音频频谱"滤镜。选择"音频层"为"音频music 5.mp3"，具体参数设置如图97-1所示。

04 设置"最大高度"的关键帧，3秒时为500，5秒时为2 000，显示如图97-2所示。

图97-1

图97-2

05 选择主菜单中的"效果"|"通道"|"最小/最大"命令，添加"最小/最大"滤镜，如图97-3所示。

图97-3

06 选择主菜单中的"效果"|"风格化"|"发光"命令，添加"发光"滤镜，设置"发光半径"为6，效果如图97-4所示。

图97-4

07 复制该图层，并命名为"频谱2"，调整"起始点"为（360，288），"结束点"为（720，288），如图97-5所示。

图97-5

08 在时间线空白处单击鼠标右键，选择"新建"|"纯色"命令，新建一个图层，命名为"音量波形"，选择主菜单中的"效果"|"生成"|"音频波形"命令，添加"音频波形"滤镜，如图97-6所示。

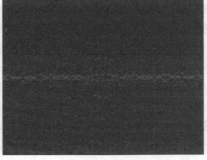

图97-6

09 选择主菜单中的"效果"|"风格化"|"发光"命令，添加"发光"滤镜，设置"发光阈值"为20%。

10 放大该图层到150%，设置不透明度为50%，混合模式为"相加"。单击播放按钮▶，可以看到随音乐跳动的亮点，如图97-7所示。

图97-7

实 例 **098**	舞动的音频线

- **案例文件**┃光盘\工程文件\第8章\098 舞动的音频线
- **视频文件**┃光盘\视频教学2\第8章\098.mp4
- **难易程度**┃★★★☆☆
- **学习时间**┃10分08秒
- **实例要点**┃创建发光的线条 转换音频振幅关键帧
- **实例目的**┃本例应用"将音频转换成关键帧"命令转换音频振幅关键帧，为Particular滤镜添加表达式，创建与音乐节奏同步的舞动效果

┃ 知识点链接 ┃

将音频转换成关键帧——根据音频素材转换成音频振幅关键帧的图层。

Particular——创建粒子效果，为多项参数添加表达式。

┃ 操作步骤 ┃

01 启动软件After Effects CC 2014，选择主菜单中的"合成"|"新建合成"命令，创建一个新的合成，选择预设为PAL D1/DV，时长为22秒。导入一段音频素材"Music 98.mp3"。

02 拖曳音频文件到时间线面板中，展开"波形"属性栏，根据波形调整图层的入点。

03 选择音频图层，选择主菜单中的"动画"|"关键帧辅助"|"将音频转换为关键帧"命令，自动生成一个音频关键帧的图层，关闭其可视性，如图98-1所示。

图98-1

04 在时间线空白处单击鼠标右键，选择"新建"|"纯色"命令，新建一个黑色图层，选择主菜单中的"效果"|
"Trapcode"|"Particular"命令，添加粒子滤镜。展开"发射器"选项组，如图98-2所示。

05 展开"粒子"选项组，设置生命、尺寸等参数，展开"生命期颜色"选项组，设置颜色渐变,选择第4种贴图，
如图98-3所示。

图98-2

图98-3

06 展开"物理学"选项组，设置"风向"参数，如图98-4所示。

07 展开"扰乱场"选项组，设置"影响尺寸"值为2，如图98-5所示。

图98-4

图98-5

08 设置"位置XY"和"位置Z"的关键帧，如图98-6所示。

图98-6

09 展开"辅助系统"选项组，具体
参数设置及显示如图98-7所示。

图98-7

10 展开"生命期尺寸"和"生命期不透明度"选项组，选择第4种贴图，如图98-8所示。

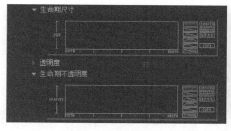

图98-8

11 展开"物理学"选项组中的"扰乱场"选项组，设置"影响位置"为880，如图98-9所示。

图98-9

12 选择主菜单中的"动画"｜"添加表达式"命令，为"风向Y"添加表达式，链接到音频振幅图层的"滑块"上，然后修改如下。

thisComp.layer("音频振幅").effect("两个通道")("滑块")*-8

拖曳时间线指针，查看粒子的动画效果，如图98-10所示。

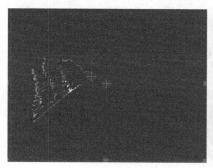
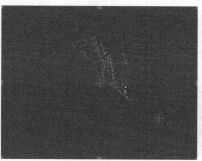
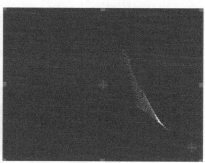

图98-10

13 选择主菜单中的"动画"｜"添加表达式"命令，为"风向Z"添加如下表达式。

thisComp.layer("音频振幅").effect("两个通道")("滑块")*-0.8

拖曳时间线，查看动画效果，如图98-11所示。

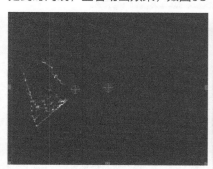

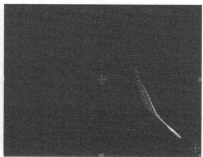

图98-11

14 选择主菜单中的"动画"｜"添加表达式"命令，为"粒子数量/秒"添加如下表达式。

thisComp.layer("音频振幅").effect("两个通道")("滑块")*15

动画效果如图98-12所示。

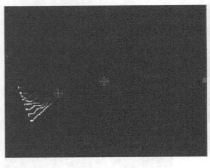
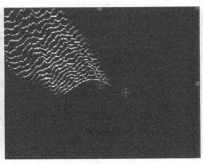

图98-12

15 选择主菜单中的"动画"｜"添加表达式"命令，为"扰乱位置"添加如下表达式。

thisComp.layer("音频振幅").effect("两个通道")("滑块")*125

效果如图98-13所示。

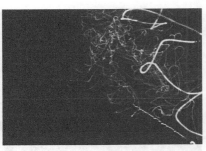

图98-13

16 选择主菜单中的"效果"｜"风格化"｜"发光"命令，添加"发光"滤镜，设置"发光阈值"为20％，如图98-14所示。

图98-14

17 单击播放按钮，可以看到随音乐舞动的光线效果，如图98-15所示。

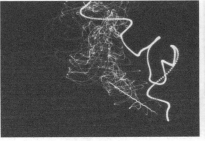
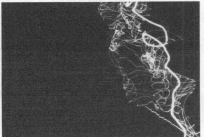

图98-15

实例 099 音乐舞台背景

- **案例文件**┃光盘\工程文件\第8章\099 音乐舞台背景
- **视频文件**┃光盘\视频教学2\第8章\099.mp4
- **难易程度**┃★★★☆☆
- **学习时间**┃10分42秒
- **实例要点**┃音频控制节奏律动
- **实例目的**┃本例讲解应用音频关键帧控制3D Stroke的参数及图层的缩放关键帧，创建随音乐节奏变幻的背景

┃ 知识点链接 ┃

将音频转换为关键帧——根据音频素材转换成音频振幅关键帧的图层。

3D Stroke——创建沿路径分布的圆点，为多项参数添加表达式。

┃ 操作步骤 ┃

01 启动软件After Effects CC 2014，选择主菜单中的"合成"|"新建合成"命令，新建一个合成，选择预设为PAL D1/DV方形像素，设置长度为30秒。

02 导入音频素材"音乐.wav"，并拖曳到时间线中，然后展开音频波形属性栏，可以看到比较强烈的音乐节奏，调整图层的入点。

03 选择主菜单中的"动画"|"关键帧辅助"|"将音频转换为关键帧"命令，产生一个音频振幅图层，包含转化的关键帧，如图99-1所示。

图99-1

04 在时间线空白处单击鼠标右键，选择"新建"|"纯色"命令，新建一个固态层，命名为"背景"，选择主菜单中的"效果"|"生成"|"梯度渐变"命令，添加渐变滤镜，选择"渐变形状"为"径向渐变"，设置"起始颜色"为深紫色，如图99-2所示。

图99-2

05 在时间线空白处单击鼠标右键，选择"新建"|"纯色"命令，新建一个固态层，命名为"灯阵列"，选择倒角矩形工具▣，绘制一个矩形蒙版，选择主菜单中的"效果"|"Trapcode"|"3D Stroke"命令，添加3D描边

滤镜。设置"颜色"为暗橙色，展开"高级"选项组，设置"调节步幅"为2 070，这时呈现的就是沿着路径分布的圆点。调整"厚度"的值，避免出现交叠或不完整的圆，如图99-3所示。

图99-3

06 展开"重复"选项组，勾选"启用"，设置"重复量"为1，"缩放"为55，"伸展"为2.5，如图99-4所示。

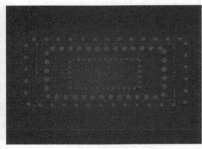

图99-4

07 展开"变换"选项组，选择主菜单中的"动画"｜"添加表达式"命令，为"Z位置"添加表达式，链接到音频振幅层的"滑块"，然后对如下表达式进行编辑。

thisComp.layer("音频振幅").effect("两个通道")("滑块")-50

拖曳时间线指针，查看合成预览效果，如图99-5所示。

图99-5

08 选择主菜单中的"效果"｜"通道"｜"最小/最大"命令，添加"最小/最大"滤镜，设置"操作"选项为"最大值"，"通道"为"Alpha和颜色"，选择主菜单中的"动画"｜"添加表达式"命令，为"半径"添加表达式，链接到"滑块"，编辑表达式：

thisComp.layer("音频振幅").effect("两个通道")("滑块")*0.2

拖曳时间线指针，查看合成预览效果，如图99-6所示。

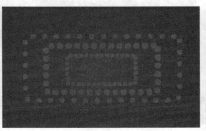

图99-6

09 在时间线空白处单击鼠标右键，选择"新建"|"纯色"命令，新建一个固态层，命名为"频谱"，绘制一个圆形路径。选择主菜单中的"效果"|"生成"|"音频频谱"命令，添加"音频频谱"滤镜。选择"音频层"为"音乐.wav"，"路径"为"蒙版1"，"显示选项"为"模拟频点"，"面选项"为"A面"。设置颜色，调整其他参数，如图99-7所示。

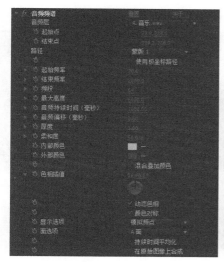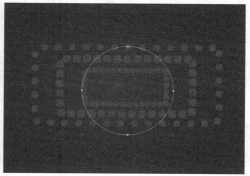

图99-7

10 选择主菜单中的"动画"|"添加表达式"命令，为图层的"缩放"添加表达式，链接到"滑块"，编辑表达式，在结尾添加*4，修改如下。

temp = thisComp.layer("音频振幅").effect("两个通道")("滑块");[temp, temp]*4

拖曳时间线指针，查看合成预览效果，如图99-8所示。

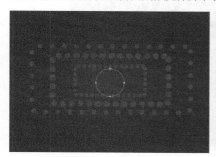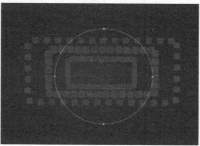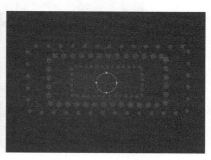

图99-8

11 复制图层，修改表达式，结尾添加*15，修改如下。

temp = thisComp.layer("音频振幅").effect("两个通道")("滑块");[temp, temp]*15

拖曳时间线指针，查看合成预览效果，如图99-9所示。

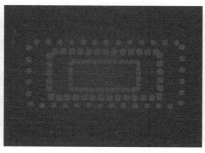

图99-9

12 在时间线空白处单击鼠标右键，选择"新建"|"调节图层"命令，新建一个调节层，选择主菜单中的"效果"|"风格化"|"发光"命令，添加"发光"滤镜，设置"发光半径"为30。选择主菜单中的"动画"|"添加表达式"命令，为"发光阈值"添加表达式，链接到滑块，编辑表达式如下。

40-thisComp.layer("音频振幅").effect("两个通道")("滑块")

13 单击播放按钮![播放]，查看闪烁的舞台效果，如图99-10所示。

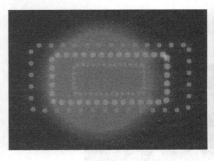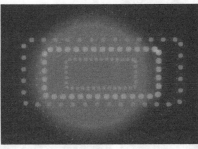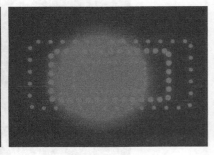

图99-10

<table>
<tr><td>实 例
100</td><td>**音乐闪烁背景**</td></tr>
</table>

- **案例文件** | 光盘\工程文件\第8章\100 音乐闪烁背景
- **视频文件** | 光盘\视频教学2\第8章\100.mp4
- **难易程度** | ★★☆☆☆
- **学习时间** | 10分33秒
- **实例要点** | 环形音频
- **实例目的** | 本例讲解应用路径与音频波形滤镜，创建环形的音频波形

知识点链接

音频波形——创建声音波形。

将音频转换为关键帧——根据音频素材转换成音频振幅关键帧的图层。

操作步骤

01 启动软件After Effects CC 2014，选择主菜单中的"合成"|"新建合成"命令，创建一个新的合成，命名为"音频闪烁"，选择预设为PAL D1/DV，时长为20秒，然后导入一段音频素材"6-3117-35 .mp3"。

02 拖曳音频文件到时间线面板中，展开"波形"属性栏，查看音频波形。

03 在时间线空白处单击鼠标右键，选择"新建"|"纯色"命令，新建一个黑色图层，绘制一个圆形遮罩。选择主菜单中的"效果"|"生成"|"音频波形"命令，添加"音频波形"滤镜。选择"音频层"为"music 5.mp3"，选择"路径"为"蒙版1"，具体参数设置如图100-1所示。

04 选择音频层，选择主菜单中的"动画"|"关键帧辅助"|"将音频转换为关键帧"命令，自动创建一个音频关键帧图层，如图100-2所示。

图100-1

图100-2

05 在时间线空白处单击鼠标右键，选择"新建"|"调节图层"命令，新建一个调节图层，选择主菜单中的"效果"|"颜色校正"|"色相/饱和度"命令，添加"色相/饱和度"滤镜，勾选"彩色化"选项，设置"着色饱和度"为100。选择主菜单中的"动画"|"添加表达式"命令，为"着色色相"添加表达式，链接到滑块，修改如下。
thisComp.layer("音频振幅").effect("两个通道")("滑块") *50
拖曳时间线指针，查看合成预览效果，如图100-3所示。

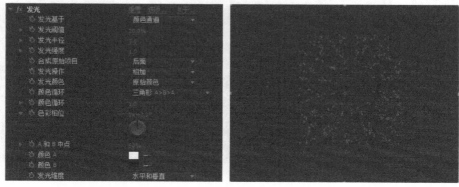

图100-3

06 选择主菜单中的"效果"|"风格化"|"发光"命令，添加"发光"滤镜，设置"发光阈值"为20%，"发光半径"为5，如图100-4所示。

图100-4

07 拖曳合成"音频闪烁"到■图标上，创建一个新的合成。选择主菜单中的"效果"|"时间"|"残影"命令，添加"残影"滤镜，如图100-5所示。

图100-5

08 在时间线空白处单击鼠标右键，选择"新建"|"调节图层"命令，新建一个调节图层，选择主菜单中的"效果"|"Trapcode"|"Starglow"命令，添加星光滤镜，如图100-6所示。

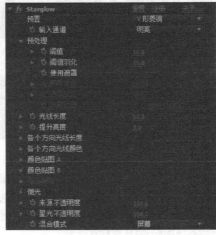

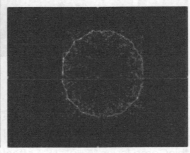

图100-6

09 选择主菜单中的"效果"|"颜色校正"|"曲线"命令，添加"曲线"滤镜，增强亮度和对比度，如图100-7所示。

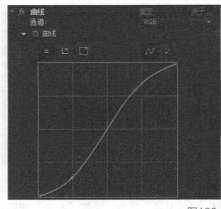

图100-7

10 选择主菜单中的"效果"|"颜色校正"|"色相/饱和度"命令，添加"色相/饱和度"滤镜，调整色调和亮度，如图100-8所示。

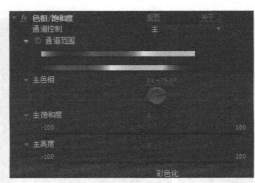

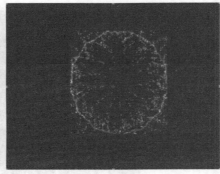

图100-8

11 单击播放按钮 ，查看动画效果，如图100-9所示。

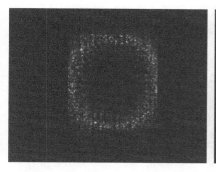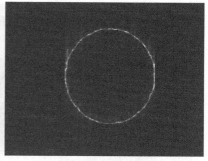

图100-9

实 例
101 音乐波动

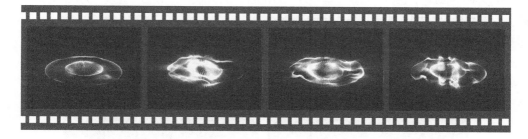

● **案例文件** | 光盘\工程文件\第8章\101 音乐波动
● **视频文件** | 光盘\视频教学2\第8章\101.mp4
● **难易程度** | ★★★☆☆
● **学习时间** | 5分56秒
● **实例要点** | 创建随音乐跳动的波形
● **实例目的** | 本例应用Form滤镜创建随音乐同步跳动的波形，添加Shine滤镜强化光效

▌知识点链接 ▌

　　Form——创建粒子阵列，应用音频控制其置换变形。

▌操作步骤 ▌

01 打开软件After Effects CC 2014，选择主菜单中的"合成"|"新建合成"命令，创建一个新的合成，选择预设为PAL D1/DV，设置时长为6秒。

02 导入一段音频，在时间线空白处单击鼠标右键，选择"新建"|"纯色"命令，新建一个图层，命名为"波动"。选择主菜单中的"效果"|"Tarpcode"|"Form"命令，添加构成滤镜。

03 展开"形态基础"选项组，选择"形态基础"为"分层球体"，设置"大小X"为400，"大小Y"为400，"大小Z"为100，"X中的粒子"为200，"Y中的粒子"为200，球体层为2，如图101-1所示。

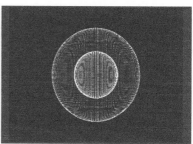

图101-1

04 在时间线空白处单击鼠标右键，选择"新建"|"摄像机"命令，新建一个摄影机，调整角度，如图101-2所示。

05 展开"快速映射"选项组，展开"颜色映射"，设置贴图由黄到橙色渐变，选择"映射不透明和颜色在"为"Y"，展开"映射#1"选项组，选择第3种贴图，选择"映射#1到"为"不透明"，"映射#1在"为"Y"，如图101-3所示。

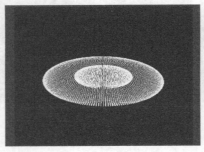
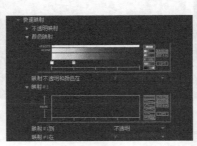

图101-2　　　　　　　　　　　　　　　　　　　图101-3

06 展开"音频反应"选项组，选择"音频图层"为"3.music101.mp3"，设置"强度"为200，选择"映射到"为"分形"，"最大延迟"为1，如图101-4所示。

图101-4

07 展开"分形区域"选项组，设置"影响尺寸"为3，"位移"为20，如图101-5所示。

图101-5

08 展开"球形区域"选项组，设置"强度"为20，如图101-6所示。

图101-6

09 展开"能见度"选项组，设置"远端消失"为800，"远端开始衰减"为600，如图101-7所示。

图101-7

10 选择主菜单中的"效果"｜"Trapcode"｜"Shine"命令，添加光芒滤镜。展开"颜色模式"选项组，选择预设为"无"，选择"混合模式"为"叠加"，设置"光芒长度"为2，"提升亮度"为1，如图101-8所示。

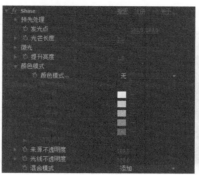

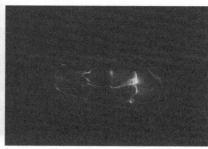

图101-8

11 拖曳时间线指针，查看音乐波动的预览效果，如图101-9所示。

  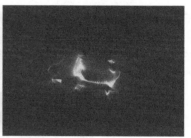

图101-9

实例 102 飞散的方块

- **案例文件** ┃ 光盘\工程文件\第8章\102 飞散的方块

- **视频文件** ┃ 光盘\视频教学2\第8章\102.mp4

- **难易程度** ┃ ★★★☆☆

- **学习时间** ┃ 10分08秒

- **实例要点** ┃ 星空背景　　耀眼光芒

- **实例目的** ┃ 本例讲解应用Fractal Noise和CC Star Burst滤镜创建星空背景，应用Lens Flare滤镜创建耀眼光芒效果

Form——以粒子形态创建小方块阵列，应用音频控制空间变形的强度。

┤ **操作步骤** ├

01 启动软件After Effects CC 2014，选择主菜单中的"合成"|"新建合成"命令，创建一个新的合成，选择预设为PAL D1/DV，设置时长为10秒，命名为"渐变"。

02 在时间线空白处单击鼠标右键，选择"新建"|"纯色"命令，新建一个图层，选择主菜单中的"效果"|"生成"|"梯度渐变"命令，添加渐变滤镜，选择"渐变形状"为"径向渐变"，调整渐变的起止点位置，获得一个只有很小部分黑色的渐变，如图102-1所示。

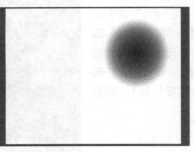

图102-1

03 选择主菜单中的"合成"|"新建合成"命令，新建一个合成，命名为"方块飞散"。导入一段音乐素材，拖曳合成"渐变"到时间线面板中，关闭其可视性。

04 在时间线空白处单击鼠标右键，选择"新建"|"纯色"命令，新建一个图层，设置"宽度"和"高度"均为50，颜色为黄色，命名为"小方块"，关闭可视性。

05 在时间线空白处单击鼠标右键，选择"新建"|"纯色"命令，新建一个固态层，匹配合成尺寸。选择主菜单中的"效果"|"Trapcode"|"Form"命令，添加构成滤镜。展开"形态基础"选项组，如图102-2所示。

图102-2

06 展开"粒子"选项组，选择"粒子类型"为"材质多边形填充"，选择"图层"为"小方块"，设置"尺寸"和"不透明度"等参数，如图102-3所示。

图102-3

07 展开"层映射"选项组，具体参数设置及效果如图102-4所示。

图102-4

08 展开"球形区域"选项组，具体参数设置及效果如图102-5所示。

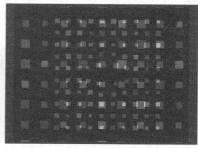

图102-5

09 展开"音频反应"选项组，选择"音频图层"为"5.music102.mp3"，展开"反应器1"选项组，具体参数设置及效果如图102-6所示。

图102-6

10 展开"反应器2"选项组，具体参数设置及效果如图102-7所示。

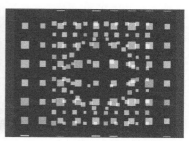

图102-7

11 展开"反应器3"选项组，具体参数设置及效果如图102-8所示。

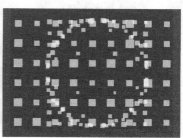

图102-8

12 展开"分散和扭曲"选项组，设置"分散"为200。

13 展开"能见度"选项组，设置模拟景深的参数，如图102-9所示。

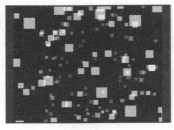

图102-9

14 在时间线空白处单击鼠标右键，选择"新建"|"摄像机"命令，新建一个35mm的摄影机，调整视图，如图102-10所示。

图102-10

15 拖曳合成"方块飞散"到图标上，新建一个合成，重命名为"方块最终飞散"，选择主菜单中的"效果"|"时间"|"残影"命令，添加"残影"滤镜，如图102-11所示。

图102-11

16 选择主菜单中的"效果"|"风格化"|"发光"命令，添加"发光"滤镜，如图102-12所示。

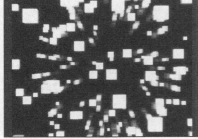

图102-12

17 保存工程文件，查看最终的飞散方块的预览效果，如图102-13所示。

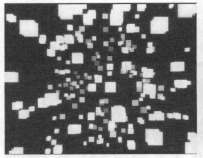
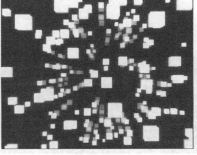

图102-13

实例 103 音频动效

- **案例文件** | 光盘\工程文件\第8章\103 音频动效
- **视频文件** | 光盘\视频教学2\第8章\103.mp4
- **难易程度** | ★ ★ ★ ☆ ☆
- **学习时间** | 11分17秒
- **实例要点** | 音频波形　　随音乐同步的粒子
- **实例目的** | 本例应用"音频波形"滤镜创建音频波形，应用"极坐标"滤镜产生环状变形，应用Particular滤镜发射粒子，创建速度与音频关联的表达式，得到随音乐同步粒子动画

▎知识点链接 ▎

　　音频波形——创建音频波形。
　　Particular——创建粒子，应用表达式，产生与音乐同步的动画。

▎操作步骤 ▎

01 启动软件After Effects CC 2014，导入一段音频素材"019.wav"，查看音频素材的长度为12秒，选择主菜单中的"合成"|"新建合成"命令，创建一个新的合成，命名为"合成1"，选择预设为PAL D1/DV，设置时长为22秒。

02 拖曳音频素材"019.wav"到时间线上，展开"波形"属性，查看音频波形，调整图层的入点，然后激活锁定按钮 🔒。

03 选择主菜单中的"动画"|"关键帧辅助"|"将音频转换为关键帧"命令，生成音频振幅层，展开"效果"属性，查看关键帧。

04 在时间线空白处单击鼠标右键，选择"新建"|"纯色"命令，新建一个黑色固态层，命名为"音频波"，选择主菜单中的"效果"|"生成"|"音频波形"命令，添加"音频波形"滤镜，如图103-1所示。

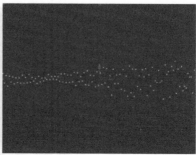

图103-1

05 选择主菜单中的"效果"|"扭曲"|"极坐标"命令，添加"极坐标"滤镜，如图103-2所示。

图103-2

06 激活3D属性，复制该图层，调整"位置"的数值，如图103-3所示。

07 在时间线空白处单击鼠标右键，选择"新建"|"纯色"命令，新建一个图层，命名为"粒子"，选择主菜单中的"效果"|"Trapcode"|"Particular"命令，添加粒子滤镜，展开"发射器"选项组，设置发射器的位置、角度、大小等参数，如图103-4所示。

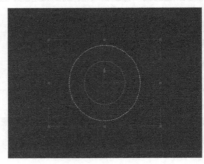

图103-3

图103-4

08 展开"粒子"选项组，设置粒子的生命、尺寸和颜色参数，如图103-5所示。

图103-5

09 选择主菜单中的"动画"|"添加表达式"命令，为"速度"添加表达式，链接到滑块，编辑表达式：
thisComp.layer("音频振幅").effect("两个通道")("滑块")*10
拖曳时间线，查看粒子的动画效果，如图103-6所示。

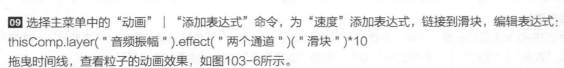

图103-6

10 在时间线空白处单击鼠标右键，选择"新建"|"纯色"命令，新建一个黑色图层，绘制圆形遮罩，设置羽化，遮挡粒子的中心区域，如图103-7所示。

图103-7

11 拖曳合成"音频动效"到■图标上，创建一个新的合成，命名为"最终动效"，复制图层"音频振幅"，然后在时间线空白处单击鼠标右键，选择"新建"|"纯色"命令，新建一个图层，选择主菜单中的"效果"|"生成"|"梯度渐变"命令，添加"渐变"滤镜，设置滤镜参数，然后拖曳该图层到底层，设置图层"音频动效"的混合模式为强光，查看合成预览效果，如图103-8所示。

图103-8

12 选择主菜单中的"效果"|"颜色校正"|"色相/饱和度"命令，添加"色相/饱和度"滤镜，勾选"彩色化"选项，设置"着色色相"为-30，"着色饱和度"为50。选择主菜单中的"动画"|"添加表达式"命令，为"着色亮度"添加表达式，链接到滑块，编辑如下。

thisComp.layer("音频振幅").effect("两个通道")("滑块")*15-80

拖曳时间线指针，查看合成预览效果，如图103-9所示。

图103-9

13 在时间线空白处单击鼠标右键，选择"新建"|"调节图层"命令，新建一个调节层，选择主菜单中的"效果"|"风格化"|"发光"命令，添加"发光"滤镜，如图103-10所示。

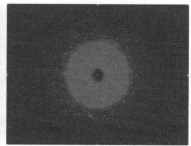

图103-10

14 选择主菜单中的"效果"|"颜色校正"|"曲线"命令，添加"曲线"滤镜，提高亮度，如图103-11所示。

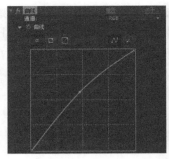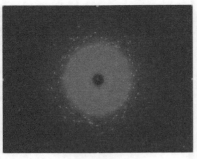

图103-11

15 查看最终的预览效果，如图103-12所示。

图103-12

实 例 104　音频震动光线

- **案例文件**｜光盘\工程文件\第8章\104 音频震动光线
- **视频文件**｜光盘\视频教学2\第8章\104.mp4
- **难易程度**｜★★★☆☆
- **学习时间**｜11分38秒
- **实例要点**｜音频震动光线
- **实例目的**｜本例讲解应用音频表达式控制粒子的参数，产生随音乐震动的光线效果

┃知识点链接┃

Form——创建光线阵列，应用音频控制球力场来产生震动效果。

┃操作步骤┃

01 启动软件After Effects CC 2014，选择主菜单中的"合成"|"新建合成"命令，创建一个新的合成，选择预设为PAL D1/DV，设置时长为10秒，导入一段音频素材"music 104"。

02 拖曳音频文件到时间线面板中，展开"波形"属性栏，查看音频波形。

03 在时间线空白处单击鼠标右键，选择"新建"|"纯色"命令，新建一个黑色图层，命名为"震动光线"。选择主菜单中的"效果"|"Trapcode"|"Form"命令，添加构成滤镜。展开"形态基础"选项组，选择"形态基础"项为"串状立方体"，设置"大小""旋转"等参数，具体参数设置及效果如图104-1所示。

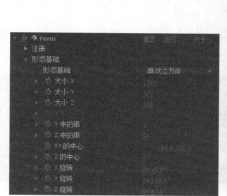
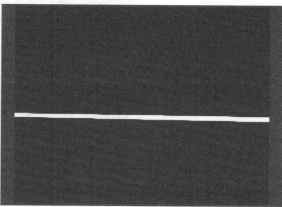

图104-1

04 展开"粒子"选项组，设置"随机大小"为30，如图104-2所示。

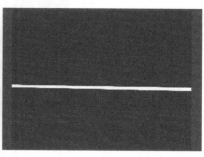

图104-2

05 展开"音频反应"选项组，选择"音频图层"为"music 104.mp3"。展开"反应器1"选项组，选择"映射到"为"球形1强度"，"延迟方向"为"X向外"，如图104-3所示。

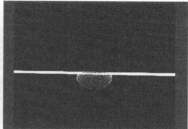

图104-3

06 展开"反应器2"选项组，选择"映射到"为"球形2强度"，"延迟方向"为"X向外"；展开"反应器3"选项组，选择"映射到"为"Z位移"，"延迟方向"为"X向外"；展开"反应器4"选项组，选择"映射到"为"粒子不透明度"，"延迟方向"为"X向外"；展开"反应器5"选项组，选择"映射到"为"TW比例"，"延迟方向"为"X向外"，效果如图104-4所示。

07 展开"快速映射"选项组，选择"映射不透明和颜色在"为Z，如图104-5所示。

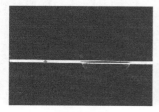

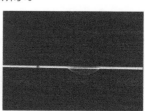

图104-4   图104-5

08 展开"映射#1",选择第6种贴图,设置"映射#1到"为"音频反应 1","映射#1在"为X,如图104-6所示。

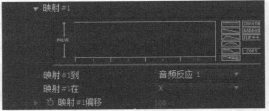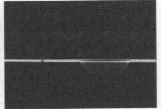

图104-6

09 展开"映射#2",选择第6种贴图,设置"映射#2到"为"大小","映射#2在" 为X,如图104-7所示。

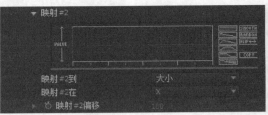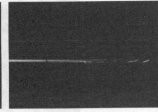

图104-7

10 展开"分形区域"选项组,设置"位移"为30,"流动X/Y/Z"均为150,"偏移演变"为150,勾选"循环流动"选项,如图104-8所示。

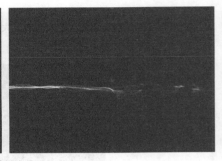

图104-8

11 展开"球形区域"选项组,展开"球形1"选项组,设置"强度"为100,"位置XY"为(520,340),设置"半径"为180;展开"球形2"选项组,设置"强度"为100,"位置XY"为(180,240),设置"半径"为200,如图104-9所示。

图104-9

12 在时间线空白处单击鼠标右键,选择"新建"|"摄像机"命令,新建一个摄影机,勾选"景深"选项,设置"光圈"为1.0,效果如图104-10所示。

图104-10

13 拖曳时间指针到10秒，激活"目标点"和"位置"属性记录动画按钮，调整摄影机视图，创建关键帧，拖曳指针到12秒，调整摄影机视图，完成摄影机动画，如图104-11所示。

 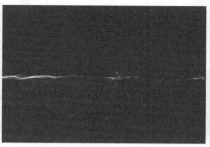 

图104-11

14 单击播放按钮▮▶，查看振动光线的动画效果，如图104-12所示。

 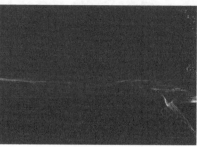 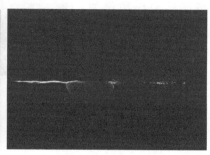

图104-12

实 例 105 节奏闪动

- **案例文件** | 光盘\工程文件\第8章\105节奏闪动
- **视频文件** | 光盘\视频教学2\第8章\105.mp4
- **难易程度** | ★★★☆☆
- **学习时间** | 11分10秒
- **实例要点** | 节奏闪烁
- **实例目的** | 本例讲解应用"分形杂色"滤镜创建动态的方块，应用CC Lens滤镜增强变形动感

┤ 知识点链接 ├

将音频转换为关键帧——根据音频素材转变成音频振幅关键帧的图层。

CC Lens——创建凸镜变形效果。

┤ 操作步骤 ├

01 启动软件After Effects CC 2014，选择主菜单中的"合成"|"新建合成"命令，创建一个新的合成，命名为"节奏

闪动"，选择预设为PAL D1/DV 方形像素，设置时长为10秒,导入一段强节奏音频素材"music 105.mp3"。

02 拖曳音频素材到时间线上，展开"波形"属性，查看音频波形，然后锁定🔒。

03 选择主菜单中的"动画"|"关键帧辅助"|"将音频转换为关键帧"命令，生成音频振幅层，展开"效果"属性，查看关键帧。

04 在时间线空白处单击鼠标右键，选择"新建"|"纯色"命令，新建一个固态层，命名为"方块 1"，设置"宽度"和"高度"均为600，选择主菜单中的"效果"|"杂色和颗粒"|"分形杂色"命令，添加"分形杂色"滤镜，为"演化"设置关键帧，合成的起点时数值为0°，合成的终点时数值为7周，如图105-1所示

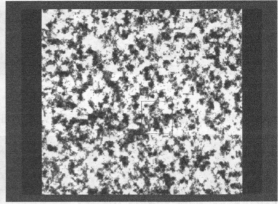

图105-1

05 选择主菜单中的"效果"|"风格化"|"马赛克"命令，添加"马赛克"滤镜，如图105-2所示。

图105-2

06 选择主菜单中的"效果"|"生成"|"网格"命令，添加"网格"滤镜，如图105-3所示。

图105-3

07 选择主菜单中的"效果"|"颜色校正"|"色相/饱和度"命令，添加"色相/饱和度"滤镜，如图105-4所示。

图105-4

08 选择主菜单中的"动画"|"添加表达式"命令，为"着色色相"添加表达式，链接到音频振幅层的滑块，编辑表达式。

thisComp.layer("音频振幅").effect("两个通道")("滑块")*10

拖曳时间线指针，查看方块的动画效果，如图105-5所示。

图105-5

09 复制该图层，设置混合模式为"叠加"，调整"分形杂色"滤镜参数，如图105-6所示。

10 拖曳合成"节奏闪动"到 图标上，创建一个新的合成，命名为"终极闪动"。复制图层"音频振幅"，在时间线空白处单击鼠标右键，选择"新建"|"纯色"命令，新建一个图层，选择主菜单中的"效果"|"生成"|"梯度渐变"命令，添加"梯度渐变"滤镜，设置混合模式为"叠加"，如图105-7所示。

图105-6

图105-7

11 选择主菜单中的"效果"|"颜色校正"|"色相/饱和度"命令，添加"色相/饱和度"滤镜，勾选"彩色化"，设置"着色饱和度"为50，选择主菜单中的"动画"|"添加表达式"命令，为"着色色相"添加表达式，链接到音频振幅层的滑块，编辑如下。

thisComp.layer("音频振幅").effect("两个通道")("滑块")*10

拖曳时间线指针，查看方块的动画效果，如图105-8所示。

图105-8

12 选择"节奏闪动"图层，选择主菜单中的"效果"｜"扭曲"｜"CC Lens"命令，添加透镜效果滤镜，选择主菜单中的"动画"｜"添加表达式"命令，为尺寸添加表达式，编辑如下。

thisComp.layer("音频振幅").effect("两个通道")("滑块")*2

13 保存工程，查看最终动画预览效果，如图105-9所示。

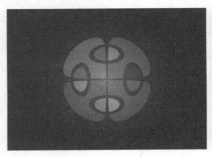

图105-9

实例 106 音量指针

● **案例文件** ┃光盘\工程文件\第8章\106 音量指针

● **视频文件** ┃光盘\视频教学2\第8章\106.mp4

● **难易程度** ┃★★☆☆☆

● **学习时间** ┃3分59秒

● **实例要点** ┃随音量大小摆动指针

● **实例目的** ┃本例应用"将音频转换为关键帧"命令创建音频振幅关键帧，为指针的旋转添加表达式，链接到音频振幅关键帧，创建指针随音量大小摆动的动画效果

┃知识点链接 ┃

将音频转换为关键帧——根据音频素材转变成音频振幅关键帧的图层。

┃操作步骤 ┃

01 启动软件After Effects CC 2014，选择主菜单中的"合成"｜"新建合成"命令，创建一个新的合成，命名为"音量指针"。导入一段音频素材"摩托车音效.mp3"及一张背景图片"仪表盘"，并将它们拖曳到时间线上。

02 在时间线空白处单击鼠标右键，选择"新建"｜"纯色"命令，新建一个图层，绘制矩形遮罩，作为新的指针，调整中心点到表盘中心，如图106-1所示。

图106-1

03 选择主菜单中的"动画"|"关键帧辅助"|"将音频转换为关键帧"命令,生成音频振幅层,展开"效果"属性,查看关键帧。

04 选择"指针"图层并打开"指针"的旋转属性,使用工具,在图片"仪表盘"上找到中心点并设置"指针"的旋转关键帧,将时间线拖到0秒的位置,设置参数值为-3.7,然后将时间线拖到最后一秒,设置参数值为197.3。

05 选择主菜单中的"动画"|"添加表达式"命令,为"指针"图层的"旋转"属性添加表达式,链接到音频振幅图层的"滑块",然后编辑表达式:

thisComp.layer("音频振幅").effect("两个通道")("滑块") *8

06 拖曳时间线指针,查看预览效果,如图106-2所示。

图106-2

07 打开"指针"图层,调整遮罩的参数,如图106-3所示。

图106-3

08 保存工程,查看最终动画预览效果,如图106-4所示。

图106-4

实例 107 震动音响

● **案例文件** ┃ 光盘\工程文件\第8章\107 震动音响
● **视频文件** ┃ 光盘\视频教学2\第8章\107.mp4
● **难易程度** ┃ ★★★☆☆
● **学习时间** ┃ 27分22秒
● **实例要点** ┃ 创建音频振幅关键帧　　音响图层的缩放表达式
● **实例目的** ┃ 本例应用"将音频转换为关键帧"命令创建音频振幅图层，然后为音响图层的缩放属性添加与音频振幅相关联的表达式，创建随音乐同步的动画

┃ **知识点链接** ┃

　　将音频转换为关键帧——根据音频素材转变成音频振幅关键帧的图层。
　　音频频谱——音频频谱滤镜，创建随音乐节奏运动的色块。

┃ **操作步骤** ┃

01 启动软件After Effects CC 2014，选择主菜单中的"合成"|"新建合成"命令，新建一个合成，命名为"音频震动"，选择预设为PAL D1/DV PAL(1.09)，设置时间长度为21秒。

02 导入一段音频素材"001.wav"并拖曳到时间线中，选择主菜单中的"动画"|"关键帧辅助"|"将音频转换为关键帧"命令，产生一个音频振幅图层，包含转化的关键帧。

03 将图片"音响.png"拖曳到 ▣ 图标上，新建一个合成，将其命名为"音响"。

04 拖曳合成"音响"到合成"音频震动"中，复制"音响"合成两次，分别重命名为"核心"和"中间"。调整"音响""中间"和"核心"的比例为45%，如图107-1所示。

05 调整"核心"图层，然后选择圆形工具 ⬭，绘制圆形蒙版，将音响核心部分包围起来，如图107-2所示。

06 复制"核心"图层的蒙版给"中间"图层，选择"中间"图层，包围音响中间部分，绘制圆形蒙版，如图107-3所示。

图107-1

图107-2

图107-3

07 设置"中间"图层遮罩的参数，如图107-4所示。

图107-4

08 展开"中间""核心"图层的缩放属性及"音响"图层的位置属性，为三者添加表达式，链接到音频振幅层的"滑块"，编辑表达式：

图层"中间"：temp = thisComp.layer("音频振幅").effect("两个通道")("滑块")*0.2+100
[temp, temp]

　图层"核心"：temp = thisComp.layer("音频振幅").effect("两个通道")("滑块")*0.8+100
[temp, temp]

图层"音响"：temp = thisComp.layer("音频振幅").effect("两个通道")("滑块")
[360,288- temp]

效果如图107-5所示。

图107-5

09 选择"中间"和"核心"图层，链接为"音响"图层的子对象。

10 在时间线空白处单击鼠标右键，选择"新建"|"纯色"命令，新建一个固态层，命名为"BG"，将其拖曳到"音响"图层的下面。选择主菜单中的"效果"|"生成"|"梯度渐变"命令，添加渐变滤镜，如图107-6所示。

图107-6

11 在时间线空白处单击鼠标右键，选择"新建"|"纯色"命令，新建一个固态层，命名为"PP"，选择主菜单中的"效果"|"生成"|"音频频谱"命令，添加"音频频谱"滤镜，调整参数，如图107-7所示。

图107-7

12 导入一张背景素材"红黄绿"，将其拖曳到时间线上，放于"PP"图层的下面，设置轨道遮罩模式为"亮度遮罩 [PP]"，并调整背景素材的比例，如图107-8所示。

13 选中"PP"图层、"红黄绿"图层、音频"001.wav"，单击鼠标右键，选择"预合成"命令，将三者预合成，命名为"PP"。

14 在时间线空白处单击鼠标右键，选择"新建"|"纯色"命令，新建一个固态层，命名为"grid"，选择主菜单中的"效果"|"生成"|"网格"命令，添加"网格"滤镜，调整参数，如图107-9所示。

图107-8

图107-9

15 选择"PP"图层，设置蒙版模式为"Alpha反转遮罩 grid"，效果如图107-10所示。

16 在时间线空白处单击鼠标右键，选择"新建"|"调节图层"命令，新建一个调节层，命名为"ys"。选择主菜单中的"效果"|"风格化"|"发光"命令，添加"发光"滤镜，效果如图107-11所示。

17 选择主菜单中的"效果"|"颜色校正"|"曲线"命令，添加"曲线"滤镜，稍提高亮度，效果如图107-12所示。

图107-10

图107-11

图107-12

18 在时间线空白处单击鼠标右键，选择"新建"|"纯色"命令，命名为"grid BG"，将其拖曳到"音响"图层的下面。选择主菜单中的"效果"|"生成"|"网格"命令，添加"网格"滤镜，调整参数，如图107-13所示。

图107-13

19 选择"BG"图层，复制图层，调整"梯度渐变"的参数，如图107-14所示。

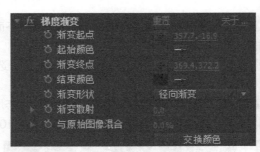

图107-14

20 单击播放按钮，查看音响随音乐节奏产生的震撼效果，如图107-15所示。

图107-15

音画背景

- **案例文件┃**光盘\工程文件\第8章\108 音画背景
- **视频文件┃**光盘\视频教学2\第8章\108.mp4
- **难易程度┃**★★★☆☆
- **学习时间┃**7分17秒
- **实例要点┃**栅格背景　　音量波形
- **实例目的┃**本例应用"网格"滤镜创建栅格背景，应用"音频频谱"滤镜创建音量波形效果

┃知识点链接┃

网格——创建背景栅格的效果。

音频频谱——创建声音的频谱波形。

┃操作步骤┃

01 启动软件After Effects CC 2014，选择主菜单"合成"|"新建合成"命令，创建一个新的合成，选择预设为PAL D1/DV，时长为55秒，命名为"背景"。

02 在时间线空白处单击鼠标右键，选择"新建"|"纯色"命令，新建一个图层，选择主菜单中的"效果"|"生成"|"网格"命令，添加"网格"滤镜，设置"边角"为（749，345.6），"边界"为1.0，在视图中调整"锚点"的位置，具体设置如图108-1所示。

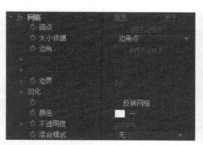

图108-1

03 选择主菜单中的"效果"|"生成"|"梯度渐变"命令，添加渐变滤镜，设置"起始颜色"和"结束颜色"等参数，具体设置如图108-2所示。

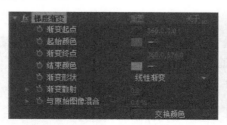

图108-2

04 在时间线空白处单击鼠标右键，选择"新建"|"纯色"命令，新建一个黑色图层，命名为"光斑"，选择主菜单中的"效果"|"生成"|"镜头光晕"命令，添加"镜头光晕"滤镜，选择"镜头类型"为"105毫米定

焦"，设置"与原始图像混合"值为
10%，选择图层混合模式为"经典颜
色减淡"，如图108-3所示。

图108-3

05 拖曳时间线指针到5秒，按Alt+]组合键，设
置图层的出点。设置图层"光斑"的位置关键
帧，使光斑在5秒内从左向右划过屏幕，如图
108-4所示。

图108-4

06 复制"光斑"图层4次，在时间线上连续排列，如图108-5所示。

图108-5

07 新建一个合成，命名为"音画背景"，拖曳
合成"栅格背景"到时间线面板中，导入一个音
频文件"音乐.wav"。新建一个固态层，选择主
菜单中的"效果"|"生成"|"音频频谱"命
令，添加"音频频谱"滤镜，选择"音频图层"
为"music 108.mp3"，设置"最大高度""起
始点""结束点"和"色相插值"等参数，如图
108-6所示。

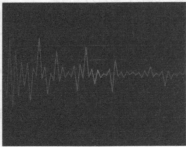

图108-6

08 选择主菜单中的"效果"|"风格化"|"发
光"命令，添加"发光"滤镜，设置"发光阈
值"为20%，"发光半径"为20，如图
108-7所示。
09 拖曳时间线指针，查看音频波线动画效
果，如图108-8所示。

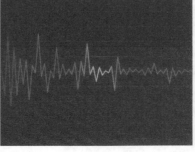

图108-7

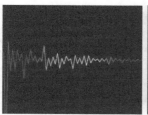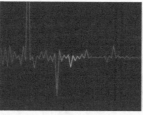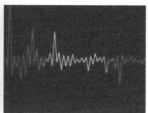

图108-8

实例 109　穿透力光线

- **案例文件** | 光盘\工程文件\第8章\109 穿透力光线
- **视频文件** | 光盘\视频教学2\第8章\109.mp4
- **难易程度** | ★★★☆☆
- **学习时间** | 10分06秒
- **实例要点** | Form创建线条
- **实例目的** | 通过本例学习应用音频振幅控制Form的力学参数，创建随音频摆动的光线空间

知识点链接

将音频转换为关键帧——根据音频素材转变成音频振幅关键帧的图层。

Form——构成滤镜创建粒子光线效果。

操作步骤

01 启动软件After Effects CC 2014，选择主菜单中的"合成"|"新建合成"命令，新建一个合成，命名为"穿透力"，选择预设为PAL D1/DV，长度为15秒。

02 导入一段音频素材"音乐.wav"，并拖曳到时间线中，展开音频波形，可以看到比较强烈的音乐节奏，调整图层的入点。

03 选择主菜单中的"动画"|"关键帧辅助"|"将音频转换为关键帧"命令，产生一个音频振幅图层，包含转化的关键帧。

04 在时间线空白处单击鼠标右键，选择"新建"|"纯色"命令，新建一个固态层，命名为"光线"，选择主菜单中的"效果"|Trapcode|Form命令，添加构成效果滤镜，展开"形态基础"选项组，参数设置如图109-1所示。

图109-1

05 展开"粒子"选项组，设置颜色为浅灰色，如图109-2所示。

图109-2

06 展开"分散和扭曲"选项组，设置"分散"为40，"扭曲"为12，如图109-3所示。

图109-3

07 展开"球形区域"选项组，设置参数如图109-4所示。

图109-4

08 展开"音频反应"选项组，选择"音频图层"为"音乐.wav"，展开"反应器1"选项组，具体参数设置如图109-5所示。

图109-5

09 调整"球形 1"选项组的参数，调整摄影机视图，如图109-6所示。

图109-6

10 展开Reactor 2选项组，设置参数如图109-7所示。

图109-7

11 选择主菜单中的"动画"|"添加表达式"命令，为"大小Y"属性添加表达式，链接音频振幅层的"滑块"，编辑如下表达式。

thisComp.layer("音频振幅").effect("两个通道")("滑块")*75。

12 拖曳时间线，查看光线的动画效果，如图109-8所示。

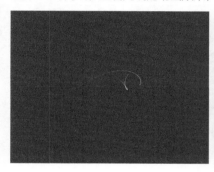

图109-8

13 在时间线空白处单击鼠标右键，选择"新建"|"调节图层"命令，新建一个调节层，选择主菜单中的"效果"|"风格化"|"发光"命令，添加"发光"滤镜，如图109-9所示。

图109-9

14 选择主菜单"效果"|"风格化"|"发光"命令，再添加"发光"滤镜，设置"发光半径"为52。

15 单击播放按钮，查看音响随音乐节奏产生的震撼效果，如图109-10所示。

图109-10

实例 110 环形音频线通道

- **案例文件 |** 光盘\工程文件\第8章\110 环形音频线通道
- **视频文件 |** 光盘\视频教学2\第8章\110.mp4
- **难易程度 |** ★★★☆☆
- **学习时间 |** 7分59秒
- **实例要点 |** 创建声音频谱图形　　　环状变形
- **实例目的 |** 本例应用"音频频谱"滤镜创建声音频谱波形，应用"极坐标"滤镜创建环状变形效果，设置摄影机的关键帧，使其穿梭于环形音频波之间

知识点链接

音频频谱——创建声音频谱效果。

极坐标——创建环形的变换效果。

操作步骤

01 启动软件After Effects CC 2014，选择主菜单中的"合成"|"新建合成"命令，创建一个新的合成，命名为"音频线"，选择预设为PAL D1/DV，时长为10秒。导入一段音频素材"6_3117.mp3"。

02 拖曳音频文件到时间线面板中，展开"波形"属性，查看音频波形。

03 在时间线空白处单击鼠标右键，选择"新建"|"纯色"命令，新建一个黑色图层，命名为"音频线1"。选择主菜单中的"效果"|"生成"|"音频频谱"命令，添加"音频频谱"滤镜。具体参数设置如图110-1所示。

图110-1

04 选择主菜单"效果"|"风格化"|"发光"命令，添加"发光"滤镜，设置"发光阈值"为15%，"发光半径"为60，"发光强度"为4，参数设置如图110-2所示。

图110-2

05 复制图层，重命名为"音频线2"，选择主菜单中的"效果"｜"模糊和锐化"｜"定向模糊"命令，添加"定向模糊"滤镜，如图110-3所示。

图110-3

06 选择主菜单中的"效果"｜"模糊和锐化"｜"快速模糊"命令，添加"快速模糊"滤镜，设置"模糊度"为10，如图110-4所示。

图110-4

07 选择主菜单中的"合成"｜"新建合成"命令，新建一个合成，命名为"通道"。在时间线空白处单击鼠标右键，选择"新建"｜"摄像机"命令，新建一个摄影机，选择预设为80mm。

08 拖曳合成"音频线"到时间线面板中，激活3D属性，选择主菜单中的"效果"｜"扭曲"｜"极坐标"命令，添加"极坐标"滤镜。复制8次，按深度方向排列，如图110-5所示。

图110-5

09 设置摄影机穿行的关键帧。单击播放按钮，查看动画效果，如图110-6所示。

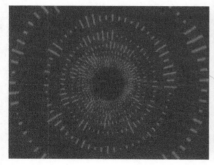  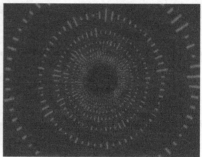

图110-6

第 **09** 章

绚丽光线

本章主要讲述多种光线效果的创建技巧，这些光线是影视后期制作中常用的装饰性元素。

实例 111 3D线条

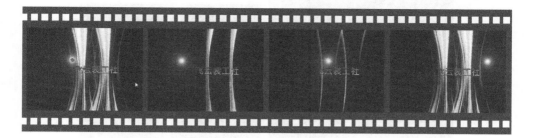

● **案例文件** | 光盘\工程文件\第9章\111 3D线条

● **视频文件** | 光盘\视频教学2\第9章\111.mp4

● **难易程度** | ★★★☆☆

● **学习时间** | 8分01秒

● **实例要点** | 分形噪波创建光线　　　光斑

● **实例目的** | 本例主要讲解应用"分形杂色"滤镜创建光线，应用"贝塞尔曲线变形"创建光线的变形效果，应用"镜头光晕"滤镜创建镜头光晕装饰场景

▌知识点链接▐

分形杂色——设置合适的宽高比例，创建动态的光线效果。

贝塞尔曲线变形——使光线变形，增强立体感。

▌操作步骤▐

01 打开软件After Effects CC 2014，选择主菜单中的"合成"|"新建合成"命令，创建一个新的合成，命名为"光线"，设置长度为10秒。

02 选择文本工具 █，输入文字"飞云裳工社"，选择字体和字号，调整位置，如图111-1所示。

03 在时间线空白处单击鼠标右键，选择"新建"|"纯色"命令，新建一个灰色的固态图层，宽度为300，高度为700。

04 选择固态图层，选择主菜单中的"效果"|"杂色和颗粒"|"分形杂色"命令，添加"分形杂色"滤镜，调整"缩放宽度"为75，"缩放高度"为3 000，如图111-2所示。

飞云裳工社

图111-1

图111-2

05 增大"对比度"为500，降低"亮度"为-85，设置"演化"参数的动画，时间范围为0到8秒，旋转1圈，如图111-3所示。

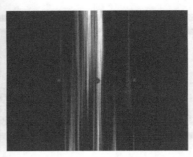

图111-3

06 选择主菜单中的"效果"|"扭曲"|"贝塞尔曲线变形"命令，添加"贝塞尔曲线变形"滤镜，在合成视图中直接调整控制点和句柄，改变光线的形状，如图111-4所示。

07 选择主菜单中的"效果"|"颜色校正"|"色相/饱和度"命令，添加"色相/饱和度"滤镜，勾选"彩色化"项，为光线上色，调整"着色色相"和"着色饱和度"的参数，改变光线的色调（比如蓝色），将该图层命名为"蓝色光"，如图111-5所示。

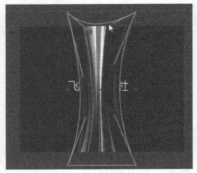

图111-4

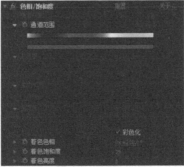

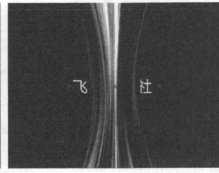

图111-5

08 选择主菜单中的"效果"|"风格化"|"发光"命令，添加辉光滤镜，增大"发光半径"的数值到80，如图111-6所示。

09 设置图层的混合模式为"屏幕"，复制"蓝色光"图层，将新图层命名为"绿色光"，在"色相/饱和度"效果控制面板中，调整"着色色相"的参数，直到获得满意的绿色光，如图111-7所示。

10 在合成视图中调整两种光线的位置，对光线的形状做简单的调整，在"分形杂色"面板中调整对比度和亮度，产生绿色光线与蓝色光线的对比效果，如图111-8所示。

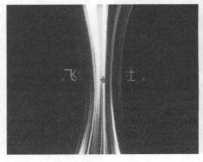

图111-6

图111-7

图111-8

11 将字幕图层移至最上层，并调整在屏幕中的位置，选择主菜单中的"效果"|"生成"|"梯度渐变"命令，添加渐变滤镜，产生一个灰蓝色到白色的渐变效果，如图111-9所示。

12 选择主菜单中的"效果"|"透视"|"投影"命令，添加"投影"滤镜，产生一个阴影，设置"柔和度"为2，如图 111-10所示。

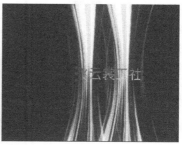

图111-9

13 在时间线空白处单击鼠标右键，选择"新建"|"纯色"命令，新建一个黑色图层，命名为"光斑"，放置到时间线的底层。选择主菜单中的"效果"|"生成"|"镜头光晕"命令，添加一个"镜头光晕"滤镜。设置图层的混合模式为"相加"，效果如图111-11所示。

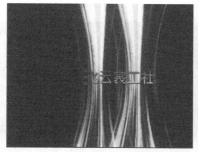

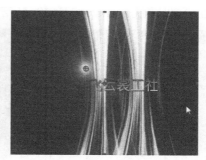

图111-10   图111-11

14 设置镜头光晕的位置移动动画，修改字幕颜色为橙黄色到白色的渐变，拖动时间线，查看最终效果，如图111-12所示。

图111-12

实 例
112 立体光芒

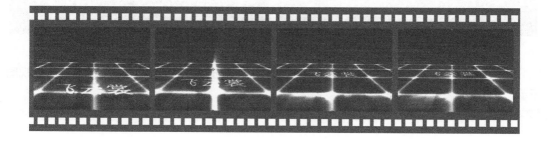

- ● **案例文件** | 光盘\工程文件\第9章\112 立体光芒
- ● **视频文件** | 光盘\视频教学2\第9章\112.mp4
- ● **难易程度** | ★ ★ ★ ☆ ☆
- ● **学习时间** | 6分03秒
- ● **实例要点** | Shine发射光芒
- ● **实例目的** | 通过本例学习应用Shine滤镜发射光线

知识点链接

　　Shine——Trapcode开发的一款可快速做出炫目光效的插件。

操作步骤

01 启动After Effect CC 2014软件,新建一个合成,选择预设为PAL D1/DV,设置长度为3秒,命名为"地面文字"。

02 新建一个灰色图层,命名为"地面",添加"分形杂色"滤镜。

03 调整"地面"图层缩放比例为140%,如图112-1所示。

图112-1

04 新建一个灰色固态层,命名为"方格",选择主菜单中的"效果"|"生成" | "单元格图案"命令,添加"单元格图案"滤镜,设置参数。调整缩放比例为140%,添加"反转"滤镜,设置该图层的混合模式为"相加",效果如图112-2所示。

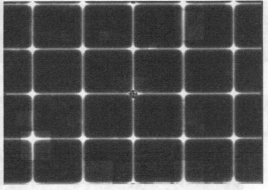

图112-2

05 激活"地面"和"方格"图层的3D属性,创建一个摄影机,选择摄影机旋转工具,调整摄影机视图,如图112-3所示。

06 选择文本工具,输入字符"飞云裳",激活3D属性,调整字体、大小和位置,如图112-4所示。

图112-3

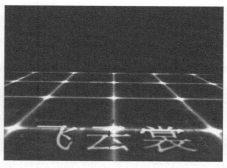
图112-4

07 设置文字沿地面移动的动画，如图112-5所示。

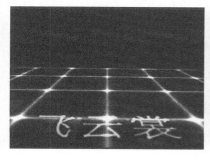
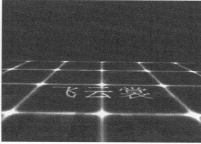
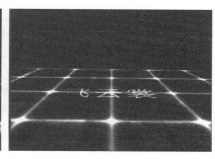
图112-5

08 创建一个新的合成，重命名为"立体光芒"。

09 将合成"地面文字"拖曳到合成"立体光芒"的时间线上，选择主菜单中的"效果"｜Trapcode｜Shine命令，添加发光滤镜，设置参数，如图112-6所示。

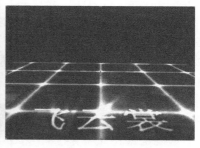
图112-6

10 选择"地面文字"图层，在Shine滤镜参数面板中设置"发光点"的关键帧，创建立体光芒的动画。

11 单击播放按钮，查看最终的立体光芒的动画效果，如图112-7所示。

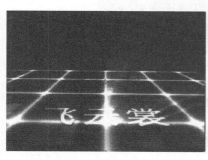

图112-7

<table>
<tr><td>实 例
113</td><td>**心率光线**</td></tr>
</table>

● **案例文件** | 光盘\工程文件\第9章\113 心率光线

● **视频文件** | 光盘\视频教学2\第9章\113.mp4

● **难易程度** | ★ ★ ★ ☆ ☆

● **学习时间** | 11分57秒

● **实例要点** | 沿路径运动的光线　　　光线辉光

● **实例目的** | 通过本例学习应用勾画滤镜创建沿路径运动的心率光线，应用发光滤镜强化光线的效果

━━┃ **知识点链接** ┃━━

网格——创建网格屏幕。

勾画——创建沿路径运动的描边光线，制作心率波线。

━━┃ **操作步骤** ┃━━

01 打开软件After Effects CC 2014，选择主菜单中的"合成"|"新建合成"命令，创建一个新的合成，命名为"心率光线"，选择预设为PAL D1/DV，设置长度为10秒。

02 在时间线空白处单击鼠标右键，选择"新建"|"纯色"命令，新建一个黑色固态层，命名为"网格"。选择主菜单中的"效果"|"生成"|"网格"命令，添加"网格"滤镜，选择"大小依据"为"宽度和高度滑块"，设置"宽度"为15，"高度"为55，"边界"为3，"颜色"为深绿色，如图113-1所示。

图113-1

03 选择主菜单中的"效果"|"模糊和锐化"|"减少交错闪烁"命令，添加"减少交错闪烁"滤镜，设置"柔和度"为0.8，减小细线的抖动。

04 新建一个黑色固态层，命名为"黑框"，选择矩形工具，绘制蒙版，设置"蒙版1"的模式为"差值"，"蒙版2"的模式为"相减"，再设置一定的羽化值。复制该图层，选择"图层"|"图层设置"命令，将固态层颜色改为白色，将其向下移动一层，调整遮罩的羽化值，如图113-2所示。

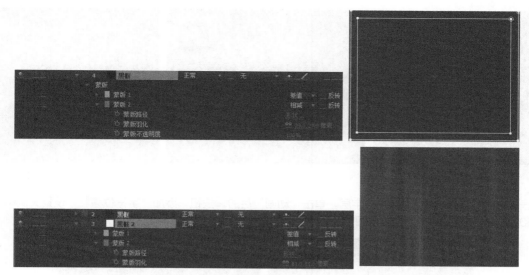

图113-2

05 在时间线空白处单击鼠标右键，选择"新建"|"纯色"命令，新建一个图层，命名为"心跳"，选择主菜单中的"视图"|"显示参考线"命令，显示网格，然后选择钢笔工具 ，绘制心率波线，如图113-3所示。

06 选择主菜单中的"效果"|"生成"|"勾画"命令，添加"勾画"滤镜，取消网格显示，选择"描边"为"蒙版/路径"，"路径"为"蒙版1"；展开"片段"选项组，设置参数；展开"正在渲染"选项组，设置混合模式、颜色、宽度以及不透明度等参数值。具体参数设置如图113-4所示。

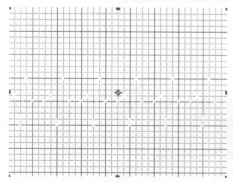

图113-3

图113-4

07 选择主菜单中的"效果"|"风格化"|"发光"命令，添加"发光"滤镜，选择"发光基于"选项为"Alpha通道"，设置"发光阈值"为45%，"发光半径"为12，"发光强度"为1.0，选择"发光颜色"为"A和B颜色"，设置"颜色B"为绿色。复制该"发光"滤镜，修改"发光阈值"为88%，"发光半径"为2，如图113-5所示。

图113-5

08 设置"旋转"的关键帧，0秒时为0，5秒时为360。拖曳时间线指针，查看动画效果，如图113-6所示。

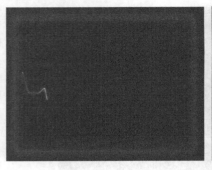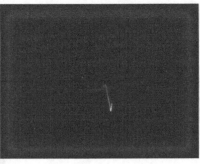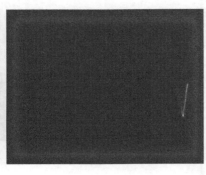

图113-6

09 新建一个文字层，输入60，展开文字层，单击"动画"后的 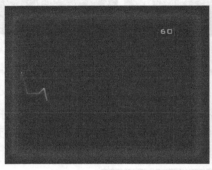 按钮，添加"字符位移"，设置关键帧，在第0秒处为60，在第5秒处为200，效果如图113-7所示。

图113-7

10 新建一个红色的固态层，命名为"红点"，添加一个圆形的"蒙版"，设置一定的羽化值，并为透明度添加表达式"wiggle(10,50)"。

11 单击播放按钮 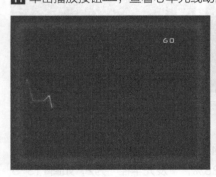，查看心率光线动画的预览效果，如图113-8所示。

图113-8

实 例

114 点阵发光

- **案例文件** | 光盘\工程文件\第9章\114 点阵发光
- **视频文件** | 光盘\视频教学2\第9章\114.mp4
- **难易程度** | ★★★★☆
- **学习时间** | 12分23秒
- **实例要点** | 沿路径分布的圆点　　摄影机创建立体空间
- **实例目的** | 本例学习应用3D Stroke滤镜创建沿路径分布的圆点阵列，通过调整摄影机的角度获得理想的空间效果

▌ 知识点链接 ▌

3D Stroke——创建沿路径排列的圆点。

Shine——产生发光效果。

▌ 操作步骤 ▌

01 打开After Effects CC 2014软件，选择主菜单中的"合成"|"新建合成"命令，创建一个新的合成，选择预设为PAL D1/DV，时长为5秒。

02 在时间线空白处单击鼠标右键，选择"新建"|"纯色"命令，新建一个黑色图层，命名为"点阵 1"，选择钢笔工具 ✒，绘制一条自由路径，如图114-1所示。

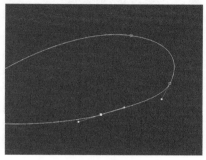

图114-1

03 选择主菜单中的"效果"|Trapcode|3D Stroke命令，添加勾边滤镜，设置"颜色"为浅蓝色，设置"末"参数的关键帧，0秒时为0，5秒时为100，如图114-2所示。

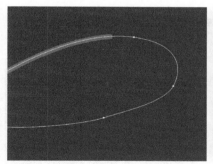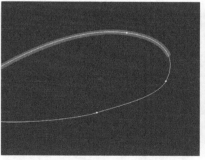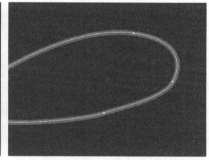

图114-2

04 展开"锥度"选项组，勾选"启用"选项；展开"重复"选项组，勾选"启用"选项，取消勾选"双重对称"，设置"重复量"为5，如图114-3所示。

05 展开"高级"选项组，设置"调节步幅"为1700，"内部不透明度"为100，"低Alpha 色调旋转"为100，如图114-4所示。

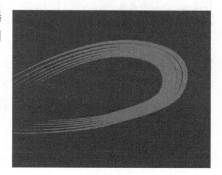

图114-3

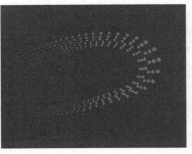

图114-4

06 在时间线空白处单击鼠标右键，选择"新建"|"摄像机"命令，创建一个摄影机，选择预设为28mm，创建摄影机的动画，如图114-5所示。

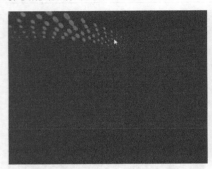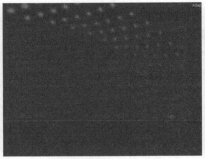

图114-5

07 复制图层，重命名为"点阵 2"，设置图层混合模式为"相加"，向后移动该图层，设置入点在20帧。

08 展开"重复"选项组，勾选"启用"项，如图114-6所示。

09 展开"高级"选项组，设置"调节步幅"为1 780，如图114-7所示。

10 展开"变换"选项组，调整角度，设置"X轴旋转"为-30°，"Y轴旋转"为-30°，"Z轴旋转"为30°，如图114-8所示。

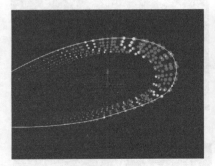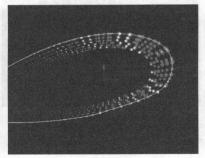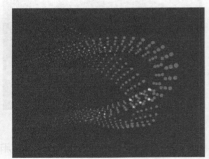

图114-6　　　　　　　　　　　图114-7　　　　　　　　　　　图114-8

11 选择主菜单中的"效果"|Trapcode|Shine命令，添加Shine滤镜，设置"光芒长度"为4，"颜色模式"为"无"，"源不透明度"为30，"混合模式"为"添加"，如图114-9所示。

12 在3D Stroke效果控制面板中调整"厚度"为6。拖曳时间线，查看点阵反光的动画效果，如图114-10所示。

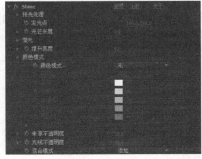

图114-9

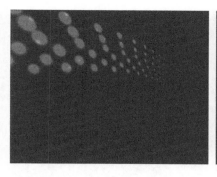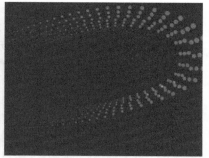

图114-10

实 例
115 扰动光线

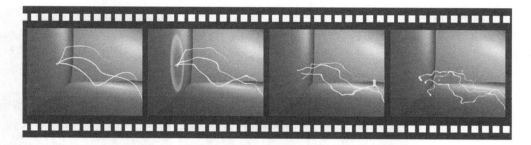

- **案例文件** | 光盘\工程文件\第9章\115 扰动光线
- **视频文件** | 光盘\视频教学2\第9章\115.mp4
- **难易程度** | ★ ★ ★ ☆ ☆
- **学习时间** | 24分07秒
- **实例要点** | 光线穿梭动画　　光线的扰动效果
- **实例目的** | 本例主要讲解应用"勾画"滤镜创建光线沿路径穿梭的动画，应用"湍流置换"滤镜为流动的光线添加扰动效果

知识点链接

勾画——创建沿路径运动的描边光线。
湍流置换——创建光线的扰动变形效果。

操作步骤

01 启动软件After Effects CC 2014，选择主菜单中的"合成"|"新建合成"命令，创建一个新的合成，命名为"光线游动"，选择预设为PAL D1/DV ，设置时长为5秒。

02 在时间线空白处单击鼠标右键，选择"新建"|"纯色"命令，新建一个黑色图层，命名为"光线 1"，选择钢笔工具，绘制一条自由曲线路径，如图115-1所示。

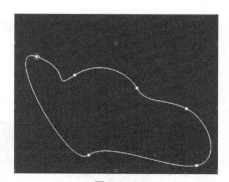

图115-1

03 选择主菜单中的"效果"|"生成"|"勾画"命令,添加"勾画"滤镜。选择"描边"项为"蒙版/路径",选择"路径"为"蒙版1"。展开"片段"选项组,设置"片段"为1,然后创建"旋转"的关键帧,0秒时为100,2秒时为-690,如图115-2所示。

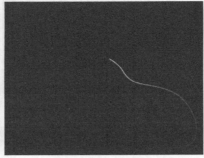

图115-2

04 展开"正在渲染"选项组,具体参数设置如图115-3所示。

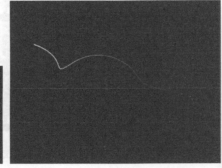

图115-3

05 选择主菜单中的"效果"|"风格化"|"发光"命令,添加"发光"滤镜,如图115-4所示。

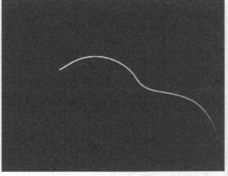

图115-4

06 在时间线空白处单击鼠标右键,选择"新建"|"纯色"命令,新建一个固态层,选择主菜单中的"效果"|"生成"|"梯度渐变"命令,添加渐变滤镜,设置光线 01的叠加模式为"相加"。打开三维开关,复制两层,制作出三维效果,如图115-5所示。

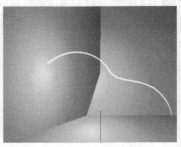

图115-5

07 新建一个35mm的摄影机和一个空物体，打开空物体的三维开关，将摄影机绑定到空物体上，调整空物体的位置，使摄影机的取景框内有合适的图像。

08 制作冲击波。新建一个白色正方形固态层，命名为"冲击波"，大小为576×576，为其添加圆形遮罩"蒙版1"和"蒙版2"，其叠加模式分别为"差值"和"相减"。调节各自的羽化值，如图115-6所示。

09 打开"冲击波"图层的三维开关，设置其旋转值和位置与左面墙一样，调整其大小，如图115-7所示。

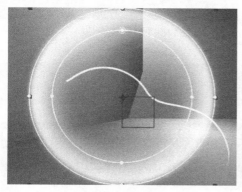
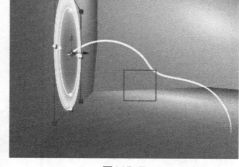

图115-6　　　　　　　　　　　　　　　　　　图115-7

10 制作冲击波动画。在第2秒处设置"缩放"值为0，后退5帧，设置"缩放"为48%。在第2秒3帧处设置"不透明度"为100%，第2秒15帧处为0，效果如图115-8所示。

图115-8

11 制作摄影机动画，设置"Y轴旋转"的值在2秒处为27，在第0秒处为-70。

12 选中"line 01"图层，选择主菜单中的"效果"|"扭曲"|"湍流置换"命令，添加"湍流置换"滤镜，添加动画效果。在第2秒处设置"数量"为0，"大小"为2，在第2秒10帧处设置"数量"为80，"大小"为25，在第5秒处设置"数量"为180，"大小"为15，同时在第2秒5帧处为"位置"添加一个关键帧，在第5秒处设置"位置"值为（360，376）。选择"消除锯齿（最佳品质）"选项为"高"，增强光线的扰动感，如图115-9所示。

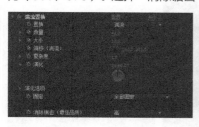

图115-9

13 复制"光线1"图层，重命名为"光线2"和"光线3"。修改"湍流置换"和"位置"参数，使3层光线有不一样的效果。查看合成预览效果，如图115-10所示。

14 拖曳时间线，查看扰动光线的动画效果，如图115-11所示。

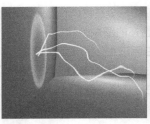

图115-10　　　　　　　　　　　　　　　　　图115-11

<table>
<tr><td>实 例</td></tr>
<tr><td>**116**</td><td>**描边光线**</td></tr>
</table>

- **案例文件**｜光盘\工程文件\第9章\116 描边光线
- **视频文件**｜光盘\视频教学2\第9章\116.mp4
- **难易程度**｜★★★☆☆
- **学习时间**｜7分22秒
- **实例要点**｜文字生成路径　　　沿路径勾边动画
- **实例目的**｜本例主要讲解应用"分形杂色"滤镜创建方块背景，应用"勾画"滤镜创建沿文字轮廓的光线

┃ 知识点链接 ┃

分形杂色——创建动态方块状的背景。

勾画——产生描边动画效果。

┃ 操作步骤 ┃

01 打开软件After Effects CC 2014，选择主菜单中的"合成"｜"新建合成"命令，创建一个新的合成，命名为"方块背景"，选择预设为PAL D1/DV，长度为5秒。

02 在时间线空白处单击鼠标右键，选择"新建"｜"纯色"命令，新建一个固态层，选择主菜单中的"效果"｜"杂色和颗粒"｜"分形杂色"命令，添加"分形杂色"滤镜，选择"分形类型"为"湍流平滑"，选择"杂色类型"为"块"，设置"对比度"为140，"亮度"为-50；展开"变换"选项组，设置"缩放高度"为240，"复杂度"为3，如图116-1所示。

图116-1

03 设置"演化"的关键帧动画,0秒时为0,5秒时为360。拖曳时间线指针,查看噪波动画效果,如图116-2所示。

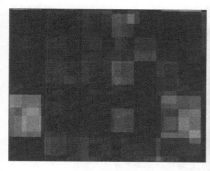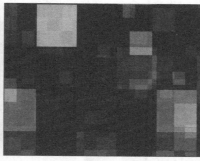

图116-2

04 选择主菜单中的"合成"|"新建合成"命令,新建一个合成,命名为"Logo"。选择文本工具**T**,输入字符"FX129",填充黑色,勾边白色,如图116-3所示。

图116-3

05 选择主菜单中的"合成"|"新建合成"命令,新建一个合成,命名为"描边光线",拖曳合成"背景"和"Logo"到时间线面板中,关闭可视性。

06 在时间线空白处单击鼠标右键,选择"新建"|"纯色"命令,新建一个图层,命名为"光线 1",选择主菜单中的"效果"|"生成"|"勾画"命令,添加"勾画"滤镜,展开"图像等高线"选项组,选择"输入图层"为"方块背景",设置"阈值"为100,如图116-4所示。

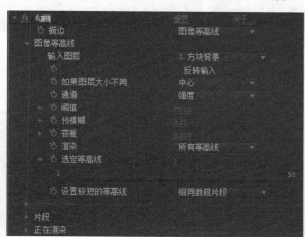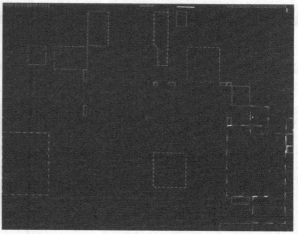

图116-4

07 展开"片段"选项组，设置"片段"为1，勾选"随机相位"项，如图116-5所示。

08 展开"正在渲染"选项组，设置"颜色"为浅蓝色，设置混合模式为"超过"，如图116-6所示。

09 选择主菜单中的"效果"|"风格化"|"发光"命令，添加辉光滤镜，设置Glow Threshold为20%，效果如图116-7所示。

图116-5

图116-6

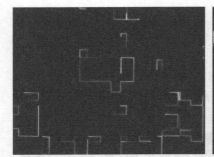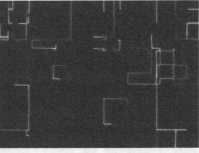

图116-7

10 复制该图层，调整"勾画"滤镜的参数，选择"输入图层"为"Logo"。设置"长度"的关键帧，0秒时为0，2秒时为1。拖曳时间线，查看合成预览效果，如图116-8所示。

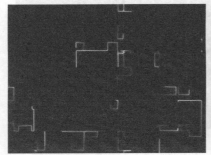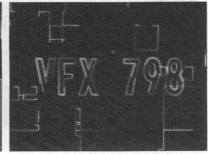

图116-8

11 在时间线空白处单击鼠标右键，选择"新建"|"调节图层"命令，新建一个调节层，选择主菜单中的"效果"|"风格化"|"发光"命令，添加"发光"滤镜，设置"发光阈值"为20%，"发光半径"为50，效果如图116-9所示。

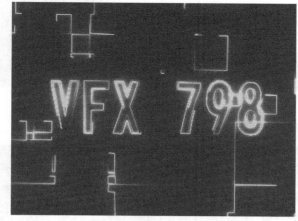

图116-9

12 在时间线面板中，拖曳"背景"图层到顶层，打开可视性，设置混合模式为"屏幕"，拖曳时间线指针，查看动画效果，如图116-10所示。

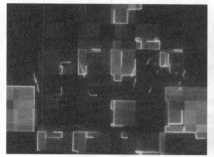  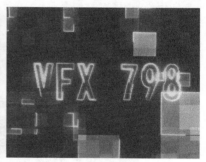

图116-10

13 选择主菜单中的"效果"|"颜色校正"|"曲线"命令，添加"曲线"滤镜，降低亮度，如图116-11所示。

14 选择图层3，重命名为"光线 2"。选择光线1和2，调整"勾画"滤镜的"阈值"都为75。

15 选择"光线1"，选择主菜单中的"效果"|"模糊和锐化"|"高斯模糊"命令，添加"高斯模糊"滤镜，设置"模糊度"为4，设置及效果如图116-12所示。

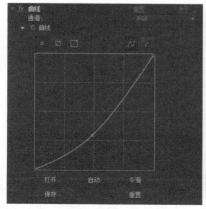 

图116-11

图116-12

16 单击播放按钮▶，查看动画预览效果，如图116-13所示。

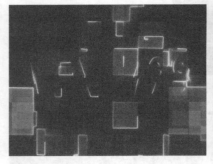 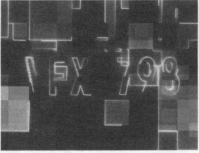 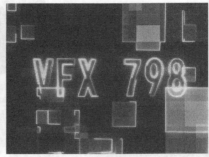

图116-13

<table>
<tr><td>**实例**
117</td><td>**网格金光**</td></tr>
</table>

- **案例文件** | 光盘\源文件\第9章\117 网格金光
- **视频文件** | 光盘\视频教学2\第9章\117.mp4
- **难易程度** | ★★★☆☆
- **学习时间** | 8分27秒
- **实例要点** | Form创建空间网格
- **实例目的** | 本例学习应用Form滤镜创建立体空间的网格，再用Shine滤镜创建网格的发光效果

┤ 知识点链接 ├

　　Form——应用构成滤镜创建网格。
　　Shine——创建发光效果。

┤ 操作步骤 ├

01 打开软件After Effects CC 2014，选择主菜单中的"合成"|"新建合成"命令，创建一个新的合成，命名为"网格金线"，选择预设为PAL D1/DV，设置长度为20秒。

02 在时间线空白处单击鼠标右键，选择"新建"|"纯色"命令，新建一个黑色固态层，命名为"网格"。

03 选择主菜单中的"效果"｜Trapcode｜Form命令，添加构成滤镜，展开"形态基础"选项，选择"形态基础"为"串状立方体"，设置"大小X"为1600，"大小Y"为1600，"大小Z"为1200，"Y中的串"为4，"Z中的串"为4。展开"串设定"选项，设置"密度"为3，"大小随机分布"为3，"锥体尺寸"为"平滑"，"锥体不透明度"为"平滑"，如图117-1所示。

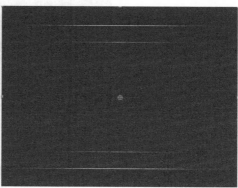

图117-1

04 展开"粒子"选项组，设置"粒子类型"为"发光球体（无DOF）"，如图117-2所示。

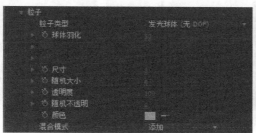

图117-2

05 设置"旋转"的关键帧动画，如图117-3所示。

06 展开"分散和扭曲"选项组，设置"扭曲"为4。

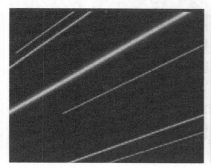
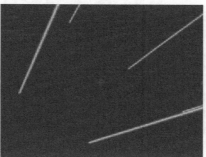
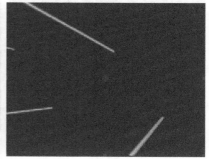

图117-3

07 调整"大小X"值为2 000，"大小Y"值为2 000，调整"旋转"的关键帧，效果如图117-4所示。

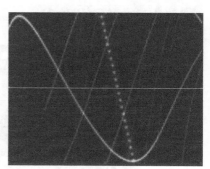

图117-4

08 展开"空间转换"选项组，设置"X旋转"为-69°如图117-5所示。

09 选择主菜单中的"效果"｜Trapcode｜Shine命令，添加Shine滤镜，发射金光，设置"混合模式"为"添加"，展开"微光"选项组，设置"数量"为80，"细节"为80，其他参数如图117-6所示。

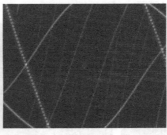

图117-5　　　　　　　　　　　　　　　　　　　　　　　　　　图117-6

10 展开"颜色模式"选项组，设置"基于"为Alpha，如图117-7所示。

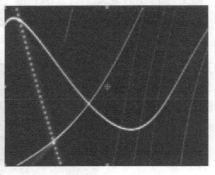

图117-7

11 选择主菜单中的"效果"｜"风格化"｜"发光"命令，添加"发光"滤镜，设置"发光半径"为60。

12 单击播放按钮，查看最终的光线网格效果，如图117-8所示。

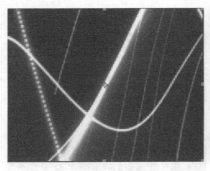
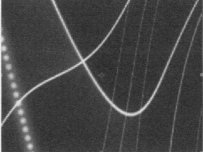

图117-8

实例 118 电光魔球

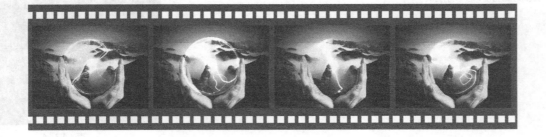

- **案例文件** | 光盘\工程文件\第9章\118 电光魔球
- **视频文件** | 光盘\视频教学2\第9章\118.mp4
- **难易程度** | ★★★☆☆
- **学习时间** | 20分45秒
- **实例要点** | 闪电效果　　立体球化
- **实例目的** | 本例主要讲解应用"高级闪电"滤镜创建动态的闪电效果，应用CC Lens滤镜将图层转变成立体球效果

┨ 知识点链接 ┠

高级闪电——创建闪电效果。
CC Lens——创建透镜球化效果。

┨ 操作步骤 ┠

01 打开软件After Effects CC 2014，选择主菜单中的"合成"|"新建合成"命令，创建一个新的合成，命名为"电光魔球"，选择预设为PAL D1/DV，设置长度为8秒。

02 在时间线空白处单击鼠标右键，选择"新建"|"纯色"命令，新建一个蓝色图层，尺寸为576×576，命名为"BG"。选择主菜单中的"效果"|"生成"|"圆形"命令，在图层中创建一个圆形，设置"半径"为75，选择"混合模式"为"模板Alpha"，展开"羽化"选项组，设置"羽化外侧边缘"为337.0，如图118-1所示。

图118-1

03 在时间线空白处单击鼠标右键，选择"新建"|"纯色"命令，新建一个黑色图层，命名为"light 01"，选择主菜单中的"效果"|"生成"|"高级闪电"命令，添加"高级闪电"滤镜，选择"闪电类型"为"随机"，勾选"在原始图像上合成"选项，如图118-2所示。

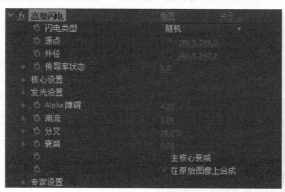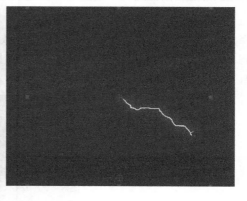

图118-2

04 拖曳时间指针到合成的终点，调整"外径"和"传导率状态"的数值，在合成的起点和终点之间，随机添加"外径"的多个关键帧，如图118-3所示。

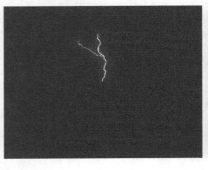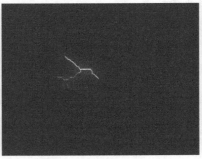

图118-3

05 选择主菜单中的"效果"|"扭曲"|CC Lens命令，添加透镜变形滤镜，设置Size（尺寸）为50，Convergence（曲率）为100。拖曳时间线指针，查看合成预览效果，如图118-4所示。

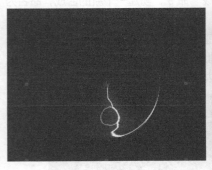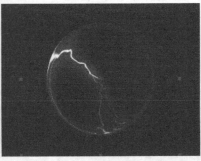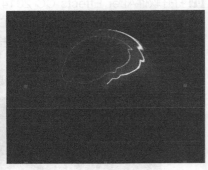

图118-4

06 在"高级闪电"滤镜面板中展开"发光设置"选项组,修改"发光颜色"为紫色，效果如图118-5所示。

07 修改"BG"图层的颜色为紫色，打开"圆形"选项，修改"颜色"为蓝色，效果如图118-6所示。

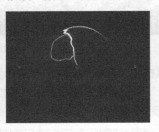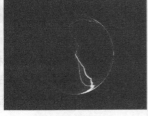

图118-5   图118-6

08 选择"light 01"图层的混合模式为"相加"，效果如图118-7所示。

09 复制"闪光球"图层，在时间线面板中展开"变换"属性栏，设置"旋转"为180°。拖曳时间指针，查看动画效果，如图118-8所示。

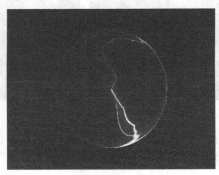

图118-7

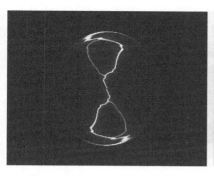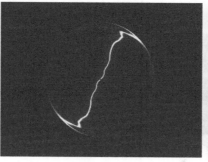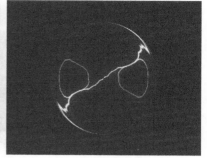

图118-8

10 在时间线空白处单击鼠标右键，选择"新建"|"纯色"命令，新建一个黄色的固态层，选择这个固态层，围绕中心点绘制一个圆形的遮罩，设置羽化值为49，效果如图118-9所示。

11 选择"light 01"和"light 01"图层，复制这两个图层，将其拖到时间线的最顶端，将其缩小到合适位置，并利用旋转工具 将其旋转到合适位置，效果如图118-10所示。

12 修改下面两个"light 01"图层的"原点"位置，效果如图118-11所示。

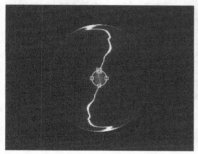

图118-9

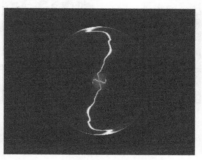

图118-10

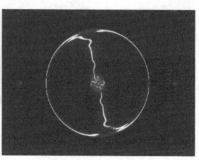

图118-11

13 导入两张图片素材，分别为"双手"和"山"，将其拖至合成"电光魔球"时间线的最底部，并调整图片"双手"到合适的位置，如图118-12所示。

图118-12

14 选择除"双手"和"山"之外的图层，单击鼠标右键，选择"预合成"命令，将它们预合成，命名为"魔球"。

15 调整"魔球""双手"和"山"图层的比例和位置。

16 选择"山"图层，为其绘制一个矩形蒙版和一个圆形蒙版，然后设置蒙版的参数，如图118-13所示。

17 选择"双手"图层，选择主菜单中的"效果"|"颜色校正"|"曲线"命令，添加"曲线"滤镜，调整图层的对比度，设置混合模式为"相加"，效果如图118-14所示。

 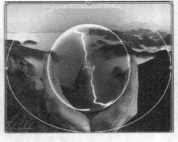 

图118-13　　　　　　　　　　　　　　　　　　图118-14

18 打开合成"魔球"，选中前两个"light 01"图层，选择主菜单中的"效果"|"模糊和锐化"|"快速模糊"命令，添加"快速模糊"滤镜，设置"模糊度"为47。

19 单击按钮▶，查看最终的电光球效果，如图118-15所示。

图118-15

实例 119　光纤穿梭

- ● **案例文件**｜光盘\工程文件\第9章\119 光纤穿梭
- ● **视频文件**｜光盘\视频教学2\第9章\119.mp4
- ● **难易程度**｜★★★★☆
- ● **学习时间**｜16分46秒
- ● **实例要点**｜粒子构成连续的光线
- ● **实例目的**｜本例学习应用Particular滤镜发射粒子，通过设置粒子形状的贴图，创建连续运动的光线

知识点链接

　　Particular——通过自定义粒子形状贴图，创建连续的光纤效果。

操作步骤

01 打开软件After Effects CC 2014，导入图片"natuer 10-018"，选择主菜单中的"文件"|"项目设置"命令，设置项目单位为"帧"，选择主菜单中的"合成"|"新建合成"命令，创建一个新的合成，命名为"粒子

单元"，长度为1帧。

02 在时间线面板空白处单击鼠标右键，从弹出的菜单中选择"新建"|"纯色"命令，新建一个白色图层。选择钢笔工具🖊，绘制一个长条形蒙版，如图119-1所示。

03 调整该图层的"不透明度"为9%。

04 复制该图层，在合成视图中直接调整遮罩的形状，如图119-2所示。

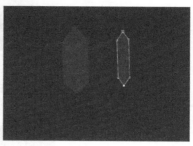

图119-1   图119-2

05 再复制该图层，在合成视图中直接调整遮罩的形状，如图119-3所示。

06 在时间线面板空白处单击鼠标右键，从弹出的菜单中选择"新建"|"纯色"命令，新建一个白色图层，绘制圆形遮罩，如图119-4所示。

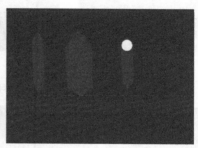

图119-3   图119-4

07 复制该图层，在合成视图中直接调整遮罩的位置；再复制该图层，在合成视图中直接调整遮罩的位置，如图119-5所示。

08 选择主菜单中的"合成"|"新建合成"命令，新建一个合成，选择预设为PAL D1/DV，长度为150帧。

09 拖曳背景图片到时间线面板，调整其大小到合适的位置。在时间线面板空白处单击鼠标右键，从弹出的菜单中选择"新建"|"摄像机"命令，新建一个摄影机；再新建一个空对象，并激活三维属性🧊。

10 在合成视窗的不同视图中，调整空对象的位置，创建穿梭于城市街道的动画，如图119-6所示。

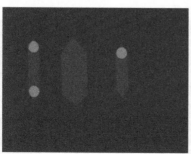

图119-5   图119-6

11 导入"粒子单元"，在时间线面板空白处单击鼠标右键，从弹出的菜单中选择"新建"|"纯色"命令，新建一个黑色图层，命名为"粒子"，选择主菜单中的"效果"|Trapcode|Particular命令，添加粒子滤镜。在效果控制面板中选择"发射器类型"为"点"，设置"旋转""速度"等参数值均为0，如图119-7所示。

12 在时间线面板中调整各个层之间的顺序，如图119-8所示。

图119-7

13 选择主菜单中的"动画"|"添加表达式"命令，在时间线面板中，为"位置XY"添加表达式，链接空对象的"位置"属性，为"位置Z"添加表达式，链接空对象"位置"属性的Z轴数值上，如图119-9所示。

图119-8

图119-9

14 拖曳时间线指针，查看粒子动画效果，如图119-10所示。

图119-10

15 设置"粒子数量/秒"为2 000，展开"粒子"选项组，设置"生命"为15，选择"粒子类型"为"子画面"，选择"图层"为"粒子单元"，"时间采样"为"出生时开始循环演示"项，设置"不透明度"为30，如图119-11所示。

16 展开"生命期不透明度"选项组，选择第2种曲线，如图119-12所示。

17 关闭"粒子单元"的可视性，设置"粒子"图层的混合模式为"相加"，在合成视窗的不同视图中，进一步调整空对象的位置动画，如图119-13所示。

18 选择"粒子"图层，选择主菜单中的"效果"|"颜色校正"|"色光"命令，添加"色光"滤镜，设置"获取色相，自"为Alpha，"使用预设调板"为"火焰"，如图119-14所示。

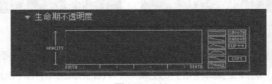

图119-12

图119-11

图119-13　　　　　　　　　　　　　　　　　　　　　图119-14

19 选择主菜单中的"效果"|"颜色校正"|"色相/饱和度"命令，添加"色相/饱和度"滤镜，勾选"彩色化"选项，设置"着色色相"为225，效果如图119-15所示。

20 选择主菜单中的"效果"|"风格化"|"发光"命令，添加"发光"滤镜，设置"发光阈值"为60%，"发光半径"为40。

图119-15　　　　　　　　　　图119-16

21 展开"色相/饱和度"的参数设置，修改"着色色相"为224，"着色饱和度"为50，"着色亮度"为10，效果如图119-16所示。

22 拖动时间线查看动画效果，展开Particular滤镜面板"粒子"的参数设置，修改"不透明度"为25；调整色相/饱和度滤镜的参数，设置"着色亮度"为5。

23 单击播放按钮▶，查看光纤穿行于城市的动画效果，如图119-17所示。

图119-17

实例 120 **流动光效**

- ● **案例文件** | 光盘\工程文件\第9章\120 流动光效
- ● **视频文件** | 光盘\视频教学2\第9章\120.mp4
- ● **难易程度** | ★★★☆☆
- ● **学习时间** | 4分51秒
- ● **实例要点** | 创建魔幻花样效果
- ● **实例目的** | 本例应用CC Flo Motion滤镜创建万花筒效果，设置节点动画可以获得魔幻的花样图案

▌知识点链接 ▌

单元格图案——创建发光的纹理。
CC Flo Motion——创建光线的流动效果。

▌操作步骤 ▌

01 打开软件After Effects CC 2014，选择主菜单中的"合成"|"新建合成"命令，新建一个合成，命名为"流动光效"，选择预设为PAL D1/DV，时长为5秒，然后在时间线空白处单击鼠标右键，选择"新建"|"纯色"命令，新建一个黑色图层，命名为"黑色背景"。选择主菜单中的"效果"|"生成"|"单元格图案"命令，添加"单元格图案"滤镜，如图120-1所示。

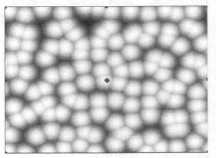

图120-1

02 调整单元格参数，具体设置如图120-2所示。

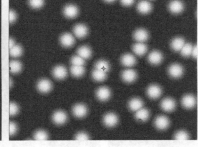

图120-2

03 激活"分散""大小""偏移"以及"演化"的记录动画按钮 ，创建关键帧，拖曳时间线指针到5秒，调整"分散"为0.5，"大小"为500，"偏移"为（1 000，1 000），"演化"为5周。拖曳时间线指针，查看动画效果，如图120-3所示。

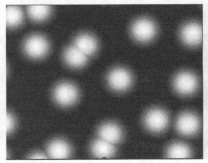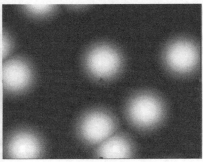

图120-3

04 选择主菜单中的"效果"|"模糊和锐化"|CC Radial Fast Blur命令，添加放射状模糊滤镜，设置Amount（数量）为100，效果如图120-4所示。

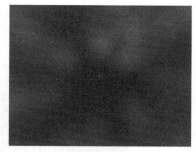

图120-4

05 选择主菜单中的"效果"|"扭曲"|CC Flo Motion命令，添加两点收缩变形效果滤镜，具体参数设置如图120-5所示。

06 选择主菜单中的"效果"|"颜色校正"|"三色调"命令，添加"三色调"滤镜，设置"中间调"为绿色，为流动的背景上色。查看合成预览效果，如图120-6所示。

图120-5　　　　　　　　　　　　　　　　　　　　　　　图120-6

07 在时间线空白处单击鼠标右键，选择"新建"|"调节图层"命令，新建一个调节层，选择主菜单中的"效果"|"颜色校正"|"曲线"命令，添加"曲线"滤镜，调整亮度和对比度，如图120-7所示。

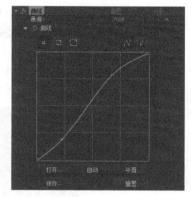

图120-7

08 拖动时间线，查看光效的流动效果，如图120-8所示。

图120-8

<table>
<tr><td>**实 例**
121</td><td>**旋转射灯**</td></tr>
</table>

- **案例文件** | 光盘\工程文件\第9章\121 旋转射灯
- **视频文件** | 光盘\视频教学2\第9章\121.mp4
- **难易程度** | ★★★★☆
- **学习时间** | 15分45秒
- **实例要点** | 创建球体　　方块发射光线
- **实例目的** | 本例学习应用CC Sphere滤镜创建立体球，应用Shine滤镜根据方块的亮度发射光线

▌知识点链接 ▌

CC Sphere——创建立体球效果。

Shine——创建光光芒效果。

▌操作步骤 ▌

01 打开软件After Effects CC 2014，创建一个新的合成，命名为"彩色方块"，设置"宽度"和"高度"分别为1 200和900，时长为10秒。

02 新建一个图层，命名为"方块"，添加"分形杂色"滤镜。选择"杂色类型"为"块"，勾选"反转"选项，设置"对比度"为900，"亮度"为-15，选择"溢出"为"剪切"，"复杂度"为10，如图121-1所示。

图121-1

03 展开"子设置"选项组，设置"子影响"为105，"子缩放"为70，为"演化"添加表达式：time*75。拖曳时间线指针，查看噪波的动态效果，如图121-2所示。

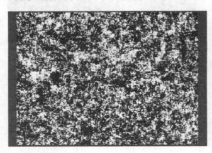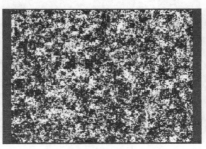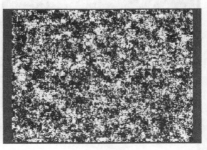

图121-2

04 选择主菜单中的"效果"|"风格化"|"马赛克"命令，添加"马赛克"滤镜，设置"水平块"为60，"垂直块"为45，如图121-3所示。

05 新建一个图层，命名为"四色背景"，添加"四色渐变"滤镜，接受默认值。

06 添加"色相/饱和度"滤镜，降低"主饱和度"为-40。拖曳该图层到底层，设置轨道遮罩模式为"亮度遮罩方块"。查看合成预览效果，如图121-4所示。

图121-3

图121-4

07 新建一个合成，命名为"栅格方块"。打开合成"彩色方块"并复制"方块"图层，然后回到合成"栅格方块"，进行粘贴，作为背景，打开可视性 👁 。

08 拖曳合成"彩色方块"到时间线面板中，放置于上一层。

09 新建一个图层，命名为"栅格"，添加"网格"滤镜，选择"大小依据"为"宽度滑块"，设置"宽度"为20，"颜色"为黑色，"边界"为3，然后调整"锚点"坐标为（600，440），对齐方块，如图121-5所示。

10 新建一个合成，命名为"灯球"，拖曳合成"栅格方块"到时间线面板中，选择主菜单中的"效果"|"透视"|CC Sphere命令，添加立体球滤镜，接受默认值。查看合成预览效果，如图121-6所示。

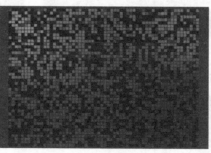

图121-5

图121-6

11 新建一个合成，命名为"射灯球"，拖曳合成"灯光球"到时间线面板中，调整角度，旋转12°，复制一次。选择上面的图层，添加"方框模糊"滤镜，设置"模糊半径"为30，"迭代"值为3，如图121-7所示。

图121-7

12 添加"四色渐变"滤镜，查看合成预览效果，如图121-8所示。

13 设置该图层的混合模式为"强光"，添加"色相/饱和度"滤镜，降低"主饱和度"为-30，如图121-9所示。

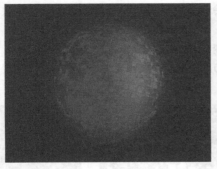 

图121-8 图121-9

14 新建一个调节图层，选择主菜单中的"效果"|Trapcode | Shine命令，添加光芒滤镜，如图121-10所示。

15 添加"曲线"滤镜，调整亮度和对比度，如图121-11所示。

 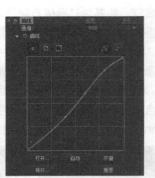

图121-10 图121-11

16 拖曳时间线指针，查看灯球发光的动画效果，如图121-12所示。

图121-12

<table>
<tr><td>实 例
122</td><td>**魔幻流线**</td></tr>
</table>

- **案例文件**|光盘\工程文件\第9章\122 魔幻流线
- **视频文件**|光盘\视频教学2\第9章\122.mp4
- **难易程度**|★★★☆☆
- **学习时间**|14分12秒
- **实例要点**|沿路径勾边的光线
- **实例目的**|本例学习应用"描边"滤镜创建沿路径穿行的动态光线,然后设置不同的颜色,增强光线的动感

▌知识点链接▐

描边——沿路径产生勾边。

残影——创建动态勾边的延迟效果,形成连续的光线。

▌操作步骤▐

01 打开软件After Effects CC 2014,选择主菜单中的"合成"|"新建合成"命令,新建一个合成,选择预设为PAL D1/DV,时长为4秒。

02 在时间线空白处单击鼠标右键,选择"新建"|"纯色"命令,新建一个黑色图层,命名为"红线",选择钢笔工具█,绘制一条波浪形路径,如图122-1所示。

03 选择主菜单中的"效果"|"生成"|"描边"命令,添加"描边"滤镜,设置"颜色"为红色,设置其他参数,如图122-2所示。

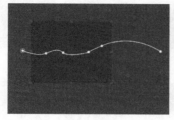

图122-1　　　　　　　　　　图122-2

04 设置"起始"的关键帧,在0帧时为0,2秒09帧时为100;设置"结束"的关键帧,在6帧时为0,在3秒21帧时为81,选择"绘画样式"为"在原始图像上"。拖曳时间线指针,查看动画效果,如图122-3所示。

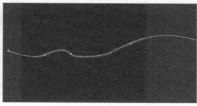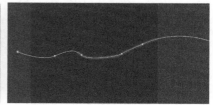

图122-3

05 复制该图层,重命名为"蓝线",在"描边"效果控制面板中设置"颜色"为蓝色,然后修改路径的形状。用同样的方法创建"绿线""紫色线"和"橙色线"图层。查看合成预览效果,如图122-4所示。

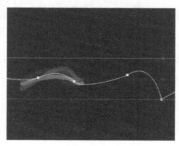

图122-4

06 在时间线面板中单击 按钮，展开"伸缩"属性栏，分别调整各图层的时间比例，使不同颜色的线的运动速度有所差异，如图122-5所示。

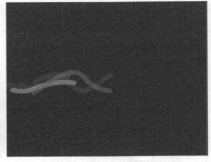

图122-5

07 在时间线空白处单击鼠标右键，选择"新建"|"调节图层"命令，新建一个调节图层，选择主菜单中的"效果"|"风格化"|"发光"命令，添加"发光"滤镜，参数设置如图122-6所示。

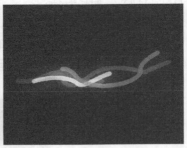

图122-6

08 在时间线空白处单击鼠标右键，选择"新建"|"调节图层"命令，新建一个调节图层，选择主菜单中的"效果"|"扭曲"|"放大"命令，添加放大镜效果，选择"形状"为"正方形"，参数设置如图122-7所示。

图122-7

09 选择主菜单中的"效果"|"时间"|"残影"命令，添加拖尾效果，设置"残影时间"为-0.06，"残影数量"为2，"起始强度"为1，"衰减"为0.87，"残影运算符"为"相加"，如图122-8所示。

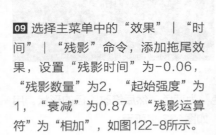

图122-8

10 选择主菜单中的"效果"|"模糊和锐化"|"定向模糊"命令，添加"定向模糊"滤镜，设置"方向"为90°，"模糊长度"为20，如图122-9所示。

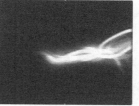

图122-9

11 导入一张背景素材"coolcar020.jpg",将其拖至时间线,设置混合模式为"相加"。在时间线面板中调整图层的入点,分配不同的入画时间。

12 拖曳时间指针,查看光线动画效果,如图122-10所示。

图122-10

实 例 **123**	动感流线

- **案例文件** | 光盘\工程文件\第9章\123 动感流线
- **视频文件** | 光盘\视频教学2\第9章\123.mp4
- **难易程度** | ★★★☆☆
- **学习时间** | 10分58秒
- **实例要点** | 动态的流线效果
- **实例目的** | 本例学习应用Form滤镜创建动态的光线流动效果,然后设置贴图和力场,增强光线的动感

│ 知识点链接 │

Form——应用构成滤镜创建动态光线效果。

│ 操作步骤 │

01 启动软件After Effects CC 2014,选择主菜单中的"合成"|"新建合成"命令,创建一个新的合成,命名为"合成1",选择预设为PAL D1/DV,时长为5秒。

02 在时间线空白处单击鼠标右键,选择"新建"|"纯色"命令,新建一个白色固态层,绘制矩形蒙版,设置横向羽化值为65,然后创建蒙版的位置动画,在0秒入画,在2秒10帧缓停在屏幕中,如图123-1所示。

图123-1

03 选择主菜单中的"合成"|"新建合成"命令，新建一个合成，命名为"合成2"，在时间线空白处单击鼠标右键，选择"新建"|"纯色"命令，新建一个黑色固态层，选择主菜单中的"效果"|"生成"|"梯度渐变"命令，添加渐变滤镜，如图123-2所示。

图123-2

04 选择主菜单中的"效果"|"颜色校正"|"色光"命令，添加"色光"滤镜，展开"输出循环"选项组，选择预设为"金色2"，如图123-3所示。

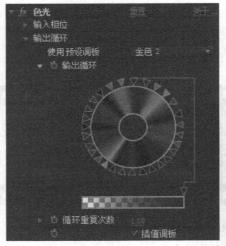

图123-3

05 按R键展开该图层的"旋转"属性栏，设置旋转关键帧，在0秒时值为0，在15秒时值为540°，放大图层到164%，如图123-4所示。

图123-4

06 选择主菜单中的"合成"|"新建合成"命令，新建一个合成，命名为"流线"，拖曳合成"合成1"和"合成2"到时间线面板中，关闭可视性。

07 在时间线空白处单击鼠标右键，选择"新建"|"纯色"命令，新建一个图层，选择主菜单中的"效果"|Trapcode|Form命令，添加构成滤镜，展开"形态基础"选项组，参数设置如图123-5所示。

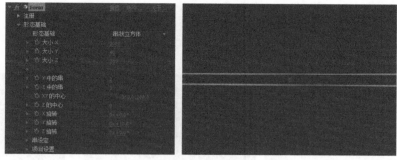

图123-5

08 设置"X旋转"的关键帧，在0秒时为0，在15秒时为540°，效果如图123-6所示。

图123-6

09 展开"粒子"选项组，参数设置如图123-7所示。

10 展开"分散和扭曲"选项组，设置"扭曲"为8，查看流线效果，如图123-8所示。

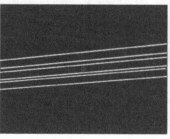
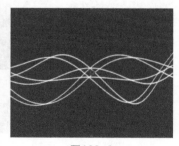

图123-7　　　　　　　　　　　　　　　　　　　　　　　　图123-8

11 展开"层映射"选项组，参数设置如图123-9所示。

图123-9

12 选择主菜单中的"效果"|"风格化"|"发光"命令，添加"发光"滤镜，参数设置如图123-10所示。

13 在时间线空白处单击鼠标右键，选择"新建"|"调节图层"命令，新建一个调节层，选择主菜单中的"效果"|"风格化"|"发光"命令，添加"发光"滤镜，设置"发光阈值"为40%，"发光半径"为20，效果如图123-11所示。

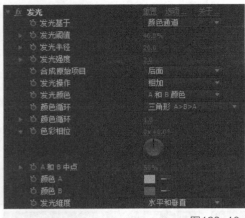
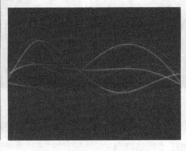
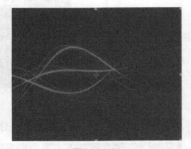

图123-10　　　　　　　　　　　　　　　　　　　　　图123-11

14 选择主菜单中的"效果"|"颜色校正"|"曲线"命令，添加"曲线"滤镜，提高亮度和对比度，如图123-12所示。

15 导入背景图片，如图123-13所示。

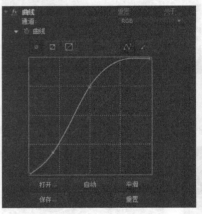

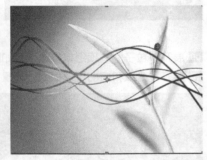

图123-12　　　　　　　　　　　　　　　　　　　　　图123-13

16 选择主菜单中的"效果"|"颜色校正"|"色相/饱和度"命令，添加"色相/饱和度"滤镜，调整背景的色调为浅蓝色，勾选"彩色化"，设置"着色色相"为208，"着色饱和度"为25。选择主菜单中的"效果"|"模糊和锐化"|"快速模糊"命令，添加"快速模糊"滤镜，设置"模糊度"为100。

17 拖曳时间线，查看流线的动画效果，如图123-14所示。

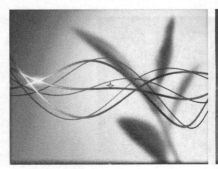

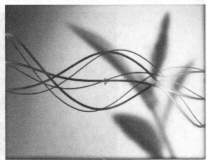

图123-14

实例 124 炫彩光影

- **案例文件** | 光盘\工程文件\第9章\124 炫彩光影
- **视频文件** | 光盘\视频教学2\第9章\124.mp4
- **难易程度** | ★ ★ ☆ ☆ ☆
- **学习时间** | 3分20秒
- **实例要点** | 紊乱置换
- **实例目的** | 本例学习应用"湍流置换"滤镜创建动态的光影效果，结合Shine光芒滤镜的使用，形成炫彩的效果

┤ 知识点链接 ├

湍流置换——创建紊乱置换的背景。
Shine——创建光芒效果。

┤ 操作步骤 ├

01 启动软件After Effects CC 2014，选择主菜单中的"合成"|"新建合成"命令，创建一个新的合成，选择预设为PAL D1/DV，设置时长为8秒。

02 在时间线空白处单击鼠标右键，选择"新建"|"纯色"命令，新建一个白色图层，选择圆形工具，绘制多个蒙版，调整不同的位置和大小，设置"蒙版羽化"为100，效果如图124-1所示。

03 选择主菜单中的"效果"|"扭曲"|"湍流置换"命令，添加"湍流置换"滤镜，设置"数量"为200，"复杂度"为2.5。在合成的起点激活"偏移（湍流）"和"演化"的记录关键帧开关，创建关键帧，拖曳时间线指针到合成的终点，调整它们的数值，自动创建关键帧，如图124-2所示。

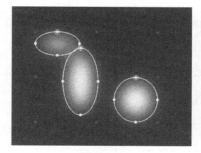

图124-1   图124-2

04 拖曳时间线指针，查看动画效果，如图124-3所示。

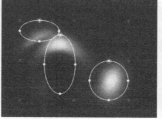

图124-3

05 选择主菜单中的"效果"| Trapcode | Shine命令，添加光芒滤镜，设置"光芒长度"为2。拖曳时间线，查看炫彩的动画预览效果，如图124-4所示。

图124-4

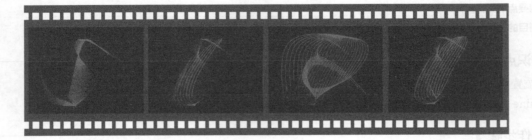

实 例	
125	延时光效

- **案例文件** | 光盘\工程文件\第9章\125 延时光效
- **视频文件** | 光盘\视频教学2\第9章\125.mp4
- **难易程度** | ★★☆☆☆
- **学习时间** | 7分59秒
- **实例要点** | 亮度抠像
- **实例目的** | 本例主要讲解应用"描边"滤镜创建沿路径运动的线条，应用"残影"滤镜使运动元素不断重复，再应用"发光"滤镜美化光效

┃ 知识点链接 ┃

　　描边——创建沿路径运动的线条。
　　残影——创建运动线条的延迟效果。

┃ 操作步骤 ┃

01 启动软件After Affects CC 2014，创建一个新的合成，选择预设为PALD1/DV，时长5秒。

02 在时间线空白处单击鼠标右键，在弹出的快捷菜单中选择"新建"|"纯色"命令，新建一个黑色图层，选择钢笔工具，绘制一条自由路径，如图125-1所示。

03 设置路径的变形关键帧，如图125-2所示。

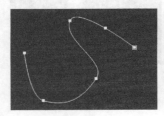 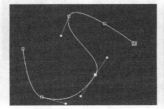 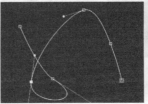 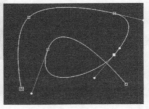

图125-1　　　　　　　　　　　　　　　　　图125-2

04 选择主菜单中的"效果"|"生成"|"描边"命令，添加"描边"滤镜，设置"颜色"为浅紫色，"画笔大小"为3，"画笔硬度"为25%，如图125-3所示。

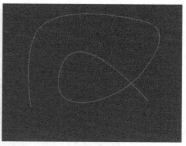

图125-3

05 设置"起始"和"结束"参数的关键帧，"起始"在0秒时为0,在5秒时为100，"结束"在0秒时为100,在5秒时为0，查看路径勾边动画，如图125-4所示。

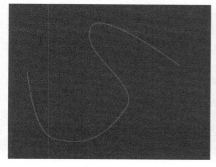

图125-4

06 在时间线空白处单击鼠标右键，在弹出的快捷菜单中选择"新建"|"调节图层"命令，新建一个调节层。选择主菜单中的"效果"|"时间"|"残影"命令，添加"残影"滤镜，设置"残影时间"为-0.1，"残影数量"为50，"衰减"为0.95，"残影运算符"为"相加"，如图125-5所示。

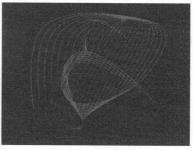

图125-5

07 选择主菜单中的"效果"|"风格化"|"发光"命令，添加"发光"滤镜，设置"发光阈值"为40%，"发光半径"为80。拖曳时间线，查看光效的动画效果，如图125-6所示。

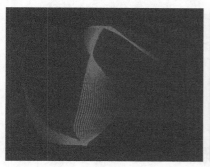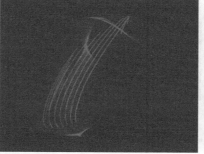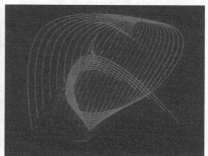

图125-6

实例 126 数字火花

- **案例文件** | 光盘\工程文件\第9章\126 数字火花
- **视频文件** | 光盘\视频教学2\第9章\126.mp4
- **难易程度** | ★★★☆☆
- **学习时间** | 13分06秒
- **实例要点** | 32位颜色通道　粒子发射
- **实例目的** | 本例学习32位颜色通道与8位合成之间的颜色转换，再应用CC Particle World滤镜创建彩色粒子的火花效果

知识点链接

32位颜色通道

CC Particle World——创建粒子发射的效果。

操作步骤

01 打开软件After Effects CC 2014，选择主菜单中的"合成"|"新建合成"命令，创建一个新的合成，选择预设为PAL D1/DV，长度为5秒。

02 在时间线空白处单击鼠标右键，选择"新建"|"纯色"命令，新建一个黑色图层作为背景，再新建一个暗红色图层，绘制椭圆形蒙版，设置羽化值为80，降低图层的不透明度为60%，如图126-1所示。

03 选择文本工具 **T**，输入字符"www.vfx.hebeiat.com"。单击项目窗口底部的 8 bpc 图标，弹出"项目设置"对话框，设置合成通道为32bpc，然后设置文本的颜色值为R:5 G:2 B:1，效果如图126-2所示。

04 选择主菜单中的"效果"|"模糊和锐化"|"快速模糊"命令，添加"快速模糊"滤镜，设置"模糊度"为8，可以看见字符的颜色发生了变化，如图126-3所示，关闭模糊滤镜。

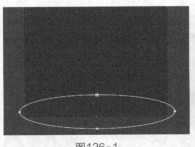

图126-1

图126-2

图126-3

05 在时间线面板中展开文本图层的"文本"属性，单击"动画"右侧的小三角按钮 ▶，勾选"启用逐字3D化"项，然后添加"位置"动画器，再添加"旋转"动画器，如图126-4所示。

图126-4

06 设置"位置Z"的值，使字符拉近，设置"X轴旋转"为90°。展开"范围选择器1"属性栏，展开"高级"属性栏，选择"形状"为"上斜坡"，然后设置"偏移"的关键帧，在0秒时值为−100％，1秒时值为100。查看动画效果，如图126-5所示。

07 设置"Y轴旋转"为−60，"Z轴旋转"为−30，勾选"运动模糊"选项，查看合成预览效果，如图126-6所示。

08 新建一个20mm的广角摄影机，调整摄影机视图，获得比较满意的构图，如图126-7所示。

图126-5

图126-6　　　　　　　　　　　　　图126-7

09 在时间线空白处单击鼠标右键，选择"新建"|"纯色"命令，新建一个浅橙色图层，命名为"粒子 1"。选择主菜单中的"效果"|"模拟"|CC Particle World命令，添加粒子系统滤镜，展开Grid&Guides（网格和参考线）选项，取消勾选Grid（网格）项，展开Particle（粒子）选项栏，选择Particle Type（粒子类型）为Lens Convex（凸透镜），激活图层的运动模糊，如图126-8所示。

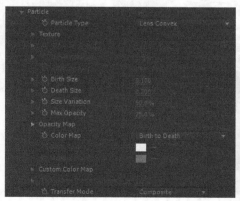

图126-8

10 展开Physics（物理性）选项栏，设置Inherit Velocity（继承速度）为518，Velocity（速度）为1，Gravity（重力）为0.1，展开Producer（发射器）选项栏，设置Position X（x轴位置）的关键帧，0秒时值为0.22，20帧时值为0.08，设置Birth Rate（出生率）的关键帧，创建粒子的淡入淡出动画，如图126-9所示。

11 调整Position Z（z轴位置）为0.2，设置Birth Size（出生大小）为0.1，Death Size（消逝大小）为0.2，如图126-10所示。

图126-9 图126-10

12 选择主菜单中的"效果"|"颜色校正"|"曝光度"命令，添加"曝光度"滤镜，设置"曝光度"为2.51，选择主菜单中的"效果"|"风格化"|"发光"命令，添加"发光"滤镜，减小"发光强度"为0.3，如图126-11所示。

13 复制粒子图层，取消勾选运动模糊，调整粒子参数，设置Inherit Velocity（继承速度）为400，Velocity（速度）为1.2，Gravity（重力）为0.06，效果如图126-12所示。

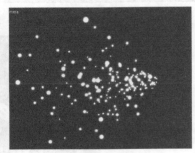

图126-11 图126-12

14 在时间线面板中，调整顶层粒子图层的时间入点，向后几帧，配合文本的动画，然后调整粒子Birth Rate（出生率）的第2个关键帧数值为4，Velocity（速度）值为2。调整文字图层的"模糊度"为4。查看最终的火花动画效果，如图126-13所示。

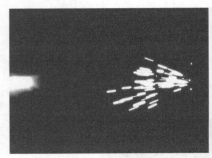

图126-13

实例 127 飞速流线

- **案例文件** | 光盘\工程文件\第9章\127 飞速流线
- **视频文件** | 光盘\视频教学2\第9章\127.mp4
- **难易程度** | ★★★★☆
- **学习时间** | 18分44秒
- **实例要点** | 动态的流线效果
- **实例目的** | 本例学习应用Form滤镜创建动态的光线流动效果，然后设置贴图和力场，增强光线的动感

知识点链接

Form——创建动态的流线效果。

操作步骤

01 启动软件After Effects CC 2014，创建一个新的合成，选择预设为PAL D1/DV，时长为6秒。

02 新建一个固态层，命名为"背景"，添加"梯度渐变"滤镜，如图127-1所示。

图127-1

03 新建一个固态层，命名为"流线"，选择主菜单中的"效果" | Trapcode | Form命令，添加构成滤镜。展开"形态基础"选项组，选择"形态基础"为"串状立方体"，设置"尺寸"等参数，如图127-2所示。

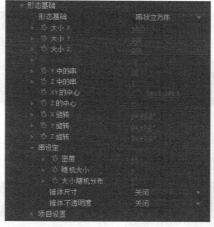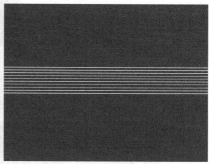

图127-2

04 在时间线面板中展开该图层的属性栏，为"X旋转"属性添加表达式：time*240。

05 展开"粒子"选项组，选择"粒子类型"为"发光球体(无DOF)"，设置"球体羽化"为75，"尺寸"为2，"透明度"为10，"颜色"为青色，如图127-3所示。

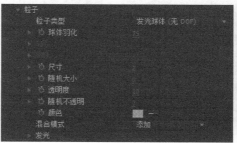

图127-3

06 展开"快速映射"选项组，再展开"颜色映射"选项组，设置颜色贴图，选择"映射不透明和颜色在"为Y，如图127-4所示。

图127-4

07 展开"映射 #1"选项组，选择第2种贴图，单击 **FLIP⟷** 按钮，选择"映射#1到"为"大小"，"映射#1在"为X，如图127-5所示。

08 展开"映射#2"选项组，选择第2种贴图，如图127-6所示。

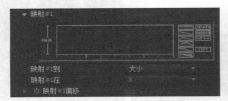

图127-5   图127-6

09 展开"映射#3"选项组，选择第3种贴图，选择"映射#3到"为"不透明"，"映射#3在"为X，然后手工修整贴图，如图127-7所示。

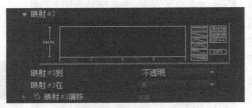

图127-7

10 展开"分散和扭曲"选项组，设置"分散"为45，"扭曲"为12。查看合成预览效果，如图127-8所示。

11 展开"分形区域"选项组，设置"位移"为60，"流动X"为-700，效果如图127-9所示。

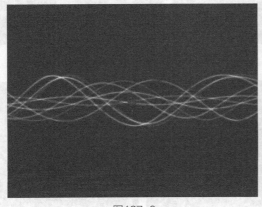

图127-8   图127-9

12 展开"球形区域"选项组，再展开"球形1"选项组，设置"强度"为-100，"半径"为250，单击█按钮，直接在视图中调整球力场的中心点位置，如图127-10所示。

图127-10

13 展开"空间转换"选项组,设置"X偏移"为-65,"Y偏移"为20。

14 调整"形态基础"选项组中的"XY中心"及"球形1"选项组中的"位置XY"数值,设置关键帧,构成流线的形态,如图127-11所示。

图127-11

15 选择"流线"图层,设置图层的混合模式为"相加"。添加"发光"滤镜,设置"发光阈值"为10%,"发光半径"为20,选择"发光颜色"为"A和B颜色",设置"颜色A"为青色,"颜色B"为蓝色,如图127-12所示。

16 再添加一个"发光"滤镜,设置"发光阈值"为50,效果如图127-13所示。

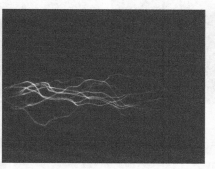
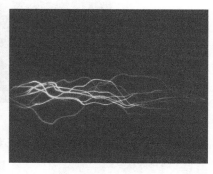

图127-12

图127-13

17 新建一个50mm的摄影机,分别在起点、3秒和终点设置摄影机的位置关键帧,如图127-14所示。

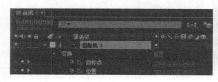
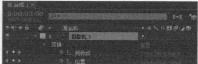

图127-14

18 拖曳时间线,查看飞速流线的动画效果,如图127-15所示。

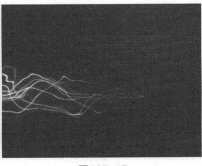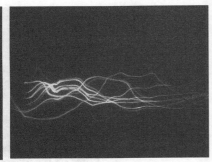

图127-15

19 导入一段音频素材"音乐.wav"，拖曳到时间线面板中，展开属性栏，查看音频波形，重新设置入点，如图127-16所示。

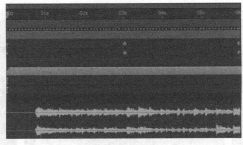

图127-16

20 选择"流线"图层，展开"音频反应"选项组，选择"音频图层"为"音乐.wav"，展开"反应器1"选项组，选择"映射到"为"TW比例"，"延迟方向"为"向外"，设置"强度"为20，如图127-17所示。

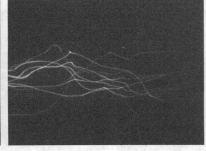

图127-17

21 调整"发光2"的参数，设置"发光半径"为100。单击播放按钮 ▶，查看飞速流线的动画效果，如图127-18所示。

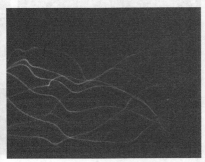

图127-18

实例 128　动感光影

● **案例文件** | 光盘\源文件\第9章\128 动感光影
● **视频文件** | 光盘\视频教学2\第9章\128.mp4
● **难易程度** | ★★★☆☆
● **学习时间** | 12分37秒
● **实例要点** | 动态勾边　　　发光
● **实例目的** | 本例学习应用3D Stroke滤镜创建沿路径分布的动态勾边，综合使用Shine滤镜创建动态的光影效果

▊ 知识点链接 ▊

　　3D Stroke——创建沿路径的动态勾边。
　　Shine——创建光芒效果。

▊ 操作步骤 ▊

01 启动软件After Effects CC 2014，选择主菜单中的"合成"|"新建合成"命令，创建一个新的合成，命名为"动感光影"，选择预设为PAL D1/DV，时长为5秒。

02 在时间线空白处单击鼠标右键，选择"新建"|"纯色"命令，新建一个黑色图层，命名为"绿色光"，选择钢笔工具█，绘制一条自由路径，如图128-1所示。

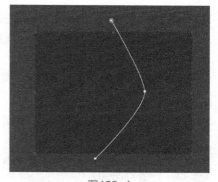

图128-1

03 选择主菜单中的"效果"| Trapcode | 3D Stroke命令，添加3D描边滤镜，设置"厚度"为20，"羽化"为100，如图128-2所示。

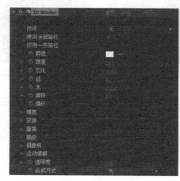
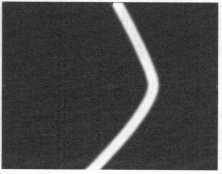

图128-2

04 设置"偏移"的关键帧，在0秒时值为-100，5秒时值为100，如图128-3所示。

05 展开"锥度"选项组，勾选"启用"选项。展开"变换"选项组，设置"弯曲"为3，"弯曲角度"为60°，"XY位置"为（500，288），"Z位置"为-50，如图128-4所示。

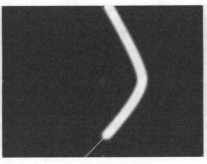

图128-3

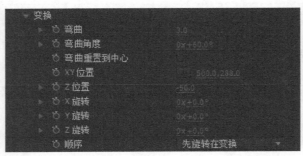

图128-4

06 选择主菜单中的"效果"｜Trapcode｜Shine命令，添加光芒滤镜，设置"发光点"为（520，288），"光芒长度"为6，"提升亮度"为3，展开"颜色模式"选项组，选择"颜色模式"为"化学"，"基于"为"亮度"，如图128-5所示。

07 设置图层混合模式为"叠加"，复制"绿色光"图层，重命名为"蓝色光"，然后调整路径的形状，如图128-6所示。

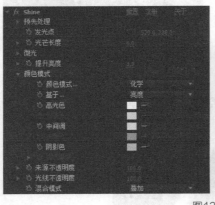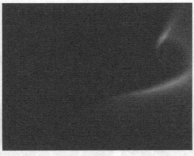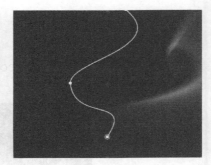

图128-5　　　　　　　　　　　　　　　　　　　　　　图128-6

08 在3D Stroke效果控制面板中展开"变换"选项组，调整参数，设置"弯曲"为2，"弯曲角度"为120°，"XY位置"为（290，288），"Z位置"为-100，"X旋转"为-12°，"Y旋转"为60°，如图128-7所示。

09 调整Shine的参数，设置"发光点"为（428，288），"光芒长度"为6，"提升亮度"为3，选择"颜色模式"为"电弧"，如图128-8所示。

图128-7

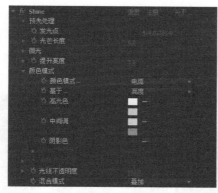

图128-8

10 复制"蓝色光"图层，重命名为"黄色光"，然后调整路径的形状，如图128-9所示。

11 展开"变换"选项组，调整参数，设置"弯曲"为4，"弯曲角度"为60°，"XY位置"为（261，288），"Z位置"为-100，"X旋转"为-12°，"Y旋转"为60°，如图128-10所示。

图128-9

图128-10

12 调整Shine参数，选择"颜色模式"为"火焰"，查看合成预览效果，如图128-11所示。

13 调整图层的入点，设置"蓝色光"的"旋转"为180°。修改时间线长度为6秒，拖曳时间线，查看动画效果，如图128-12所示。

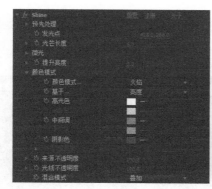

图128-11

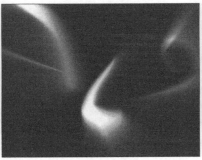

图128-12

14 在时间线空白处单击鼠标右键，选择"新建"|"调节图层"命令，新建一个调节层，选择主菜单中的"效果"|"扭曲"|"置换图"命令，添加"置换图"滤镜。设置"最大水平置换"为40，"最大垂直置换"为40，如图128-13所示。

图128-13

15 选择主菜单中的"效果"|"扭曲"|"变换"命令，添加"变换"滤镜，设置"缩放"为105，查看最后的光影效果，如图128-14所示。

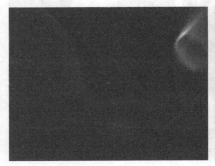

图128-14

实例 129 光线飞舞

- **案例文件** | 光盘\工程文件\第9章\129 光线飞舞
- **视频文件** | 光盘\视频教学2\第9章\129.mp4
- **难易程度** | ★ ★ ★ ☆ ☆
- **学习时间** | 15分23秒
- **实例要点** | 沿路径穿梭的光线V
- **实例目的** | 本例学习绘制一条封闭路径，应用3D Stroke插件创建沿路径穿梭的光线，再应用Shine滤镜强化光线的发光效果

▌知识点链接 ▌

3D Stroke——创建沿路径穿梭的光线。

Shine——创建光芒效果。

▌操作步骤 ▌

01 打开软件After Effects CC 2014，选择主菜单中的"合成"|"新建合成"命令，新建一个合成，时长为5秒，导入一张星空图片作为背景，选择主菜单中的"效果"|"颜色校正"|"色阶"命令，添加"色阶"滤镜，降低亮度，如图129-1所示。

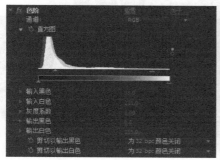

图129-1

02 在时间线空白处单击鼠标右键，选择"新建"|"纯色"命令，新建一个黑色图层，选择钢笔工具，绘制一条自由路径，如图129-2所示。

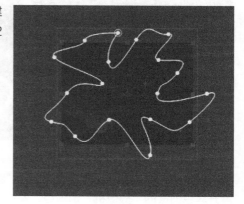

图129-2

03 选择主菜单中的"效果"| Trapcode | 3D Stroke命令，添加3D描边滤镜，设置图层混合模式为"相加"，"颜色"为黄色，设置"偏移"的关键帧，在0帧时值为0，在5秒时值为157，勾选"循环"选项，其他参数如图129-3所示。

04 拖曳时间线指针，查看动画效果，如图129-4所示。

图129-3

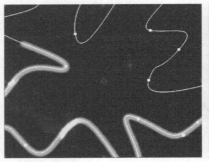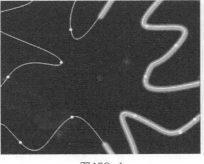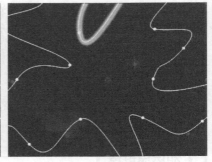

图129-4

05 展开"锥度"选项组，勾选"启用"选项。展开"重复"选项组，勾选"启用"选项，参数设置如图129-5所示。

06 展开"变换"选项组，设置"弯曲"为4，"弯曲角度"为96°，勾选"弯曲重置到中心"选项；设置"X旋转"的关键帧，在0秒时值为0，在5秒时值为360°；设置"Y旋转"的关键帧，在0秒时值为0，在5秒时值为286°，效果如图129-6所示。

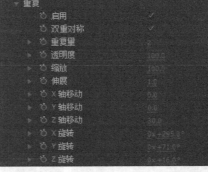

图129-5

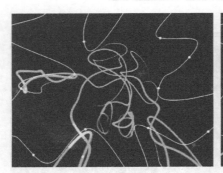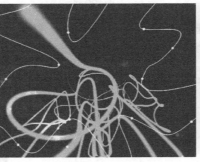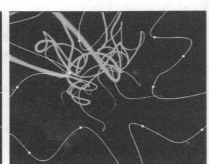

图129-6

07 在时间线空白处单击鼠标右键，选择"新建"|"摄像机"命令，新建一个24mm的摄像机，使用摄像机工具，展开黑色图层的"摄像机"选项组，勾选"合成摄像机"选项，设置"前剪辑平面"为43，"后剪辑平面"为710，"后平面淡出"为450，如图129-7所示。

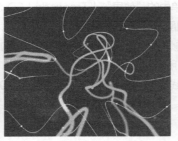

图129-7

08 选择主菜单中的"效果"|"风格
化"|"发光"命令，添加"发光"
滤镜，参数设置如图129-8所示。

图129-8

09 选择主菜单中的"效果"|
Trapcode|Shine命令，添加光芒滤
镜，设置"光芒长度"为2.6，"颜色
模式"为"化学"，"基于"为
"红"；展开3D Stroke滤镜，设置
"厚度"为5.2。查看合成预览效果，
如图129-9所示。

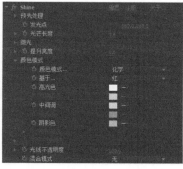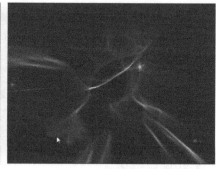

图129-9

10 选择摄影机工具，调整景别，创建推镜头的动画效果，如图129-10所示。

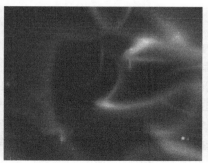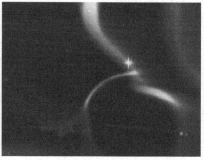

图129-10

11 选择黑色图层，调整3D Stroke效果的参数，设置"偏移"参数的关键帧，在125帧时值为157%。展开"变
换"选项，取消勾选"弯曲重置到中心"，设置"Y旋转"在5秒时为286°，"弯曲"为4.8；调整Shine滤镜的
"光芒长度"为2.6，激活运动模糊按钮🔲，获得比较炫的光线效果。预览动画效果，如图129-11所示。

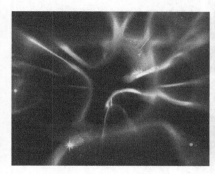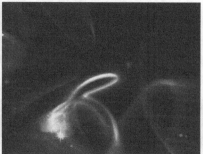

图129-11

实例 130 眼睛发光

- **案例文件** | 光盘\工程文件\第9章\130 眼睛发光
- **视频文件** 光盘\视频教学2\第9章\130.mp4
- **难易程度** | ★★★★☆
- **学习时间** | 7分37秒
- **实例要点** | 运动跟踪　　创建激光束效果
- **实例目的** | 本例学习运动跟踪的基本技巧，以及应用"光束"滤镜创建激光效果，然后应用跟踪数据，完成眼睛发光的效果

知识点链接

光束——创建激光效果。

操作步骤

01 打开After Effects CC 2014软件，导入一段视频素材"仇恨女郎.mp4"，拖至合成图标上，根据素材创建一个新合成，拖动时间线指针查看视频内容，如图130-1所示。

02 选择主菜单中的"动画"|"跟踪运动"命令，将时间线指针拖至起始位置，选择左眼球作为跟踪点，单击"跟踪器"面板中的"向前分析"按钮▶，查看分析结果，使眼球不要在跟踪区域外。

03 在时间线空白处单击鼠标右键，选择"新建"|"空对象"命令，新建一个空对象，选择"编辑目标"，在弹出的界面中选择"图层"为"空1"，单击"应用"按钮，拖曳时间线指针查看效果。

04 在时间线空白处单击鼠标右键，选择"新建"|"纯色"命令，新建一个黑色固态成，设置"宽度"为1 000，"高度"为1 000，命名为"光束"。选择主菜单中的"效果"|"生成"|"光束"命令，添加"光束"滤镜，参数设置如图130-2所示。

图130-1

图130-2

05 将"光束"图层作为"空 1"的子对象，拖曳时间线指针查看效果，如图130-3所示。

图130-3

06 设置"光束"滤镜中"结束点"的关键帧动画，分别在0秒和合成终点设置关键帧，参数设置如图130-4所示。

图130-4

07 在时间线空白处单击鼠标右键，选择"新建"│"空对象"命令，再新建一个空对象，选中"仇恨女郎"图层，重复上面的步骤，为右眼球添加跟踪器。复制"光束"图层，命名为"光束2"，链接图层"光束2"为"空2"的子对象。

08 设置"光束"参数，如图130-5所示。

09 将时间线指针拖到第15帧的位置，分别选择"光束"和"光束2"图层，打开"光束"滤镜中的"时间"码表，添加关键帧，0帧时将时间参数调整为0。设置两个光束图层的混合模式为"相加"。

10 选择"光束"图层，选择主菜单中的"效果"│"模糊和锐化"│CC Vector Blur命令，添加一个向量模糊滤镜，设置Amount（数量）值为10，Ridge Smothness值为5。选择主菜单中的"编辑"│"复制"命令，选择"光束2"图层，选择"编辑"│"粘贴"命令，将"光束"的特效粘贴给"光束2"，效果如图130-6所示。

图130-5   图130-6

11 修改两个光束图层"光束"滤镜中的"结束厚度"为50。

12 选择"光束"图层，添加"分形杂色"滤镜，设置"对比度"为135，"亮度"为-15，设置"演化"的关键帧，使其旋转1周，"不透明度"为75，将此特效粘贴给"光束2"。

13 新建一个固态层，尺寸与合成一致，命名为"遮幅"。选择矩形遮罩工具，绘制遮罩，勾选"反转"选项，效果如图130-7所示。

图130-7

14 单击播放按钮，查看眼睛发光效果，如图130-8所示。

图130-8

第 **10** 章

超级粒子

本章主要讲解粒子的强大功能,除了After Effects CC 2014自带的Particle Playground,还讲述了粒子插件Particular的使用技巧。

实例 131 发散的粒子

- **案例文件**┃光盘\工程文件\第10章\131 发散的粒子
- **视频文件**┃光盘\视频教学2\第10章\131.mp4
- **难易程度**┃★★★☆☆
- **学习时间**┃7分50秒
- **实例要点**┃文字的破碎效果　　　星星发光效果
- **实例目的**┃本例学习应用CC Pixel Polly滤镜创建文字破碎的动画，应用Starglow插件创建星星发光的效果

┃知识点链接┃

CC Pixel Polly——创建文字的破碎效果。

Starglow——创建星星发光效果。

┃操作步骤┃

01 启动软件After Effects CC 2014，创建一个新的合成，选择预设为PAL D1/DV，时长为5秒。

02 新建一个黑色图层，作为背景，添加"梯度渐变"滤镜，如图131-1所示。

03 选择文本工具，输入字符"视觉特效工社"，设置图层的混合模式为"相加"，如图131-2所示。

图131-1

图131-2

04 选择主菜单中的"效果"｜"模拟"｜CC Pixel Polly命令，添加像素破碎滤镜，如图131-3所示。

图131-3

05 设置Force（力）的关键帧，在0秒时为0，在3秒时为165；设置Gravity（重力）的关键帧，在1秒时为0.15，在3秒时为0.45，设置该关键帧的插值为Easy Ease In（缓入）。拖曳时间线指针，查看发散效果，如图131-4所示。

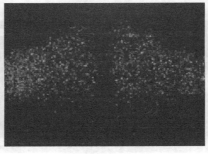

图131-4

06 复制文本图层。调整Force（力）在3秒时的关键帧值为105，插值为Easy Ease In（缓入）；设置Gravity（重力）在3秒时的关键帧值为0.5。拖曳时间线指针，查看发散效果，如图131-5所示。

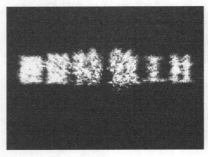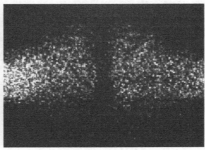

图131-5

07 新建一个调节图层，选择主菜单中的"效果"| Trapcode | Starglow命令，添加星光滤镜，设置Streak Length为2，展开Colormap A选项组，选择预设为Fire，如图131-6所示。

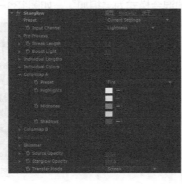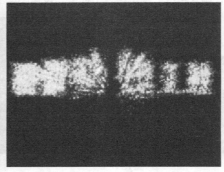

图131-6

08 添加"发光"滤镜，选择"发光颜色"为"原始颜色"，设置"颜色A"为黄色，"颜色B"为橙色,如图131-7所示。

09 调整"发光阈值"为20，"发光半径"为20，拖曳时间线指针，查看粒子发散的动画效果，如图131-8所示。

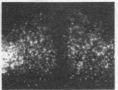

图131-7   图131-8

<table>
<tr><td>实 例</td></tr>
<tr><td>132</td><td>数字人像</td></tr>
</table>

● **案例文件** ▎光盘\工程文件\第10章\132 数字人像

● **视频文件** ▎光盘\视频教学2\第10章\132.mp4

● **难易程度** ▎★ ★ ★ ★ ☆

● **学习时间** ▎16分30秒

● **实例要点** ▎数字变换效果　　　数字构成人像

● **实例目的** ▎通过本例学习应用动画器创建变换的字符，应用Trapcode Form滤镜发射粒子，然后设置属性贴图，构成立体的人像效果

---┃ **知识点链接** ┃--

Form——应用构成滤镜创建数字，组成人像的效果，使用音频控制粒子缩放。

---┃ **操作步骤** ┃--

01 启动软件After Effects CC 2014，创建一个新的合成，选择预设为"PAL D1/DV方形像素"，设置时长为6秒，导入一张PSD格式的图片"男人像3"，并拖曳素材到时间线面板中。

02 创建一个新合成，设置"宽度"为100，"高度"为100，命名为"数字变换"，选择文本工具，输入字符"0"，调整文本的字体、大小、颜色及位置，如图132-1所示。

图132-1

03 展开文本图层的属性栏，单击"动画"右侧的三角按钮▶，添加一个动画器"字符位移"，然后设置"字符位移"的参数值从0变到9的关键帧动画。拖曳时间指针查看效果。

04 添加"发光"滤镜，设置"发光阈值"为45%。

05 创建一个新合成，命名为"数字人像"，选择预设为PAL D1/DV方形像素，拖曳合成"Comp 1"和"数字变换"至时间线面板，然后关闭"数字变换"的可视性。

06 新建一个固态层并命名为"构成"，添加Form滤镜，展开Base Form选项组，参数设置如图132-2所示。

图132-2

07 展开Particle选项组，参数设置如图132-3所示。

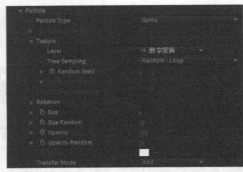

图132-3

08 展开Layer Maps选项组，参数设置如图132-4所示。

图132-4

09 展开Displacement选项组，参数设置如图132-5所示。

图132-5

10 激活Strength的关键帧记录器，在0秒时数值为1200，在5秒时为0。拖曳时间线指针查看效果。

11 在Render Mode选项栏中选择Full Render+DOF Smooth项。

12 新建一个50mm的摄影机，选择摄影机工具▦，创建摄影机深度位置的动画，然后选择推拉工具▦，一直向前推镜头，直到通过数字阵列。

13 新建一个固态层并命名为"背景"，添加"梯度渐变"滤镜，参数设置如图132-6所示。

14 激活"背景"图层的3D属性，设置图层的混合模式为"柔光"，"不透明度"为50。

15 调整Strength的关键帧插值，如图132-7所示。

图132-6   图132-7

16 选择摄影机在0帧时的关键帧，单击鼠标右键，选择"关键帧辅助"｜"缓出"命令，使摄影机的运动速度由慢到快。

17 设置5秒到7秒数字人像淡出的效果。

18 单击播放按钮▶，查看数字人像的动画效果，如图132-8所示。

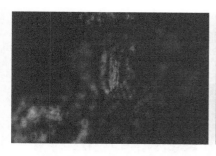

图132-8

实 例 133 粒子汇聚

● **案例文件** | 光盘\工程文件\第10章\133 粒子汇聚

● **视频文件** | 光盘\视频教学2\第10章\133.mp4

● **难易程度** | ★★★☆☆

● **学习时间** | 19分48秒

● **实例要点** | 粒子构成人像的效果

● **实例目的** | 本例学习应用"卡片动画"滤镜创建粒子，构成人像的效果，结合摄影机的运动来丰富整体效果

─┤ **知识点链接** ├─

卡片动画——创建粒子，构成人像的效果，结合摄影机的运动来丰富整体效果。

─┤ **操作步骤** ├─

01 启动软件After Effects CC 2014，导入一张"人像"图片。创建一个新的合成，选择预设为PAL D1/DV，命名为"人像"，设置时长为8秒。拖曳素材图片到时间线面板中，调整其位置和大小，获得比较合适的构图，如图133-1所示。

02 新建一个合成，命名为"噪波"。新建一个图层，添加"分形杂色"滤镜，如图133-2所示。

图133-1

图133-2

03 调整"对比度"为200，"亮度"为-10，效果如图133-3所示。

04 新建一个固态层，添加"梯度渐变"滤镜，设置混合模式为"相乘"，如图133-4所示。

  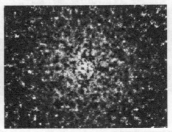

图133-3 图133-4

05 新建一个合成，命名为"汇聚人像"，新建一个图层，作为背景，添加"梯度渐变"滤镜，如图133-5所示。

06 新建一个28mm的摄影机，拖曳合成"噪波"和"人像"到时间线面板中，关闭"噪波"图层的可视性。

07 选择"人像"图层，添加"卡片动画"滤镜，设置"行数"为100，"列数"为100，选择"渐变图层1"为图层"2.噪波"，如图133-6所示。

图133-5 图133-6

08 确定当前时间线指针在合成的起点，展开"X位置"选项组，选择"源"为"强度1"，设置"乘数"为0.5，并激活动画记录器，创建关键帧。"Y位置"和"Z位置"的参数也这样设置，如图133-7所示。

09 设置"X轴缩放"和"Y轴缩放"的参数，激活动画记录器，创建关键帧，如图133-8所示。

 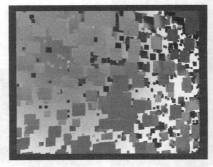

图133-7 图133-8

10 拖曳时间线指针到5秒，设置"缩放"和"位置"选项组中的"乘数"均为0.2，7秒时均为0。

11 选择"摄像机系统"为"合成摄像机"，创建摄影机动画，添加关键帧，拖曳时间线指针，查看粒子汇聚的动画效果，如图133-9所示。

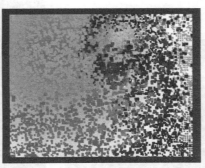

图133-9

12 添加Starglow滤镜，设置Streak Length为2，展开Colormap A选项组，选择预设为Deepsea，设置Opacity为60%，Transfer Mode为Screen，如图133-10所示。

13 拖曳时间线指针到0秒，激活Starglow Opacity的动画记录器，拖曳时间线到4秒，设置Opacity为0。还可以进一步调整对摄影机的关键帧及Card Dance滤镜参数。

14 拖曳时间线指针，查看最终的粒子汇聚动画效果，如图133-11所示。

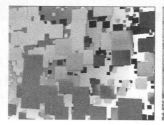
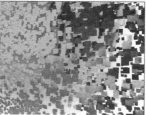

图133-10　　　　　　　　　　　　　　图133-11

实例 134 **粒子光球**

- **案例文件** | 光盘\工程文件\第10章\134 粒子光球
- **视频文件** | 光盘\视频教学2\第10章\134.mp4
- **难易程度** | ★★★☆☆
- **学习时间** | 10分05秒
- **实例要点** | 羽化遮罩创建透明球　　环形粒子
- **实例目的** | 本例学习应用CC Particle World滤镜发射线性粒子，应用"极坐标"滤镜产生环形变形，与设置羽化遮罩的透明球结合，完善构图

┨ 知识点链接 ┠

蒙版——应用蒙版的组合创建球效果。
CC Particle World——创建线状粒子效果。

┨ 操作步骤 ┠

01 打开软件After Effects CC 2014，选择主菜单中的"合成"|"新建合成"命令，创建一个新的合成，命名为"粒子光球"，选择预设为PAL D1/DV，设置时长为10秒。

02 在时间线面板空白处单击鼠标右键，从弹出的菜单中选择"新建"|"纯色"命令，新建一个白色图层，命名为"球1"。选择圆形遮罩工具 █，在视图中绘制一个圆形遮罩，然后在时间线面板中选择"蒙版1"，选择主菜单中的"编辑"|"复制"命令，复制一个，自动命名为"蒙版 2"。设置"蒙版2"的模式为"相减"，在视图中向下移动"蒙版2"，如图134-1所示。

03 在时间线面板中，展开Mask 1和Mask 2的属性栏，设置羽化和扩展参数，如图134-2所示。

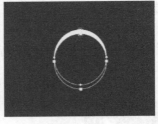

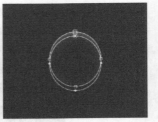

图134-1　　　　　　　　　　　　　　　　　　　图134-2

04 在时间线面板中选择"球1"图层，选择主菜单中的"编辑"|"复制"命令，复制该图层，重命名为"球2"，激活"独奏"属性，单独显示该图层，然后调整遮罩的羽化和扩展参数，如图134-3所示。

05 在时间线面板空白处单击鼠标右键，从弹出的菜单中选择"新建"|"纯色"命令，新建一个橙色图层，颜色值为（R：255 G：120 B：0），命名为"粒子1"。

06 选择"粒子1"图层，拖曳到最底层，选择主菜单中的"效果"|"模拟"| CC Particle World命令，添加一个粒子滤镜，然后激活"独奏"属性，单独显示该图层，设置Birth Rate（出生率）的值为4。

07 展开Producer（生成器）选项组，调整Position Z、Radius X和Radius Y的参数，如图134-4所示。

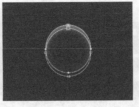

图134-3　　　　　　　　　　　　　　　　　　　图134-4

08 展开Physics（物理学）选项组，选择Animation（动画）为Direction Axis（方向轴），设置Velocity（速率）为0.01，Gravity（重力）为0，如图134-5所示。

09 展开Particle（粒子）选项栏，选择Particle Type（粒子类型）为Lens Fade（透镜衰减），设置Birth Size（出生大小）为0.02，Death Size（死亡大小）为0.1，如图134-6所示。

10 展开Opacity Map（不透明贴图）选项栏，通过绘制改变不透明度贴图，如图134-7所示。

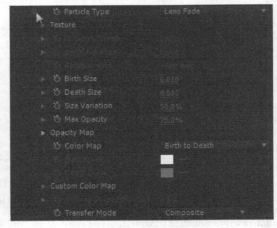

图134-5　　　　　　　　　　　　　　　　　　　图134-6

11 选择主菜单中的"效果"|"扭曲"|"极坐标"命令，添加"极坐标"滤镜，选择"转换类型"为"矩形到极线"，设置"插值"为100%，如图134-8所示。

图134-7　　　　　　　　　　　　　　　　图134-8

12 关闭该图层的"独奏"属性，根据合成预览效果，调整粒子圈的位置和大小，如图134-9所示。

13 选择 "粒子1" 图层，选择主菜单中的"编辑"|"复制"命令，复制一层，重命名为"粒子2"。展开Producer（生成器）选项栏，设置Position Y为0.05，PositionZ为0.3；展开Physics（物理学）选项栏，设置Velocity（速率）为0.05，展开Particle（粒子）选项组，设置Max Opacity（最大不透明度）为25%。查看合成效果，如图134-10所示。

14 复制"粒子2"图层，自动命名为"粒子3"。展开Producer（生成器）选项栏，设置Position Y为0.08，Position Z为-0.2，展开Physics（物理学）选项栏，设置Velocity（速率）为0.2。拖曳时间线指针，查看合成预览效果，如图134-11所示。

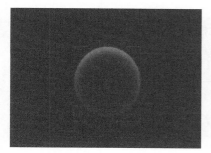

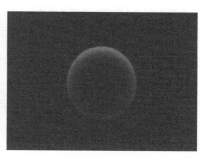

图134-9　　　　　　　　　　图134-10　　　　　　　　　　图134-11

15 在时间线面板空白处单击鼠标右键，从弹出的菜单中选择"新建"|"纯色"命令，新建一个黑色固态层，命名为"镜头光斑"，选择主菜单中的"效果"|"生成"|"镜头光晕"命令，添加"镜头光晕"滤镜，设置参数，如图134-12所示。

16 新建一个调节图层，拖曳到"镜头光斑"层，添加"曲线"滤镜，调高亮度和对比度，如图134-13所示。

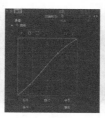

图134-12　　　　　　　　　　　　　　　图134-13

17 添加"发光"滤镜，设置"发光半径"为50，拖曳时间线指针，查看合成预览动画效果，如图134-14所示。

图134-14

实例 135 极速粒子

● **案例文件** ┃ 光盘\工程文件\第10章\135 极速粒子

● **视频文件** ┃ 光盘\视频教学2\第10章\135.mp4

● **难易程度** ┃ ★★★☆☆

● **学习时间** ┃ 7分18秒

● **实例要点** ┃ 粒子参数表达式动画　　粒子运动模糊

● **实例目的** ┃ 本例学习应用Particular滤镜发射粒子，创建粒子参数与文本位置属性相关联的表达式，激活粒子运动模糊，获得极速运动的粒子效果

▌ 知识点链接 ▌

　　Particular——创建粒子效果，应用表达式控制粒子的速度。

▌ 操作步骤 ▌

01 打开软件After Effects CC 2014，创建一个新的合成，选择预设为PAL D1/DV方形像素，设置时长为20秒。

02 新建一个固态层，添加"梯度渐变"滤镜，产生一个线性渐变，设置"起始颜色"为橙色，"结束颜色"为黑色，如图135-1所示。

03 使用文本工具 **T**，输入字符"vfx798"，设置文本的大小和位置等参数，如图135-2所示。

图135-1　　　　　　　　　　　　　　　　　　　　　　　　图135-2

04 选择文本图层，选择主菜单中的"图层"｜"预合成"命令，弹出"预合成"对话框，命名为"vfx"，选择第2项，单击"确定"按钮关闭对话框。

05 新建一个固态层，命名为"粒子"，添加Particular滤镜，展开Emitter（发射器）选项组，选择Emitter Type（发射类型）为Box（盒）项，设置Velocity（速率）为0，设置Emitter Size X/Y/Z的数值，使发射器与文本大小差不多，如图135-3所示。

图135-3

06 激活 "文字" 图层的三维属性 🔲。

07 在时间线面板中展开 "粒子" 图层的属性栏，展开Particular滤镜的位置属性，为Position XY添加表达式，单击🔲按钮链接到"文字"图层的"位置"属性；为Position Z添加表达式，单击🔲按钮链接到"文字"图层"位置"属性的Z参数。

08 设置 "文字" 图层的位置动画，3个关键帧即可，如图135-4所示。

图135-4

09 选择Particles/sec属性，添加表达式，单击🔲按钮，链接到"文字"图层的"位置"属性，然后修改表达式为：this Comp.layer（"vfx"）.transform.position.speed。拖曳时间线，查看粒子的动画效果，如图135-5所示。

图135-5

10 继续修改表达式：

S=this Comp.layer（"vfx"）.transform.position.speed;

if (S>30) {500};

else{0};

11 调整"文字"图层的移动距离，增大运动速度，调整速度曲线，如图135-6所示。

12 继续修改表达式：

S=this Comp.layer（"文字"）.transform.position.speed;

lf (S>20) {800};

else{0};

查看粒子效果，如图135-7所示。

图135-6　　　　　　　　　　　　图135-7

13 选择"文字"图层，继续创建位移动画。

14 选择"粒子"图层，展开Particle选项组，设置Set Color（设置颜色）为Over Life（随生命），添加Starglow滤镜，选择Input Channel为Blue，选择预设为Current Settings，如图135-8所示。

图135-8

15 单击播放按钮 ▶️，查看极速粒子的动画预览效果，如图135-9所示。

图135-9

实 例
136 粒子打印

- **案例文件** ┃ 光盘\工程文件\第10章\136 粒子打印
- **视频文件** ┃ 光盘\视频教学2\第10章\136.mp4
- **难易程度** ┃ ★★★☆☆
- **学习时间** ┃ 16分21秒
- **实例要点** ┃ 图片破碎成粒子　　破碎动画反向播放
- **实例目的** ┃ 本例应用"碎片"滤镜创建图片破碎成粒子的效果，再应用"启用时间重映射"将图片破碎的动画反向播放，创建粒子打印的效果

┃ 知识点链接 ┃

碎片滤镜——创建图片破碎成粒子的效果。

倒放——应用"启用时间重映射"将图片破碎的动画反向播放。

┃ 操作步骤 ┃

01 打开软件After Effects CC 2014，创建一个新的合成，命名为"渐变"，选择预设为PAL D1/DV，时长为8秒。新建一个固态层，添加"梯度渐变"滤镜，设置"渐变起点"为（0，288），"渐变终点"为（720，288），如图136-1所示。

02 新建一个合成，命名为"粒子破碎"，导入一张照片到时间线面板中，拖曳合成"渐变"到时间线面板中，关闭其可视性。

03 选择照片图层，添加"碎片"滤镜，选择"查看"为"已渲染"，效果如图136-2所示。

图136-1 　　　　　　　　　　　　　　　　　　　图136-2

04 展开"渐变"选项栏组，选择"渐变图层"为"2.渐变"，设置"碎片阈值"的关键帧，在0秒时为0%，在6秒时为100%，如图136-3所示。

05 展开"作用力1"选项组，设置"位置"为（720，288），调整力的半径，设置"半径"为1.02，如图136-4所示。

图136-3

图136-4

06 展开"形状"选项组，设置"重复"为40，"凸出深度"为0.1，如图136-5所示。

07 新建一个摄影机，选择预设为28mm。在"碎片"效果面板中，选择"摄像机系统"为"合成摄像机"，然后选择摄影机旋转工具和推拉工具，调整摄影机视图，如图136-6所示。

图136-5

图136-6

08 展开"作用力2"选项组，单击按钮，在视图中调整"位置"，设置"半径"为0.25，如图136-7所示。

09 调整"作用力1"选项组中的"半径"为1.05。

10 展开"物理学"选项组，设置"重力方向"为154°，如图136-8所示。

图136-7

图136-8

11 选择摄影机旋转工具，调整视图，创建摄影机的动画，如图136-9所示。

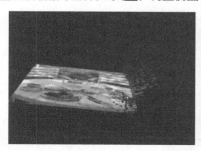

图136-9

12 新建一个合成，命名为"粒子打印"，拖曳合成"粒子破碎"到时间线面板中，选择主菜单中的"图层" | "时间" | "时间反向图层"命令，反向播放该图层，如图136-10所示。

图136-10

13 回到合成"粒子破碎"，新建一个蓝色图层，命名为"激光"，激活3D属性█，绘制一个矩形遮罩，添加"发光"滤镜，设置图层混合模式为"相加"，如图136-11所示。

14 回到合成"粒子打印"，拖曳时间线指针，查看最终的粒子打印动画效果，如图136-12所示。

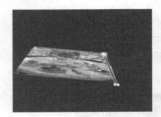

图136-11   图136-12

实例 137 海底气泡

- **案例文件** | 光盘\工程文件\第10章\137 海底气泡
- **视频文件** | 光盘\视频教学2\第10章\137.mp4
- **难易程度** | ★★★★☆
- **学习时间** | 18分24秒
- **实例要点** | 水底焦散的效果　　气泡上升
- **实例目的** | 本例学习应用"单元格图案"滤镜创建水底焦散的效果，应用"泡沫"滤镜创建气泡上升的动画

知识点链接

"单元格图案"滤镜——创建水底焦散的效果。

"泡沫"滤镜——创建气泡上升的效果。

操作步骤

01 启动软件After Effects CC 2014，创建一个新的合成，命名为"海底"，选择预设为HDV/HDTV 720/25，设置时长为30秒。

02 新建一个图层，命名为"背景"，添加"渐变梯度"滤镜，如图137-1所示。

图137-1

03 添加"分形杂色"滤镜，为"演化"项添加关键帧，在0秒时为0，在30秒时为86。

04 设置"缩放"为350，"复杂度"为3，选择"混合模式"为"柔光"，设置"不透明度"为40，如图137-2所示。

05 新建一个固态层，命名为"海底"，激活3D属性 ，将其旋转成水平状态，向下移动到地面位置。添加"分形杂色"滤镜，如图137-3所示。

06 添加"快速模糊"滤镜，设置"模糊度"为20。添加CC Toner滤镜，设置Highlights（高光）为浅灰色，Midtones（中间色）为浅棕色。

07 调整大小和位置，然后添加"线性擦除"滤镜，实现远处淡出效果，如图137-4所示。

图137-2

图137-3

图137-4

08 添加"色相/饱和度"滤镜，勾选"彩色化"，调整"着色色相"为28，"着色亮度"为-8。

09 创建一个24mm的摄影机，调整视图，如图137-5所示。

10 新建一个图层，命名为"水底焦散"，激活3D属性 ，将其旋转成水平状态，调整位置，刚好在海底的上面。添加"线性擦除"滤镜，设置"过渡完成"为50%，"擦除角度"为0°，"羽化"为300，实现远处淡出效果。

11 添加"单元格图案"滤镜，选择"单元格图案"选项为"气泡"，勾选"反转"选项，设置"大小"为135，设置图层的混合模式为"颜色减淡"，如图137-6所示。

图137-5　　　　　　　　　　图137-6

12 为"演化"添加关键帧，在0秒时为0，在30秒时为8。

13 调整"大小"为100，拖曳时间线指针，查看海底的光影效果，如图137-7所示。

图137-7

14 新建一个图层，命名为"海水颜色"，添加"梯度渐变"滤镜，设置滤镜参数，然后在时间线面板中选择图层混合模式为"颜色减淡"，查看预览效果，如图137-8所示。

15 添加"分形杂色"滤镜，设置"缩放"为350，"复杂度"为3，选择"混合模式"为"柔光"，设置"不透明度"为20%，为"演化"添加关键帧，设置旋转8周的动画，如图137-9所示。

图137-8 图137-9

16 添加"快速模糊"滤镜，设置"模糊度"为100。

17 新建一个黑色图层，绘制椭圆形遮罩，设置"羽化"为300，混合模式为"相乘"，调整图层的"不透明度"为80%，压黑视图的四角，效果如图137-10所示。

18 新建一个调节图层，绘制一个矩形遮罩，设置"羽化"为60，添加"色阶"滤镜，调整顶部的光亮度，如图137-11所示。

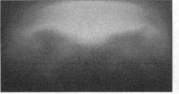

图137-10 图137-11

19 新建一个合成，命名为"泡泡"，设置"宽度"和"高度"均为400，时长为10秒。新建一个图层，添加"泡沫"滤镜，如图137-12所示。

20 拖曳合成"泡泡"到 图标上，创建一个新的合成，命名为"气泡贴图"。选择"泡泡"图层，选择主菜单中的"图层"|"时间"|"启用时间重映射"命令，拖曳时间线指针，找到一个比较理想的气泡，添加关键帧，删除其他的关键帧。

21 打开合成"海底气泡"，拖曳合成"气泡贴图"到时间线中，关闭其可视性。新建一个图层，命名为"粒子"，添加Particular滤镜，激活该图层"独奏"属性 ，展开"发射器"选项组，选择"发射器类型"为"盒子"，设置"粒子数量/秒"为20，调整"发射器尺寸"的数值，如图137-13所示。

图137-12 图137-13

22 展开"粒子"选项组，设置"生命"为3秒，选择"粒子类型"为"材质式多角形"，选择"图层"为"泡泡贴图"，设置"尺寸"为15，如图137-14所示。

23 展开"生命期尺寸"选项组，选择第4种贴图，然后进行修改，如图137-15所示。

图137-14

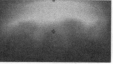

图137-15

24 展开"物理学"选项组，设置"重力"为-5，调整"位置Z"为240，"生命"为6秒，"大小"为20。

25 为粒子图层添加"色相/饱和度"滤镜，降低饱和度，设置图层混合模式为"屏幕"。保存工程文件，查看最终动画效果，如图137-16所示。

图137-16

实例 138 飞旋粒子

- **案例文件**┃光盘\工程文件\第10章\138 飞旋粒子
- **视频文件**┃光盘\视频教学2\第10章\138.mp4
- **难易程度**┃★★★★☆
- **学习时间**┃28分47秒
- **实例要点**┃球力场的设置
- **实例目的**┃本例应用"构成"插件创建粒子发射的效果，通过调整Form的发射点位置和球力场的位置，创建圆弧状的粒子效果

┃知识点链接┃

Form——通过调整Form的发射点位置和球力场的位置，创建圆弧状的粒子效果。

┃操作步骤┃

01 打开软件After Effects CC 2014，创建一个新的合成，命名为"飞旋粒子"，选择预设为PAL D1/DV，长度为11秒。

02 新建一个黑色图层，添加Form滤镜，展开"形态基础"选项组，设置"大小X"为100，"大小 Y"为18 000，"大小Z"为2，"X/Y/Z中的粒子"分别为20、300和2，"中心Z"为-200，如图138-1所示。

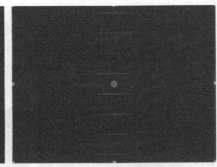

图138-1

03 确定当前时间线在2秒，激活"大小 Y"和"中心 Z"的关键帧记录器🕑，创建关键帧。

04 展开"粒子"选项组，设置"大小随机"为96，颜色为橙色，"大小"为2，如图138-2所示。

图138-2

05 展开"分离和扭曲"选项组，设置"分散"为100，激活关键帧。展开"分形区域"选项组，设置"影响尺寸"为5，"影响不透明度"为10，"位移"为49，参数设置如图138-3所示。

图138-3

06 展开"球形区域"选项组，设置"球形 1"选项组的参数，如图138-4所示。

图138-4

07 调整"球形 1"选项组的参数，"位置Z"为-60，打开关键帧"位置Y"和"中心Z"，拖动时间线到3秒的位置，激活"分散"，修改参数值为2，设置"位置Y"为400。

08 展开"空间转换"选项组，调整"旋转"和"偏移"的参数，如图138-5所示。

图138-5

09 拖曳时间线到合成的起点，调整"中心Z"为-1 000。拖曳时间线指针，查看粒子的动画效果，如图138-6所示。

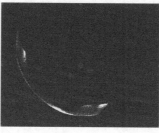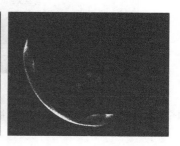

图138-6

10 调整"分散""大小Y""中心 Z""粒子"选项中的"不透明度"值，以及"扭曲"的参数并建立关键帧，直到获得比较满意的飞旋粒子构图，如图138-7所示。

11 复制该图层，按R键展开"旋转"属性栏，设置旋转角度为180，两个粒子图层组成对称的弧形，如图138-8所示。

图138-7　　　　　　　　　图138-8

12 新建一个合成，命名为"T1"，单击鼠标右键，选择"新建"｜"文本"命令，新建一个文本图层，选择文字工具T，输入字符"飞云裳"。

13 新建合成并命名为"T2"，新建一个文本图层，选择文字工具T，输入文字"FLYING CLOTH"，调整字体。

14 将合成"T1"和"T2"拖至合成"飞旋粒子"的底层，关闭其可视性。单击鼠标右键，选择"新建"｜"纯色"命令，新建一个固态层，命名为"T1"，选择主菜单中的"效果"｜Trapcode｜Form 命令，添加构成滤镜，参数设置如图138-9所示。

图138-9

15 修改 "T1" 图层的"分散和扭曲"，为图层设置多个"不透明度"的关键帧，产生闪烁的效果，如图138-10所示。

图138-10

16 选择 "飞旋的粒子01" 图层，选择主菜单中的"效果"｜"风格化"｜"发光"命令，添加"发光"滤镜。

17 新建一个35mm的摄影机，激活摄影机的目标点，创建关键帧，实现景深增强粒子的层次感。

18 新建一个固态层，命名为"BG"，添加"梯度渐变"滤镜，如图138-11所示。

图138-11

19 设置4个图层的混合模式为"相加"。拖曳时间线指针，查看最终的飞旋粒子的动画效果，如图138-12所示。

图138-12

实例 139 能量波

- **案例文件** | 光盘\工程文件\第10章\139 能量波
- **视频文件** | 光盘\视频教学2\第10章\139.mp4
- **难易程度** | ★★★☆☆
- **学习时间** | 16分24秒
- **实例要点** | 粒子发射　　矢量模糊
- **实例目的** | 本例应用CC Particle World滤镜创建粒子发射效果，应用CC Vector Blur矢量模糊，形成动态能量波的效果

知识点链接

CC Particle World——创建粒子发射效果。

CC Vector Blur——矢量模糊，形成动态能量波的效果。

操作步骤

01 打开软件After Effects CC 2014，创建一个新的合成，命名为"黑色粒子波"，选择预设为PAL D1/DV，长度为15秒。

02 新建一个白色图层，作为背景，新建一个摄影机，选择预设为28mm。

03 新建一个黑色图层，命名为"黑粒子"，添加CC Particle World滤镜，取消勾选Grid项，关闭网格。展开Particle选项组，选择粒子类型为Lens Convex，如图139-1所示。

04 展开Physics选项组，选择Animation为Direction Axis，Gravity为0，如图139-2所示。

 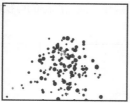

图139-1

图139-2

05 展开Producer选项组，设置Position X/Y/Z为-0.45、0、0.12，Radius X/Y/Z为0.1、0.15、0.3，效果如图139-3所示。

06 在时间线面板中展开图层的CC Particle World属性栏，调整Velocity的值到0.25，然后添加表达式：wiggle(7,0.25)，拖曳时间线查看粒子效果，如图139-4所示。

图139-3   图139-4

07 激活合成和该图层的运动模糊属性 ，然后选择主菜单中的"合成"|"合成设置"命令，在弹出的合成设置对话框中，单击"高级"选项卡，设置"快门角度"为360°，增强模糊效果，如图139-5所示。

08 在Physics选项组中设置Extra为-0.2，效果如图139-6所示。

图139-5   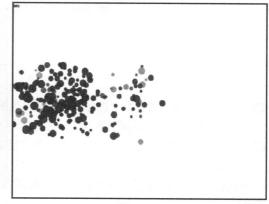

图139-6

09 在Particle选项组中，设置Birth Size为0.025，Death Size为0.025；设置Birth Rate为0.1，Longevity为9秒。查看粒子效果，如图139-7所示。

10 复制"黑粒子"图层，重命名为"黑粒子波"，在粒子效果控制面板中调整粒子参数，设置Birth Rate为2，Longevity（寿命）为1，展开Particle选项组，用鼠标右键单击Birth Size项，选择Reset命令，再用鼠标右键单击Death Size项，选择Reset命令。在时间线面板中展开图层的属性栏，调整Velocity的值到0.65，关闭"黑粒子"图层的可视性，拖曳时间线查看粒子效果，如图139-8所示。

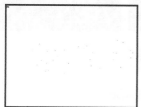 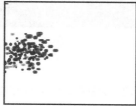 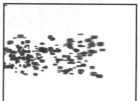 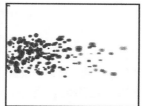

图139-7   图139-8

11 添加 "快速模糊" 滤镜，设置 "模糊度" 为45。

12 添加CC Vector Blur滤镜，选择Property为Alpha，设置Amount为90，如图139-9所示。

13 复制 "黑粒子波" 图层，重命名为 "黑粒子波2"，关闭 "黑粒子波" 图层的可视性。在粒子效果控制面板中调整参数，设置Radius Y为0，效果如图139-10所示。

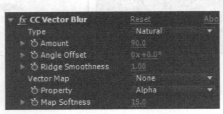
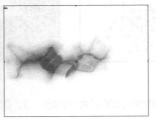
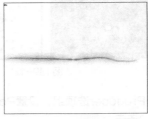

图139-9   图139-10

14 选择 "快速模糊" 滤镜，设置 "模糊度" 为22；选择CC Vector Blur滤镜，设置Amount为25。打开所有粒子图层的可视性，查看合成预览效果，如图139-11所示。

15 在项目窗口中拖曳合成图标 "黑色粒子波" 到合成图标██上，创建一个新的合成，命名为 "粒子能量"。

16 选择 "黑色粒子波" 图层，选择主菜单中的 "效果" | "通道" | "反转" 命令，添加 "反转" 滤镜，如图139-12所示。

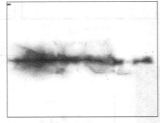
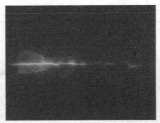

图139-11   图139-12

17 新建一个合成，命名为 "能量波"，长度为5秒。选择文本工具██，输入字符 "www.vfx.hebeiat.com" 和 "飞云裳视觉特效"，设置文本特性，如图139-13所示。

18 选择这两个文字图层，选择主菜单中的 "图层" | "预合成" 命令，进行预合成，重名为 "文本"。双击打开该预合成，设置字符 "飞云裳" 视觉特效的颜色为浅蓝色。

19 激活合成 "能量波"，新建一个黑色图层，放置于底层，作为背景，然后从项目窗口中拖曳合成 "粒子能量" 到时间线面板的顶层，设置该图层的混合模式为 "屏幕"，如图139-14所示。

图139-13   图139-14

20 添加一个固态图层，设置混合模式为 "颜色"，添加 "梯度渐变" 滤镜，设置从红色到青色的放射渐变，如图139-15所示。

图139-15

21 添加 "色调" 滤镜，设置 "着色数量" 为40%。

22 选择 "粒子能量" 图层，设置0秒到4秒之间，粒子从左边入画到右边出画的关键帧动画。

23 激活合成"黑粒子波",选择摄影机推拉工具▣,稍微拉远视图。激活合成"能量波",拖曳时间线指针,查看合成预览效果,如图139-16所示。

图139-16

24 因为能量波的通过,文本产生变形。选择文本图层,添加"湍流置换"滤镜,选择"置换"为"扭转",设置"数量"为50,"大小"为50,在时间线面板中为"演化"属性添加表达式:time*500。查看合成预览效果,如图139-17所示。

图139-17

25 设置"数量"参数的关键帧,在1秒10帧时为0,在2秒时为50,在3秒时为0。拖曳时间线,查看动画效果,根据需要调整关键帧的位置。

26 选择"文本"图层,添加"发光"滤镜,设置"发光半径"为16。

27 添加"快速模糊"滤镜,设置"模糊度"的参数值从15到0的关键帧动画,配合能量波经过时的变形效果。

28 单击播放按钮,查看能量波的动画效果,如图139-18所示。

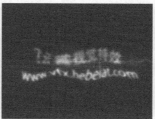

图139-18

<table>
<tr><td>实 例
140</td><td>**飞溅的粒子**</td></tr>
</table>

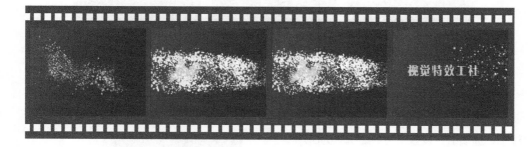

- **案例文件**┃光盘\工程文件\第10章\140 飞溅的粒子
- **视频文件**┃光盘\视频教学2\第10章\140.mp4
- **难易程度**┃★★★★☆
- **学习时间**┃14分55秒
- **实例要点**┃粒子的力学参数设置
- **实例目的**┃本例应用Particular滤镜创建粒子发射效果,通过设置合理的力学参数,获得需要的结果

知识点链接

Particular——创建粒子发射效果，通过设置力学参数，获得需要的结果。

操作步骤

01 启动软件After Effects CC 2014，创建一个新的合成，命名为"文本"，选择预设为PAL D1/DV，设置时长为10秒。

02 选择文本工具**T**，输入字符"视觉特效工社"，设置合适的字体、字号、颜色和位置，如图140-1所示。

03 新建一个合成，命名为"粒子 1"，拖曳合成"文本"到时间线面板中，激活3D属性**⬛**，关闭可视性。

04 新建一个黑色图层，添加Particular滤镜。展开"发射器"选项组，选择"发射器类型"为"图层"，展开"发射图层"选项组，选择"图层"为"3.文本"，具体参数设置如图140-2所示。

图140-1

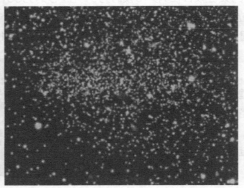

图140-2

05 设置"粒子数量/每秒"的关键帧，在0秒时为200 000，在4秒时为0。拖曳时间线，查看粒子的动画效果，如图140-3所示。

图140-3

06 展开"粒子"选项组，设置"生命随机"为50%，"尺寸"为2，"尺寸随机"为50%，"不透明度随机"为50%，如图140-4所示。

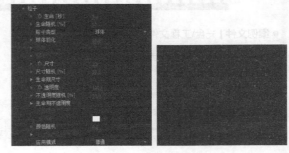

图140-4

07 展开"物理学"选项组，设置"空气阻力"为1 000，"旋转频率"为10，"旋转淡入"为1，如图140-5所示。

图140-5

08 设置"旋转幅度"的关键帧，在0秒时为30，在4秒时为10，如图140-6所示。

图140-6

09 展开"扰乱场"选项组，设置"影响尺寸"为40，"影响位置"为1 000，"演变速度"为100，如图140-7所示。

图140-7

10 设置"影响尺寸"的关键帧，在0秒时为40，4秒时为5；设置"影响位置"的关键帧，在0秒时为1 000，4秒时为5。拖曳时间线，查看粒子的动画效果，如图140-8所示。

图140-8

11 新建一个合成，命名为"粒子 2"，新建一个图层，添加Particular滤镜，展开"发射器"选项组，设置"粒子数量/每秒"为5 000，"速度"为500，以及"发射器尺寸"的数值，如图140-9所示。

图140-9

12 设置"位置XY"的关键帧，在1秒内由左向右穿越屏幕。

13 展开"粒子"选项组，设置"生命"为2秒，"生命随机"为50%，"尺寸随机"为50%，"不透明度随机"为50%，"应用模式"为"加强"。拖曳时间线，查看粒子的动画效果，如图140-10所示。

图140-10

14 展开"物理学"选项组，设置"重力"为-100，展开"空气"选项组，设置"空气阻力"为4，具体参数设置如图140-11所示。

图140-11

15 展开"扰乱场"选项组，具体参数设置如图140-12所示。

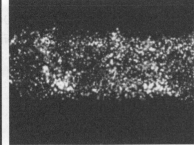

图140-12

16 新建一个合成，命名为"粒子飞溅"，新建一个图层，添加"梯度渐变"滤镜，作为背景，如图140-13所示。

图140-13

17 拖曳合成"文本""粒子 1"和"粒子 2"到时间线面板中，设置图层的混合模式为"相加"，调整图层入点和淡入关键帧，如图140-14所示。

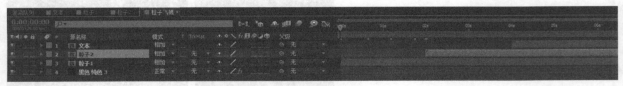

图140-14

18 拖曳时间线，查看粒子飞溅的动画效果，如图140-15所示。

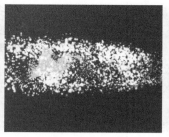

图140-15

实例 141 飞舞的蒲公英

- **案例文件** 光盘\工程文件\第10章\141 飞舞的蒲公英
- **视频文件** 光盘\视频教学2\第10章\141.mp4
- **难易程度** ★★★★☆
- **学习时间** 8分48秒
- **实例要点** 发射飞絮形状的粒子
- **实例目的** 本例学习应用Particular滤镜创建粒子发射的动画效果，设置蒲公英飞絮作为粒子的形状贴图，通过设置风力等参数获得比较理想的飞舞动画

知识点链接

　　Particular——以蒲公英贴图作为粒子贴图，通过力学参数的设置，创建蒲公英飞舞的效果。

操作步骤

01 打开软件After Effects CC 2014，导入图片"飞絮.psd"，在弹出的面板中选择图层4。选择主菜单中的"合成"|"新建合成"命令，创建一个新的合成，命名为"飞絮"，设置"宽度"和"高度"均为150，时间长度为6秒。

02 拖曳图片"图层4/飞絮.psd"到时间线面板中，并激活其3D属性。单击█按钮展开图层属性，调整"缩放"为35%。使用█固定图片的中心点。打开图片的旋转属性，在0秒的位置激活X、Y和Z轴旋转的关键帧，在最后一帧时设置参数值分别为24°、5°和390°。拖曳时间线指针查看效果，如图141-1所示。

图141-1

03 选择主菜单中的"合成"｜"新建合成"命令，新建一个合成，命名为"花絮飞舞"，选择预设为PAL D1/DV，设置时长为6秒，拖曳合成"飞絮"到时间线面板中，关闭其可视性。

04 选择主菜单中的"图层"｜"新建"｜"纯色"命令，新建一个黑色固态层，选择主菜单中的"效果"｜Trapcode｜Particular命令，添加一个粒子滤镜。

05 展开"发射器"选项组，设置"位置XY"为（-61.9，474），展开"物理学"选项组，设置参数如图141-2所示。

06 展开"发射器"选项组，在5帧时激活"粒子数量/每秒"的关键帧，设置参数值为0,在0帧时设置参数值为600。

07 展开"粒子"选项组，将"生命"设置为6，设置其他参数，如图141-3所示。

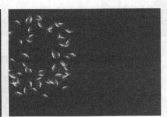

图141-2　　　　　　　　　　　　　　　　　　　　图141-3

08 展开"物理学"选项组，设置"重力"为70，使蒲公英呈现出质量感，其他参数设置如图141-4所示。

图141-4

09 可以调整飞絮的旋转参数，以达到满意的效果，单击播放按钮，查看最终效果，如图141-5所示。

图141-5

实例 142 粒子圈

- **案例文件** ▎光盘\工程文件\第10章\142 粒子圈
- **视频文件** ▎光盘\视频教学2\第10章\142.mp4
- **难易程度** ▎★★★★☆
- **学习时间** ▎14分11秒
- **实例要点** ▎表达式控制发射器
- **实例目的** ▎本例应用Particular滤镜创建粒子发射效果,由表达式控制发射器的运动,形成环绕的粒子圈

知识点链接

Particular——利用表达式控制发射器的运动,创建环绕的粒子圈。

操作步骤

01 打开软件After Effects CC 2014,选择主菜单中的"合成"|"新建合成"命令,创建一个新的合成,命名为"粒子圈",时长为10秒。在时间线面板空白处单击鼠标右键,从弹出的菜单中选择"新建"|"纯色"命令,新建一个图层,命名为"背景",选择主菜单中的"效果"|"生成"|"四色渐变"命令,添加"四色渐变"滤镜,参数设置如图142-1所示。

图142-1

02 在时间线空白处单击鼠标右键,从弹出的快捷菜单中选择"新建"|"空对象"命令,新建一个空对象,激活三维属性。打开"空对象"的位置属性,选择主菜单中的"动画"|"添加表达式"命令,为位置属性添加如下表达式。

```
center=[this_comp.width/2,this_comp.height/2,0];
radius=200;
angle=time*-300;
x=radius*Math.cos(degreesToRadians(angle));
y=radius*Math.sin(degreesToRadians(angle));
add(center,[x,y,0]);
```

拖曳时间线指针查看效果,如图142-2所示。

图142-2

03 在时间线空白处单击鼠标右键,选择"新建"|"纯色"命令,新建一个固态层,命名为"粒子"。选择主菜单中的"效果"|Trapcode|Particular命令,添加粒子滤镜,设置图层混合模式为"相加",激活"独奏"属性,展开"发射器"选项组,设置"粒子数量/每秒"为1 500,"速度"为10,"继承运动速率"为5,如图142-3所示。

图142-3

04 在时间线面板中展开Particular滤镜属性，按住Alt键单击"位置XY"属性前面的码表 ⊠ 自动添加了一个默认表达式，然后单击按钮 ⊙ 链接到"空白 1"的位置属性。

05 展开"粒子"选项组，设置"尺寸"为2，"尺寸随机"为50%，颜色为青色，"应用模式"为"加强"，如图142-4所示。

图142-4

06 展开"生命期尺寸"选项组，选择第2种曲线，如图142-5所示。

07 展开"物理学"选项组，设置"影响位置"为200，"演变速度"为10，如图142-6所示。

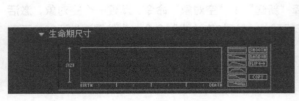

图142-5

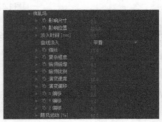

图142-6

08 增加发射粒子的速率，展开"发射器"选项组，设置"粒子数量/每秒"为1 500，然后尝试调整风力参数，展开"气"选项组，设置"风向X"为10，"风向Y"为-15，"风向Z"为0。查看粒子合成效果，如图142-7所示。

图142-7

09 选择"粒子"，选择主菜单中的"编辑"｜"复制"命令，复制"粒子"图层，重命名为"粒子线"，展开"发射器"选项组，设置"速度"为0，展开"气"选项组中的"扰乱场"选项，设置"影响位置"为100，如图142-8所示。

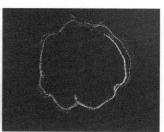

图142-8

10 展开"发射器"选项组，设置"粒子数量/每秒"为6 000，展开"粒子"选项组，设置"生命"为1.5，"尺寸"为1，打开"独奏"属性，效果如图142-9所示。

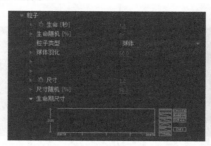

图142-9

11 复制　"粒子线"图层，自动命名为"粒子线2"，展开"粒子线2"的"扰乱场"选项组，设置"缩放"为17，如图142-10所示。

图142-10

12 复制"粒子线2"图层，自动命名为"粒子线3"，设置"缩放"为12，打开"独奏"属性，拖动时间线查看效果，如图142-11所示。

图142-11

13 选择"粒子2"图层，选择主菜单中的"效果"｜"风格化"｜"发光"命令，添加发光滤镜，设置"发光半径"为20。

14 选择"粒子"图层，修改"位置XY"的表达式，添加valueAtTime(time-0.12)，这样粒子发射器的位置就可以延迟了，如图142-12所示。

图142-12

15 查看完成的粒子圈动画效果，如图142-13所示。

图142-13

实 例 143	字烟

- **案例文件**┃光盘\源文件\第10章\143 字烟
- **视频文件**┃光盘\视频教学2\第10章\143.mp4
- **难易程度**┃★★★☆☆
- **学习时间**┃15分22秒
- **实例要点**┃字烟的制作
- **实例目的**┃本例应用"写入"和Particular滤镜创建字烟书写效果

▌知识点链接 ▌

写入——创建字符书写动画。

Particular——创建烟雾状的粒子效果。

▌操作步骤 ▌

01 打开软件After Effects CC 2014，创建一个新的合成，命名为"文字"，选择预设为PAL D1/DV，设置时长为5秒。

02 选择文本工具 ，输入字符"VFX"，选择合适的字体、字号、颜色和勾边，效果如图143-1所示。

图143-1

03 新建一个黑色固态图层，放在底层，选择这两个图层，进行预合成，命名为"文字"。

04 选择"文字"图层，选择主菜单中的"效果"|"生成"|"写入"命令，添加书写滤镜。调整"画笔大小"为7，选择"绘画样式"为"在原始图像上"项，将笔刷放置在文本的起点，激活"画笔位置"的关键帧记录器 ，在视图中沿着文字的轮廓不断调整笔刷的位置，创建勾勒文本的动画。

05 选择"绘画样式"为"显示原始图像",拖曳时间线,查看文字的书写动画效果,如图143-2所示。

图143-2

06 新建一个固态层,选择主菜单中的"效果" | Trapcode | Particular命令,添加粒子滤镜。在时间线面板中展开图层的属性栏,展开"发射器"选项组,按住Alt键单击"位置XY"前面的码表 创建默认表达式,然后单击按钮 链接到"文字"图层的"写入"滤镜中的"画笔位置"属性。拖曳时间线,可看到粒子发射器会跟随着书写的动画发射粒子,如图143-3所示。

07 设置"速度"为0,增加粒子发射的数量,设置"粒子数量/每秒"为1 000,查看粒子效果,如图143-4所示。

图143-3   图143-4

08 在"粒子"选项组中设置"尺寸"为1;展开"物理学"组中"气"参数组中的"扰乱场"选项组,设置"影响位置"为300。拖曳时间线,查看粒子的动画效果,如图143-5所示。

09 调整"速度"的数值到15,"粒子数量/每秒"为10 000,效果如图143-6所示。

图143-5   图143-6

10 展开"粒子"选项组,设置"不透明度"为50%,展开"生命期不透明度"选项组,选择第2个曲线,降低"生命"值为2,如图143-7所示。

11 降低"继承运动速率"和"随机速率"值均为0,如图143-8所示。

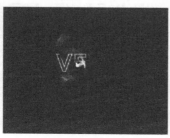 

图143-7   图143-8

12 在文本书写结束的时候使粒子淡出，需要设置"粒子数量/每秒"的关键帧，在4秒时为1 000，在5秒时为0。

13 设置"空气阻力"值为10，调整"影响位置"为250，"不透明度"为25，改变烟雾的形态，还可以尝试调整"风向"的参数，比如"风向/X/Y/Z"分别为-50、-20和-40，获得不同的烟雾形态。

14 拖曳时间线指针，查看字符烟雾的预览效果，如图143-9所示。

图143-9

<table><tr><td>实 例
144</td><td>礼花</td></tr></table>

- **案例文件** 光盘\工程文件\第10章\144 礼花
- **视频文件** 光盘\视频教学2\第10章\144.mp4
- **难易程度** ★★★★☆
- **学习时间** 4分58秒
- **实例要点** 礼花喷射效果　　粒子繁殖参数的设置
- **实例目的** 本例学习应用Particular滤镜发射粒子，重点在于设置"辅助系统"的参数，产生礼花燃放的动画效果

知识点链接

Particular——通过控制"辅助系统"的参数，创建礼花效果。

操作步骤

01 打开软件After Effects CC 2014，选择主菜单中的"合成"|"新建合成"命令，创建一个新的合成，命名为"烟花"，选择预设为PAL D1/DV，设置长度为5秒。

02 在时间线面板空白处单击鼠标右键，从弹出的菜单中选择"新建"|"纯色"命令，新建一个黑色图层，命名为"烟花"。选择主菜单中的"效果"|Trapcode|Particular命令，添加粒子滤镜，展开"发射器"选项栏，设置粒子发射的关键帧，设置"粒子数量/每秒"在0秒时为600，在25帧时为0。设置"速度"为200，"随机速度"为30%，效果如图144-1所示。

图144-1

03 展开"物理学"选项栏,设置"重力"为50,展开"气"选项栏,设置"空气阻力"为0.5,如图144-2所示。

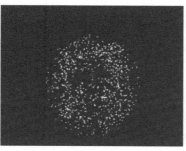

图144-2

04 展开"辅助系统"选项栏,选择"发射"为"继续",设置"粒子数量/每秒"为50,"生命"为1秒,选择"类型"为"条纹",如图144-3所示。

05 设置"尺寸"为5,"生命期尺寸"为第2种直线淡出类型,"生命期不透明度"为最后一种曲线,具体参数设置如图144-4所示。

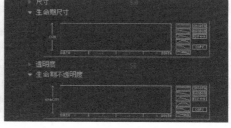

图144-3　　　　　　　　　　　　　　　　　图144-4

06 设置"生命期颜色"节点的颜色,选择"应用模式"为"相加",具体参数设置如图144-5所示。

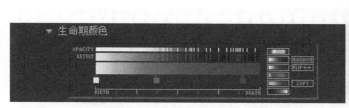

图144-5

07 展开"粒子"选项栏,设置"生命"为3秒,"生命随机"为25%,如图144-6所示。

图144-6

08 设置"尺寸随机"为25%,"生命期尺寸"为淡出,尾端随机增大,如图144-7所示,这样可以产生礼花闪烁的效果。

图144-7

09 设置"颜色"为淡绿色，如图144-8
所示。

图144-8

10 在时间线面板空白处单击鼠标右
键，从弹出的菜单中选择"新建"｜
"调节图层"命令，新建一个调节层，
选择主菜单中的"效果"｜"风格
化"｜"发光"命令，添加发光滤
镜，设置"发光半径"为60，如图
144-9所示。

图144-9

11 展开"发射器"
选项栏，调整"粒子
数量/每秒"在0帧时
为800。单击播放按
钮▮▮，查看礼花燃放
的动画效果，如图
144-10所示。

图144-10

| 实例 **145** | **粒子能量** |

● **案例文件**▎光盘\工程文件\第10章\145 粒子能量

● **视频文件**▎光盘\视频教学2\第10章\145.mp4

● **难易程度**▎★★★★☆

● **学习时间**▎27分38秒

● **实例要点**▎球力场控制线条的形状

● **实例目的**▎本例学习应用Form滤镜创建线条空间，重点在于球力场控制线条的形状动画

▎知识点链接▎

　　Form——创建线条，由球力场控制线条的形状。

┃ 操作步骤 ┃

01 打开After Effects CC 2014软件，选择主菜单中的"合成"｜"新建合成"命令，创建一个新合成，命名为"粒子能量"。

02 选择文本工具，输入字符"飞云裳 视觉特效公社"，激活3D属性，展开"位置"属性，分别在0秒、1秒、5秒和6秒设置Z轴数值为2500、100、0和2500。在0秒时调整文本的位置在左下角，拖曳时间指针查看效果，如图145-1所示。

图145-1

03 在时间线空白处单击鼠标右键，选择"新建"｜"纯色"命令，新建一个固态层，命名为"光带"，选择主菜单中的"效果"｜Trapcode｜Form命令，添加构成滤镜，参数设置如图145-2所示。

图145-2

04 确定当前时间线指针在1秒的位置，展开"形态基础"选项组，激活"大小 X""大小Y""大小Z""X中的粒子""Y中的粒子""Z中的粒子"和"中心Z"的关键帧记录器，参数设置如图145-3所示。

05 将时间线指针拖至0秒的位置，参数设置如图145-4所示。

图145-3　　　　　　　　　　图145-4

06 在0秒的位置激活"分散"的关键帧记录器，设置参数值为500，在1秒的位置设置参数值为0。选择"渲染模式"为"完全渲染+DOF平方（AE）"。

07 添加"发光"效果，设置"发光阈值"为80.9%，"发光半径"为10，"发光强度"为2.1。

08 展开"球形1"选项组，设置"强度"值为100，"半径"值为200，"羽化"值为50。在时间线面板中按住Alt键分别单击"位置XY"和"位置Z"前面的码表创建默认表达式，然后单击按钮链接到"文本"图层的"位置"属性，修改"分散"的参数值为218，拖动时间线指针查看效果，如图145-5所示。

 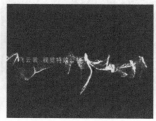 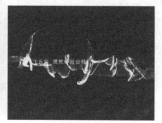

图145-5

09 按U键展开"光带"图层的关键帧，将时间线指针放在5秒的位置，添加关键帧，在6秒时复制1秒的关键帧。

10 新建一个固态层，命名为"光线"，选择"光线"图层，添加Form（构成）滤镜，将时间线指针放在0秒的位置，激活"大小X""大小Y""大小Z""X中的粒子""Y中的粒子""Z中的粒子"和"中心Z"的关键帧记录器，参数值分别设置为0、0、0、1、1、2和-820，展开"分散和扭曲"选项组设置"分散"为500，如图145-6所示。拖曳当前时间线指针到1秒，调整参数设置如图145-7所示。

图145-6 图145-7

11 展开"粒子"选项组，参数设置如图145-8所示。

12 展开"分形区域"选项组，参数设置如图145-9所示。

13 展开"球形1"选项组，为"位置XY"和"位置Z"添加表达式，并链接"文本"图层的"位置"属

图145-8

性，然后添加"发光"滤镜，设置"发光阈值"为70.2%，修改"颜色"为棕黄色，查看合成预览效果如图145-10所示。

图145-9 图145-10

14 选择"光线"图层，按U键展开关键帧，将时间线指针放在5秒的位置，添加关键帧，复制1秒处的关键帧，粘贴到6秒的位置。

15 新建一个35mm的摄影机，设置"焦距"为240，获得比较理想的景深效果。

16 选择"文本"图层，设置图层的"不透明度"，在0秒时为0，在1秒时为100，在5秒时为0，在6秒时为100。设置所有图层的出点为6秒04帧。

17 单击播放按钮，查看最终效果，如图145-11所示。

图145-11

实例

146 人物烟化

- **案例文件**｜光盘\工程文件\第10章\146 人物烟化
- **视频文件**｜光盘\视频教学2\第10章\146.mp4
- **难易程度**｜★★★★☆
- **学习时间**｜12分52秒
- **实例要点**｜抠像　　创建烟化效果
- **实例目的**｜本例应用Keylight抠出前景人物，再应用Form滤镜创建发散的粒子，形成烟雾效果

▌知识点链接▐

Keylight(1.2)——抠像。

Form——应用粒子创建烟雾效果。

▌操作步骤▐

01 打开软件After Effects CC 2014，导入一段视频素材"蓝屏02.mov"，用鼠标右键单击，从弹出的菜单中选择"解释素材"｜"主要"命令，在弹出的解释素材对话框中设置"高场优先"，像素比为1.09。新建一个合成，命名为"抠像"，选择预设为PAL D1/DV，设置时长为5秒。

02 拖曳视频素材到时间线面板中，拖曳时间线指针到1秒，按Alt +]组合键，设置图层的出点，然后添加"启用时间重映像"属性，将第2个关键帧拖曳到合成的终点，延长素材的出点到合成的终点。

03 选择主菜单中的"效果"｜"键控"｜Keylight(1.2)命令，添加Keylight抠像滤镜，单击Screen Colour（屏幕颜色）对应的吸管按钮 ，吸取屏幕中的蓝色，调整Screen Gain（屏幕增益）的参数，以便获取更好的抠像效果，如图146-1所示。

04 新建一个合成，命名为"渐变运动"，新建一个固态图层，命名为"渐变"，添加"梯度渐变"滤镜，设置横向黑白渐变，然后创建该图层在0秒到3秒之间从左向右移动的动画，如图146-2所示。

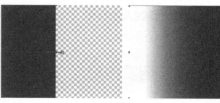

图146-1　　　　　　　　　　　　　　　　　　　图146-2

05 新建一个固态层，命名为"紊乱"，添加"分形杂色"滤镜，调整"对比度"为200，展开"变换"选项组，取消勾选"统一缩放"，设置"缩放宽度"为600，"缩放高度"为100，"复杂度"为4，如图146-3所示。

06 新建一个合成，命名为"人物烟化"，拖曳合成"抠像"和"渐变运动"到时间线中，关闭其可视性。

07 新建一个固态层，命名为"烟化"，添加Form滤镜，展开"粒子"选项组，设置"大小 X/Y/Z"和"X/Y/Z中的粒子"的数值，如图146-4所示。

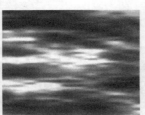

图146-3 图146-4

08 展开"粒子"选项组，选择"粒子类型"为"球体"，设置"大小"和"不透明度"等参数。

09 展开"层映射"选项组，设置"颜色和Alpha""分形强度"及"分散"等选项，具体参数设置如图146-5所示。

10 展开"分散和扭曲"选项组，设置"分散"为200。

11 展开"分形区域"选项组，设置"位移"为450，增强粒子的扩散效果。

12 设置"紊乱"图层的混合模式为"蒙版亮度"，效果如图146-6所示。

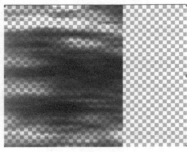

图146-5 图146-6

13 设置"中心XY"的关键帧，调整中心点。设置"扭曲"的关键帧，在3秒01帧时设置"扭曲"为0，在4秒16时设置"扭曲"为3。

14 展开"球形区域"选项组，设置"半径"为800，为"强度"添加关键帧，在3秒01帧时为0，在4秒16时为20。查看效果，调整"位置XY"的位置。

15 保存工程文件，拖曳时间线指针，查看最终的人物烟化效果，如图146-7所示。

图146-7

实 例
147 **烟雾拖尾**

● **案例文件** ┃ 光盘\工程文件\第10章\147 烟雾拖尾
● **视频文件** ┃ 光盘\视频教学2\第10章\147.mp4
● **难易程度** ┃ ★★★★☆
● **学习时间** ┃ 31分11秒
● **实例要点** ┃ 粒子的力学参数　　　粒子的形状参数
● **实例目的** ┃ 本例应用Particular创建粒子发射效果，然后定义粒子的烟雾形状，调整粒子的力学参数，获得烟雾效果

━┃ **知识点链接** ┃━

　　Particular——创建粒子发射效果，调整力学参数，获得烟雾效果。

━┃ **操作步骤** ┃━

01 打开软件After Effects CC2014，创建一个新的合成，选择预设为PAL D1/DV，设置时间长度为6秒。

02 导入一张图片"城市03"，拖曳到时间线中并调整其缩放数值。选择主菜单中的"效果"｜"颜色校正"｜"曲线"命令，添加"曲线"滤镜，参数设置如图147-1所示。

03 导入一张png格式的素材图片"smoke.png"，拖至时间线面板并关闭其可视性。

04 在时间线空白处单击鼠标右键，选择"新建"｜"灯光"命令，新建一个点光源，取消勾选"投影"选项，再新建一个35mm的摄影机。

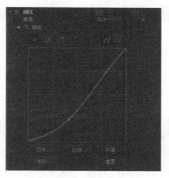

图147-1

05 切换到顶视图，调整灯光的位置，设置点光源在0秒到6秒之间的位置关键帧动画，如图147-2所示。将"灯光1"重命名为"发射器"。

图147-2

06 新建一个固态层，命名为"烟雾"，选择主菜单中的"效果"｜Trapcode｜Particular命令，添加粒子滤镜，展开"发射器"选项组，选择"发射器类型"为"灯光（s）"，设置"速率"为1。

07 展开"粒子"选项组，设置"生命"值为6，"粒子类型"为"子画面"，指定"材质"选项中的"图层"为"5.smoke.png"，其他参数如图147-3所示。

08 设置"粒子类型"为"多边形纹理着色"设置颜色和尺寸的参数，如图147-4所示。

09 展开"阴影"选项组，设置"阴影"选项为"开"，合成效果如图147-5所示。

图147-3　　　　　　　　　　图147-4　　　　　　　　　　图147-5

10 新建一个聚光灯，勾选"阴影"选项，设置"强度"为150，调整灯光的位置，效果如图147-6所示，新建一个环境光，设置灯光强度为80。

11 在粒子效果面板中展开"阴影"选项组，设置"光照衰减"选项为"自然（Lux）"，"漫反射"为100。复制"灯光1"，设置颜色为橙色，强度为100，取消勾选"投影"选项，调整3个灯光的位置。拖曳时间线指针查看效果，如图147-7所示。

图147-6　　　　　　　　　　图147-7

12 根据需要反复调整灯光的位置和强度，以得到理想的烟雾颜色。

13 选择"烟雾"图层，选择主菜单中的"效果"｜"风格化"｜"发光"命令，添加"发光"滤镜，参数设置如图147-8所示。

图147-8

14 新建一个固态层并命名为"光斑"，选择主菜单中的"效果"｜Video Copilot｜Optical Flares命令，单击"选择"按钮，打来Optical Flares Options面板，选择一个适合的光斑预设，并在Stack面板中对其进行调整。

15 设置图层的混合模式为"相加"，创建光斑跟随烟雾运动的关键帧动画。

16 单击播放按钮，查看动画预览效果，如图147-9所示。

图147-9

实例 148 彩球汇聚

- **案例文件**|光盘\工程文件\第10章\148 彩球汇聚
- **视频文件**|光盘\视频教学2\第10章\148.mp4
- **难易程度**|★★★☆☆
- **学习时间**|6分39秒
- **实例要点**|小球汇聚图片
- **实例目的**|本例学习应用CC Ball Action滤镜创建发射彩色小球的动画，最终汇聚成背景图片

知识点链接

CC Ball Action——创建立体空间中小球矩阵与汇聚的效果。

操作步骤

01 启动After Effects CC2014软件，选择主菜单中的"合成"|"新建合成"命令，新建一个合成，命名为"标识"，选择预设为PAL D1/DV，时间长度为5秒。

02 新建一个粉色图层，作为背景。选择文本工具 **T**，输入字符"飞云裳"，颜色为蓝色，再输入字符"vfx129"，颜色为绿色，调整位置，如图148-1所示。

03 新建一个合成，命名为"彩球汇聚"。新建一个固态层，命名为"背景"，添加"梯度渐变"滤镜，接受默认值即可。

04 拖曳合成"标识"到时间线中，设置混合模式为"屏幕"，选择主菜单中的"效果"|"模拟"|CC Ball Action命令，添加球特技滤镜，设置Scatter为850，Grid Spacing为6，效果如图148-2所示。

图148-1

图148-2

05 选择Rotation Axis为Y Axis，设置Rotation为180，Twist Angle为6，如图148-3所示。

图148-3

06 确定当前时间线指针在0秒，激活Scatter、Rotation、Twist Angle和Grid Spacing关键帧记录器🗝，创建关键帧，然后拖曳时间线指针到4秒，设置Scatter为0，Rotation为0，Twist Angle为0，Grid Spacing为0。拖曳时间线指针，查看小球的动画效果，如图148-4所示。

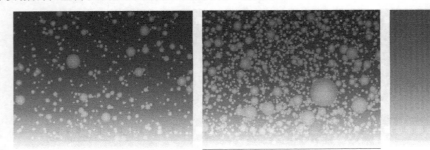

图148-4

07 新建一个20mm的摄影机，调整视图，创建摄影机动画，如图148-5所示。

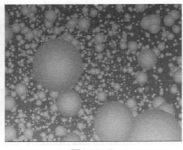

图148-5

08 新建一个黑色固态层，绘制一个椭圆形蒙版，勾选"反转"选项，设置羽化值为200，"蒙版不透明度"为50%，效果如图148-6所示。

09 新建一个调节层，添加"曲线"滤镜，调整亮度和对比度，如图148-7所示。

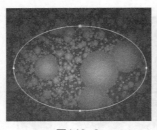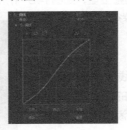

图148-6　　　　　　　　图148-7

10 单击播放按钮，查看最终的合成预览效果，如图148-8所示。

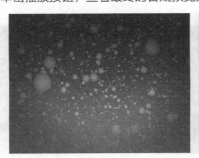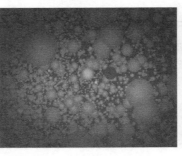

图148-8

实例 149 光点飞舞

- **案例文件** | 光盘\工程文件\第10章\149 光点飞舞
- **视频文件** | 光盘\视频教学2\第10章\149.mp4
- **难易程度** | ★★★☆☆
- **学习时间** | 4分38秒
- **实例要点** | 光点飞舞的参数设置
- **实例目的** | 本例学习应用CC Ball Action滤镜创建飞舞的光点，由发射图层的颜色增强光点的绚丽

知识点链接

CC Ball Action——创建光点。

操作步骤

01 启动软件After Effects CC2014，创建一个新的合成，选择预设为PAL D1/DV，时长为6秒。

02 使用文本工具 **T**，输入字符"VFX798"，调整文字的颜色、大小和位置，如图149-1所示。

03 选择主菜单中的"效果"|"模拟"| CC Ball Action命令，添加CC Ball Action滤镜，设置参数，如图149-2所示。

图149-1 图149-2

04 在0秒时激活Twist Angle、Scatter和Rotation的关键帧记录器，在2秒时设置Twist为280。Scatter为80，Rotation为200，Instability State为50。重新调整关键帧的位置，将0帧处的关键帧拖至5秒，将2秒处的关键帧拖至4秒。设置0秒处的关键帧数值，如图149-3所示。

05 拖曳时间线指针查看效果，设置Ball Size为75，Grid Spacing为2。

06 新建一个调节层，选择主菜单中的"效果"|"风格化"|"发光"命令，添加"发光"滤镜，设置参数，如图149-4所示。

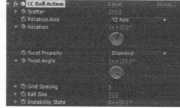

图149-3 图149-4

07 选择主菜单中的"效果"｜Trapcode｜Starglow命令，添加Starglow滤镜，参数设置如图149-5所示。

图149-5

08 激活文本层，在时间线面板中最后1帧处设置Scatter为-150，单击播放按钮■，查看最终效果，如图149-6所示。

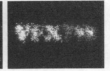

图149-6

实例 150 波光粼粼

- **案例文件**｜光盘\工程文件\第10章\150 波光粼粼
- **视频文件**｜光盘\视频教学2\第10章\150.mp4
- **难易程度**｜★★★★☆
- **学习时间**｜6分45秒
- **实例要点**｜创建波浪的曲面　　创建流动效果
- **实例目的**｜本例应用Form插件创建波浪的曲面，应用CC Flo Motion滤镜创建流动效果

┃知识点链接┃

Form——创建波浪的曲面。
CC Flo Motion——创建流动效果。

┃操作步骤┃

01 启动软件After Effects CC2014，选择主菜单中的"合成"｜"新建合成"命令，创建一个新的合成，选择预设为PAL D1/DV，时长为10秒。

02 在时间线空白处单击鼠标右键，选择"新建"｜"纯色"命令，新建一个黑色图层，选择主菜单中的"效果"｜Trapcode｜Form命令，添加Form滤镜。展开"形态基础"选项组，设置"大小X"为500，"大小Y"为900，"大小Z"为200，"X中的粒子"为300，"Y中的粒子"为300，"Z中的粒子"为3，"Z的中心"为250，"Z旋转"为90，如图150-1所示。

03 展开"快速映射"｜"不透明映射"选项组，选择第6种贴图，如图150-2所示。

图150-1　　　　　　　　　　　　　　　图150-2

04 展开"颜色映射"选项组，选择第3种渐变，调整颜色为蓝色，选择"映射不透明和颜色在"选项为X,如图150-3所示。

05 展开"映射#1"选项组，选择第6种贴图，设置"映射#1在"选项为"放射"，如图150-4所示。

图150-3　　　　　　　　　　　　　　　图150-4

06 展开"映射#2"选项组，选择第6种贴图，设置"映射#2在"选项为Z，如图150-5所示。

07 展开"映射#3"选项组，选择第4种贴图，设置"映射#3在"选项为"放射"，如图150-6所示。

图150-5　　　　　　　　　　　　　　　图150-6

08 展开"分散和扭曲"选项组，设置"扭曲"为2，效果如图150-7所示。

09 展开"分形区域"选项组，设置"影响尺寸"为2，"位置"为100，如图150-8所示。

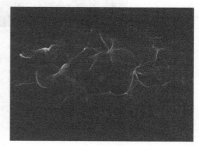

图150-7　　　　　　　　　　　　　　　图150-8

10 展开"球形区域"｜"球形1"选项组，设置"强度"为100，"位置XY"为（646.0，260.0），"位置Z"为200，"半径"为120，如图150-9所示。

图150-9

11 展开"球形2"选项组，参数设置如图150-10所示。

12 展开"空间转换"选项组，设置"比例"为125，查看效果如图150-11所示。

图150-10　　　　　　　　　　　　　　　图150-11

13 选择主菜单中的"效果"｜Trapcode｜Shine命令，添加Shine滤镜，设置"光芒长度"为0，展开"颜色模式"选项，选择"颜色模式"为"单一颜色"，设置"颜色"为蓝绿色，如图150-12所示。

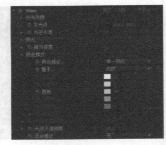

图150-12

14 选择主菜单中的"效果"｜"扭曲"｜CC Flo Motion命令，添加CC Flo Motion滤镜，设置Amount 1为-2，Amount 2为-3，设置Knot 1和Knot 2的关键帧，如图150-13所示。

图150-13

15 选择主菜单中的"效果"｜"扭曲"｜"波形变形"命令，添加"波浪变形"滤镜，设置"波形宽度"为80，查看动画效果，如图150-14所示。

图150-14

16 在时间线空白处单击鼠标右键，选择"新建"｜"调节图层"命令，新建一个调节层，选择主菜单中的"效果"｜"颜色校正"｜"曲线"命令，添加"曲线"滤镜，调整亮度，如图150-15所示。

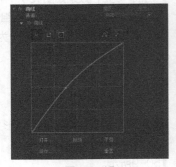

图150-15

17 单击播放按钮，查看最终合成效果，如图150-16所示。

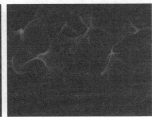

图150-16

第 **11** 章

幻彩空间

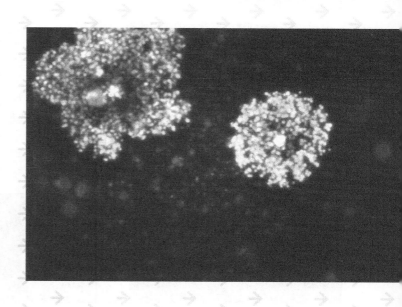

本章讲述创建空间特效的技巧，包括星空、网格、隧道及流光
等背景效果。

实例 151 星球光芒

- **案例文件** ┃ 光盘\工程文件\第11章\151 星球光芒
- **视频文件** ┃ 光盘\视频教学2\第11章\151.mp4
- **难易程度** ┃ ★★★★☆
- **学习时间** ┃ 16分44秒
- **实例要点** ┃ 创建云雾背景　　创建镜头光斑效果
- **实例目的** ┃ 本例主要讲解应用"分形杂色"滤镜创建云雾背景的纹理效果,应用Optial Flares滤镜创建镜头光斑效果

┃ 知识点链接 ┃

分形杂色——创建云雾背景的纹理效果。

Optical Flares——创建镜头光斑效果。

┃ 操作步骤 ┃

01 打开软件After Effects CC 2014,创建一个新的合成,命名为"背景",选择预设为PAL D1/DV,长度为15秒。

02 新建一个黑色图层,添加"分形杂色"滤镜,选择"分形类型"为"动态扭转","杂色类型"为"样条",设置"对比度"为256,"复杂度"为20,如图151-1所示。

03 设置"演化"的关键帧,在0秒时为0,在15秒时为4,展开"演化选项"选项组,勾选"循环演化"选项,设置"循环(旋转次数)"为4,如图151-2所示。

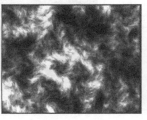

图151-1　　　　　　　　　　　　　　　　　　　　图151-2

04 拖曳时间线指针,查看噪波的动态效果,如图151-3所示。

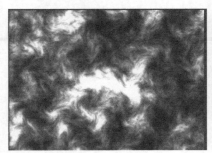
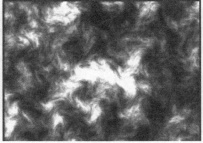
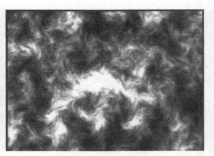

图151-3

05 添加CC Radial Blur滤镜，选择Type为Straight Zoom，设置Amount为60，如图151-4所示。

06 添加"色相/饱和度"滤镜，勾选"彩色化"，设置"着色色相"为275，"着色饱和度"为40，如图151-5所示。

图151-4   图151-5

07 绘制一个椭圆形遮罩，设置"蒙版羽化"为150，"蒙版扩展"为-60，如图151-6所示。

图151-6

08 新建一个合成，命名为"星球光芒"，新建一个暗灰色图层，命名为"星星"，添加CC Star Burst滤镜，设置Scatter为200，Speed为0.05，Size为50，如图151-7所示。

图151-7

09 拖曳合成"背景"到时间线面板中，放置在"星星"图层之上，设置混合模式为"相加"，设置该图层在0秒到1秒之间的淡入动画。拖曳时间线指针，查看合成预览效果，如图151-8所示。

图151-8

10 选择圆形遮罩工具，绘制一个圆形，填充白色，命名为"太阳"，如图151-9所示。

11 添加"发光"滤镜，设置"发光半径"为20，效果如图151-10所示。

图151-9   图151-10

12 添加"快速模糊"滤镜，设置"模糊度"为8。

13 复制"太阳"图层，重命名为"月亮"，设置图层的缩放比例为112%，单击填充工具  的色块图标，调整颜色为黑色。

14 选择"太阳"图层，确定当前时间线指针在合成的起点，激活"位置"记录关键帧开关 ，拖曳指针到4秒，"太阳"图层向左移动，显露一小部分，如图151-11所示。

图151-11

15 新建一个合成，命名为"光芒"，新建一个黑色图层，添加Optical Flares滤镜，单击Options，选择Motion Graphics(19) | Old School 光斑，如图151-12所示。

16 调整光斑的Position XY数值为（360，288），对齐图层的中心，设置Brightness为75，如图151-13所示。

图151-12   图151-13

17 添加CC Radial Blur滤镜，设置Type为Straight Zoom，Amount为100，如图151-14所示。

图151-14

18 添加CC Color Offset滤镜，设置Red Phase、Green Phase和Blue Phase分别为10、10、100，Overflow为Polarize，如图151-15所示。

图151-15

19 绘制一个圆形遮罩，设置羽化值为192，扩展为-50，如图151-16所示。

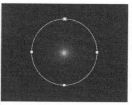

图151-16

20 拖曳合成"光芒"到合成"星球光芒"中，设置该图层的混合模式为"屏幕"。添加"计算"滤镜，选择"混合模式"为"相加"。

21 按P键展开位置属性栏，设置光斑图层的"位置"为（236，288）；然后设置"缩放"的关键帧，在2秒时为0%，在10秒时为250%，匹配星球的移动。拖曳时间线指针，查看合成预览效果，如图151-17所示。

图151-17

<table>
<tr><td>实　例
152</td><td>**火龙**</td></tr>
</table>

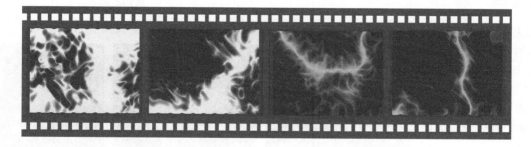

- **案例文件** ┃ 光盘\工程文件\第11章\152 火龙
- **视频文件** ┃ 光盘\视频教学2\第11章\152.mp4
- **难易程度** ┃ ★★★☆☆
- **学习时间** ┃ 7分11秒
- **实例要点** ┃ 创建紊乱的噪波纹理　　　纹理上色
- **实例目的** ┃ 本例主要讲解应用"分形杂色"滤镜创建紊乱的噪波纹理，应用Colorama滤镜为纹理上色，呈现出火红的效果

┃ 知识点链接 ┃

　　分形杂色——创建紊乱的噪波纹理。

　　色光——为纹理上色，呈现火红的效果。

┃ 操作步骤 ┃

01 打开软件After Effects CC 2014，创建一个新的合成，命名为"火龙"，选择预设为PAL D1/DV，长度为15秒。

02 新建一个白色固态层，选择"效果"｜"杂色和颗粒"｜"分形杂色"命令，添加"分形杂色"滤镜。选择"分形类型"为"字符串"，"杂色类型"为"样条"，设置"亮度"为-20，展开"变换"选项组，设置"缩放"为750，如图152-1所示。

图152-1

03 确定当前时间线指针在起点位置，激活"对比度"参数的关键帧记录器 ，设置数值为20；激活"亮度"参数的关键帧记录器 ，设置数值为28。展开"子设置"选项组，设置"子影响"为125，激活"子旋转"参数的关键帧记录器 ，设置数值为180；激活"演化"的关键帧记录器 ，设置数值为1周，如图152-2所示。

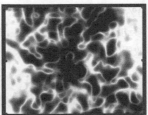

图152-2

04 设置6秒时"对比度"为100，"亮度"为-20。

05 拖曳时间线指针到合成的终点，调整"子旋转"和"演化"均为0，"对比度"为60。拖曳时间线指针，查看动画效果，如图152-3所示。

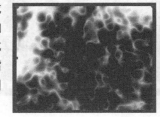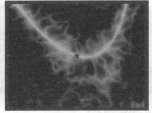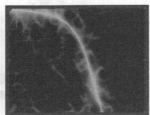

图152-3

06 展开"演化选项"组，勾选"循环演化"。拖曳时间线指针，查看动画效果，如图152-4所示。

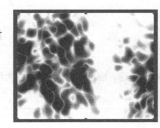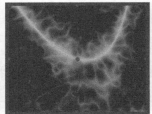

图152-4

07 选择主菜单中的"效果"|"颜色校正"|"色光"命令，添加"色光"滤镜，展开"输出循环"选项组，选择预设为"火焰"，如图152-5所示。

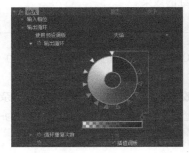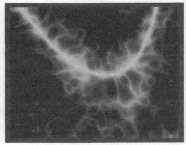

图152-5

08 添加"波形变形"滤镜，设置"波形高度"为5，如图152-6所示。

09 添加"湍流置换"滤镜，选择"置换"为"扭转"，如图152-7所示。

图152-6

 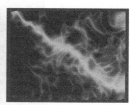

图152-7

10 保存工程文件，查看动画预览效果，如图152-8所示。

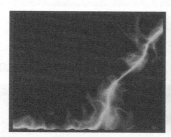 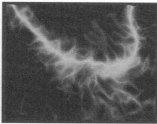 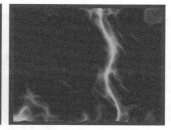

图152-8

实例 153 魔幻空间

- **案例文件** ┃ 光盘\工程文件\第11章\153 魔幻空间
- **视频文件** ┃ 光盘\视频教学2\第11章\153.mp4
- **难易程度** ┃ ★★★★☆
- **学习时间** ┃ 13分18秒
- **实例要点** ┃ 风力场控制粒子发射
- **实例目的** ┃ 本例学习应用Particular滤镜插件创建粒子发射的效果，设置"辅助系统"的参数和风向的关键帧，创建纵横交错的线条空间

┃ 知识点链接 ┃

　　Particular——创建粒子发射效果，设置辅助系统的参数，再造粒子流线。

┃ 操作步骤 ┃

01 打开软件After Effects CC 2014，创建一个新的合成，选择预设为PAL D1/DV，时长为10秒。

02 新建一个黑色图层，命名为"粒子1"，添加Particular滤镜。展开"发射器"选项组，选择"发射器类型"为"盒子"，设置"发射尺寸X/Y/Z"分别为3 000、4 000和5 000，其余参数为0，如图153-1所示。

图153-1

03 设置"粒子数量/每秒"的关键帧，在0帧时为0，在2帧时为3 000，在4帧时为0。

04 展开"粒子"选项组，设置"生命"为10，"尺寸"为4，"应用模式"为"加强"，如图153-2所示。

图153-2

05 展开"辅助系统"选项组，选择"发射"为"继续"，设置"粒子数量/秒"为100，如图153-3所示。

图153-3

06 展开"生命期颜色"选项组，单击第2种贴图，然后调整渐变的颜色，如图153-4所示。

07 展开"发射器"选项组，调整"位置XY"为（303，288），获得比较满意的粒子分布效果。

08 展开"物理学"｜"气"选项组，确定当前时间线在合成的起点，激活"风向 X""风向Y"和"风向Z"的记录关键开关。在时间线面板中展开粒子属性栏，拖曳时间线指针到5帧，调整"风向 X"为400，创建第2个关键帧，然后选择所有的关键帧，用鼠标右键单击，从弹出的菜单中选择"切换定格关键帧"命令，改变关键的插值特性。

09 向后拖曳时间线指针，可以看到一种特殊的粒子效果，如图153-5所示。

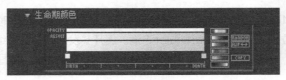

图153-4

图153-5

10 拖曳时间线指针到10帧，调整"风向 X"为0，"风向Y"为400。向后拖曳时间线，查看粒子效果，如图153-6所示。

11 拖曳时间线指针到20帧，调整"风向Y"为0，"风向Z"为-500。向后拖曳时间线，查看粒子效果，如图153-7所示。

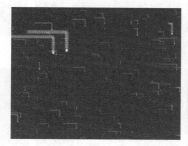

图153-6　　　　　　　　　　　　　　图153-7

12 为"风向"参数添加关键帧，为了节省时间，也可以复制并粘贴关键帧，最后使粒子在立体空间中穿行，生成交织的折线，如图153-8所示。

13 创建一个摄影机，选择预设为35mm。

14 复制粒子图层，重命名为"粒子2"，调整粒子发射器的"位置"等参数，使两个粒子有所差异，比如设置"位置Z"的关键帧。拖曳时间线指针，查看合成预览效果，如图153-9所示。

图153-8

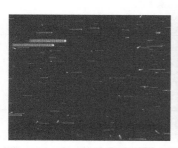

图153-9

15 为了增大粒子运动的差异性，可将不同轴向风力的关键帧进行交换，比如，将粒子1的"风向Y"关键帧复制并粘贴到粒子2的"风向X"，将粒子1的"风向X"关键帧复制并粘贴到粒子2的"风向Z"，将粒子1的"风向Z"关键帧复制并粘贴到粒子2的"风向Y"，如图153-10所示。

图153-10

16 在时间线上单击鼠标右键，选择"新建"|"调节图层"命令，新建一个调整图层，添加"发光"滤镜。

17 调节摄影机动画，拖曳时间线指针，查看魔幻的粒子空间效果，如图153-11所示。

图153-11

| 实例 154 | 闪烁方块 |

- **案例文件**｜光盘\工程文件\第11章\154 闪烁方块
- **视频文件**｜光盘\视频教学2\第11章\154.mp4
- **难易程度**｜★★★☆☆
- **学习时间**｜4分41秒
- **实例要点**｜闪烁的方块效果
- **实例目的**｜本例学习应用"分形杂色"滤镜创建动态的方块，应用CC Toner滤镜上色

---┃ **知识点链接** ┃---

分形杂色——创建动态方块效果。
CC Toner——上色。

---┃ **操作步骤** ┃---

01 打开软件After Effects CC 2014，创建一个新的合成，命名为"方块"，选择预设为PAL D1/DV，长度为5秒。

02 新建一个固态层，命名为"方块"，添加"分形杂色"滤镜，选择"分形类型"为"最大值"，"杂色类型"为"块"，设置"对比度"为500，"亮度"为-250，展开"变换"选项组，设置"缩放宽度"为400，"缩放高度"为100，如图154-1所示。

图154-1

03 激活"缩放宽度"和"缩放高度"的关键帧记录器，创建关键帧，拖曳时间线指针到5秒，设置"缩放宽度"为400，"缩放高度"为100。拖曳时间线，查看方块的动画效果，如图154-2所示。

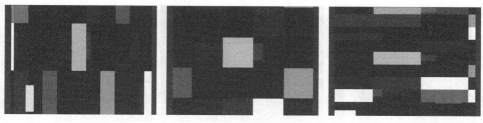

图154-2

04 展开"子设置"选项组，设置"子影响"为50、"子缩放"为25，激活关键帧记录器，拖曳时间线指针到5秒，设置"子影响"为75、"子缩放"为100。

05 设置"演化"的关键帧，在0秒时为0，在5秒时为720。拖曳时间线指针，查看方块闪动的效果，如图154-3所示。

图154-3

06 复制图层，重命名为"边界线"，添加"查找边缘"滤镜，勾选"反转"选项，设置图层的混合模式为"相加"，如图154-4所示。

07 新建一个调节层，选择主菜单中的"效果"|"颜色校正"| CC Toner命令，添加上色滤镜，设置"高光"为黄色，"中间色"为橙色，"阴影"为暗红色，如图154-5所示。

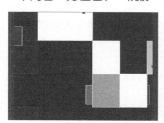

图154-4

图154-5

08 新建一个固态层，命名为"背景"，添加"梯度渐变"滤镜，选择"渐变形状"为"径向渐变"，设置"起始颜色"为白色，"结束颜色"为黑色，调整颜色起止点位置，获得一个中间白色，四周黑色的渐变。设置"方块"图层的混合模式为"强光"，如图154-6所示。

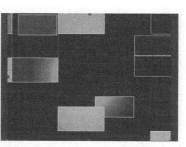

图154-6

09 复制"背景"图层，拖曳新复制出的图层至顶层，设置该图层的混合模式为"叠加"。单击播放按钮 ▮▶，查看方块闪动的预览效果，如图154-7所示。

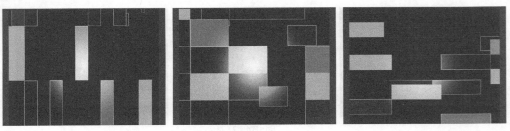

图154-7

实例 155 柔边方块

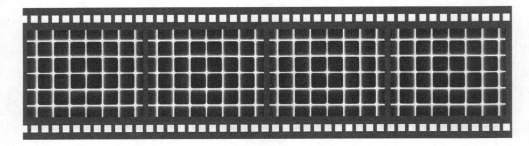

- **案例文件** ┃ 光盘\工程文件\第11章\155 柔边方块
- **视频文件** ┃ 光盘\视频教学2\第11章\155.mp4
- **难易程度** ┃ ★★★☆☆
- **学习时间** ┃ 2分26秒
- **实例要点** ┃ 创建方格效果　　创建放射状模糊效果
- **实例目的** ┃ 本例学习应用"单元格图案"滤镜创建方格效果，应用CC Radial Fast Blur滤镜创建放射状模糊效果

▌知识点链接▐

单元格图案——创建方格效果。

CC Radial Fast Blur——创建放射状模糊效果。

▌操作步骤▐

01 打开软件After Effects CC 2014，创建一个新的合成，选择预设为PAL D1/DV，长度为5秒。

02 新建一个黑色图层，命名为"方块"，添加"单元格图案"滤镜，选择"单元格图案"为"枕状"，勾选"反转"选项，设置"对比度"为200，"分散"为1，"大小"为100，如图155-1所示。

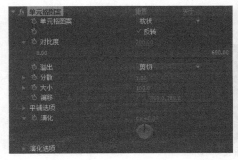

图155-1

03 设置"偏移"的关键帧，在0秒时为（714，288），在5秒时为（3，288），效果如图155-2所示

图155-2

04 添加CC Radial Fast Blur滤镜，选择Zoom为Brightest，设置Amount为70，如图155-3所示。

图155-3

05 设置"单元格图案"滤镜中"分散"的关键帧，在0秒时为1，在2秒时为0，如图155-4所示。

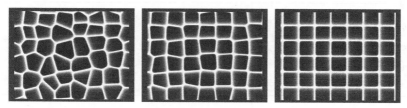

图155-4

06 添加CC Toner滤镜，设置Highlights（高光）为白色，Midtones（中间色）为红色，Shadows（阴影）为黑色，如图155-5所示。

图155-5

07 单击播放按钮▮▶，查看的动态方块的预览效果，如图155-6所示。

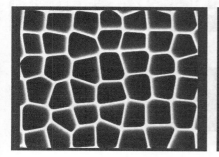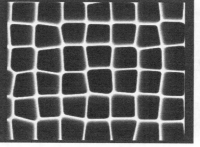

图155-6

实例 156 粒子网格

- **案例文件** | 光盘\工程文件\第11章\156 粒子网格
- **视频文件** | 光盘\视频教学2\第11章\156.mp4
- **难易程度** | ★★★★☆
- **学习时间** | 11分24秒
- **实例要点** | 创建网格空间　　　创建地面上的粒子
- **实例目的** | 本例学习应用"网格"滤镜创建网格，应用CC Particle World滤镜创建地面上粒子运动的效果

▌知识点链接▐

网格——创建网格。

CC Particle World——创建地面上的粒子。

Particular——创建穿梭的彩色粒子。

▌操作步骤▐

01 打开软件After Effects CC 2014，创建一个新的合成，命名为"地面"，选择预设为PAL D1/DV，时长为12秒。

02 新建一个黑色图层，命名为"地面1"。添加"梯度渐变"滤镜，设置"结束颜色"为深绿色，激活3D属性，设置x轴旋转角度为-90°，如图156-1所示。

图156-1

03 新建一个黑色图层，命名为"地面栅格"。添加"网格"滤镜，设置混合模式为"无"设置其他滤镜参数，然后在时间线面板中激活该3D属性，设置图层的位移值为（360.0，511.0，33.0），x轴旋转角度为-90°，查看合成预览效果，如图156-2所示。

图156-2

04 添加"线性擦除"滤镜，调整参数，消除"地面栅格"在屏幕中的边缘，如图156-3所示。

图156-3

05 新建一个图层，添加CC Particle World滤镜，激活"独奏"属性，只显示该图层，设置Birth Rate（出生率）为1，Longevity（生命）为3。展开Producer（发射器）选项栏，设置Position X/Y/Z分别为0、0.2和-0.10，Radius X/Y/Z分别为0.6、0和0.45，如图156-4所示。

图156-4

06 展开Physics（物理学）选项栏，选择Animation（动画）为Viscouse，设置Velocity（速度）为0.02，Gravity（重力）为0，如图156-5所示。

图156-5

07 展开Particle（粒子）选项栏，选择Particle Type（粒子类型）为Shaded Sphere，设置Birth Size（出生尺寸）为0.05，Death Size（消亡尺寸）为0.015，Birth Color（出生颜色）为白色，Death Color（消亡颜色）为白色，如图156-6所示。

08 展开Opacity Map（不透明贴图）选项栏，绘制不透明贴图，如图156-7所示。

图156-6

图156-7

09 取消该图层的"独奏"属性，调整Producer（发射器）选项组中的Position Z为-0.10，查看合成预览效果。

10 新建一个合成，命名为"背景"，新建一个图层，添加"梯度渐变"滤镜，激活3D属性，如图156-8所示。

图156-8

11 复制"地面栅格"图层，将复制出的图层旋转成竖直状，设置混合模式为"柔光"。查看合成预览效果，如图156-9所示。

12 新建一个图层，添加Particular滤镜。展开"发射器"选项栏，设置"粒子数量/秒"为100，"发射器类型"

为"球形","速度"为200,
"随机速率"为80%,"速率分
布"为1,"继承运动速率"为
10,"发射尺寸Y"为100,如图
156-10所示。

图156-9   图156-10

13 激活"位置"XY的动画记录器🔯,创建发射器
在2秒内由左向右运动的动画,0秒时数值为(0,
288),2秒时为(901,288)。
14 展开"粒子"选项栏,设置参数如图156-11
所示。

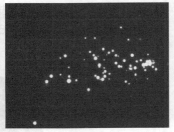

图156-11

15 展开"生命期尺寸"选项组,选择第2种贴图,如图156-12所示。
16 选择"设置颜色"为"生命期",展开"生命期颜色"选项组,设置贴图的颜色,
如图156-13所示。

图156-12   图156-13

17 在时间线面板中展开图层的滤镜属性栏,选择"位置XY"的第2个关键帧,用鼠标右键单击,选择"切换定格
关键帧"命令,然后复制并多次粘贴这两个关键帧,发射器就可以循环从左边移动到右边,如图156-14所示。
18 新建一个合成,命名为"粒子网格",新建一个28mm的摄影机,拖曳合成"地面"和"背景"到时间线面板
中,激活3D属性,激活塌陷变换属性⚙。

图156-14

19 选择"背景"图层,添加"线性
擦除"滤镜,设置"过渡完成"为
40%,"擦除角度"为0,"羽
化"为80,消除屏幕中的边缘。拖
曳时间线指针,查看合成预览效
果,如图156-15所示。

图156-15

实 例
157 炫彩LOGO

- **案例文件** ▎光盘\工程文件\第11章\157 炫彩LOGO
- **视频文件** ▎光盘\视频教学2\第11章\157.mp4
- **难易程度** ▎★ ★ ★ ★ ☆
- **学习时间** ▎8分47秒
- **实例要点** ▎创建彩色的粒子效果
- **实例目的** ▎本例学习应用Particular滤镜创建粒子发射效果，以彩色LOGO图层作为发射器，创建炫彩的粒子动画效果

▊ 知识点链接 ▊

　　Particular——以彩色图层作为发射器，创建彩色的粒子效果。

▊ 操作步骤 ▊

01 运行After Effects CC 2014软件，选择主菜单中的"合成"|"新建合成"命令，新建一个合成，命名为
"LOGO"，选择预设为PAL D1/DV，时间长度为5秒。

02 选择文本工具▐▌，输入字符"云裳幻像"，颜色为蓝色；再输入文字"视觉特效"和"FX129"，颜色为白色
和红色，如图157-1所示。

03 新建一个合成，命名为"炫彩"，拖曳合成"LOGO"至时间线，关闭图层的可视性。新建一个固态层，命名
为"粒子"，添加Particular滤镜。展开"发射器"选项组，选择"发射类型"为"图层网格"，设置"速度"为
0。

04 展开"发射图层"选项组，选择"图层"为"5.LOGO"，选择"图层RGB用法"为"RGB-粒子颜色"，展
开"网格发射"选项组，设置"X方向粒子量"为600，"Y方向粒子量"为600，"Z方向粒子量"为1，如图
157-2所示。

图157-1　　　　　　　　　　　　　　　　　　　　图157-2

05 展开"粒子"选项组，设置"生命"为3，"尺寸"为5，"不透明度随机"为30%，"应用模式"为"屏
幕"，如图157-3所示。

06 展开"物理学"|"气"选项组，设置"风向X"为50，"风向Y"为30，"风向Z"为80，展开"扰乱场"
选项组，设置"影响位置"为800，效果如图157-4所示。

图157-3 图157-4

07 拖曳当前时间线指针到3秒，激活"风向X""风向Y""风向Z"和"影响位置"参数的关键帧记录器，创建关键帧，拖曳时间线指针到5秒，设置"风向X""风向Y""风向Z"和"影响位置"均为0。

08 新建一个28mm的摄影机，调整视图，在0秒和5秒时设置摄影机的位置关键帧，保持粒子在视图的中心。

09 在时间线面板中展开图层的属性栏，调整"风向"和"影响位置"属性的关键帧到3秒位置。拖曳时间线指针，查看合成预览效果，如图157-5所示。

图157-5

10 新建一个调节层，添加"发光"滤镜，设置"发光阈值"为20%，"发光半径"为20，保存工程文件。

11 拖曳时间线指针，查看最终的合成预览效果，如图157-6所示。

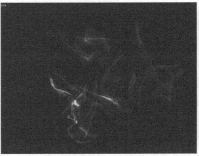

图157-6

实 例
158 字幻飞舞

- **案例文件┃**光盘\工程文件\第11章\158 字幻飞舞
- **视频文件┃**光盘\视频教学2\第11章\158.mp4
- **难易程度┃**★★★★☆
- **学习时间┃**13分01秒
- **实例要点┃**文本转化成路经　　创建放射波效果
- **实例目的┃**本例学习应用"自动追踪"命令将文本转化成路经，再应用"无线电波"滤镜创建放射波，获得字幻飞舞的动画效果

┃ 知识点链接 ┃

　　无线电波——创建放射波效果。

　　自动追踪——将文本转化成路经。

┃ 操作步骤 ┃

01 打开软件After Effects CC 2014，选择主菜单中的"合成"|"新建合成"命令，创建一个新的合成，命名为"变幻"，选择预设为PAL D1/DV，长度为45秒。在时间线面板空白处单击鼠标右键，从弹出的菜单中选择"新建"|"纯色"命令，新建一个白色固态图层，命名为"放射波"，选择主菜单中的"效果"|"生成"|"无线电波"命令，添加无线电波滤镜，如图158-1所示。

02 选择主菜单中的"动画"|"添加表达式"命令，在时间线面板中，为"产生点"添加表达式：wiggle(1,200)，拖曳时间线指针，查看放射波动画效果，如图158-2所示。

图158-1　　　　　　　　　　　　　　　　　图158-2

03 展开"渲染品质"选项组，设置参数值为4，效果如图158-3所示。

04 在合成视图中直接绘制一个矩形遮罩，然后在效果控制面板中选择"波浪类型"为"蒙版"，对应选择"蒙版1"，如图158-4所示。

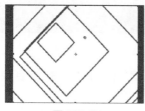

图158-3

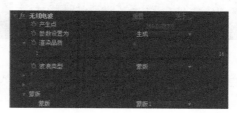

图158-4

05 拖曳时间线，查看放射波动画效果，如图158-5所示。

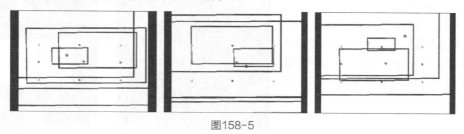

图158-5

06 展开"波动"选项组，设置"扩展"为1.6，"寿命"为3秒，如图158-6所示。

07 展开"描边"选项组，设置"不透明度"为0.5，如图158-7所示。

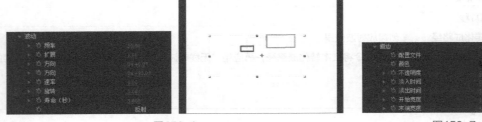

图158-6　　　　　　　　　　　　　　　　　　图158-7

08 在"无线电波"参数控制面板中，展开"波动"选项组，设置"频率"为60，展开"描边"选项组。设置"配置文件"为"正方形"，颜色为深蓝色，如图158-8所示。

 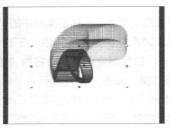

图158-8

09 在时间线面板空白处单击鼠标右键，从弹出的菜单中选择"新建"|"纯色"命令，新建一个白色固态层，命名为"背景"，移到底层。选择主菜单中的"效果"|"生成"|"梯度渐变"命令，添加渐变滤镜，设置"渐变形状"为"径向渐变"，"起始颜色"为浅蓝色，"结束颜色"为蓝色，打开三维属性■，如图158-9所示。

 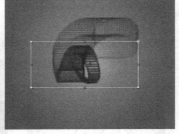

图158-9

10 在时间线面板空白处单击鼠标右键，从弹出的菜单中选择"新建"|"灯光"命令，新建一个灯光，位置如图158-10所示。

11 选择主菜单中的"合成"|"新建合成"命令，创建一个新的合成，命名为"路径变形"，选择预设为PAL D1/DV，长度为40秒。在时间线面板空白处单击鼠标右键，从弹出的菜单中选择"新建"|"纯色"命令，新建一个白色图层，命名为"矩形遮罩"，选择遮罩工具■，绘制一个矩形遮罩图形，然后选择主菜单中的"合成"|"背景颜色"命令，设置颜色为黑色，如图158-11所示。

图158-10　　　　　　　　　　图158-11

12 选择文本工具 🔳，输入字符"AE"，减小字间距，使两个字符连接在一起。取消"矩形遮罩"层的可见性，效果如图158-12所示。

13 选择"图层"｜"自动追踪"命令，弹出对话框，勾选"模糊"选项，设置为10，再勾选"预览"选项，如图158-13所示。

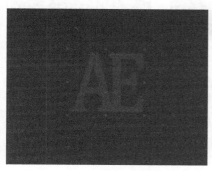

图158-12 　　　　　　　　　　　　　　　　　　　　　　　　　图158-13

14 单击"确定"按钮，关闭对话框，这时产生一个只有遮罩的图层，可以删除文本图层，如图158-14所示。

15 在时间线面板中展开遮罩属性栏，删除内部的那个遮罩"蒙版2"，激活"蒙版路径"动画记录器 🔳，创建一个关键帧，复制该关键帧，激活矩形"蒙版路径"的动画记录器 🔳，在0帧位置创建第1个关键帧，拖曳时间线到5秒位置，粘贴关键帧，复制5秒处的关键帧，粘贴到10秒处，如图158-15所示。

图158-14 　　　　　　　　　　　　　　　　　　　　图158-15

16 拖曳时间线，查看遮罩变形动画效果，如图158-16所示。

17 选择文本工具 🔳，输入字符"VFX"，减小字间距，使3个字符连接在一起，如图158-17所示

图158-16 　　　　　　　　　　　　　　　　　　　　　　　　　图158-17

18 选择"图层"｜"自动追踪"命令，弹出对话框，直接单击"确定"按钮，产生一个只有遮罩的图层，删除文本图层。

19 用同样的方法创建一个"蒙版路径"关键帧，拖曳时间线指针到15秒，复制并粘贴该关键帧到白色图层的"蒙版路径"上。拖曳时间线查看遮罩变形动画，如图158-18所示。

20 选择文本工具，输入字符"798"，减小字间距，使3个字符连接在一起，如图158-19所示。

图158-18　　　　　　　　　　　　　　　　　　　　　　　图158-19

21 选择"图层"｜"自动追踪"命令，弹出对话框，直接单击"确定"按钮，产生一个只有遮罩的图层，删除文本图层。

22 在时间线面板中展开属性参数，删除内部的"蒙版2""蒙版3"和"蒙版4"。同样会产生一个"蒙版路径"关键帧，复制并粘贴该关键帧到白色图层的"蒙版路径"属性的30秒位置。拖曳时间线查看遮罩变形动画，如图158-20所示。

图158-20

23 修改时间线长度为45秒，适当调整路径变形动画的关键帧位置。拖曳时间线查看遮罩变形动画，如图158-21所示。

图158-21

24 复制路径变形动画的全部关键帧，回到合成"变幻"中，展开白色图层的遮罩属性，粘贴"蒙版路径"关键帧，修改时间线长度为45秒，拖曳时间线查看动画效果，如图158-22所示。

图158-22

25 为了控制字符变幻后的放射波抖动，添加"效果"｜"表达式控制"｜"滑块控制"滤镜，修改表达式如下。

x="效果"("slider control")("slider");

wiggle(1, x *200)

26 设置"滑块""频率"参数与遮罩路径变形对应的关键帧。第1个关键帧位置为1，"频率"为240；第2个关键帧位置为0.1，"频率"为120；第3个关键帧位置为0.1，第3与第4个关键帧位置之间为1，"频率"为240；第4个关键帧位置为0.1，"频率"为60；第5个关键帧位置为0.1，"频率"为120；第5与第6个关键帧位置之间为1，"频率"为200；第6个关键帧位置为0.1，"频率"为50。调整"放射波"层的混合模式为"强光"，查看合成预览效果，如图158-23所示。

图158-23

27 选择文本工具 T，输入字符"AE/VFX 129"，调整位置和大小，放置于屏幕中央。

28 选择文字，选择主菜单中的"动画"|"将动画预设应用于"命令，选择入画动作预设为"打字机"，调整关键帧的位置，控制入画的速度，保存工程文件。

29 拖曳时间线指针，查看合成预览效果，如图158-24所示。

图158-24

实例 159 晶格生长

● **案例文件** | 光盘\工程文件\第11章\159 晶格生长

● **视频文件** | 光盘\视频教学2\第11章\159.mp4

● **难易程度** | ★★★★☆

● **学习时间** | 10分40秒

● **实例要点** | Mir创建立体晶格

● **实例目的** | 本例学习Trapcode插件组中Mir滤镜的使用，用它创建立体晶格，通过设置摄影机的运动获得晶格的动画效果

知识点链接

Mir——Trapcode插件组的一个滤镜，用于创建立体晶格。

操作步骤

01 打开After Effects CC 2014软件，选择"合成"|"新建合成"命令，新建一个合成，选择预设为PAL D1/DV 方形像素，设置时长为8秒。

02 在时间线空白处单击鼠标右键，选择"新建"|"纯色"命令，新建一个固态层。选择主菜单中的"效果"| Trapcode|Mir命令，添加Mir滤镜，效果如图159-1所示。

03 新建一个35mm的摄影机，选择摄影机工具，调整摄影机的位置。

04 展开"几何体"选项组，参数设置如图159-2所示。

05 展开"材质"选项组，设置"显示方式"为"前填写，后线"。展开"几何体"选项组，设置"顶点X"和"顶点Y"均为20，继续调整摄影机位置。

图159-1

图159-2

06 展开"形状"选项组，参数设置如图159-3所示。

07 设置"材质"选项组中的"线框粗度"为5，继续调整摄影机位置，效果如图159-4所示。

图159-3

图159-4

08 展开"材料"和"能见度"选项组，参数设置如图159-5所示。

图159-5

09 激活"远"的关键帧记录器，在0秒时为220，在5秒时为1370，在1秒到6秒之间创建摄影机位移动画，拖曳时间线指针查看效果，如图159-6所示。

10 选择固态层，选择主菜单中的"效果"|Trapcode|Shine命令，添加一个发光滤镜，设置"混合模式"为"添加"，效果如图159-7所示。

图159-6 图159-7

11 选择摄影机工具，调整摄影机位置，展开"几何体"选项组，激活"旋转Y"的关键帧记录器，在0秒时为0，在5秒时为72，最后1秒时为150，单击播放按钮查看效果，如图159-8所示。

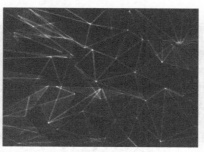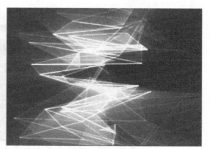

图159-8

12 新建一个固态层，添加"分形杂色"滤镜，参数设置如图159-9所示。

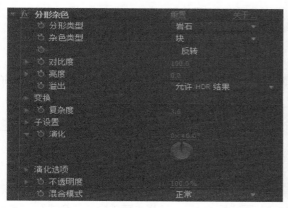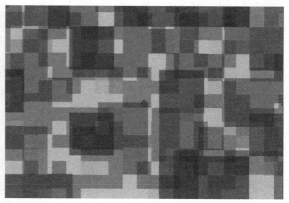

图159-9

13 将其预合成，命名为"噪波方块"，在Mir滤镜中展开"纹理"选项组，参数设置如图159-10所示。

图159-10

14 单击播放按钮，查看最终预览效果，如图159-11所示。

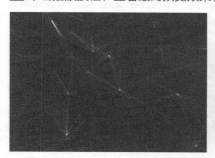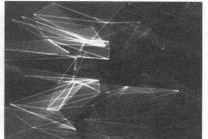

图159-11

实 例	
160	**花瓣雨**

- **案例文件** ┃ 光盘\工程文件\第11章\160 花瓣雨
- **视频文件** ┃ 光盘\视频教学2\第11章\160.mp4
- **难易程度** ┃ ★★★☆☆
- **学习时间** ┃ 8分26秒
- **实例要点** ┃ 创建飞散的粒子　　定义粒子形状
- **实例目的** ┃ 本例学习应用Particular滤镜创建飞散的粒子，通过花序列的图层定义粒子形状，配合力学控制创建花瓣雨的动画效果

┃ 知识点链接 ┃

Particular——创建飞散的粒子，通过花的图层定义粒子形状。

┃ 操作步骤 ┃

01 打开After Effects CC 2014软件，导入一张图片素材"花雨背景.jpg"。选择主菜单中的"合成"|"新建合成"命令，创建一个新合成，选择预设为"PAL D1/DV方形像素"，设置时长为10秒，将图片拖至时间线面板，选择主菜单中的"图层"|"变换"|"适配合成"命令，使图片与合成尺寸一致。

02 导入PSD格式图片，选择图片"001"，勾选"Photoshop序列"选项，在弹出的界面中选择"选择图层"为

"图层0"，单击"确定"按钮，在项目面板中会看到导入的图片序列。

03 将序列图片拖至时间线面板，打开"独奏"属性，查看素材内容。取消"独奏"属性，新建一个黑色固态层，命名为"花瓣雨"，选择主菜单中的"效果"| Trapcode | Particular命令，添加Particular滤镜。

 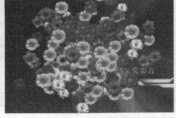

图160-1

04 展开"粒子"选项组，参数设置如图160-1所示。

05 展开"发射器"选项组，参数设置如图160-2所示。

图160-2

06 激活"粒子数量/秒"的关键帧记录器，在0秒时设置参数为0，在1帧时为0，拖曳时间指针查看效果，如图160-3所示。

图160-3

07 修改"生命"为10，拖曳时间线指针查看效果，花瓣散落的时间变长。

08 展开"物理学"选项组，参数设置如图160-4所示。

图160-4

09 激活"风向Y"的关键帧记录器，在0帧时数值为−10°，在4秒时为−50°，在8秒时为10°，在最后1帧时为−40°。单击播放按钮，查看预览效果，如图160-5所示。

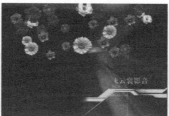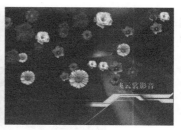

图160-5

10 可适当调整关键帧的位置，选择4个关键帧，单击鼠标右键，选择"切换定格关键帧"命令。复制"风向Y"的关键帧，粘贴给"风向 X"。还可以修改关键帧的数值，以达到满意的效果，拖曳时间线指针，查看动画效果。

11 调整"粒子数量/秒"为1 200，展开"发射附加条件"选项组，设置"预运行"为2，"发射尺寸Z"为1 200，拖曳时间线指针查看效果，花朵的数量增多。

12 新建一个35mm的摄影机，创建摄影机由远及近的推进动画，单击播放按钮，查看最终效果，如图160-6所示。

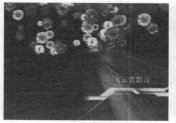

图160-6

随机网格

- **案例文件** | 光盘\工程文件\第11章\161 随机网格
- **视频文件** | 光盘\视频教学2\第11章\161.mp4
- **难易程度** | ★★★☆☆
- **学习时间** | 5分09秒
- **实例要点** | 创建方格效果　　创建十字星光
- **实例目的** | 本例学习应用"单元格图案"滤镜创建方格效果，应用Starglow滤镜创建星星发光效果

知识点链接

单元格图案——创建方格效果。

Starglow——创建星星发光效果，呈现十字星光。

操作步骤

01 打开软件After Effects CC 2014，创建一个新的合成，命名为"网格"，选择预设为PAL D1/DV，设置长度为5秒。

02 新建一个白色固态层，命名为"方块"，添加"单元格图案"滤镜，选择"单元格图案"为"印板"，设置"分散"为0，"大小"为60，如图161-1所示。

图161-1

03 新建一个白色固态层，命名为"栅格"，添加"网格"滤镜，选择"大小依据"为"宽度滑块"，设置"宽度"为60，如图161-2所示。

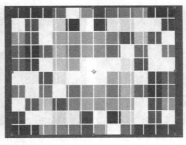

图161-2

04 设置"方块"图层的蒙版模式为"亮度遮罩 栅格"。设置"演化"的关键帧,在0秒时为0,在5秒时为6;设置"偏移"的关键帧,在0秒时为(0,288),在5秒时为(600,288),如图161-3所示。

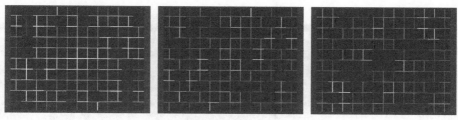

图161-3

05 拖曳合成"网格"到 图标上,创建一个新的合成,重命名为"网格发光"。选择图层,添加"曲线"滤镜,提高亮度和对比度,如图161-4所示。

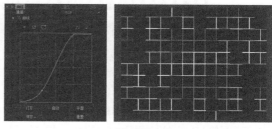

图161-4

06 添加CC Toner滤镜,设置Midtones(中间调)为绿色,如图161-5所示。

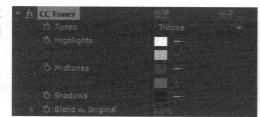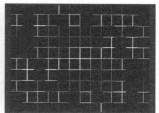

图161-5

07 选择主菜单中的"效果"| Trapcode | Starglow命令,添加星光滤镜,选择预设为"冷色天空",设置"提升亮度"为2,选择"混合模式"为"添加",如图161-6所示。

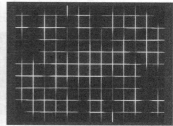

图161-6

08 单击播放按钮 ,查看动画预览效果,如图161-7所示。

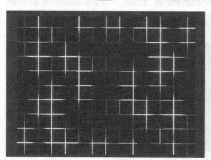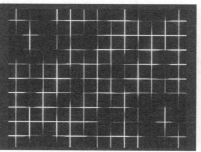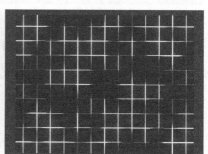

图161-7

实 例
162 闪烁光斑

- **案例文件┃**光盘\工程文件\第11章\162 闪烁光斑
- **视频文件┃**光盘\视频教学2\第11章\162.mp4
- **难易程度┃**★★★☆☆
- **学习时间┃**11分29秒
- **实例要点┃**Optical Flares创建光斑效果
- **实例目的┃**本例学习应用Optical Flare，插件创建动态光斑，通过设置不透明度和光斑位置、大小获得闪烁光斑的动画

知识点链接

Optical Flares——专门创建光斑的插件，包含众多预置选项。

操作步骤

01 打开软件After Effects CC 2014，创建一个新的合成，命名为"闪烁光斑"，选择预设为PAL D1/DV，长度为2秒。

02 新建一个黑色图层，命名为"光斑"，添加Optical Flares灯光滤镜，选择Network Presets(52)｜Real_sun_light光斑，稍微缩小光晕，如图162-1所示。

03 设置Brightness（亮度）的关键帧动画，在第0帧时为0，在第5帧时为100，在第10帧时为0，在第15帧时为100。设置图层的混合模式为"屏幕"并调整光斑 Center Position（中心位置）的数值，如图162-2所示。

图162-1

图162-2

04 复制5次"光斑"图层，分别为每层添加"色相/饱和度"滤镜，调整为不同的颜色，并调整每层光斑 Center Position（中心位置）的数值，产生交错感，如图162-3所示。

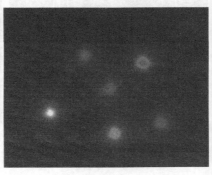

图162-3

05 展开时间线面板，设置每个"光斑"图层的入点，如图162-4所示。

06 新建一个黑色图层，命名为"光斑2"，添加Optical Flares灯光滤镜，选择Natural Flares(23)｜Glint光斑，如图162-5所示。

图162-4

07 设置图层的混合模式为"相加"，然后复制5次，调整每层光斑 Center Position（中心位置）的数值，产生交错感，如图162-6所示。

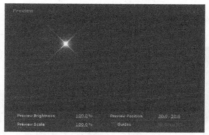

图162-5

图162-6

08 展开时间线面板，设置每个"光斑2"图层的入点，如图162-7所示。

图162-7

09 单击播放按钮▮▮，查看预览效果，如图162-8所示。

图162-8

实例 163 穿越隧道

- **案例文件**｜光盘\工程文件\第11章\163 穿越隧道
- **视频文件**｜光盘\视频教学2\第11章\163.mp4
- **难易程度**｜★★★☆☆
- **学习时间**｜10分44秒
- **实例要点**｜隧道纹理　　立体圆柱

● **实例目的** 本例讲解应用"分形杂色"滤镜创建隧道表面的纹理，应用CC Cylinder滤镜创建立体圆柱，通过摄影机的穿行动画获得时空隧道的感觉

┃ 知识点链接 ┃

CC Cylinder——将图层变成圆柱形，通过摄影机的运动模拟隧道效果。

┃ 操作步骤 ┃

01 打开After Effects CC 2014软件，选择主菜单中的"合成"|"新建合成"命令，创建一个新合成，命名为"噪波"，选择预设为"PAL D1/DV方形像素"，设置时长为6秒。

02 在时间线空白处单击鼠标右键，选择"新建"|"纯色"命令，新建一个白色的固态层，选择主菜单中的"效果"|"杂色和颗粒"|"分形杂色"命令，添加"分形杂色"滤镜，参数设置如图163-1所示。

03 修改合成"噪波"的尺寸，"宽度"为1 000。修改固态层尺寸与合成窗口一致，如图163-2所示。

图163-1 　　　　　　　　　图163-2

04 创建一个新合成，选择预设为"PAL D1/DV方形像素"。将合成"噪波"拖至时间线面板，选择主菜单中的"效果"|"透视"|CC Cylinder命令，添加CC Cylinder滤镜，参数设置如图163-3所示。

05 新建一个15mm的摄影机，使用摄影机工具调整视图，拉近镜头，如图163-4所示。

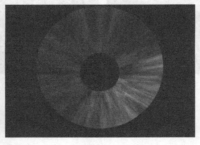

图163-3 　　　　　　　　　图163-4

06 复制"噪波"图层，命名为"噪波 2"，拖至时间线面板的底层，参数设置如图163-5所示。

图163-5

07 复制"噪波2"图层，命名为"噪波 3"，拖至时间线面板的底层，参数设置如图163-6所示。

图163-6

08 选择摄影机，展开摄影机属性栏，选择摄影机工具，创建动画。单击播放按钮查看效果，如图163-7所示。

图163-7

09 打开合成"噪波"，选择固态层，选择主菜单中的"效果"｜"过渡"｜"线性擦除"命令，添加"线性擦除"滤镜，参数设置如图163-8所示。

图163-8

10 新建一个白色固态层，命名为"远处"，将其拖至时间线面板的底层。激活"独奏"属性，添加"分形杂色"滤镜，展开"变换"选项组，设置"缩放"为500，"亮度"为-31。激活3D属性，调整图层位置，调整摄影机视图，单击播放按钮查看效果。

11 新建一个调节层，选择主菜单中的"效果"｜"颜色校正"｜CC Toner命令，添加CC Toner滤镜，参数设置如图163-9所示。

图163-9

12 添加"曲线"滤镜，参数设置如图163-10所示。

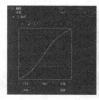

图163-10

13 单击播放按钮查看最终效果，如图163-11所示。

图163-11

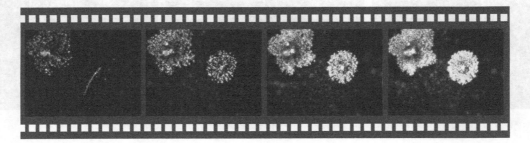

实例
164 空中花开

- **案例文件** ▌光盘\工程文件\第11章\164 空中花开
- **视频文件** ▌光盘\视频教学2\第11章\164.mp4
- **难易程度** ▌★★★★☆
- **学习时间** ▌21分19秒
- **实例要点** ▌定义粒子形状
- **实例目的** ▌本例学习应用Particular滤镜创建粒子喷射的效果，用花的图片控制粒子形状

▌知识点链接 ▌

Particular——创建粒子喷射的效果，用花的图片控制粒子形状。

▌操作步骤 ▌

01 打开After Effects CC 2014软件，选择主菜单中的"合成"|"新建合成"命令，创建一个新合成，选择预设为"PAL D1/DV方形像素"，设置时长为6秒。

02 在时间线空白处单击鼠标右键，选择"新建"|"灯光"命令，新建一个点灯光，重命名为"Emitter"。新建一个固态层，命名为"粒子1"，选择主菜单中的"效果"｜Trapcode｜Particular命令，添加粒子滤镜。展开"发射器"选项组，设置"发射类型"为"灯光"。

03 新建一个28mm的摄影机。

04 创建灯光在0秒至1秒的位移动画，效果如图164-1所示。

 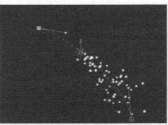 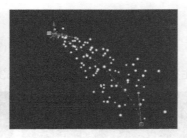

图164-1

05 选择"粒子1"图层，展开"发射器"选项组，设置"速度"为0，展开"粒子"选项组，设置参数，如图164-2所示。

图164-2

06 展开"发射器"选项组，设置"发射尺寸X、Y、Z"均为20，展开"粒子"选项组，设置"生命"为0.8，"颜色"为浅红色，拖曳时间线指针查看效果，如图164-3所示。

图164-3

07 导入7张PSD格式的图片，选择图片"003.psd"，拖至时间线面板并将其预合成，然后重命名为"花 1"。新建一个固态层，命名为"花粒子 1"，添加Particular滤镜，激活"独奏"属性，展开"发射器"选项组，设置"发射类型"为"图层"，选择"发射图层"为"花1"。设置"速度"为0，"粒子数量/秒"为8 000，展开"粒子"选项组，设置"粒子类型"为"发光球体（No DOF）"，"生命"为6，效果如图164-4所示。

图164-4

08 取消"独奏"属性，关闭"花1"图层的可视性，调整"花粒子1"图层的位置，展开"粒子"选项组，设置"应用模式"为"加强"，图层的混合模式为"相加"。激活"粒子数量/秒"的关键帧记录器，在1秒时设置参值为0，使合成窗口出现粒子花开的效果，如图164-5所示。

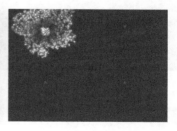

图164-5

09 复制"Emitter"图层，调整两个灯光的位置，使开花效果出现在两个不同的位置，如图164-6所示。

10 在项目面板中复制合成"花1"，重命名为"花2"。双击打开合成"花2"，用图片"007.psd"替换原来的图片"003.psd"，如图164-7所示。

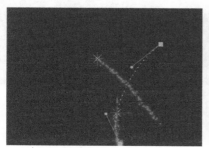

图164-6 图164-7

11 打开合成"合成 1",复制"花粒子1"图层,重命名为"花粒子2",将花拖至"Emitter 2"走向的位置,将合成"花 2"拖至时间线面板的底层,激活3D属性,并关闭可视性。选择"花粒子 2"图层,调整"发射图层"为"花2",可调整"Emitter 2"的位置和花朵的大小,以获得理想的效果。单击播放按钮查看效果,如图164-8所示。

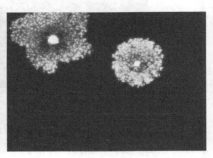

图164-8

12 在项目面板中复制合成"花 2",重命名为"花 3",双击打开合成"花 3",用图片"002.psd"替换原来的图片"007.psd",将合成"花 3"拖至合成"合成 1"的时间线面板的底层,关闭可视性,并打开3D属性。复制"花粒子2"图层,重命名为"花粒子3",修改"发射图层"中的图层为"花3",调整"发射尺寸Z"为1 000,展开"粒子"选项组,设置"不透明度"为60,"不透明度随机"为25,将其作为背景。

13 为"002.psd"图层添加"色相/饱和度"滤镜,设置"主色相"为-89。

14 调整"花粒子3"图层,设置"领子数量/秒"在2秒时为4 000。

15 调整"花粒子2"图层的入点,使两朵花依次出现。

16 单击播放按钮查看最终预览效果,如图164-9所示。

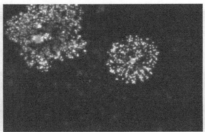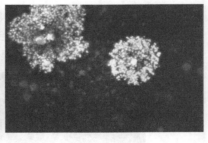

图164-9

<table>
<tr><td>实 例</td></tr>
<tr><td>**165**</td><td>**灰烬背景**</td></tr>
</table>

● **案例文件** | 光盘\工程文件\第11章\165 灰烬背景

● **视频文件** | 光盘\视频教学2\第11章\165.mp4

● **难易程度** | ★★★☆☆

● **学习时间** | 3分09秒

● **实例要点**┃创建灰烬噪波纹理　　　　　上色

● **实例目的**┃本例学习应用"分形杂色"滤镜创建灰烬纹理,应用"三色调"滤镜根据需要上色

┃ **知识点链接** ┃

分形杂色——创建灰烬噪波纹理。

三色调——根据需要上色。

┃ **操作步骤** ┃

01 启动软件After Effects CC 2014,创建一个新的合成,选择预设为PAL D1/DV,设置时长为5秒。

02 新建一个黑色图层,添加"分形杂色"滤镜。选择"分形类型"为"线程","对比度"为250,展开"变换"选项组,具体参数设置如图165-1所示。

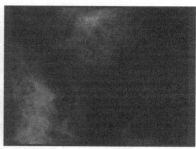

图165-1

03 展开"子设置"选项组,如图165-2所示。

图165-2

04 设置"演化"的关键帧,在0秒时为0,在5秒时为2。

05 在效果控制面板中复制"分形杂色"滤镜,自动命名为"分形杂色2"。在时间线面板中展开属性栏,调换"演化"的关键帧,设置"混合模式"为"相加"。拖曳时间线指针,查看合成预览效果,如图165-3所示。

图165-3

06 选择主菜单中的"效果"|"颜色校正"|"三色调"命令,添加三色滤镜,设置"中间调"为棕红色,如图165-4所示。

图165-4

07 添加"发光"滤镜，设置"发光阈值"为20%。拖曳时间线指针，查看灰烬的动画效果，如图165-5所示。

08 如果有必要，可以调整"三色调"滤镜的"中间调"颜色值，获得其他的效果。

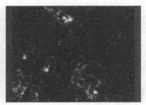

图165-5

实 例
166 流光背景

- **案例文件** 光盘\工程文件\第11章\166 流光背景
- **视频文件** 光盘\视频教学2\第11章\166.mp4
- **难易程度** ★★★☆☆
- **学习时间** 4分30秒
- **实例要点** 流动的光线
- **实例目的** 本例讲解应用"粒子运动场"滤镜创建发散的粒子，通过添加水平方向模糊，将动态的粒子变成流动的光线

知识点链接

粒子运动场——创建粒子发射效果。

变换——创建变换效果，调整缩放比例，形成流动的光线。

操作步骤

01 启动软件After Effects CC 2014，创建一个新的合成，选择预设为PAL D1/DV，设置时长为8秒，名称默认。

02 新建一个黑色图层，命名为"粒子"，选择主菜单中的"效果"|"模拟"|"粒子运动场"命令，添加"粒子运动场"滤镜。展开"发射"选项组，具体参数设置如图166-1所示。

图166-1

03 展开"重力"选项组，调整"方向"为90°，拖曳时间线指针，查看粒子效果，如图166-2所示。

图166-2

04 选择主菜单中的"效果"|"扭曲"|"变换"命令，添加"变换"滤镜，取消勾选"统一缩放"，设置"缩放宽度"为4 000，如图166-3所示。

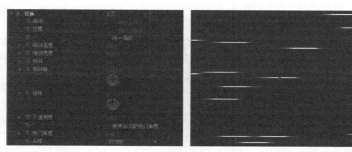

图166-3

05 添加"快速模糊"滤镜，选择"模糊方向"为"水平"，设置"模糊度"为203。

06 添加"发光"滤镜，选择"发光颜色"为"A 和 B颜色"，参数设置如图166-4所示。

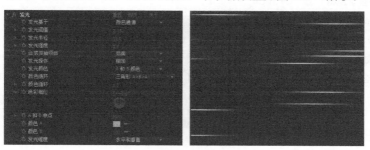

图166-4

07 设置图层混合模式为"强光"。导入一张背景图片，放置于时间线的底层，然后添加"曲线"滤镜，降低亮度，如图166-5所示。

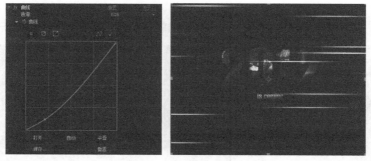

图166-5

08 添加"定向模糊"滤镜，设置"模糊长度"的关键帧。

09 拖曳时间线指针，查看流光的动画效果，如图166-6所示。

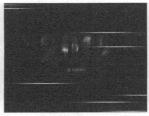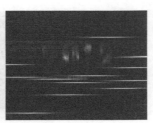

图166-6

实例
167 空间网格

- **案例文件**｜光盘\工程文件\第11章\167 空间网格
- **视频文件**｜光盘\视频教学2\第11章\167.mp4
- **难易程度**｜★★★☆☆
- **学习时间**｜13分59秒
- **实例要点**｜创建网格效果　　三维变换
- **实例目的**｜本例学习应用"网格"滤镜创建网格效果，应用"基本3D"滤镜调整网格图层，构成有空间感的网格

┤知识点链接├

网格——创建网格效果。

基本3D——创建三维变换的效果。

┤操作步骤├

01 启动软件After Effects CC 2014，创建一个新的合成，命名为"网格"，选择预设为PAL D1/DV，设置时长为5秒。

02 新建一个黑色图层，命名为"网格1"，添加"网格"滤镜，具体参数设置如图167-1所示。

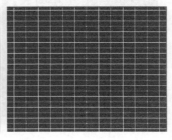

图167-1

03 设置"宽度"的关键帧，在0秒时为60，在5秒时为25。

04 选择主菜单中的"效果"｜"过时"｜"基本3D"命令，添加"基本3D"滤镜，将网格转换成立体效果，调整旋转角度。按P键展开图层的位置属性栏，向下调整图层，模拟地面，如图167-2所示。

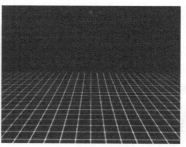

图167-2

05 复制图层，调整"基本3D"的参数，设置"倾斜"为65°，按P键展开图层的位置属性栏，向上移动图层，与"网格1"对齐，如图167-3所示。

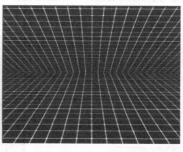

图167-3

06 新建一个合成，命名为"空间网格"，拖曳合成"网格"到时间线面板中，添加"色光"滤镜，展开"输出循环"选项组，选择预设为"渐变绿色"，展开"输入相位"选项组，选择"获取相位自"为Alpha，如图167-4所示。

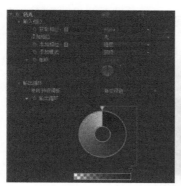
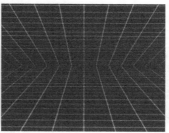

图167-4

07 添加"径向模糊"滤镜，选择"类型"为"缩放"，设置"数量"为10，调整"中心"到两图层的交界线，如图167-5所示。

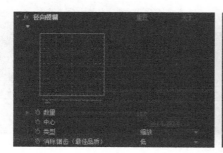

图167-5

08 添加"快速模糊"滤镜，设置"模糊度"为2。

09 导入一张图片"纹理图片"到时间线，单击鼠标右键，从弹出的菜单中选择"变换"｜"适配合成"命令，尺寸自动匹配合成的尺寸。激活3D属性■，按R键展开旋转属性栏，调整角度、缩放比例和位置，使透视尽量与网格匹配，如图167-6所示。

10 添加"线性擦除"滤镜，设置角度和过渡比例，构成透视感背景，如图167-7所示。

图167-6

图167-7

11 复制图层"纹理图片"，将其命名为"纹理图片2"，修改"线性擦除"滤镜的参数，如图167-8所示。

12 选择"网格"图层，设置其混合模式为"叠加"，调整"不透明度"为85%。查看合成预览效果，如图167-9所示。

图167-8

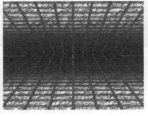
图167-9

13 选择文本工具■，输入字符"飞云裳视觉特效"，调整到合适的位置和大小。

14 添加"梯度渐变"滤镜，参数设置如图167-10所示。

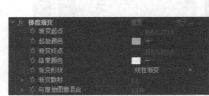
图167-10

15 选择主菜单中的"效果"｜"透视"｜"投影"命令，添加"投影"滤镜，如图167-11所示。

图167-11

16 拖曳时间线，查看网格空间的动画效果，如图167-12所示。

图167-12

实例 168 绒毛效果

- **案例文件** ▌光盘\工程文件\第11章\168 绒毛效果
- **视频文件** ▌光盘\视频教学2\第11章\168.mp4
- **难易程度** ▌★★★☆☆
- **学习时间** ▌5分54秒
- **实例要点** ▌绒毛效果
- **实例目的** ▌本例学习应用CC Hair滤镜创建毛茸茸的效果，设置文字图层作为生长绒毛的贴图，控制绒毛的轮廓

▌知识点链接 ▌

CC Hair——创建毛发效果。

▌操作步骤 ▌

01 打开软件After Effects CC 2014，选择主菜单中的"合成"|"新建合成"命令，创建一个新的合成，命名为"文字"，选择预设为PAL D1/DV，设置长度为6秒。

02 选择文本工具▌，输入字符"毛发工厂"，设置合适的字体、字号和位置，如图168-1所示。

03 选择文本图层，选择主菜单中的"效果和预设"|"动画预设" | Text | Animate In | Slow Fade On 命令，应用一个动画预设，如图168-2所示。

图168-1

图168-2

04 在时间线面板中展开图层的属性栏，调整动画预设的第2个关键帧到4秒的位置。拖曳时间线，查看文字动画的效果，如图168-3所示。

  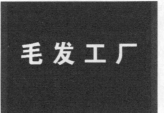

图168-3

05 新建一个合成，命名为"绒毛"，拖曳合成"文字"到时间线面板中，关闭其可视性。

06 新建一个固态层，命名为"毛发"，选择主菜单中的"效果"|"模拟"| CC Hair，如图168-4所示。

图168-4

07 展开Hairfall Map（毛发贴图）选项组，选择Map Layer（贴图层）为"文字"，如图168-5所示。

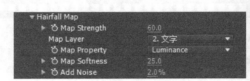 

图168-5

08 调整Length（长度）为12，Thickness（厚度）为0.5，Density（密度）为320，查看合成预览效果，如图168-6所示。

09 展开Hair Color（毛发颜色）选项组，设置Color（颜色）为黄色，展开Shading（明暗）选项组，设置Ambient（环境）为5，Specular（高光）为50，如图168-7所示。

图168-6 图168-7

10 单击播放按钮▶，查看绒毛的动画效果，如图168-8所示。

 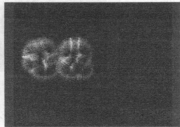 

图168-8

实例 169 玻璃雪球

- **案例文件**▎光盘\工程文件\第11章\169 玻璃雪球
- **视频文件**▎光盘\视频教学2\第11章\169.mp4
- **难易程度**▎★ ★ ★ ★ ☆
- **学习时间**▎15分04秒
- **实例要点**▎创建球体　　创建雪花飞扬动画
- **实例目的**▎本例学习应用CC Sphere滤镜创建球体，应用CC Particle World滤镜创建雪花飞扬的动画，通过摄影机的控制获得完美的构图

▎知识点链接▎

CC Sphere——创建球体。

CC Particle World——创建雪花飞扬的效果。

▎操作步骤▎

01 打开After Effects CC 2014软件，选择主菜单中的"合成"|"新建合成"命令，创建一个合成，命名为"标题"，设置时长为10秒。选择主菜单中的文本工具，在合成窗口中输入字符"Merry Christmas"，调整文字的大小、颜色。

02 选择矩形遮罩工具，在合成窗口中绘制矩形遮罩，时间线面板中会自动生成一个遮罩层，将其拖至文本图层的下面，效果如图169-1所示。

03 选择遮罩图层，选择主菜单中的"图层"|"图层样式"|"渐变叠加"命令，添加"渐变叠加"样式，修改颜色渐变，关闭透明栅格，效果如图169-2所示。

04 选中文本图层，选择主菜单中的"效果"|"透视"|"投影"命令，添加"投影"滤镜，效果如图169-3所示。

图169-1

图169-2

图169-3

05 选择主菜单中的"合成"|"新建合成"命令，创建一个合成，命名为"玻璃球"，导入一张图片"living-room.jpg"，将其拖至合成"玻璃球"面板中作为背景，打开"缩放"属性，调整大小，将合成"标题"拖至时间线。

06 选择"标题"图层，选择主菜单中的"效果"|"透视"|CC Sphere命令，添加CC Sphere滤镜，参数设置如图169-4所示。

图169-4

07 选择主菜单中的"效果"｜"生成"｜CC Light Sweep命令，添加扫光滤镜，参数设置如图169-5所示。

图169-5

08 新建一个浅蓝色固态层，选择遮罩工具，绘制圆形遮罩，放置于图片的合适位置，复制遮罩图形一次，设置"蒙版2"的参数，如图169-6所示。

图169-6

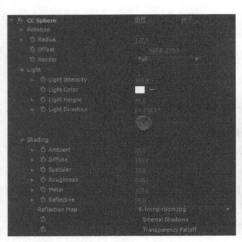

09 新建一个浅蓝色固态层，选择主菜单中的"效果"｜"透视"｜CC Sphere命令，添加CC Sphere滤镜，设置图层的混合模式为"叠加"，"不透明度"为50，其他参数如图169-7所示。修改图层3中"蒙版1"的羽化值为2。

图169-7

10 新建一个黑色固态层并命名为"雪花"，打开"独奏"属性，选择主菜单中的"效果"｜"模拟"｜CC Particle World命令，添加CC Particle World滤镜，设置Birth Rate（出生率）为5，Longevity（寿命）调整为2，展开Producer（发射器）选项组，设置Position X为0.03，展开Particle（粒子）选项组，参数设置如图169-8所示。

图169-8

11 选择主菜单中的"效果"｜"透视"｜CC Sphere命令，添加CC Sphere滤镜，参数设置如图169-9所示。

图169-9

12 设置CC Particle World的参数，Longevity（寿命）调整为5，展开Physics（物理学）选项组，设置Velocity（速度）为0.2，Gravity（重力）为-0.02。调整Particle（粒子）参数至理想效果，效果如图169-10所示。

图169-10

13 设置"雪花"图层的混合模式为"相加"，图层3的"不透明度"为100，混合模式为"柔光"。

14 打开合成"标题"，反复调整文字的颜色、大小、位置，以及特效参数，以达到理想效果。

15 选择合成"标题"，添加"投影"滤镜，参数设置如图169-11所示。

图169-11

16 新建一个摄影机，创建拉镜头动画，查看最终效果，如图169-12所示。

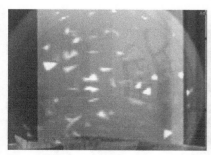

图169-12

辉煌展示

- **案例文件**┃光盘\工程文件\第11章\170 辉煌展示
- **视频文件**┃光盘\视频教学2\第11章\170.mp4
- **难易程度**┃★★★★☆
- **学习时间**┃25分31秒
- **实例要点**┃创建动态噪波纹理　　创建光束效果
- **实例目的**┃本例学习应用"分形杂色"滤镜创建动态噪波纹理，再应用CC Radial Fast Blur创建光束效果，构建一个展示空间

▌知识点链接 ▌

分形杂色——创建动态噪波纹理。

CC Radial Fast Blur——创建光束效果。

▌操作步骤 ▌

01 启动软件After Effects CC 2014，创建一个合成，命名为"辉煌"，选择预设为PAL D1/DV，设置时长为6秒。

02 新建一个黑色固态层，命名为"背景"；新建一个固态层，命名为"地面"，添加"网格"滤镜，激活该图层的3D属性，将地面旋转成水平状态，调整位置和大小，具体参数设置如图170-1所示。

03 新建一个80mm的摄影机，勾选"启用景深"选项，取消勾选"锁定到缩放"选项，设置"光圈"为1.4，选择摄影机工具，调整视图，根据需要调整"地面"图层的大小，如图170-2所示。

图170-1　　　　　　　　　　　　　　　　　　　　　图170-2

04 在时间线面板中选择"摄像机1"，展开"摄像机选项"属性栏，调整"焦距"为2 000，产生景深效果。

05 新建一个固态层，命名为"噪波"，添加"分形杂色"滤镜，参数设置如图170-3所示。

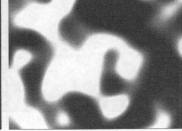

图170-3

06 为"演化"添加表达式：time*75。拖曳时间线，查看预览效果，如图170-4所示。

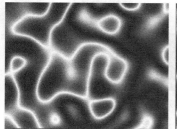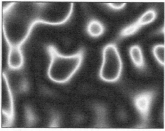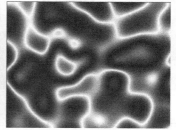

图170-4

07 新建一个调节层，命名为"光束"，添加CC Radial Fast Blur滤镜，设置Amount（数量）为93，调整Center（中心）为（294，-28）。

08 添加"变换"滤镜，取消勾选"统一缩放"选项，设置"缩放高度"为114，选择"噪波"图层，根据视图中的光束效果，向上移动该图层，如图170-5所示。

09 绘制一个矩形遮罩，设置羽化值为245，如图170-6所示。

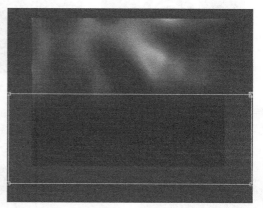

图170-5　　　　　　　　　　　　　　　　图170-6

10 重复调整调节层和"噪波"图层，使其处于合适的位置，地面不反光。

11 新建一个调节层，命名为"上色"，添加"曲线"滤镜，调整亮度和对比度，如图170-7所示。

12 新建一个固态层，命名为"旋转元素"，选择圆形和矩形遮罩工具，绘制遮罩，选择主菜单中的"图层"｜"预合成"命令，在打开的预合成对话框中勾选第2项，命名为"旋转元素"，如图170-8所示。

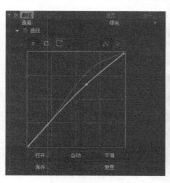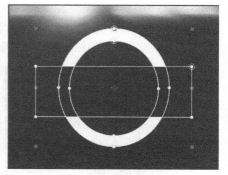

图170-7　　　　　　　　　　图170-8

13 选择该预合成，复制"旋转元素"图层，重命名为"旋转元素2"，调整缩放比例和角度，如图170-9所示。

14 选择"旋转元素"和"旋转元素2"图层，将两者预合成，命名为"旋转元素"，添加"最小/最大"滤镜，收缩宽度，如图170-10所示。

图170-9　　　　　　　　　　　　　　　　　　　图170-10

15 用上面的方法再复制图层，调整缩放比例和角度，打开3D属性，调整位置，如图170-11所示。

16 选择"旋转元素"和"旋转元素2"图层，激活3D属性，将图形旋转成水平状态，调整位置，然后设置旋转的关键帧。

17 新建一个固态层，命名为"粒子"，添加"粒子运动场"滤镜，设置"圆筒半径"为60，调整"位置"为（360，92），设置"颜色"为橙色，如图170-12所示。

图170-11　　　　　　　　　　　　　　　　　　　图170-12

18 选择文本工具，输入字符"飞云裳 vfx 798.cn"，设置字体、字号和颜色，选择主菜单中的"图层"｜"图层样式"｜"斜面和浮雕"命令，应用倒角样式。设置"样式"为"外斜面"，"技术"项为"雕刻清晰"，"方向"为"向上"，"大小"为3，"柔化"为0.9，查看合成预览效果，如图170-13所示。

图170-13　　　　　　　　　　　　　　　　　　　图170-14

19 选择主菜单中的"效果"｜"风格化"｜"发光"命令，添加"发光"滤镜，设置"发光阈值"为60%，"发光半径"为20，选择文字图层，设置由上至下运动的关键帧动画，如图170-14所示。

20 新建一个固态层，绘制矩形遮罩，勾选"反转"选项，设置羽化值为80，消除顶部的灯光。

21 单击播放按钮，查看最终的展示台预览效果，如图170-15所示。

图170-15

第 **12** 章

模拟自然

本章综合运用一些滤镜来模拟自然的一些特效，如水、太空、星云、火焰、日出和爆炸等。

实 例
171

3D海洋

- ● **案例文件** | 光盘\工程文件\第12章\171 3D海洋
- ● **视频文件** | 光盘\视频教学2\第12章\171.mp4
- ● **难易程度** | ★★★☆☆
- ● **学习时间** | 13分58秒
- ● **实例要点** | 噪波贴图　　置换变形
- ● **实例目的** | 本例学习应用"分形杂色"滤镜创建噪波贴图，应用"置换图"滤镜和噪波贴图模拟海面的波浪效果

┤ 知识点链接 ┣

分形杂色——创建海面的凹凸贴图。

置换图——创建置换变形，形成海面的立体感。

┤ 操作步骤 ┣

01 打开软件After Effects CC 2014，选择主菜单中的"合成"|"新建合成"命令，创建一个新的合成，命名为"波浪"，选择预设为PAL D1/DV，设置长度为5秒。

02 在时间线面板空白处单击鼠标右键，从弹出的菜单中选择"新建"|"纯色"命令，新建一个黑色图层。选择主菜单中的"效果"|"杂色和颗粒"|"分形杂色"命令，添加"分形噪波"滤镜，选择"分形类型"为"动态渐进"，"杂色类型"为"线性"，设置"演化"参数的关键帧，在0秒时为0，在5秒时为720°，如图171-1所示。

03 选择主菜单中的"效果"|"模糊和锐化"|"快速模糊"命令，添加"快速模糊"滤镜，设置"模糊度"为25，勾选"重复边缘像素"选项，如图171-2所示。

04 激活该图层的三维属性，设置"方向"为（270，0，0），调整位置和缩放参数，如图171-3所示。

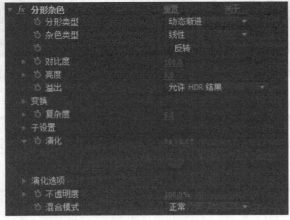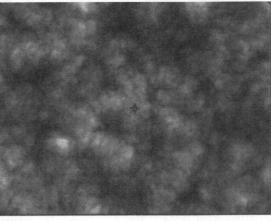

图171-1

图171-2

图171-3

05 选择主菜单中的"合成"｜"新建合成"命令，新建一个合成，命名为"海洋"，时长为5秒，拖曳合成"波浪"到时间线面板中，然后导入一张云的图片，拖到时间线面板中，如图171-4所示。

06 选择主菜单中的"效果"｜"风格化"｜"动态拼贴"命令，添加"动态拼贴"滤镜，勾选"镜像边缘"，设置"输出高度"为150，如图171-5所示。

图171-4

图171-5

07 在时间线面板空白处单击鼠标右键，从弹出的菜单中选择"新建"｜"调节图层"命令，新建一个调节图层，选择主菜单中的"效果"｜"扭曲"｜"置换图"命令，添加"置换图"滤镜，选择"置换图层"为"波浪"，设置"最大水平置换"为50，如图171-6所示。

图171-6

08 选择云图片，选择主菜单中的"效果"｜"颜色校正"｜"曲线"命令，添加"曲线"滤镜，调节图层的亮度，如图171-7所示。

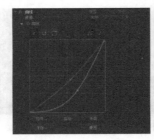
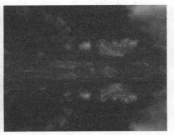

图171-7

09 在时间线面板空白处单击鼠标右键，从弹出的菜单中选择"新建"|"纯色"命令，新建一个白色固态层，命名为"Moon"，在海面和天空交接的位置绘制一个椭圆蒙版，设置"蒙版羽化"为1，如图171-8所示。

10 选择主菜单中的"效果"|"杂色和颗粒"|"分形杂色"命令，设置滤镜参数，如图171-9所示。

11 选择主菜单中的"效果"|"风格化"|"发光"命令，添加"发光"滤镜，设置滤镜参数如图171-10所示。

图171-8   图171-9   图171-10

12 在时间线面板空白处单击鼠标右键，从弹出的菜单中选择"新建"|"调节图层"命令，新建一个调节图层，在海面和天空的交接位置绘制一个椭圆蒙版，设置"蒙版不透明度"为100。选择主菜单中的"效果"|"模糊和锐化"|"快速模糊"，添加"快速模糊"滤镜，如图171-11所示。

图171-11

13 查看预览效果，如图171-12所示。

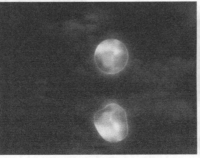

图171-12

实　例
172 林间透光

- **案例文件** | 光盘\工程文件\第12章\172 林间透光
- **视频文件** | 光盘\视频教学2\第12章\172.mp4
- **难易程度** | ★★★☆☆
- **学习时间** | 6分39秒
- **实例要点** | 发射光束效果
- **实例目的** | 本例学习应用Shine滤镜创建发射光束的效果，模拟树林中晨雾的透光效果

知识点链接

Shine——创建发射光束的效果。

操作步骤

01 启动软件After Effects CC 2014，选择主菜单中的"合成" | "新建合成"命令，新建一个合成，长度为6秒。导入一张树林风景图片，并拖曳到时间线中。

02 选择主菜单中的"效果" | "颜色校正" | "曲线"命令，添加"曲线"滤镜，稍微降低亮度，如图172-1所示。

03 复制图层，命名为"光线"，选择主菜单中的"效果" | Trapcode | Shine命令，添加Shine滤镜，设置"光芒长度"为4，"提升亮度"为4。

04 展开"颜色模式"选项组，选择"颜色模式"为"单一颜色"，设置"颜色"为白色；展开"微光"选项组，设置"数量"为500，"细节"为20，如图172-2所示。

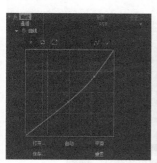

图172-1　　　　　　　　　　　　　　　　　　　图172-2

05 在时间线空白处单击鼠标右键，选择"新建" | "纯色"命令，新建一个黑色图层，命名为"光晕"，选择主菜单中的"效果" | "生成" | "镜头光晕"命令，添加"镜头光晕"滤镜，设置图层混合模式为"相加"，如图172-3所示。

06 为"光晕中心"创建关键帧动画,在第0帧位置为(172,32),最后1帧为(284,32),如图172-4所示。

图172-3   图172-4

07 在时间线面板中展开Shine滤镜属性,按住Alt键单击"发光点"前的码表添加默认表达式,然后单击按钮链接到"光晕中心",单击播放按钮查看发光点跟随光晕运动的效果,如图172-5所示。

图172-5

08 拖曳时间线指针,查看透光效果,展开"镜头光晕"滤镜面板,调整"与原始图像混合"为30,向上调整"光晕中心"的关键帧,隐藏比较强烈的光晕。

09 单击播放按钮,查看林间光线的动画效果,如图172-6所示。

图172-6

实例 173 水下世界

- **案例文件** | 光盘\工程文件\第12章\173 水下世界
- **视频文件** | 光盘\视频教学2\第12章\173.mp4
- **难易程度** | ★★★★☆
- **学习时间** | 17分18秒
- **实例要点** | 模拟水下纹理　　模拟焦散纹理
- **实例目的** | 本例学习应用分形杂色滤镜创建噪波纹理，应用"单元格图案"滤镜创建动态纹理，模拟水面和水底的焦散效果

┨ 知识点链接 ┠

单元格图案——形成起伏的水面效果。
分形杂色——创建动态的水面纹理和水中光束的纹理。

┨ 操作步骤 ┠

01 打开软件After Effects CC 2014，选择主菜单中的"合成" | "新建合成"命令，创建一个新的合成，命名为"noise"，选择预设为PAL D1/DV，设置时长为10秒。

02 在时间线空白处单击鼠标右键，选择"新建" | "纯色"命令，新建一个图层，选择主菜单中的"效果" | "杂色和颗粒" | "分形杂色"命令，添加"分形杂色"滤镜，设置"对比度"为100，"亮度"为0，如图173-1所示。

03 选择主菜单中的"效果" | "模糊和锐化" | "快速模糊"命令，添加"快速模糊"滤镜，如图173-2所示。

图173-1　　　　　　　　　　　　　　　　图173-2

04 选择主菜单中的"合成" | "新建合成"命令，新建一个合成，命名为"Floor"，拖曳合成"noise"到合成"Floor"中，打开3D属性。在时间线空白处单击鼠标右键，选择"新建" | "纯色"命令，新建一个图层，命名为"Floor"，打开3D属性，选择主菜单中的"效果" | "生成" | "梯度渐变"命令，添加渐变滤镜，如图173-3所示。

05 选择主菜单中的"效果" | "杂色和颗粒" | "分形杂色"命令，添加"分形杂色"滤镜，如图173-4所示。

图173-3　　　　　　　　　　　　　　　　图173-4

06 在时间线空白处单击鼠标右键，选择"新建" | "调节图层"命令，新建一个调节层，选择主菜单中的"效果" | "扭曲" | "置换图"命令，添加"置换图"滤镜，如图173-5所示。

07 选择主菜单中的"合成" | "新建合成"命令，新建一个合成，命名为"Under water"，拖曳合成"Floor"到合成"Under water"。在时间线空白处单击鼠标右键，选择"新建" | "纯色"命令，新建一个灰色图层，命名为"BG"，选择主菜单中的"效果" | "生成" | "梯度渐变"命令，添加渐变滤镜，如图173-6所示。

图173-5 图173-6

08 选择主菜单中的"效果"|"杂色和颗粒"|"分形杂色"命令,添加"分形杂色"滤镜,如图173-7所示。

09 将"BG"图层置于最底层。

10 在时间线空白处单击鼠标右键,选择"新建"|"纯色"命令,新建一个白色图层,命名为"Add",选择主菜单中的"效果"|"模糊和锐化"|"快速模糊"命令,添加"快速模糊"滤镜,打开调节开关 ,如图173-8所示。

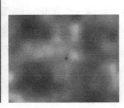  

图173-7 图173-8

11 在时间线空白处单击鼠标右键,选择"新建"|"纯色"命令,新建一个白色图层,命名为"Add2",选择主菜单中的"效果"|"生成"|"梯度渐变"和"效果"|"模糊和锐化"|"快速模糊"命令,添加渐变和快速模糊滤镜,混合模式为"颜色减淡",如图173-9所示。

12 选中"Add2"图层,复制一层,设置混合模式为"颜色"。

13 选择主菜单中的"合成"|"新建合成"命令,新建一个合成,命名为"水面",在时间线空白处单击鼠标右键,选择"新建"|"纯色"命令,新建一个白色图层,绘制一个蒙版,设置羽化值为70,蒙版扩展为-30,打开3D属性。

14 选择主菜单中的"效果"|"过渡"|"线性擦除"命令,添加线性擦除滤镜,淡化顶部边缘,设置"过渡完成"为16%,"擦除角度"为180°,如图173-10所示。

  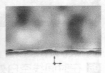

图173-9 图173-10

15 选择主菜单中的"效果"|"生成"|"单元格图案"命令,添加"单元格图案"滤镜,修改图层混合模式为"屏幕",如图173-11所示。

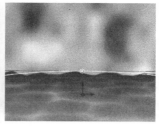

图173-11

16 复制"水面"图层,调整位置,修改图层混合模式为"相加"。

17 在时间线空白处单击鼠标右键,选择"新建"|"调节图层"命令,新建一个调节图层,选择主菜单中的"效果"|"颜色校正"|"曲线"命令,添加曲线滤镜,降低亮度,如图173-12所示。

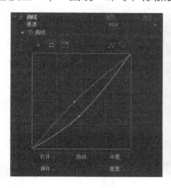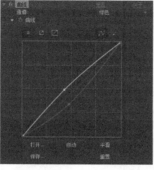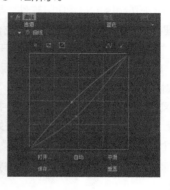

图173-12

18 拖曳时间线指针,查看水下的动画效果,如图173-13所示。

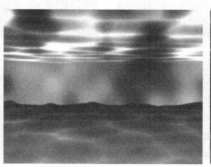

图173-13

实例 174　飘落的秋叶

● **案例文件** | 光盘\工程文件\第12章\174 飘落的秋叶

● **视频文件** | 光盘\视频教学2\第12章\174.mp4

● **难易程度** | ★★★★☆

● **学习时间** | 7分59秒

● **实例要点** | 图层破碎模拟树叶飘落　　　力学参数的设置

● **实例目的** | 本例学习应用"碎片"滤镜创建图层的破碎动画，通过设置形状贴图和摄影机角度，获得比较理想的树叶飘落效果

┃ 知识点链接 ┃

　　碎片——创建破碎效果，将集合了很多叶子的图层分散成落叶。

┃ 操作步骤 ┃

01 打开After Effects CC 2014软件，导入图片素材"风景""树叶"和"树叶蒙版"，选择主菜单中的"合成" | "新建合成"命令，创建一个新合成，选择预设为PAL D1/DV方形像素，时长为10秒。

02 将图片"风景"拖至时间线面板，打开"缩放"属性，调整大小，复制"风景"图层，重命名为"窗口"，激活"独奏"属性，使用钢笔工具绘制蒙版，展开蒙版属性栏，勾选"反转"选项，设置"蒙版羽化"为3。取消"独奏"属性，效果如图174-1所示。

03 选择"风景.JPG"图层，选择主菜单中的"效果" | "模糊和锐化" | "快速模糊"命令，添加"快速模糊"滤镜，设置"模糊度"为25，查看效果，如图174-2所示。

04 创建一个新合成，将图片"树叶.JPG"拖至时间线面板，调整图片的位置和大小，如图174-3所示。

图174-1　　　　　　　　　　　图174-2　　　　　　　　　图174-3

05 在项目面板中选择"合成 2"，选择主菜单中的"编辑" | "复制"命令，进行复制，双击打开合成"合成 3"，选择素材"树叶蒙版"，替换图片"树叶"，查看效果，如图174-4所示。

06 在项目面板中选择合成"合成 2"和"合成 3"，拖至合成"合成 1"中，关闭"合成 3"的可视性，将"合成 2"拖至图层2的位置，选择主菜单中的"效果" | "模拟" | "碎片"命令，添加"碎片"滤镜，设置"视图"项为"已渲染"，展开"形状"选项组，参数设置如图174-5所示。

图174-4　　　　　　　　　　　　　　图174-5

07 新建一个35mm的摄影机，在"碎片"滤镜中设置"摄像机系统"为"合成摄像机"，选择摄影机工具，调整"合成 2"图层的视图，使秋叶飘落离镜头很近。拖曳时间线指针查看效果，如图174-6所示。

图174-6

08 展开"物理学"选项组，设置"重力"为1，拖曳时间线指针查看效果，展开"作用力 1"，设置"强度"为2，单击播放按钮查看效果。

09 展开"物理学"选项组，参数设置如图174-7所示。

10 选择"合成 2"图层，添加"曲线"滤镜，参数设置如图174-8所示。

  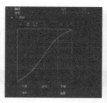 

图174-7　　　　　　　　　　　　　　　　　　图174-8

11 选择主菜单中的"效果"|"遮罩"|"简单阻塞工具"命令，设置"阻塞遮罩"为12。

12 单击播放按钮查看最终效果，如图174-9所示。

图174-9

实例 175　太空星球

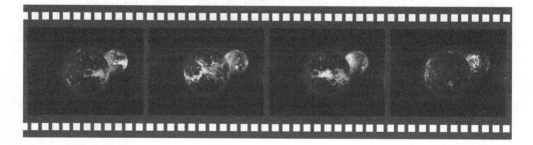

- **案例文件** | 光盘\工程文件\第12章\175 太空星球
- **视频文件** | 光盘\视频教学2\第12章\175.mp4
- **难易程度** | ★★★★☆
- **学习时间** | 12分58秒
- **实例要点** | 创建立体球效果　　辉光效果
- **实例目的** | 本例学习应用CC Sphere滤镜创建立体球效果，重复应用"发光"滤镜，创建强烈的光感

知识点链接

CC Sphere——创建立体球效果。

发光——辉光效果，通过重复应用创建强烈的光感。

操作步骤

01 打开软件After Effects CC 2014，导入"星球map""星球bump"和"太空背景"图片。拖曳"太空背景"图片到█图标上，自动创建一个与图片大小一致的合成，命名为"太空"。在"合成设置"面板中设置合成时间长度为7秒。

02 拖曳"星球map"图片到█图标上，自动创建一个名称为"星球map"的合成，选中"星球map"图层，选择主菜单中的"效果"|"颜色校正"|"色相/饱和度"命令，添加"色相/饱和度"滤镜，设置"主饱和度"为-47，"主亮度"为-33，如图175-1所示。

图175-1

03 拖曳"星球bump"图片到█图标上，自动创建一个名称为"星球bump"的合成，选择主菜单中的"效果"|"通道"|"反转"命令，添加"反转"滤镜。

04 选择主菜单中的"效果"|"颜色校正"|"曲线"命令，添加曲线滤镜，降低亮度，如图175-2所示。

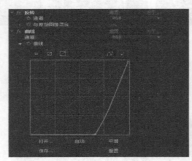 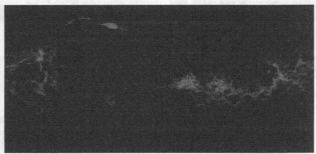

图175-2

05 在时间线面板中按Ctrl+D键复制该图层，选中底层，设置蒙版模式为"亮度遮罩 星球bump.jpg"，选择主菜单中的"效果"|"颜色校正"|"色调"命令，添加"色调"滤镜，设置"将黑色映射到"为橙色，如图175-3所示。

06 拖曳合成"星球map"到时间线面板中，命名为"太空星球"，选择主菜单中的"效果"|"透视"|CC Sphere命令，添加立体球滤镜，展开Light选项栏，设置Light Intensity为100，Light Height为40，如图175-4所示。

图175-3

图175-4

07 复制该图层，设置图层的混合模式为"屏幕"，调整CC Sphere效果参数，展开Light选项栏，参数设置如图175-5所示。

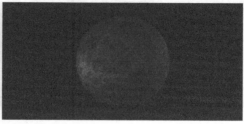

图175-5

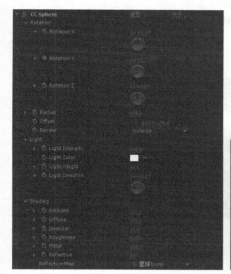

08 复制底层图层，并将其置于顶层，使其处于选中状态，按住Alt键，拖曳合成"星球bump"到时间线面板中，替换图层。设置图层的混合模式为"正常"，然后调整CC Sphere滤镜参数，选择Render为Outside，如图175-6所示。

图175-6

09 选择主菜单中的"效果"｜"风格化"｜"发光"命令，添加发光滤镜，如图175-7所示。

10 在时间线面板中依次展开"星球bump""星球map""星球map"的CC Sphere中的Rotation属性，按住Alt键单击Rotation Y前的小码表，为两个"星球map"添加表达式：thisComp.layer（"星球bump"）.effect（"CC Sphere"）（"Rotation Y"）。

图175-7

11 将时间线拖至第0帧，给"星球bump"的"Rotation Y"属性打上关键帧，拖曳时间线到第5秒的位置，给"Rotation Y"设置合适的值，让星球绕y轴旋转，如图175-8所示。

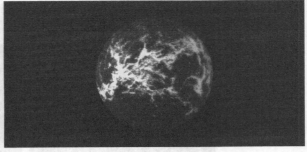

图175-8

12 在项目面板中复制"太空星球"合成，名为"太空星球2"，并将"太空星球"与"太空星球2"拖曳到"太空"合成中，将"太空星球2"放置于"太空星球"的下一层，并调整"缩放"的值，使其处于远处。双击"太空星球2"，打开合成，调整合成"星球bump"的CC Sphere效果参数，使其旋转角度与原合成有所区别，如图175-9所示。

图175-9

13 调整"曲线"滤镜参数，如图175-10所示。

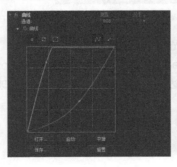

图175-10

14 选择主菜单中的"效果"｜"风格化"｜"发光"命令，添加发光滤镜，设置"发光基于"为"Alpha 通道"模式，"发光阈值"为92%，"发光半径"为75，"发光强度"为1，如图175-11所示。

图175-11

15 选择主菜单中的"效果"|"风格化"|"发光"命令，为合成"太空星球"添加辉光滤镜，调整"发光半径""发光阈值"参数，直到出现合适的光晕效果，如图175-12所示。

图175-12

16 单击播放按钮，查看星球的动画效果，如图175-13所示。

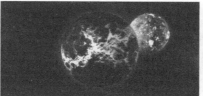

图175-13

实例
176 　**彩色星云**

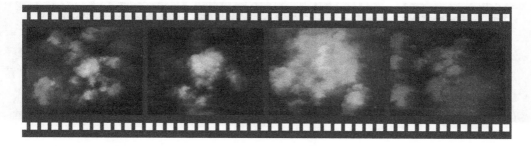

- **案例文件**|光盘\工程文件\第12章\176 彩色星云
- **视频文件**|光盘\视频教学2\第12章\176.mp4
- **难易程度**|★★★★☆
- **学习时间**|9分13秒
- **实例要点**|Particular创建粒子　　自定义粒子形状
- **实例目的**|本例学习应用Particular创建发射粒子，以云图层定义粒子的形状，通过摄影机动画创建穿梭星云的效果

┤知识点链接├

　　Particular——发射粒子，以云图层定义粒子的形状。

┤操作步骤├

01 打开After Effects CC 2014软件，导入一张图片素材"烟雾单元.jpg"，将其拖至合成图标，根据素材创建一个新合成。

02 复制"烟雾.jpg"图层，选择"图层2"，设置蒙版模式为"亮度反转遮罩 烟雾单元.jpg"，新建一个调节层，添加"曲线"滤镜,参数设置如图176-1所示。

03 选择主菜单中的"合成"|"新建合成"命令,创建一个新合成,命名为"云",选择预设为PAL D1/DV方形像素。

04 将合成"烟雾单元"拖至时间线面板,关闭其可视性,选择主菜单中的"效果"|Trapcode|Particular命令,添加粒子滤镜,拖曳时间线查看效果,展开"发射器"选项组,设置"发射器类型"为"盒子","发射尺寸X/Y/Z"均为600。

05 展开"粒子"选项组,参数设置如图176-2所示。

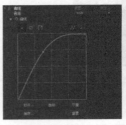 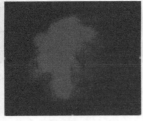  

图176-1　　　　　　　　　　　　　　　　　　　　图176-2

06 激活"粒子数量/秒"的关键帧记录器,在0秒时数值为600,在1帧时为0,设置"粒子"选项组中的"生命"为100,"速度"为0,"尺寸"为140,"尺寸随机"为25,"不透明度"为75,"不透明度随机"为25,"应用模式"为"加强",效果如图176-3所示。

07 新建一个35mm的摄影机,选择摄影机工具,调整摄影机的位置,在0秒时调整"粒子数量/秒"为1200,展开"发射附加条件"选项组,设置"预运行"为1,在0秒时继续调整"粒子数量/秒"为800,调整"发射尺寸Z"为2 000。拖曳时间线查看效果,选择摄影机工具,反复调整摄影机位置,以达到理想效果。

08 选择合成"烟雾单元"中的调节图层,选择主菜单中的"效果"|"扭曲"|"贝塞尔曲线变形"命令,添加"贝塞尔曲线变形"滤镜,创建烟雾变形动画,如图176-4所示。

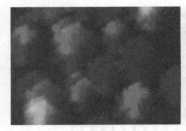 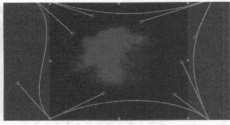

图176-3　　　　　　　　　　　　　　　　　　　　图176-4

09 拖曳时间线指针查看效果,如图176-5所示。

10 打开合成"云",设置"材质"选项组中的"时间采样"为"随机-静帧"。展开摄影机属性栏,创建摄影机镜头由近及远推拉镜头的动画。单击播放按钮查看效果,如图176-6所示。

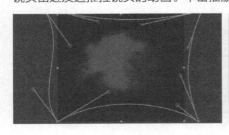 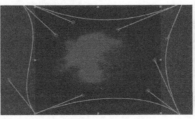 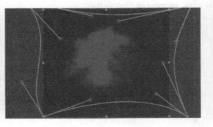

图176-5

11 新建一个白色固态层,命名为"星空",拖至时间线面板的底层,激活"独奏"属性,选择主菜单中的"效果"|"模拟"|CC Star Burst,参数设置如图176-7所示。

图176-6　　　　　　　　　　　　　　　　图176-7

12 选择主菜单中的"效果"|"生成"|"四色渐变"命令，添加四色渐变滤镜，设置参数，如图176-8所示。

13 选择"图层2"，展开"粒子"选项组，调整参数，如图176-9所示。

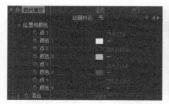

图176-8　　　　　　　　　　　　　　　　图176-9

14 调整"星空"图层的位置，拖至"图层3"的位置，设置蒙版模式为"亮度反转遮罩 黑色 纯色 1"，单击播放按钮查看最终预览效果，如图176-10所示。

图176-10

实例 177　水珠滴落

- **案例文件** | 光盘\工程文件\第12章\177 水珠滴落
- **视频文件** | 光盘\视频教学2\第12章\177.mp4
- **难易程度** | ★★★☆☆
- **学习时间** | 2分58秒
- **实例要点** | 水珠折射效果
- **实例目的** | 本例学习应用CC Mr. Mercury滤镜创建水珠滴落的动画，模拟透过水珠折射的效果

━┃ **知识点链接** ┃━━━

　　CC Mr.Mercury——创建水珠下落并产生折射的效果。

━┃ **操作步骤** ┃━━━

01 启动软件After Effects CC 2014，导入一张背景图片，选择主菜单中的"合成"|"新建合成"命令，创建一个新的合成，选择预设为PAL D1/DV，设置时长为4秒。

02 拖曳图片到时间线面板中，选择主菜单中的"效果"｜"模拟"｜CC Mr.Mercury命令，添加CC Mr.Mercury滤镜，具体参数设置如图177-1所示。

03 选择主菜单中的"效果"｜"模糊和锐化"｜"快速模糊"命令，添加快速模糊滤镜，设置"模糊度"在2秒到3秒的关键帧动画，参数值在2秒时为0，在3秒时为15，如图177-2所示。

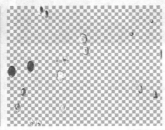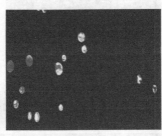

图177-1　　　　　　　　　　　　　　　　　　　　　　图177-2

04 复制图层，选择底层，取消CC Mr.Mercury滤镜的使用，调换模糊滤镜的两个关键帧。

05 拖曳时间线指针，查看效果，调整关键帧，如图177-3所示。

图177-3

实 例
178　　**飘雪**

● **案例文件** | 光盘\工程文件\第12章\178 飘雪

● **视频文件** | 光盘\视频教学2\第12章\178.mp4

● **难易程度** | ★★★★☆

● **学习时间** | 9分钟
● **实例要点** | 粒子碰撞参数设置
● **实例目的** | 本例学习应用Particular创建白雪飘落的动画，通过设置地面碰撞的参数，形成地面雪花堆积的效果

---| **知识点链接** |---

Particular——创建白雪飘落的动画，通过设置地面碰撞的参数，形成地面雪花堆积的效果。

---| **操作步骤** |---

01 启动软件After Effects CC 2014，导入一张背景图片。选择主菜单中的"合成"|"新建合成"命令，新建一个合成，命名为"飘雪"，长度为10秒。把图片拖曳到时间线中，选择主菜单中的"效果"|"颜色校正"|"曲线"命令，添加曲线滤镜，如图178-1所示。

02 在时间线空白处单击鼠标右键，选择"新建"|"纯色"命令，新建一个固态层，选择主菜单中的"效果"|Trapcode|Particular命令，添加粒子滤镜。展"发射器"选项组，选择"发射器类型"为"盒子"，"方向"为"方向"，设置"方向扩散"为20，"X旋转"为280，"发射尺寸X"为1 800，"发射尺寸Y"为4 000。

03 向上调整发射器的位置为（360，-50），设置"速度"为300，调整"位置Z"为240，来控制雪的纵深。根据需要可以调整"粒子数量/秒"的数值，如图178-2所示。

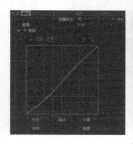   

图178-1　　　　　　　　　　　　　　　　　　　　图178-2

04 展开"粒子"选项组，设置生命、尺寸等参数，如图178-3所示。

05 在时间线空白处单击鼠标右键，选择"新建"|"纯色"命令，新建一个固态层，命名为"地面"，激活3D属性，根据背景的地面来调整角度，如图178-4所示。

图178-3　　　　　　　　　　　　　　　　　　　　图178-4

06 在"物理学"选项组中选择"物理学模式"为"反弹"，选择"地面图层"为"地面"，设置"反弹"为0，产生了粒子的堆积。调整"反弹随机"为0，"跌落"为0，根据需要调整"发射器"的参数，如图178-5所示。

07 展开"渲染"选项组，再展开"运动模糊"选项组，选择"运动模糊"为"开"，如图178-6所示。

08 展开"可见度"选项组，设置淡化距离，"远处消失"为4 800，"远处开始消退"为400，如图178-7所示。

图178-5

图178-6

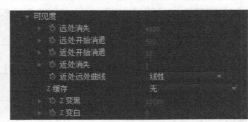
图178-7

09 在时间线空白处单击鼠标右键，选择"新建"|"纯色"命令，新建一个白色固态层，绘制遮罩，设置"蒙版羽化"为120，使接近地面的部分产生雾状。调整"不透明度"为52%，效果如图178-8所示。

10 在时间线空白处单击鼠标右键，选择"新建"|"纯色"命令，新建一个白色图层，选择主菜单中的"效果"|"生成"|"梯度渐变"命令，添加渐变滤镜，调整不透明度，设置图层混合模式为"屏幕"，模拟整个场景的雾效，如图178-9所示。

11 复制照片图层，放置于"雾效2"图层的下一层，通过绘制遮罩，保持前景人物的清晰度，如图178-10所示。

图178-8

图178-9

图178-10

12 在时间线空白处单击鼠标右键，选择"新建"|"调节图层"命令，新建一个调节层，选择主菜单中的"效果"|"颜色校正"|"曲线"命令，添加"曲线"滤镜，调整色调、亮度和对比度，如图178-11所示。

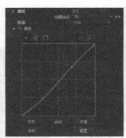

图178-11

13 设置"雾效1"的不透明度关键帧，在2秒时为0，在6秒时为60。保存工程文件，预览合成效果，如图178-12所示。

图178-12

实例
179　雷雨

- **案例文件** | 光盘\工程文件\第12章\179 雷雨
- **视频文件** | 光盘\视频教学2\第12章\179.mp4
- **难易程度** | ★★★★☆
- **学习时间** | 28分17秒
- **实例要点** | 制作云背景　　制作雨滴
- **实例目的** | 本例学习应用分形杂色滤镜制作云的背景贴图，应用"泡沫"滤镜制作雨滴，作为粒子形状，就形成了连绵的雨珠

▌知识点链接 ▐

分形杂色——制作云的贴图。

泡沫——制作雨滴贴图。

▌操作步骤 ▐

01 打开软件After Effects CC 2014，选择主菜单中的"合成"|"新建合成"命令，创建一个新的合成，命名为"云"，选择预设为PAL D1/DV，设置时间长度为5秒。

02 在时间线空白处单击鼠标右键，选择"新建"|"纯色"命令，新建一个固态层，选择主菜单中的"效果"|"杂色和颗粒"|"分形杂色"命令，添加"分形杂色"滤镜，并设置"演化"的关键帧，在5秒时为360°，如图179-1所示。

03 选择主菜单中的"效果"|"通道"|"通道合成器"命令，添加"通道合成器"滤镜，选择"自"为"明亮度"，"至"为Alpha；选择主菜单中的"效果"|"通道"|"移除颜色遮罩"命令，添加"移除颜色遮罩"滤镜，如图179-2所示。

图179-1　　　　　　　　　　　　　　　　　　　　　　　　图179-2

04 选择主菜单中的"效果"|"颜色校正"|"色阶"命令，添加"色阶"滤镜，选择"通道"为Alpha，提高亮度和对比度，如图179-3所示。

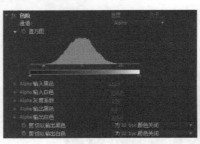

05 拖曳合成"云"到 ▣ 图标上，创建一个新的合成，重命名为"云贴图"，选择图层，绘制一个不规则的圆形遮罩，羽化值为100，然后设置形状变化的关键帧，如图179-4所示。

图179-3 　　　　　　　　　　　　　　　　　　图179-4

06 选择主菜单中的"合成"|"新建合成"命令，新建一个合成，命名为"雨珠"，设置"宽度"和"高度"均为200，时长为20秒。

07 在时间线空白处单击鼠标右键，选择"新建"|"纯色"命令，新建一个固态层。选择主菜单中的"效果"|"模拟"|"泡沫"命令，添加"泡沫"滤镜，选择"视图"为"已渲染"，展开"制作者"选项组，设置"产生速率"为0.02，展开"气泡"选项组，设置"大小"为4，"缩放"为1.6，展开"渲染"选项组，选择"混合模式"为"透明"，"气泡纹理"为"苏打水"，如图179-5所示。

08 选择主菜单中的"效果"|"颜色校正"|"色相/饱和度"命令，添加"色相/饱和度"滤镜，降低饱和度到-100，消除颜色，如图179-6所示。

09 拖曳合成"雨珠"到 ▣ 图标上，创建一个新的合成，重命名为"雨珠贴图"，选择图层，选择主菜单中的"图层"|"时间"|"启用时间重映像"命令，拖曳时间线指针查看合成预览，找到一帧理想的雨滴，添加关键帧，删除前后的两个关键帧，如图179-7所示。

 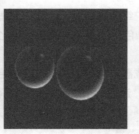 

图179-5 　　　　　　　　　　　　图179-6 　　　　　　　　　图179-7

10 选择主菜单中的"合成"|"新建合成"命令，新建一个合成，命名为"滴落"，选择预设为PAL D1/DV，设置时长为10秒。

11 拖曳合成"雨滴贴图"到时间线中，关闭可视性。在时间线空白处单击鼠标右键，选择"新建"|"纯色"命令，新建一个黑色固态层，选择主菜单中的"效果"|"模拟"|CC Particle World命令，添加CC Particle World滤镜。设置Birth Rate（出生率）为0.1，展开Particle（粒子）选项组，具体参数设置如图179-8所示。

12 设置Birth Rate（出生率）的关键帧，在3帧时为0，展开Physics（物理学）选项组，设置Velocity（速度）为0；展开Producer（发射器）选项组，设置Position Y为-0.43，粒子由屏幕顶部发射。

13 在时间线空白处单击鼠标右键，选择"新建"|"摄像机"命令，新建一个摄影机，调整摄影机的位置，雨滴朝向摄影机，如图179-9所示。

 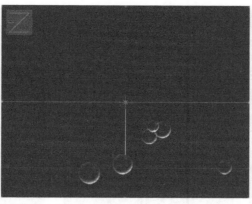 

图179-8 图179-9

14 拖曳时间线，查看雨滴效果，如图179-10所示。

图179-10

15 选择主菜单中的"合成"|"新建合成"命令，新建一个合成，命名为"雷雨"，时长为5秒。在时间线空白处单击鼠标右键，选择"新建"|"纯色"命令，新建一个图层，命名为"背景"，选择主菜单中的"效果"|"生成"|"梯度渐变"命令，添加渐变滤镜，如图179-11所示。

16 拖曳合成"云贴图"到时间线中，关闭可视性。在时间线空白处单击鼠标右键，选择"新建"|"纯色"命令，新建一个固态层，命名为"天空"，选择主菜单中的"效果"|"模拟"|CC Particle World命令，添加CC Particel World滤镜，展开Particle（粒子）选项组，具体参数设置如图179-12所示。

图179-11 图179-12

17 设置Birth Rate（出生率）为100，1帧时为0，Longevity（寿命）为15。展开Physics（物理学）选项组，设置Velocity（速度）为0，Gravity（重力）为0。展开Producer（发射器）选项组，设置发射器的尺寸和位置，如图179-13所示。

18 在时间线空白处单击鼠标右键，选择"新建"|"摄像机"命令，新建一个摄影机，调整视图，如图179-14所示。

19 在时间线空白处单击鼠标右键，选择"新建"|"纯色"命令，新建一个固态层，命名为"云飘"，选择主菜单中的"效果"|"杂色和颗粒"|"分形杂色"命令，添加"分形杂色"滤镜，如图179-15所示。

20 设置"演化"的关键侦，在5秒时为360°，设置"偏移（湍流）"的关键帧，使固态层横向移动，如图179-16所示。

图179-13   图179-14

图179-15   图179-16

21 设置图层的混合模式为"柔光"，绘制椭圆形遮罩，羽化值为70，效果如图179-17所示。

22 在时间线空白处单击鼠标右键，选择"新建"｜"调节图层"命令，新建一个调节层，选择主菜单中的"效果"｜"风格化"｜"发光"命令，添加"发光"滤镜，设置"发光半径"为200。

23 在时间线空白处单击鼠标右键，选择"新建"｜"纯色"命令，新建一个图层，命名为"闪电1"，设置混合模式为"相加"，选择主菜单中的"效果"｜"生成"｜"高级闪电"命令，添加"高级闪电"效果滤镜，如图179-18所示。

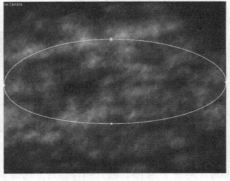

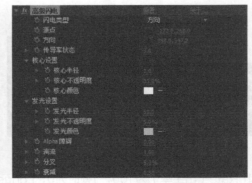

图179-17   图179-18

24 设置"传导率状态"的关键帧，在0秒时为0，在5秒时为5，设置不透明度的关键帧，创建闪亮动画。复制图层，调整闪电效果的参数，移动不透明度关键帧的时间位置，如图179-19所示。

25 在时间线空白处单击鼠标右键，选择"新建"｜"纯色"命令，新建一个固态层，命名为"闪光 1"，颜色为灰色，绘制蒙版，设置羽化为300，复制相应闪电图层的"不透明度"关键帧，呈现与闪电一起频繁闪光的效果，如图179-20所示。

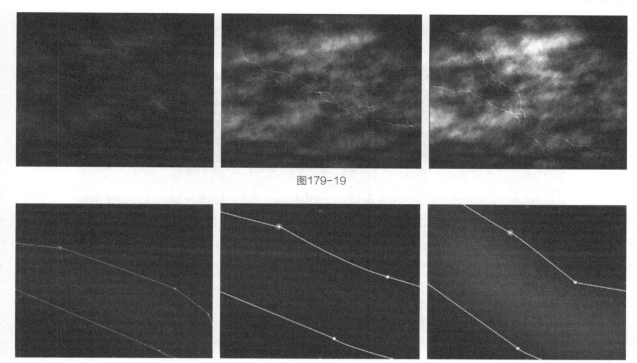

图179-19

图179-20

26 拖曳合成"滴落"到时间线中，设置混合模式为"叠加"，选择主菜单中的"效果"|"时间"| CC Force Motion Blur命令，添加"强制运动模糊"滤镜，如图179-21所示。

27 选择主菜单中的"效果"|"颜色校正"|"色阶"命令，添加"色阶"滤镜，提高亮度。选择主菜单中的"效果"|"风格化"|"发光"命令，添加发光滤镜，如图179-22所示。

图179-21

图179-22

28 选择主菜单中的"图层"|"时间"|"启用时间重映射"命令，调整雨珠滴落的速度，单击播放按钮，查看闪电和雨滴的动画效果，如图179-23所示。

图179-23

实例 180 星空闪烁

● **案例文件** | 光盘\工程文件\第12章\180 星空闪烁

● **视频文件** | 光盘\视频教学2\第12章\180.mp4

● **难易程度** | ★★★☆☆

● **学习时间** | 5分46秒

● **实例要点** | 粒子模拟星星　　发光效果

● **实例目的** | 本例学习应用CC Particle Systems II滤镜创建星星效果，应用发光滤镜增强星星的光效

知识点链接

CC Particle Systems II——创建发射粒子的效果。

操作步骤

01 打开软件After Effects CC 2014，选择主菜单中的"合成"|"新建合成"命令，创建一个新的合成，命名为"星空背景"，选择预设为PAL D1/DV，长度为10秒。

02 选择主菜单中的"文件"|"导入"命令，导入一张星空图片，拖曳到时间线面板中，再复制一次，设置混合模式为"相加"，分别设置缩放和位置的关键帧，使整个星空背景动起来，如图180-1所示。

03 选择主菜单中的"合成"|"新建合成"命令，新建一个合成，命名为"闪烁"，拖曳合成"星空背景"到时间线面板中。在时间线面板空白处单击鼠标右键，从弹出的菜单中选择"新建"|"纯色"命令，新建一个黑色图层，命名为"星光 1"，选择主菜单中的"效果"|"模拟"|CC Particle Systems II命令，添加CC Particle Systems II滤镜，设置混合模式为"相加"，效果如图180-2所示。

图180-1　　　　　　　　　　　　　　　　　　　　　　　　图180-2

04 设置Birth Rate（出生率）为0.5，展开Producer（发射器）选项栏，设置Radius X为140，Radius Y为160，如图180-3所示。

05 展开Physics（物理学）选项栏，设置Velocity（速度）为0，Gravity（重力）为0，如图180-4所示。

图180-3　　　　　　　　　　　　　　　　　　　　　　图180-4

06 展开Particle（粒子）选项组，选择Particle Type（粒子类型）为Star（星星），设置Birth Color（出生颜色）为浅蓝色，Death Color（消亡颜色）为蓝色，Birth Size（出生尺寸）为0.06，Death Size（消亡尺寸）为0.2，选择Opacity Map（不透明度贴图）为Fade Out（淡出），如图180-5所示。

07 选择主菜单中的"效果"|"风格化"|"发光"命令，添加"发光"滤镜，设置"发光阈值"为20%，"发光半径"为10，如图180-6所示。

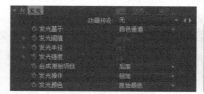

图180-5 图180-6

08 复制"星光1"图层，重命名为"星光2"，调整Birth Color（出生颜色）为黄色，Death Color（消亡颜色）为蓝色，设置Birth Rate（出生率）为0.3，Longevity（寿命）为1.5，展开Producer（发射器）选项栏，设置Position（位置）为（429，342），Radius X为140，Radius Y为160，如图180-7所示。

09 在时间线面板中，调整"星光2"图层的入点，查看完成的粒子圈动画效果，如图180-8所示。

图180-7 图180-8

实例 181 火焰

- **案例文件** | 光盘\工程文件\第12章\181 火焰

- **视频文件** | 光盘\视频教学2\第12章\181.mp4

- **难易程度** | ★★★☆☆

- **学习时间** | 29分41秒

- **实例要点** | 图像的过渡动画 创建火焰的形态

- **实例目的** | 本例学习应用线性擦除滤镜使图像产生过渡转换，应用CC Mr.Mercury滤镜创建火焰的形态，这样就形成了火焰燃烧的动画

┃知识点链接┃

线性擦除——创建图像的过渡转换效果。

CC Mr.Mercury——创建火焰的形态。

┃操作步骤┃

01 打开软件After Effects CC 2014，选择主菜单中的"合成"|"新建合成"命令，创建一个新的合成，选择预设为PAL D1/DV，设置长度为5秒，命名为"划像"。

02 导入一张被燃烧的背景图片，选择主菜单中的"效果"|"过渡"|"线性擦除"命令，添加"线性擦除"滤镜。创建划像动画，设置"过渡完成"的关键帧，在1秒15帧时为0，在4秒时为100%；设置"羽化"为20，如图181-1所示。

图181-1

03 在时间线空白处单击鼠标右键，选择"新建"|"调节图层"命令，新建一个调节图层，选择主菜单中的"效果"|"风格化"|"毛边"命令，添加"毛边"滤镜。设置"边界"为5，"边缘锐度"为5，"比例"为65%，"复杂度"为2，展开"演化选项"组，设置"随机植入"为150，如图181-2所示。

图181-2

04 为调节图层添加矩形遮罩，创建由屏幕底端上移到顶端的动画，时间为1秒15帧到4秒05帧。调整速度曲线为上凸型，有一个很快的起始速度，保证粗糙边缘的范围跟随划像边缘，如图181-3所示。

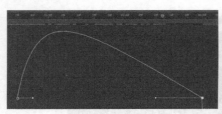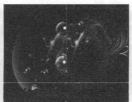

图181-3

05 拖曳合成"划像"到■图标上，创建一个新的合成，命名为"火焰底部"。在时间线面板中复制"划像"图层两次，命名为"划像01M"和"划像01"，设置"划像01"图层的蒙版模式为"Alpha反转遮罩 划像01M"。

06 单击"划像01"图层，选择主菜单中的"效果"|"杂色和颗粒"|"分形杂色"命令，添加"分形杂色"滤镜，如图181-4所示。

07 选择主菜单中的"效果"|"风格化"|"发光"命令，添加"发光"滤镜，设置"发光阈值"为50%，"发光半径"为20，"发光强度"为2。

08 选择主菜单中的"效果"|"颜色校正"|CC Toner命令，添加CC Toner滤镜，设置Highlights（高光）为黄色，Midtones（中间调）为橙色，Shadows（阴影）为深棕色，如图181-5所示。

图181-4

图181-5

09 复制"划像"图层两次，命名为"划像02M"和"划像02"，拖至"划像"图层的上面，设置"划像02"的蒙版模式为"Alpha反转遮罩 划像02M"，图层的混合模式为"强光"。

10 选择"划像02"图层，选择主菜单中的"效果"|"杂色和颗粒"|"分形杂色"命令，添加"分形杂色"滤镜，选择"分形类型"为"湍流平滑"，"溢出"为"剪切"。

11 选择主菜单中的"效果"|"颜色校正"|CC Toner命令，添加CC Toner滤镜，设置Midtones（中间调）为浅橙色，如图181-6所示。

12 选择主菜单中的"效果"|"颜色校正"|"色阶"命令，添加"色阶"滤镜，增大"输入黑色"到50，降低"输入白色"到220，如图181-7所示。

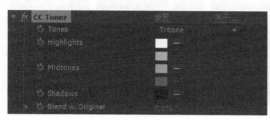
图181-6

图181-7

13 选择"划像02M"图层，选择主菜单中的"效果"|"风格化"|"毛边"命令，添加"毛边"滤镜，设置"边界"为50，"边缘锐度"为2，"缩放"为50。调整该图层缩放比例为115%，调整上下的位置。查看合成预览效果，如图181-8所示。

14 选择主菜单中的"合成"|"新建合成"命令，新建一个合成，命名为"火苗1"，选择文本工具，设置字体为Arial，大小为72，填充为白色，勾边为灰色，宽度为10，模式为"在描边上填充"，在合成窗口中随意输入50个左右的字符，如图181-9所示。

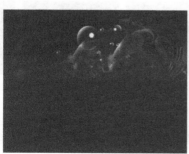

图181-8

图181-9

15 选择主菜单中的"动画"|"将动画预设应用于"命令，选择文本动画预设Miscellaneous|Chaotic 2，展开"动画1"选项，调整"位置"为（20，400），如图181-10所示。

16 展开"动画2"选项，设置"缩放"的关键帧，在0秒时为100，在2秒时为450%，在3秒时为450%，在5秒时为0。查看文字动画效果，如图181-11所示。

图181-10

图181-11

17 设置图层"缩放"的关键帧，在0秒时为0，在4秒时为100%，在5秒时为0。

18 选择主菜单中的"效果"|"模糊和锐化"｜CC Vector Blur命令，添加CC Vector Blur滤镜，选择Type为Direction Center，设置Amount为20，Revolutions为5.81，Map Softness为50，如图181-12所示。

19 选择主菜单中的"效果"|"模拟"｜CC Mr.Mercury命令，添加水银效果滤镜，设置Radius X为100，Radius Y为0，Velocity（速度）为0.1，Gravity（重力）为0，展开Light（灯光）选项栏，设置Light Intensity（灯光强度）为25。设置Direction（方向）的关键帧，在0秒为0，在5秒为360°，设置Producer（发射器）的关键帧，在0秒时在左端，在5秒时移动到右端，如图181-13所示。

图181-12   图181-13

20 选择主菜单中的"效果"|"模糊和锐化"｜"智能模糊"命令，添加"智能模糊"滤镜，设置"半径"为2，"阈值"为50。

21 选择主菜单中的"效果"|"风格化"｜"毛边"命令，添加"毛边"滤镜，选择"边缘类型"为"刺状"，"边缘锐度"为0.1，设置"边界"的关键帧，由50变为25，Scale由200变为400，"演化"旋转4圈。

22 选择主菜单中的"效果"|"颜色校正"｜"色阶"命令，添加"色阶"滤镜，增大"输入黑色"并减小"输入白色"，以增强对比度，设置这两个节点的位置动画。

23 在时间线空白处单击鼠标右键，选择"新建"｜"调节图层"命令，创建一个调节图层，选择主菜单中的"效果"|"颜色校正"｜CC Toner命令，添加色调滤镜，设置Highlights（高光）为黄色，Midtones（中间调）为橙色，如图181-14所示。

24 选择主菜单中的"效果"|"颜色校正"｜"色阶"命令，添加"色阶"滤镜，设置"输入白色"节点的位置动画，0秒时在左端，中间时为160，5秒时在左端。查看火苗的动画效果，如图181-15所示。

图181-14   图181-15

25 选择主菜单中的"效果"|"通道"｜"通道合成器"命令，添加"通道合成器"滤镜，选择"自"为"最大RGB"，"至"为Alpha，这样就创建了通道。在时间线空白处单击鼠标右键，选择"新建"｜"纯色"命令，创建一个黑色固态层作为背景，如图181-16所示。

26 选择主菜单中的"效果"|"通道"｜"移除颜色遮罩"命令，添加"移除颜色遮罩"滤镜，接受默认值。

27 在项目窗口中复制合成"火苗1"，自动命名为"火苗2"，双击打开合成"火苗2"。

28 选择文字层，在效果控制面板中展开CC Mr.Mercury滤镜，设置Velocity（速度）的关键帧，由0变为4，Birth Rate（出生率）由1变为5效果，效果如图181-17所示。

图181-16　　　　　　　　　　　　　　　　　　　图181-17

29 在项目窗口中，拖曳合成"火焰底部"到  图标上，新建一个合成，命名为"燃烧效果"，然后拖曳合成"火苗1"到该时间线中，设置混合模式为"屏幕"，使其跟随划像动画向上移动，打开速度曲线进行调整，使火焰的上升与划像动画匹配，如图181-18所示。

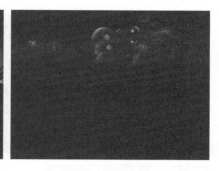

图181-18

30 在时间线面板中，复制"火苗1"图层两次，分别调整图层的位置和大小，刚好使两个火苗均匀分布在划像的底线上。

31 拖曳合成"火苗2"到时间线面板中的底层，选择主菜单中的"效果"|"模糊和锐化"|"快速模糊"命令，添加"快速模糊"滤镜，设置模糊强度为10，向上调整图层位置为（360，0）。

32 单击按钮 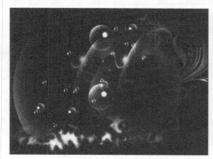 进行预览，查看燃烧的动画效果，如图181-19所示。

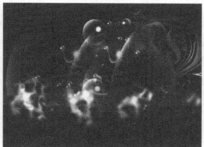

图181-19

实 例
182　　**流动的云**

● **案例文件** | 光盘\工程文件\第12章\182 流动的云
● **视频文件** | 光盘\视频教学2\第12章\182.mp4
● **难易程度** | ★★★☆☆
● **学习时间** | 4分20秒
● **实例要点** | 图层变形动画
● **实例目的** | 本例学习应用"贝塞尔曲线变形"滤镜使一张云图片变形，产生流动感

┤ 知识点链接 ┠

贝塞尔曲线变形——将一张云图片变形，使其产生流动感。

┤ 操作步骤 ┠

01 打开软件After Effects CC 2014，创建一个新的合成，命名为"流动的白云"，选择预设为PAL D1/DV，长度为5秒。

02 导入素材"蓝天白云"，将其拖入时间线上，调整合适大小和位置，如图182-1所示。

03 为图层添加"贝塞尔曲线变形"滤镜，设置变形动画，在0帧时调整变形滤镜上面锚点的位置，并记录关键帧，如图182-2所示。

04 将时间线指针移到3秒，设置锚点位置，如图182-3所示。

图182-1   图182-2   图182-3

05 预览视图，已经产生流动的效果，如图182-4所示。

06 新建一个固态层，添加"镜头光晕"滤镜，为场景添加光效，设置"光晕中心"的关键帧动画，0帧时为（512.0，120.4），3秒时为（716.0，10.4），如图182-5所示。

图182-4   图182-5

07 新建一个调节层，添加"曲线"滤镜，调整亮度，如图182-6所示。

08 拖动时间线指针预览效果，如图182-7所示。

图182-6   图182-7

实例 183 玻璃板

- **案例文件** | 光盘\工程文件\第12章\183 玻璃板
- **视频文件** | 光盘\视频教学2\第12章\183.mp4
- **难易程度** | ★★★★☆
- **学习时间** | 10分11秒
- **实例要点** | 创建立体倒角　　模拟玻璃的折射
- **实例目的** | 本例学习应用"斜面Alpha"滤镜创建边缘倒角，产生立体效果，应用CC Glass滤镜创建玻璃板的厚度和折射效果

知识点链接

斜面Alpha——创建立体效果。

CC Glass——创建立体厚度和折射效果。

操作步骤

01 选择主菜单中的"合成"|"新建合成"命令，新建一个合成，命名为"运动玻璃1"，选择预设为PAL D1/DV，设置时长为2秒。

02 选择矩形遮罩工具█，在合成中绘制一个矩形，打开图层的三维属性█，如图183-1所示。

03 选择主菜单中的"效果"|"风格化"|CC Glass命令，添加玻璃效果滤镜，调整参数，如图183-2所示。

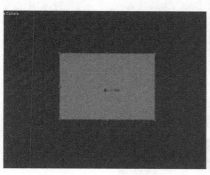

图183-1　　　　　　　　　　　　　　　　　　　　　图183-2

04 选择主菜单中的"效果"|"生成"|CC Light Sweep命令，添加扫光滤镜，调整其参数，如图183-3所示。

05 设置CC Light Sweep滤镜中Center（中心）的关键帧，0秒时数值为（420.0，144.0），2秒时数值为（138，160），如图183-4所示。

图183-3　　　　　　　　　　　　　　　　　　　　图183-4

06 选择主菜单中的"效果"|"透视"|"斜面Alpha"命令，添加"斜面Alpha"滤镜，调整其参数，如图183-5所示。

07 选择主菜单中的"效果"|"杂色和颗粒"|"分形杂色"命令，添加"分形杂色"滤镜，调整其参数，如图183-6所示。

图183-5　　　　　　　　　　　　　　　　　　　　图183-6

08 在时间线面板中设置图层y轴旋转角度的关键帧，0秒时"Y轴旋转"为46°，2秒时"Y轴旋转"为-80°。设置图层的"不透明度"关键帧，1秒16帧时数值为100%，2秒时数值为0%。查看动画效果，如图183-7所示。

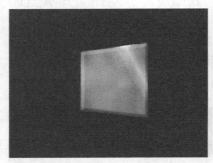

图183-7

09 复制两次合成"运动玻璃1"。

10 打开合成"运动玻璃3"，在时间线面板中调整图层的变换参数，如图183-8所示。

图183-8

11 设置图层Y轴旋转角度的关键帧，0秒时"Y轴旋转"为84°，2秒03帧时"Y 轴旋转"为-70°，如图183-9 所示。

图183-9

12 选择主菜单中的"合成"|"新建合成"命令，新建一个合成，命名为"镜头2玻璃运动"，选择预设为PAL D1/DV，设置时长为5秒。

13 拖曳合成"运动玻璃1"至时间线，调整图层的位置，如图183-10所示。

14 拖曳合成"运动玻璃2"至时间线，将图层放置于"运动玻璃1"的下一层。

15 在时间线面板中复制"图层1"的基本属性至"运动玻璃2"图层中，设置图层的入点为1秒。

16 拖曳合成"运动玻璃3"至时间线，设置图层的入点为2秒21帧，调整图层的位置，如图183-11所示。

图183-10   图183-11

17 选择主菜单中的"合成"|"新建合成"命令，新建一个合成，命名为"镜头2"，选择预设为PAL D1/DV，设置时长为5秒。

18 导入图片"背景图"至时间线，调整图层到合适大小。

19 拖曳合成"镜头2玻璃运动"至时间线，打开图层的三维属性，设置图层叠加模式为"强光"。

20 选择"背景图"图层，选择主菜单中的"效果"|"扭曲"|"置换图"命令，添加"置换图"滤镜，调整其参数，如图 183-12所示。

图183-12

21 在时间线空白处单击鼠标右键，在弹出的快捷菜单中选择"新建"|"摄像机"命令，新建一个50mm的摄影机，始终保持摄影机在合成的顶层。

22 单击播放按钮，查看玻璃板动画效果，如图183-13所示。

图183-13

实例 184 巧克力

- ● **案例文件** | 光盘\工程文件\第12章\184 巧克力
- ● **视频文件** | 光盘\视频教学2\第12章\184.mp4
- ● **难易程度** | ★★★☆☆
- ● **学习时间** | 9分46秒
- ● **实例要点** | 流动的纹理　　柔滑效果
- ● **实例目的** | 本例学习应用Form（构成）滤镜创建流动纹理，应用Shine（发光）插件创建发光效果，增强表面的柔滑感

知识点链接

Form——创建流动纹理。

Shine——创建发光效果，柔滑纹理。

操作步骤

01 打开软件After Effects CC 2014，选择主菜单中的"合成"|"新建合成"命令，创建一个新的合成，命名为"巧克力"，选择预设为PAL D1/DV，设置时间长度为21秒。

02 在时间线空白处单击鼠标右键，选择"新建"|"纯色"命令，新建一个固态层，命名为"巧克力"，选择主菜单中的"效果"|Trapcode｜Form命令，添加Form（构成）滤镜。展开"形态基础"选项组，选择"形态基础"项为"串状立方体"，设置"大小X"为860，"大小Y"为900，"大小Z"为200，"Z中的串"为1，"Y中的串"为200，"Z的中心"为0，"Z旋转"为90，如图184-1所示。

03 展开"分型区域"选项组，设置"位移"为100，如图184-2所示。

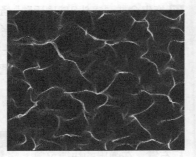

图184-1　　　　　　　　　　　　　　　　　　　　　　图184-2

04 展开"快速映射"选项组，展开"不透明映射"，选择第2种贴图，如图184-3所示。

05 展开"颜色映射"选项组，设置颜色，选择"映射不透明和颜色在"为X，如图184-4所示。

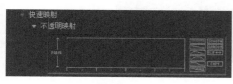

图184-3

图184-4

06 分别展开"映射#1""映射#2"和"映射 #3"选项组，具体设置和效果如图184-5所示。

07 在"形态基础"选项组中设置"Y中的串"为800，形成一个曲面，根据需要还要调整"颜色映射"的颜色。展开"空间转换"选项组，设置"比例"为130，效果如图184-6所示。

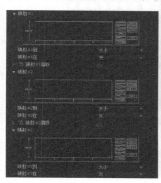
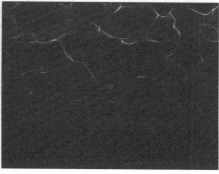
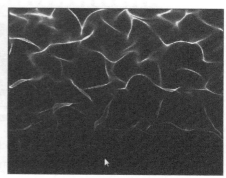

图184-5

图184-6

08 展开"球形区域"选项组，设置"球形1"和"球形2"的强度和位置，具体参数设置如图184-7所示。

09 选择主菜单中的"效果"|"扭曲" | CC Flo Motion 命令，添加失真运动效果滤镜，参数设置如图184-8所示。

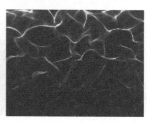

图184-7

图184-8

10 单击鼠标右键，选择"新建"|"纯色"命令，新建一个黑色固态层，选择主菜单中的"效果"|"风格化"|"发光"命令，添加"发光"滤镜，如图184-9所示。

11 选择"巧克力"图层，选择主菜单中的"效果"|Trapcode | Shine命令，添加"光芒"滤镜，设置""光芒长度"为0，展开"颜色模式"选项组，选择预设为"火星"，设置"提升亮度"为4.4，如图184-10所示。

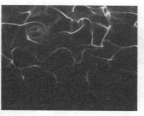
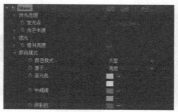
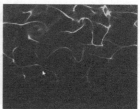

图184-9

图184-10

12 单击播放按钮，查看动画预览效果，如图184-11所示。

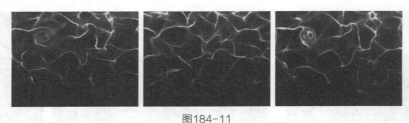

图184-11

海上日出

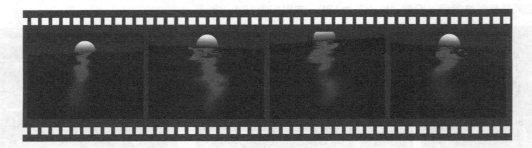

- **案例文件**｜光盘\工程文件\第12章\185 海上日出
- **视频文件**｜光盘\视频教学2\第12章\185.mp4
- **难易程度**｜★★☆☆☆
- **学习时间**｜1分32秒
- **实例要点**｜Psunami创建自然景观
- **实例目的**｜本例学习应用Psunami滤镜创建自然景观，选择不同的预设基本能满足景观的需要

知识点链接

Psunami——一款创建自然景观的插件。

操作步骤

01 打开After Effects CC 2014软件，选择主菜单中的"合成"｜"新建合成"命令，创建一个新合成，设置时长为6秒。

02 在时间线空白处单击鼠标右键，选择"新建"｜"纯色"命令，新建一个固态层。

03 选择主菜单中的"效果"｜Red Giant Psunami｜Psunami命令，添加Psunami滤镜，接受默认值单击播放按钮▏▶，查看海洋效果，如图185-1所示。

图185-1

04 打开Psunami，反复调整参数，如图185-2所示，单击GO按钮，查看效果。

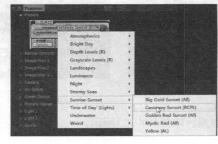

图185-2

05 单击播放按钮▶，查看最终
效果，如图185-3所示。

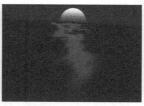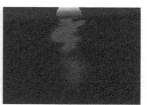

图185-3

实 例
186

186 水漫LOGO

- **案例文件** | 光盘\工程文件\第12章\186 水漫LOGO
- **视频文件** | 光盘\视频教学2\第12章\186.mp4
- **难易程度** | ★★★★☆
- **学习时间** | 32分34秒
- **实例要点** | 波纹变形效果   液体效果
- **实例目的** | 本例学习应用"波形变形"滤镜创建波纹变形效果，应用CC Glass滤镜创建液体效果

▍知识点链接 ▍

波形变形——创建波纹变形效果。
CC Glass——创建液体折射效果。

▍操作步骤 ▍

01 打开软件After Effects CC 2014，选择主菜单中的"合成"|"新建合成"命令，创建一个新的合成，命名为"水蒙版"，选择预设为PAL D1/DV，长度为3秒。在时间线面板空白处单击鼠标右键，从弹出的菜单中选择"新建"|"纯色"命令，新建一个黑色图层，然后再建一个白色图层，创建一个图层由屏幕下方向上移动的动画，如图186-1所示。

02 在时间线面板空白处单击鼠标右键，从弹出的菜单中选择"新建"|"调节图层"命令，新建一个调节图层，选择主菜单中的"效果"|"扭曲"|"波纹变形"命令，添加"波浪变形"滤镜。选择"波浪类型"为"正弦"，"消除锯齿（最高品质）"为"高"，设置"波形高度"为10，"波形宽度"为75，如图186-2所示，并激活这两个参数的关键帧记录器▧，创建关键帧，拖曳时间线指针到3秒，设置"波形高度"为5，"波形宽度"为50。

图186-1

图186-2

03 拖曳时间线指针，查看动画效果，如图186-3所示。

图186-3

04 选择主菜单中的"效果"|"模糊和锐化"|"快速模糊"命令，添加"快速模糊"滤镜，设置"模糊度"为2，勾选"重复边缘像素"选项。

05 选择主菜单中的"效果"|"扭曲"|"湍流置换"命令，添加"湍流置换"滤镜，设置"数量"为25，"大小"为75，设置"演化"的关键帧，在0秒时为-25，在3秒时为25，效果如图186-4所示。

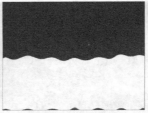

图186-4

06 选择主菜单中的"效果"|"扭曲"|"变换"命令，添加"变换"滤镜，设置"缩放高度"为115，"缩放宽度"为160，"旋转"为3°，激活关键帧记录器，在3秒时，设置"缩放宽度"为200，"旋转"为-5°。查看动画效果，如图186-5所示。

图186-5

07 选择主菜单中的"合成"|"新建合成"命令，新建一个合成，命名为"水纹理"，长度为10秒。在时间线面板空白处单击鼠标右键，从弹出的菜单中选择"新建"|"纯色"命令，新建一个黑色图层，选择主菜单中的"效果"|"杂色和颗粒"|"分形杂色"命令，添加"分形杂色"滤镜。选择"分形类型"为"涡流"，提高"亮度"为10，设置"溢出"为"剪切"，展开"变换"选项栏，设置"缩放"为50，"偏移湍流"为（220，288），展开"子设置"选项栏，设置"子影响"为80%，"子缩放"为56，"子偏移"为（500，0），设置"演化"为0；在3秒时，"偏移湍流"为（500，288），"子位移"为（200，0），"演化"为5。查看噪波效果，如图186-6所示。

08 选择主菜单中的"效果"|"颜色校正"|"色阶"命令，添加"色阶"滤镜，向右拖曳输入黑点到100，降低亮度，如图186-7所示。

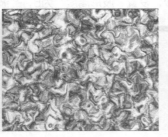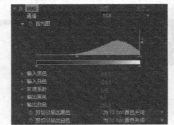

图186-6　　　　　　　　　　　　　　　　　　　　图186-7

09 选择主菜单中的"合成"|"新建合成"命令，新建一个合成，命名为"水顶面"，长度为3秒，拖曳合成"水纹理"和"水蒙版"到时间线面板中，设置"水纹理"图层的轨道遮罩模式为"亮度遮罩　水蒙版"，调整缩放比例为（500，100）。

10 选择主菜单中的"效果"|"风格化"｜CC Glass命令，添加玻璃效果滤镜，选择Bump Map（凹凸贴图）为"水纹理"，设置Softness（柔化）为25，Height（高度）为75，Displacement（置换）为200，如图186-8所示。

11 选择主菜单中的"效果"|"模糊和锐化"｜"快速模糊"命令，添加"快速模糊"滤镜，设置"模糊度"为1。

12 选择主菜单中的"效果"|"扭曲"｜"置换图"命令，添加"置换图"滤镜，选择"置换图层"为"水纹理"，设置"最大水平置换"为25，"最大垂直置换"为25，如图186-9所示。

13 选择主菜单中的"效果"|"颜色校正"｜CC Toner命令，添加色调滤镜，设置Highlight（高光）为浅蓝色，Midtones（中间调）为绿色，Shadows（阴影）为深绿色，具体参数设置如图186-10所示。

 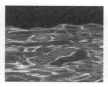  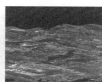

图186-8　　　　　　　　　　　　　　　　　　　　　图186-9

14 选择主菜单中的"效果"|"颜色校正"｜"色阶"命令，添加"色阶"滤镜，增加对比度，具体参数设置如图186-11所示。

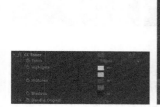  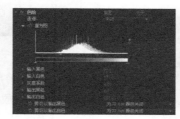 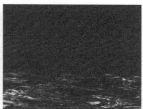

图186-10　　　　　　　　　　　　　　　　　　　　图186-11

15 复制"水蒙版"图层，设置混合模式为"轮廓亮度"，调整缩放比例为（220，110），并设置位置动画，使水面由底部上升到顶部。

16 选择主菜单中的"效果"|"风格化"｜CC Glass命令，添加玻璃效果滤镜，选择Bump Map（凹凸贴图）为"水纹理"，设置Softness（柔化）为10，Height（高度）为20，Displacement（置换）为50，如图186-12所示。

17 选择主菜单中的"效果"|"颜色校正"｜"色阶"命令，添加色阶滤镜，具体参数设置如图186-13所示。

  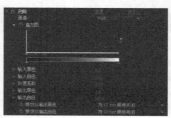 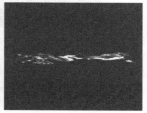

图186-12　　　　　　　　　　　　　　　　　　　　图186-13

18 选择主菜单中的"合成"|"新建合成"命令，新建一个合成，命名为"水置换"，导入合成"水纹理"，调整缩放比例为（500，250），选择主菜单中的"效果"|"颜色校正"｜"色阶"命令，添加"色阶"滤镜，具体参数设置如图186-14所示。

19 选择主菜单中的"效果"|"模糊和锐化"|"快速模糊"命令，添加"快速模糊"滤镜，设置"模糊度"为5。

20 选择主菜单中的"合成"|"新建合成"命令，新建一个合成，命名为"Logo"，选择文本工具，输入白色字符"飞云裳视觉特效"、白色勾红边字符"飞云裳视觉特效"和"www.vfx.hebeiat.com"，设置合适的字体和颜色。导入图片"沙滩"作为背景，如图186-15所示。

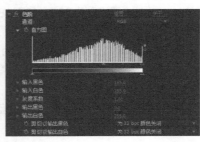
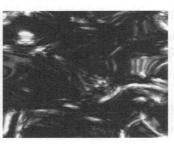

图186-14   图186-15

21 选择主菜单中的"合成"|"新建合成"命令，新建一个合成，命名为"水漫Logo"，长度为6秒，拖曳合成"Logo""水蒙版"和"水顶面"到时间线面板中。设置"Logo"图层的混合模式为"亮度反转遮罩 水蒙版"，选中图层"水蒙版"，选择主菜单中的"图层"|"时间"|"启用时间重映射"命令，然后在时间线面板中展开"时间重映射"属性在1秒添加关键帧，然后拖动到2秒，再将最后的关键帧拖动到5秒，复制全部关键帧并粘贴到"水顶面"图层，查看动画效果，如图186-16所示。

图186-16

22 拖曳合成"Logo"和"水置换"到时间线面板中，为"水置换"图层添加"启用时间重映射"关键帧，关闭"水置换"图层的可视性。选择"Logo"图层，调整缩放比例为105%。选择主菜单中的"效果"|"扭曲"|"置换图"命令，添加"置换图"滤镜，选择"置换图层"为"水置换"，设置"最大水平置换"为10，"最大垂直置换"为10，如图186-17所示。

23 选择主菜单中的"效果"|"颜色校正"|CC Toner命令，添加CC Toner滤镜，添加色调滤镜，设置Highlight（高光）为浅蓝色，Midtones（中间调）为蓝色，Shadows（阴影）为深绿色，Blend w.Original（与源素材混合）为50%，如图186-18所示。

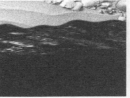

图186-17   图186-18

24 单击播放按钮，查看水面漫过Logo的动画效果，如图186-19所示。

图186-19

实　例 187	雨珠涟漪

- **案例文件** | 光盘\工程文件\第12章\187 雨珠涟漪
- **视频文件** | 光盘\视频教学2\第12章\187.mp4
- **难易程度** | ★★★★☆
- **学习时间** | 17分58秒
- **实例要点** | 云雾效果　　涟漪效果
- **实例目的** | 本例学习应用分形杂色滤镜创建动态的云雾背景，应用CC Drizzle滤镜创建涟漪的动画效果

知识点链接

泡沫——创建雨滴贴图。

CC Drizzle——创建水面涟漪的效果。

操作步骤

01 打开软件After Effects CC 2014，选择主菜单中的"合成"|"新建合成"命令，创建一个新的合成，命名为"雨滴贴图"，设置"宽度"和"高度"为200，时长为30秒。

02 在时间线空白处单击鼠标右键，选择"新建"|"纯色"命令，新建一个固态层，选择主菜单中的"效果"|"模拟"|"泡沫"命令，添加"泡沫"滤镜，参数设置如图187-1所示。

03 选择主菜单中的"效果"|"颜色校正"|"色相/饱和度"命令，添加"色相/饱和度"滤镜，设置"主色相"为-56°，"主饱和度"为-86，如图187-2所示。

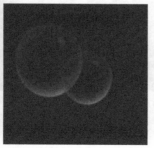

图187-1　　　　　　　　　　　　　　　　　　　图187-2

04 选择主菜单中的"合成"|"新建合成"命令，新建一个合成，命名为"地面"，在时间线空白处单击鼠标右键，选择"新建"|"纯色"命令，新建一个图层。选择主菜单中的"效果"|"杂色和颗粒"|"分形杂色"命令，添加"分形杂色"滤镜，设置"不透明度"为90%，按住Alt键，单击"演化"前的小码表，为"演化"添加表达式：time*90，如图187-3所示。

图187-3

05 选择主菜单中的"效果"|"风格化"|"发光"命令，添加"发光"滤镜，设置"发光阈值"为20.4%，"发光半径"为150，如图187-4所示。

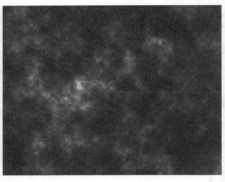

图187-4

06 选择主菜单中的"效果"|"模拟"|CC Drizzle命令，添加涟漪效果滤镜，设置Longevity（寿命）为2，Displacement（置换）为25。在时间线空白处单击鼠标右键，选择"新建"|"调节图层"命令，新建一个调节层，并添加"效果"|"颜色校正"|"曲线"命令，添加"曲线"滤镜，调整曲线形状，如图187-5所示。

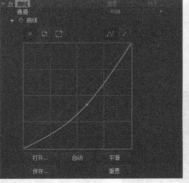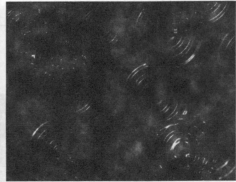

图187-5

07 选择主菜单中的"合成"|"新建合成"命令，新建一个合成，命名为"雨珠涟漪"，在时间线空白处单击鼠标右键，选择"新建"|"摄像机"命令，新建一个35mm的摄像机，调整成俯视角度。拖曳合成"地面"到时间线面板中，激活3D属性，调整"X轴旋转"为90°，拖曳合成"雨滴贴图"到时间线面板中，关闭可视性，如图187-6所示。

图187-6

08 在时间线空白处单击鼠标右键，选择"新建"|"纯色"命令，新建一个图层，命名为"雨珠01"，设置混合模式为"屏幕"，选择主菜单中的"效果"|"模拟"|CC Particle World命令，添加粒子滤镜，激活"独奏"属性，具体参数设置如图187-7所示。

图187-7

09 展开Particle（粒子）选项栏，选择Particle Type（粒子类型）为Textured Square，选择Texture Layer为"雨滴贴图"，选择Texture Time为From Start，具体参数设置如图187-8所示。

图187-8

10 复制"雨珠01"图层，重命名为"雨珠02"。复制"雨珠02"，重命名为"小雨珠"，调整参数，如图187-9所示。

图187-9

11 在时间线空白处单击鼠标右键，选择"新建"｜"调节图层"命令，新建一个调节图层，选择主菜单中的"效果"｜"颜色校正"｜"色调"命令，添加"色调"滤镜。设置"将白色映射到"为黑色，"将黑色映射到"为白色，效果如图187-10所示。

12 在时间线空白处单击鼠标右键，选择"新建"｜"纯色"命令，新建一个黑色图层，绘制一个椭圆形蒙版，勾选"反转"选项，设置"蒙版羽化"为200，"不透明度"为50%，设置图层的混合模式为"强光"，效果如图187-11所示。

| 图187-10 | 图187-11 |

13 选择主菜单中的"效果"｜"模糊和锐化"｜"钝化蒙版"命令，添加"钝化蒙版"滤镜，设置"数量"为90，"半径"为2，如图187-12所示。

14 为雨珠01、雨珠02和雨珠贴图都添加"图层"｜"时间"｜"时间反向图层"效果。

15 查看雨珠涟漪的合成预览效果，如图187-13所示。

图187-12　　　　　　　　　　　　　　　　　图187-13

实例 188　流体

● **案例文件**｜光盘\工程文件\第12章\188 流体

● **视频文件**｜光盘\视频教学2\第12章\188.mp4

● **难易程度**｜★★★☆☆

● **学习时间**｜14分钟

● **实例要点**｜流水动画

● **实例目的** | 本例学习应用CC Mr.Mercury滤镜创建流水的动画效果，应用"三色调"滤镜为流水上色

┃ **知识点链接** ┃

CC Mr.Mercury——创建液体流动的效果。

┃ **操作步骤** ┃

01 打开软件After Effects CC 2014，选择主菜单中的"合成"|"新建合成"命令，创建一个新的合成，命名为"流体"，选择预设为PAL D1/DV，设置长度为10秒。

02 在时间线空白处单击鼠标右键，选择"新建"|"纯色"命令，新建一个黑色图层，命名为"液体"，选择主菜单中的"效果"|"杂色和颗粒"|"分形杂色"命令，添加"分形杂色"滤镜。选择"分形类型"为"最大值"，"杂色类型"为"柔和线性"，确定时间线指针在合成的起点，展开"变换"选项组，激活"旋转""缩放""偏移湍流"和"复杂度"参数的关键帧记录器⏱，数值分别为0、400、（0，288）和5，创建关键帧。如图188-1所示。

03 展开"子设置"选项组，设置"子影响"为100%，"子缩放"为75，如图188-2所示。

   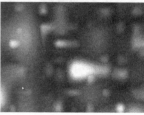

图188-1　　　　　　　　　　　　　　　　　　　　图188-2

04 激活"演化"参数的关键帧记录器⏱，设置数值为0。

05 拖曳时间线指针到10秒，调整"旋转"为45，"缩放"为500，"偏移湍流"为（360，576），"复杂度"为6，"演化"为360。拖曳时间线，查看噪波的动画效果，如图188-3所示。

06 选择主菜单中的"效果"|"模拟"|CC Mr.Mercury命令，添加水银效果滤镜，设置Radius X为100，Radius Y为0，Producer为（360，0），Velocity为1，Birth Rate为1，Longevity为2秒，Gravity为1，Resistance为0，如图188-4所示。

 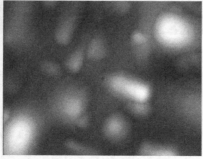 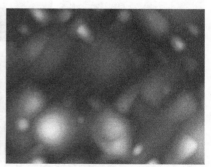

图188-3

07 确定时间线指针在合成的起点，激活Radius X、Velocity、Birth Rate、Gravity、Resistance和Blob Birth Size参数的关键帧记录器⏱，创建关键帧，然后拖曳时间线指针到1秒，调整Velocity为25，Birth Rate为20，Gravity为10，Resistance为2，效果如图188-5所示。

08 拖曳时间线指针到5秒，调整Radius X为500，Velocity为5，Birth Rate为50，Gravity为1，Resistance为0；拖曳时间线指针到9秒，调整Velocity为0，Birth Rate为0，Gravity为5，Blob Birth Size为0.15，效果如图188-6所示。

09 选择主菜单中的"效果"|"颜色校正"|"三色调"命令,添加"三色调"滤镜,设置"高光"为浅蓝色,"中间调"为蓝色,如图188-7所示。

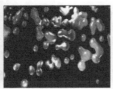
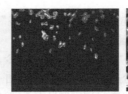
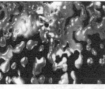
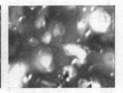

图188-4 图188-5

图188-6 图188-7

10 导入背景图片,选择主菜单中的"效果"|"颜色校正"|"曲线"命令,添加"曲线"滤镜,降低亮度,如图188-8所示。

11 选择主菜单中的"效果"|"颜色校正"|"色相/饱和度"命令,添加"色相/饱和度"滤镜,调整色调和饱和度,效果如图188-9所示。

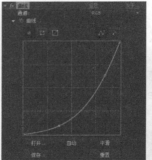

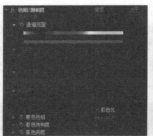

图188-8 图188-9

12 设置"液体"图层的混合模式为"线性光",降低不透明度为80%,添加"投影"滤镜。查看最终的流体效果,如图188-10所示。

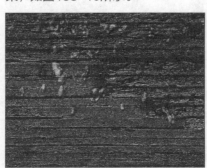

图188-10

● **案例文件** | 光盘\工程文件\第12章\189 定向爆破
● **视频文件** | 光盘\视频教学2\第12章\189.mp4
● **难易程度** | ★★★★☆
● **学习时间** | 14分09秒
● **实例要点** | 贴图控制破碎动画
● **实例目的** | 本例学习应用Shatter滤镜创建破碎效果，应用贴图控制破碎动画的先后顺序和强度

━┨ **知识点链接** ┠━

　　Shatter——创建破碎效果，由贴图控制破碎的顺序。

━┨ **操作步骤** ┠━

01 启动软件After Effects CC 2014，选择主菜单中的"合成"|"新建合成"命令，创建一个新的合成，命名为"贴图"，选择预设为PAL D1/DV，时长为3秒。

02 在时间线空白处单击鼠标右键，选择"新建"|"纯色"命令，新建一个图层，选择主菜单中的"效果"|"生成"|"梯度渐变"命令，添加渐变滤镜，如图189-1所示。

图189-1

03 选择主菜单中的"合成"|"新建合成"命令，新建一个合成，命名为"爆破"，拖曳合成"贴图"到时间线面板中，关闭可视性，导入楼房图片。

04 选择"楼房"图层，选择主菜单中的"效果"|"模拟"|"碎片"命令，添加"碎片"滤镜，展开"形状"选项栏，参数设置如图189-2所示。

图189-2

05 展开"作用力1"选项栏，设置"强度"的关键帧，在0帧时为1，在10帧时为0.5；设置"半径"的关键帧，在0帧时为0.4，在2秒时为0.5，在3秒时为0.6，如图189-3所示。

06 展开"渐变"选项栏，设置"渐变图层"为"贴图"，设置"碎片阈值"的关键帧，在1秒时为10%，在2秒时为85%，如图189-4所示。

图189-3　　　　　　　　　　　　　　　　　　　图189-4

07 展开"物理学"选项栏，设置Gravity的关键帧，在0秒时为1，在1秒时为3，如图189-5所示。

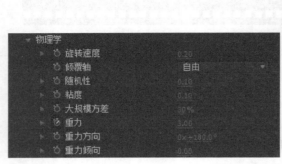
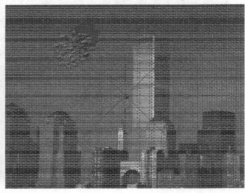

图189-5

08 调整"作用力 1"的位置参数，获得比较满意的爆破效果，如图189-6所示。

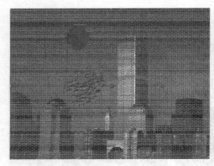
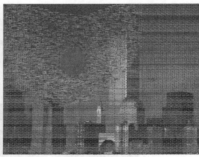

图189-6

09 选择"视图"为"已渲染"，设置"作用力2"在刚开始爆破的位置，设置"半径"为0.1，"强度"为1。拖曳时间线，查看动画效果，如图189-7所示。

图189-7

10 设置"重复"为100，查看最终的爆破效果，如图189-8所示。

图189-8

| 实 例 190 | 燃烧 |

- **案例文件** | 光盘\工程文件\第12章\190 燃烧
- **视频文件** | 光盘\视频教学2\第12章\190.mp4
- **难易程度** | ★★★★☆
- **学习时间** | 8分01秒
- **实例要点** | 置换变形　　颜色叠加
- **实例目的** | 本例学习应用"置换图"滤镜创建支离破碎的动画效果，再通过图层叠加模式的设置，创建火焰的颜色

知识点链接

置换图——产生支离破碎的效果。

图层叠加——创建火焰的颜色。

操作步骤

01 运行After Effects CC 2014软件，新建一个合成"火"，在选择预设为PAL/DV，设置时间长度为6秒。

02 选择主菜单中的"图层"｜"新建"｜"纯色"命令，新建一个固态层，自动命名为"黑色 纯色 1"，尺寸设置与合成一致。

03 在时间线窗口中选择黑色图层，选择主菜单中的"效果"｜"生成"｜"椭圆"命令，此时黑色图层被赋予"椭圆"效果，展开效果控制面板，查看效果参数及合成预览效果，如图190-1所示。

04 在"效果控件"面板中，设置"椭圆"滤镜中的"内部颜色"为橘红色，"外部颜色"为深红色，如图190-2所示。

图190-1

图190-2

05 在时间线窗口中将时间线移至00:00帧的位置，分别对"椭圆"滤镜中的"宽度""高度"和"厚度"参数设置关键帧。

06 将时间线移至05:24帧的位置，设置"宽度"为741.0，"高度"为741.0，"厚度"为749.0，在05:24帧的位置出现两个关键帧，播放动画，可以看到圆环的变化。

07 拖曳时间线指针，查看椭圆的动画效果，如图190-3所示。

08 新建一个合成"火"，在设置面板中选择预设为PAL/DV，时间长度为6秒。

09 选择主菜单中的"图层"｜"新建"｜"纯色"命令，新建一个固态层，自动命名为"黑色 纯色 2"，在时间线窗口中选择黑色图层，添加"椭圆"滤镜，展开效果控制面板，设置"内部颜色"为橘红色，"外部颜色"为深红色，参数设置如图190-4所示。

图190-3 图190-4

10 在时间线窗口中将时间线移至00:00帧的位置，分别对"椭圆"滤镜面板中的"宽度""高度"和"厚度"参数设置关键帧。

11 将时间线移至05:24帧的位置，设置"宽度"为1350.0，"高度"为1350.0，"厚度"为260.0。拖曳时间线指针，查看圆环的动画效果，如图190-5所示。

图190-5

12 新建一个合成"噪波"，选择预设为PAL D1 /DV，尺寸为720×576，设置长度为6秒。选择主菜单中的"图层"｜"新建"｜"纯色"命令，新建一个固态层，自动命名为"黑色 纯色 3"，尺寸设置与合成一致。

13 在效果窗口中双击"杂色和颗粒"｜"分形杂色"命令，为图层"黑色 纯色 3"赋予"分形杂色"滤镜，在效果面板中设置参数，并在00:00帧设置"偏移湍流"和"演化"的关键帧，如图190-6所示。

 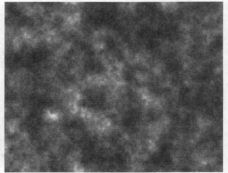

图190-6

14 将时间线移至05:24帧的位置，设置"偏移湍流"为（360.0，-488.0）；设置"演化"为6x+0.0，在时间线的05:24帧位置出现两个关键帧，如图190-7所示。

15 新建一个合成，命名为"燃烧"，选择"文件"｜"导入"｜"文件"命令，导入图片"燃烧背景"，如图190-8所示。

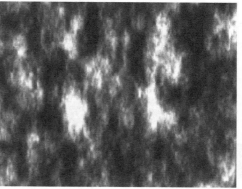

图190-7

16 将项目窗口中的合成"火"和"燃烧背景"拖入合成"燃烧"中，设置"燃烧背景"图层的轨道遮罩模式为"Alpha反转遮罩　火"，将合成"火"作为"燃烧背景"层的蒙版，如图190-9所示。

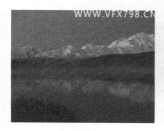

图190-8

图190-9

17 在时间线窗口中选择"火"层，在效果窗口中双击"扭曲"｜"置换图"命令，为"火"层赋予了"置换图"滤镜。设置"置换图层"为"噪波"，"最大水平置换"为75.0，"最大垂直置换"为100.0，如图190-10所示。

18 在项目窗口中将合成"火焰"拖入合成"燃烧"的时间线窗口中，并将其放在"噪波"层下，如图190-11所示。

图190-10

图190-11

19 同样在"火焰"层上添加"置换图"滤镜，设置"置换图层"为"噪波"，"最大水平置换"为75.0，"最大垂直置换"值为100.0，如图190-12所示。

20 在效果窗口中双击"模糊和锐化"｜"快速模糊"命令，给"火焰"层添加"快速模糊"滤镜，参数设置如图190-13所示。

图190-12

图190-13

21 复制"火焰"层，调整"快速模糊"滤镜面板中的"模糊度"为10.0，参数设置如图190-14所示。

22 在时间线窗口显示栏中，将"噪波"层的眼睛图标打开，显示该层。

23 在时间线窗口中设置"噪波"层的轨道遮罩模式为"Alpha遮罩 火焰"，将"火焰"层作为"噪波"层的蒙版。

24 在时间线窗口中，分别设置 "火焰""噪波""火焰"层的运算模式，如图190-15所示。

图190-14 图190-15

25 单击播放按钮，查看最终的火焰动画效果，如图190-16所示。

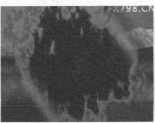
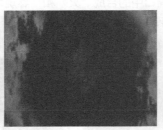

图190-16

实例 **191** 冰冻

- **案例文件** | 光盘\工程文件\第12章\191 冰冻
- **视频文件** | 光盘\视频教学2\第12章\191.mp4
- **难易程度** | ★★★★☆
- **学习时间** | 16分23秒
- **实例要点** | 下雪的动画　　玻璃效果的转场
- **实例目的** | 本例学习应用粒子预设创建下雪的动画，应用CC Glass Wipe创建玻璃转场效果，模拟冰冻的河面

┤ 知识点链接 ├

CC Glass Wipe——创建玻璃效果的转场效果。

┤ 操作步骤 ├

01 打开After Effects CC 2014软件，导入一段视频素材"MVI_2338"，拖至合成图标，根据素材创建一个新合成。拖曳时间线指针查看视频内容，如图191-1所示。

02 在时间线空白处单击鼠标右键，选择"新建"|"纯色"命令，新建一个固态层，选择矩形工具，绘制蒙版，勾

选"反转"选项，效果如图191-2所示。

图191-1　　　　　　　　　　　图191-2

03 选择视频素材图层，添加"曲线"滤镜，创建"曲线"参数的关键帧动画，将时间线指针拖曳到4秒的位置，激活"曲线"前的码表，再将时间线指针拖至6秒的位置，调整曲线，如图191-3所示。

04 选择"通道"为"绿色"，调整曲线，如图191-4所示。

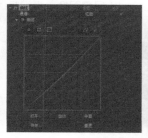  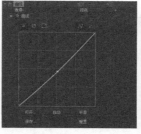 

图191-3　　　　　　　　　　　图191-4

05 将6秒位置的关键帧拖至8秒的位置，设置"通道"为RGB，调整曲线，如图191-5所示。

06 选择"通道"为"红色"，调整曲线，如图191-6所示。

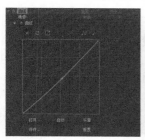  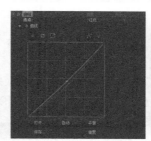 

图191-5　　　　　　　　　　　图191-6

07 新建一个固态层，命名为"雪花"，选择预设为t2_snowynight1，添加雪花效果，设置图层的入点为4秒，创建图层的"不透明度"关键帧，在4秒时数值为0，在6秒时数值为100。拖曳时间线指针查看雪花飘落效果，如图191-7所示。

图191-7

08 展开"粒子"选项组，设置"尺寸"的关键帧，在8秒时为1，在4秒时为0.4。

09 新建一个固态层并命名为"冰冻"，将其拖至"图层2"的位置，添加"分形杂色"命令，设置参数，如图191-8所示，设置图层的混合模式为"屏幕"。

图191-8

10 激活"冰冻"图层的3D属性，打开旋转属性，设置"X轴旋转"为-60°，将其放置于湖面位置，选择主菜单中的"效果"|"过渡"|CC Glass Wipe命令，添加玻璃划像滤镜，设置Layer to Reveal（显露图像）为视频素材"MVI_2338"，如图191-9所示。

图191-9

11 新建一个固态层并命名为"渐变"，添加"梯度渐变"滤镜和"分形杂色"滤镜，设置分形杂色中的"混合模式"为"叠加"，将其预合成。

12 选择"冰冻"图层，修改CC Glass Wipe滤镜中的Gradient Layer为"渐变合成 1"，调整合成"渐变"和"冰冻"图层中的滤镜参数，使冰冻效果更明显，如图191-10所示。

13 选择"冰冻"图层，设置图层的"不透明度"关键帧，在4秒时为0，在8秒时为100。将时间线指针放在12秒02帧的位置，设置Completion（完成度）为0。拖曳"冰冻"图层至"雪花"图层的下面，如图191-11所示。

图191-10　　　　　　　　　　图191-11

14 选择视频素材图层，选择"图层"|"时间"|"启用时间重映射"命令，添加时间重置映射滤镜，分别在6秒和8秒的位置添加关键帧，将8秒处的关键帧拖至10秒，加快视频播放速度，即冰冻效果快速出现。

15 选择"冰冻"图层，选择主菜单中的"效果"|"过渡"|"线性擦除"命令，添加"线性擦除"滤镜，设置"过渡完成"为100，"划像角度"为180°，"羽化"为30，为"过渡完成"参数创建关键帧动画，在6秒时为100，在12秒02帧时为54。查看效果，如图191-12所示。

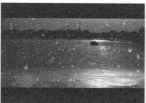

图191-12

16 选择"雪花"图层，创建雪花淡出画面的效果，在12秒的位置设置"不透明度"为100，18秒时为0，拖曳时间线指针查看效果。

17 调整"冰冻"图层的滤镜参数，使冰冻效果更好，单击播放按钮查看最终效果，如图191-13所示。

图191-13

实例 192 粒子波动

- **案例文件**｜光盘\工程文件\第12章\192 粒子波动
- **视频文件**｜光盘\视频教学2\第12章\192.mp4
- **难易程度**｜★★★★☆
- **学习时间**｜18分56秒
- **实例要点**｜随音乐波动
- **实例目的**｜本例学习应用Form（构成）滤镜创建由粒子网格构成的曲面，在反应器选项中应用音频文件，创建随音乐节奏波动的粒子效果

知识点链接

Form——创建随音乐节奏运动的波形。

操作步骤

01 打开After Effects CC 2014软件，选择主菜单中的"合成"|"新建合成"命令，新建一个合成，选择预设为"PAL D1/DV方形像素"，设置时长为15秒。

02 新建一个黑色固态层，命名为"背景"，新建一个粉色固态层，命名为"星星"，选择主菜单中的"效果"|"模拟"| CC Star Burst命令，添加星星发射滤镜，参数设置如图192-1所示。

03 新建一个黑色固态层，选择矩形工具，绘制蒙版图形，设置蒙版的羽化值为187，如图192-2所示。

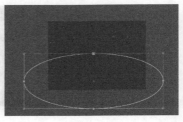

图192-1 图192-2

04 新建一个固态层,命名为"form",选择主菜单中的"效果"|Trapcode | Form命令,添加构成滤镜,展开"形态基础"滤镜,参数设置如图192-3所示。

05 展开"粒子"选项组,参数设置如图192-4所示。

06 设置"X中的粒子"为100,"Y中的粒子"为80。

07 展开"快速映射"选项组,参数设置如图192-5所示。

图192-3 图192-4

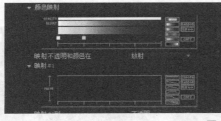

图192-5

08 导入一段音频素材"002.wav",将其拖至时间线面板,展开"波形"属性,查看波形,调整图层的入点。展开"音频反应"选项组,参数设置如图192-6所示。

图192-6

09 设置"位移"为60,单击播放按钮查看效果,如图192-7所示。

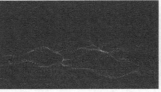

图192-7

10 选择文本工具,输入字符"vfx798",调整位置,如图192-8所示。

11 将文本图层预合成,重命名为"title",关闭可视性,拖至时间线面板的底层。复制"form"图层重命名为"form 2",激活"独奏"属性,设置"音频反应"选项组中的"映射到"为"关闭","位移"为0,设置"层映射"参数,如图192-9所示。

图192-8　　　　　　　　　　　　　　　　　　　　图192-9

12 展开"反应器1"选项组，设置"映射到"为"Z位移"，"强度"为-100。拖曳时间线指针查看效果，如图192-10所示。

图192-10

13 设置"分散"为5，展开"反应器2"选项，设置"映射到"为"分散"，"延迟方向"为"向外"，设置"反应器1"中的"强度"为-50，"反应器2"中的"强度"为300，取消"独奏"属性，拖曳时间线指针查看效果，如图192-11所示。

图192-11

14 新建一个摄影机，选择摄影机工具，调整位置，选择"form 2"图层，设置"Y中的粒子"为100。

15 双击打开合成"title"，为文本图层添加"四色渐变"滤镜，接受默认值。

16 选择"form 2"图层，添加Shine滤镜，参数设置如图192-12所示。

17 调整摄影机的位置，调整"反应器1"中的"强度"为-100，新建一个调节层，添加"发光"滤镜，设置"发光阈值"为30，"发光半径"为20，如图192-13所示。

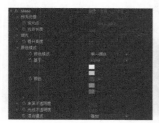

图192-12　　　　　　　　　　　　　　　　　　图192-13

18 创建摄影机的动画，单击播放按钮查看效果，对不满意的地方进行反复修改，调整"分散"为5，"X中的粒子"为150，"Y中的粒子"为150，修改Shine滤镜的位置。

19 单击播放按钮查看最终预览效果，如图192-14所示。

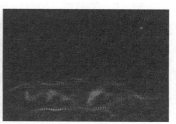

图192-14

水里折射

- ● **案例文件** | 光盘\工程文件\第12章\193 水里折射
- ● **视频文件** | 光盘\视频教学2\第12章\193.mp4
- ● **难易程度** | ★★★☆☆
- ● **学习时间** | 11分36秒
- ● **实例要点** | 水中折射焦散效果
- ● **实例目的** | 本例学习应用焦散滤镜创建图片在水中折射和焦散的效果

---**｜ 知识点链接 ｜**---

　　焦散——创建焦散效果，模拟折射变形。

---**｜ 操作步骤 ｜**---

01 打开软件After Effects CC 2014，选择主菜单中的"合成"|"新建合成"命令，创建一个新的合成，命名为"水面"，选择预设为PAL D1/DV，
设置长度为6秒。

02 在时间线空白处单击鼠标右键，选
择"新建"|"纯色"命令，新建一个固
态层，选择主菜单中的"效果"|"杂色
和颗粒"|"分形杂色"命令，添加
"分形杂色"滤镜，选择"分形类型"
为"脏污"，展开"变换"选项组，设
置"缩放"为250，"复杂度"为3，
如图193-1所示。

图193-1

03 确定当前时间线指针在合成的起点，激活"偏移湍流"和"演化"的关键帧记录器，创建关键帧，拖曳时间线
指针到合成的终点，调整"偏移湍流"为（360，0），"演化"为2。

04 新建一个合成，命名为"天空"，导入一张图片"sky"，拖曳到时间线面板中，设置其由下向上移动的关键
帧动画，模拟天空流动的感觉，如图193-2所示。

图193-2

05 新建一个合成，命名为"焦散效果"，拖曳合成"天空"和"水面"到时间线面板中，关闭可视性。

06 新建一个固态层，设置颜色值为（R：56，G：70，B：75），命名为"焦散"，选择主菜单中的"效果"|"模拟"|"焦散"命令，添加焦散滤镜。展开"水"选项组，选择"水面"为"3.水面"，设置"表面颜色"为浅灰色；展开"天空"选项组，选择"天空"为"2.天空"，设置"强度"为0.1，如图193-3所示。

07 导入一张美女图片"女01"，拖曳到合成"焦散效果"的时间线面板中，选择"焦散"图层，在"焦散"滤镜面板中展开"底部"选项组，选择"底部"为"美女01.jpg"，设置"缩放"为0.8，如图193-4所示。

图193-3

图193-4

08 新建一个黑色固态层，命名为"亮光"，添加"单元格图案"滤镜，选择"单元格图案"为"枕状"，勾选"反转"选项，设置"大小"为100，设置"演化"关键帧，在0秒时为0，在6秒时为2，如图193-5所示。

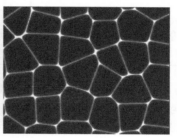

图193-5

09 选择主菜单中的"效果"|"扭曲"|"湍流置换"命令，添加"湍流置换"滤镜，设置"演化"的关键帧，在0秒时为0，在6秒时为2，效果如图193-6所示。

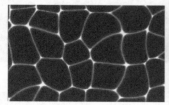
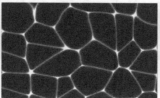
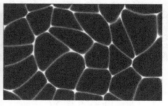

图193-6

10 设置该图层的混合模式为"柔光"，降低不透明度为12%，调整"单元格图案"滤镜中的"大小"为160。单击播放按钮▶，查看最终的折射焦散效果，如图193-7所示。

图193-7

实例 194 机枪扫射

● **案例文件** | 光盘\工程文件\第12章\194 机枪扫射
● **视频文件** | 光盘\视频教学2\第12章\194.mp4
● **难易程度** | ★★★★★
● **学习时间** | 26分27秒
● **实例要点** | 蒙版控制粒子区域
● **实例目的** | 本例学习应用Particular发射粒子，用烟雾素材定义粒子形状，重点是蒙版图层控制粒子区域

┃ 知识点链接 ┃

Particular——发射粒子，用蒙版图层控制粒子区域。

┃ 操作步骤 ┃

01 打开After Effects CC 2014软件，导入3段视频素材和一张图片素材，分别为"Dirt_Debris.mov""Wall_Debris.mov""Water_Debris.mov"和"ruins.jpg"。双击素材查看素材内容。

02 新建一个合成，选择预设为PAL D1 /DV，设置时长为5秒，命名为"机枪扫射"。将图片素材"ruins.jpg"拖至时间线面板，调整大小。将素材"Dirt_Debris.mov"拖至时间线面板，调整至合适的位置，打开"合成设置"面板，修改预设为"PAL D1/DV 宽银幕方形像素"。

03 修改合成时长为2秒。复制"Dirt_Debris.mov"5次，调整位置和出现的顺序，使它们依次出现，如图194-1所示。

图194-1

04 选择这6个"Dirt_Debris.mov"图层，将其预合成，命名为"dirt"。在时间线空白处单击鼠标右键，选择"新建"|"纯色"命令，新建一个固态层，命名为"子弹土"。

05 选择主菜单中的"效果"|Trapcode | Particular命令，添加粒子滤镜，新建一个点灯光，命名为"发射器"。展开Particular中的"发射器"选项组，选择"发射器类型"为"灯光"。

06 调整发射器参数，如图194-2所示。

07 设置"粒子"组参数，如图194-3所示。

图194-2

08 移动点灯光的位置，创建关键帧，创建位移动画，如图194-4所示。

图194-3

图194-4

09 创建一个24mm的摄像机，使用摄像机工具调整视图，同时调整灯光的路径，获得比较理想的构图，如图194-5所示。

图194-5

10 在项目面板中复制合成"dirt"，命名为"water"，双击打开合成"water"，用素材"Water_Debris.mov"替换素材"Dirt_Debris.mov"；然后复制一次，共有12个"Water_Debris.mov"，复制图层的混合模式为"相加"。拖曳时间线指针查看效果，如图194-6所示。

图194-6

11 新建一个固态层，命名为"蒙版"，拖至时间线"图层2"的位置并关闭可视性。选择"ruins.jpg"图层，使用钢笔工具绘制蒙版，设置"蒙版羽化"为17，选择"子弹"图层，设置轨道遮罩模式为"Alpha遮罩 蒙版"，这样溅起的尘土只局限于地面了，效果如图194-7所示。

图194-7

12 选择"蒙版"和"子弹"图层，进行复制。重命名为"子弹 水"，将合成"water"拖至时间线面板并关闭其可视性，打开图层"子弹 水"的粒子参数，设置Texture中的Layer参数为"water"。打开"子弹 土"图层，设置"材质"中的"图层"为"water"，参照背景图片上水坑的形状调整蒙版形状，拖曳时间线指针查看效果，如图194-8所示。

13 选择"蒙版"和"子弹 水"图层，选择主菜单中的"编辑"｜"复制"命令，复制图层，将上面的"子弹 水"重命名为"子弹 墙"，选择 "蒙版"图层，调整蒙版形状，如图194-9所示。

14 在项目面板中复制合成"dirt"，重命名为"wall"，双击打开合成，用素材"Wall_Debris.mov"替换原来的"Dirt_Debris.mov"，设置所有图层的混合模式为"相加"，将合成"wall"拖至时间线面板并关闭可视性。

图194-8　　　　　　　　　　　　　　　　　　　图194-9

15 选择图层"子弹墙"，在粒子控制面板中选择"纹理"中的"图层"为"wall"，调整"粒子数量/秒"为10，"尺寸"为125，"尺寸随机"为35，"不透明度"为80，"不透明度随机"为25。

16 为背景层添加"曲线"滤镜，降低亮度，根据需要调整摄像机视图和灯光运动路径，以达到理想的视图效果。

17 单击播放按钮查看机枪扫射的效果，如图194-10所示。

图194-10

实例 195 爆炸效果

- **案例文件** | 光盘\工程文件\第12章\195 爆炸效果
- **视频文件** | 光盘\视频教学2\第12章\195.mp4
- **难易程度** | ★★★★☆
- **学习时间** | 14分08秒
- **实例要点** | 模拟爆炸效果　烟雾效果
- **实例目的** | 本例学习应用碎片滤镜创建爆炸动画，应用Particular滤镜创建烟雾效果

▍知识点链接 ▍

碎片——模拟爆炸效果。
Particular——创建烟雾效果。

▍操作步骤 ▍

01 打开After Effects CC 2014软件，选择主菜单中的"合成"|"新建合成"命令，创建一个新合成，命名为"爆炸"，时长为10秒。

02 选择文本工具▦，输入字符"VFX798"，调整文字的大小、颜色和位置，如图195-1所示。

03 新建一个20mm的摄影机。选择文本图层，激活3D属性，选择主菜单中的"效果"|"模拟"|"碎片"命令，添加"碎片"滤镜，参数设置如图195-2所示。

图195-1　　　　　　　　　　　　　　　　　图195-2

04 展开"物理学"选项组，参数设置如图195-3所示。

05 展开"作用力1"选项组，设置"位置"为（394，288），"半径"为0.4。修改"重复"为22，将时间线指针拖至0秒的位置，激活"强度"的关键帧，在0秒时为0.3，在1秒时为5。

06 展开"作用力2"选项组，设置"位置"为（246，286）。将时间线指针放在2秒的位置，激活"半径"的关键帧，设置数值为0，在3秒时为0.25，"强度"为3，拖曳时间线查看效果，如图195-4所示。

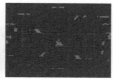

图195-3　　　　　　　　　　　　　　　　图195-4

07 选择摄影机，创建摄影机动画，在2秒时激活摄影机的"位置"和"目标点"参数，在4秒时使用摄影机工具创建动画效果，如图195-5所示。

图195-5

08 在5秒时展开"作用力2"选项组，添加"半径"关键帧，设置数值为0.5。

09 选择"摄像机系统"为"合成摄像机"，调整摄影机的位置，达到理想的视图效果。

10 在时间线空白处单击鼠标右键，选择"新建"|"纯色"命令，新建一个固态层并命名为"烟雾"，选择主菜单中的"效果"|Trapcode | Particular命令，添加粒子滤镜。

11 激活图层的"独奏"属性，展开"发射器"选项组，设置"方向"为"向外"。展开"粒子"选项组，设置参数，展开"生命期颜色"选项组，添加黑色和橙色的色块，调出爆炸的火光颜色，如图195-6所示。

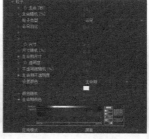
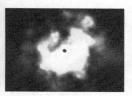

图195-6

12 展开"生命期不透明度"选项组，选择第4种贴图，对贴图进行涂抹，效果如图195-7所示。

13 展开"生命期尺寸"选项组，对贴图进行涂抹，设置"尺寸"为50，效果如图195-8所示。

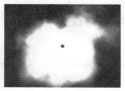

图195-7　　　　　　　　　　　　　　　　图195-8

14 选择文本图层，选择主菜单中的"效果"|"风格化"|"发光"命令，添加"发光"滤镜，参数设置如图195-9所示。

15 单击播放按钮■查看最终效果，如图195-10所示。如果对爆炸的火光颜色不满意可以反复调整。

图195-9　　　　　　　　　　　　　　　　图195-10

第 **13** 章

综合实例

飞云裳影音公社

1998

本章主要通过5个综合实例来讲解After Effects CC 2014创建影视片头的操作，利用前面讲授过的技巧来创作一些效果，完成命题，从而使读者进一步掌握后期特效的制作流程。

实例 196 体育频道

- **案例文件** ┃ 光盘\工程文件\第13章\196 体育频道
- **视频文件** ┃ 光盘\视频教学2\第13章\196.mp4
- **难易程度** ┃ ★★★★☆
- **学习时间** ┃ 1小时25分14秒
- **实例要点** ┃ 字样式　　文字碎块　　屏幕的波浪感
- **实例目的** ┃ 本例学习为文本赋予图层样式，应用"卡片擦除"滤镜创建文字的破碎感，应用"置换图"滤镜制作大屏幕的波浪感

┃ 知识点链接 ┃

渐变叠加样式——制作文字特效。

卡片擦除——制作文字碎块。

置换图——制作屏幕的波浪感。

┃ 操作步骤 ┃

01 打开软件After Effects CC 2014，选择主菜单中的"合成"|"新建合成"命令，创建一个新的合成，命名为"文字11"，长度为15秒。

02 选择文本工具 ，输入文字"体育频道"，选择字体、字号，调整位置，如图196-1所示。

03 选择主菜单中的"图层"|"图层样式"|"渐变叠加"命令，为该文字层添加"渐变叠加"样式，调整参数："角度"为0，"样式"为"径向"，"缩放"为120。复制该文字层，自动创建一个名称为"体育频道 2"的文字层，将其图层样式"渐变叠加"下的"缩放"改为150，选择名为"体育频道"的文字层，设置"缩放"为98.5，如图196-2所示。

因为增加了图层样式，所以要想直接改变文字层的颜色是不行的，这里需要用到"色调"滤镜，具体操作如下。

04 在时间线面板中单击鼠标右键，新建一个调节层，添加"效果"|"颜色校正"|"色调"滤镜，将"将白色映射到"后的色块改为浅蓝色，如图196-3所示。

图196-1

图196-2

图196-3

05 在项目面板中将合成"文字 11"拖到合成图标█上，新建一个名为"文字 12"的合成。打开"文字 12"合成，为图层"文字 11"添加"效果"|"过渡"|"卡片擦除"滤镜，设置"行数""过渡完成"和"过渡宽度"等参数，确定当前指针在第0帧处，激活"过渡完成"和"过渡宽度"属性的关键帧，然后拖曳当前指针到第4秒处，分别调整"过渡完成"和"过渡宽度"的值为0和50%，再为该图层添加"斜面Alpha"滤镜，使用默认参数，查看合成预览效果，如图196-4所示。

图196-4

06 在项目面板中将合成"文字 12"拖到█图标上，新建一个名称为"文字 13"的合成。打开"文字 13"合成，复制合成"文字 12"并命名为"文字 12 烟雾"，为其添加"效果"|"扭曲"|"湍流置换"滤镜，设置"数量"为300，"大小"为33；设置"偏移"参数的关键帧，在第0帧处数值为（360，160），第5秒处为（360，470）。继续添加"色调"和"高斯模糊"滤镜，设置"模糊度"为15，添加滤镜CC Light Burst 2.5，设置Intensity（强度）为50，Ray Length（光线长度）为248，在时间线面板中设置该图层的不透明度设为50%，查看合成预览效果，如图196-5所示。

图196-5

07 在项目窗口中将合成"文字 13"拖到█图标上，新建一个名称为"文字 14"的合成，打开"文字 14"合成，复制合成"文字 13"并命名为"文字 13 倒影"，将其上下翻转，添加"线性擦除"滤镜，参数设置如图196-6所示。

08 选择主菜单中的"合成"|"新建合成"命令，创建一个新的合成，命名为"体育频道"，长度为15秒。将合成"文字 14"的时间改为5秒，并拖曳到合成"体育频道"中。

09 在时间线面板空白处单击鼠标右键，选择"新建"|"纯色"命令，新建一个黑色固态层，命名为"BG光"，向下移动一层，添加"效果"|Videocopilot|Optical Flares滤镜，选择光线效果，设置参数：PositionXY为（356，2.8），Color为蓝色，截取长度为5秒，如图196-7所示。

图196-6   图196-7

10 进一步调整合成"文字14"的大小和位置，有必要修改一些参数，具体参照相关视频教程，如图196-8所示。

11 在时间线面板的空白处单击鼠标右键，选择"新建"|"纯色"命令，新建一个黑色固态层，命名为"粒子"，移至第2层，并为其添加Particular滤镜，展开"发射器"参数组，设置"位置""速度"和"发射尺寸"等参数，展开"粒子"参数组，设置"粒子类型""尺寸"和"不透明度"等参数，如图196-9所示。

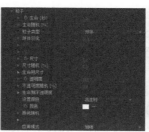

图196-8   图196-9

12 在时间线面板的空白处单击鼠标右键，选择"新建"|"纯色"命令，新建一个黑色固态层，命名为"BG"，移至最后一层，为其添加"梯度渐变"滤镜，设置"起始颜色"为蓝色，"结束颜色"为黑色，如图196-10所示。

13 新建一个黑色固态层，命名为"地面"，大小为840×740，添加"梯度渐变"滤镜。选择主菜单中的"合成"|"新建合成"命令，创建一个新的合成，命名为"黑白渐变"，设置"宽度"为90，长度为15秒。

14 新建一个固态层，大小与合成大小一致，添加"梯度渐变"特效，设置"起始颜色"为黑色，"结束颜色"为白色，如图196-11所示。

图196-10   图196-11

15 新建一个灰色固态层，绘制矩形蒙版，设置羽化值为50，调整大小，如图196-12所示

图196-12

16 新建一个合成，大小为1 200×576，时长为7秒，命名为"黑白贴图"。拖曳合成"黑白渐变"到新建的合成中，制作动画，使"黑白渐变"从合成最左边运动到最右边，停顿5帧，再运动到合成最左端，停顿5帧，如图196-13所示。

图196-13

17 在项目窗口的空白处单击鼠标右键，新建一个大小为720×576的合成，命名为"篮球赛事"，时长为5秒。拖曳视频素材"NBA十佳球.mp4"和合成"黑白贴图"到该合成里，置于第1层，混合模式为"柔光"。为素材"NBA十佳球.mp4"添加"置换图"滤镜，选择"置换图层"为"3.黑白贴图"，设置其他参数并对该素材做一定的剪辑。

18 导入素材"金属框.psd"到该合成，并添加CC Light Sweep滤镜，设置Width（宽度）为80，Sweep Intensity（扫光强度）为70。为Center添加关键帧，制作动画：在第0帧处为（8，438），在第1秒处为（1190，-36），在第32帧处为（1190，-36），在第56帧处为（8，438），为Center添加表达式：Loopout（type = "cycle"，numKeyframes = 0）。调整视频素材的大小和位置，使"金属框"和视频位置协调。

19 添加文字层，选择文字工具█，输入文字"引爆篮球魅力"，字体为微软雅黑，字号为30，字间距为43；输入文字"BASKETBALL"，字体为BankGothic DB，字号为15，字间距为43，如图196-14所示。

图196-14

20 在项目窗口中复制合成"篮球赛事"，并重命名为"足球赛事"，替换掉视频素材，修改文字，还有必要对视频素材进行剪辑，如图196-15所示。

图196-15

21 打开合成"体育频道"，新建一个黑色固态层，命名为"地面"，设置大小为840×740，添加"梯度渐变"滤镜，设置参数，如图196-16所示。

22 将合成"篮球赛事"和"足球赛事"置入合成"体育频道"中，并打开其三维开关█，其位置属性分别为（360，288，-888）和（360，288，-2300）。

23 复制合成"篮球赛事"和"足球赛事"，分别命名为合成"篮球赛事-R"和"足球赛事-R"，将其上下翻转，添加"线性擦除"滤镜和"高斯模糊"滤镜，降低透明度为25%，具体参数设置如图196-17所示。

图196-16 　　　　　　　　　　　　　　　　　　　　　　　　图196-17

24 新建一个35mm的摄像机，通过控制摄像机来制作动画。在第5秒处设置"目标点"为（360，288，0），"位置"为（360，288，-766）；后退7帧，修改"位置"为（360，288，-1818）；到第7秒7帧处设置"目标点"为（230，450，-195），"位置"为（542，118，-1950）；到第9秒12帧处设置"目标点"为

（450，280，-224），"位置"为（163，263，-2202）；到第10秒7帧处设置"目标点"为（360，288，-2552），"位置"为（360，288，-3318）；到第12秒16帧处设置"目标点"为（456，288，-2502），"位置"为（757，268，-3193）；第14秒19帧处设置"目标点"为（278，240，-2426），"位置"为（76，30，-3128）；到第14秒19帧处设置"目标点"为（278，240，-2426），"位置"为（76，30，-3128）；到最后1帧处设置"目标点"为（576，551，-1392），"位置"为（300，263，-2353），如图196-18所示。

图196-18

25 拖曳时间线，查看最终的预览效果，如图196-19所示。

图196-19

实例 197 忆往事

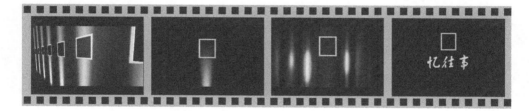

- **案例文件** 光盘\工程文件\第13章\197 忆往事

- **视频文件** 光盘\视频教学2\第13章\197.mp4

- **难易程度** ★★★★☆

- **学习时间** 1小时35分54秒

- **实例要点** 光束效果　　群飞的鸽子

- **实例目的** 本例学习应用遮罩和Shine滤镜创建光束效果，应用Particular滤镜创建发射粒子效果，定义鸽子为粒子形状，从而创建鸽子群飞的动画

知识点链接

Shine——创建发射光芒的效果。

Particular——创建粒子发射效果。

┤ 操作步骤 ├

第一部分：制作元素

01 打开软件After Effects CC 2014，选择主菜单中的"合成"|"新建合成"命令，新建一个720×720的合成，命名为"光柱"，设置时长为11秒。

02 选择文本工具█，输入字符"●"，设置字符的颜色为橙色，大小为95；设置图层的位移为（312.0，664.0），如图197-1所示。

03 选择主菜单中的"效果"|Trapcode|Shine命令，添加光芒滤镜，设置其参数，如图197-2所示。

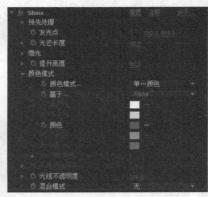

图197-1

图197-2

04 选择主菜单中的"合成"|"新建合成"命令，新建一个合成，命名为"方框"，选择预设为PAL D1/DV，设置时长为11秒。

05 在时间线空白处单击鼠标右键，在弹出的快捷菜单中选择"新建"|"纯色"命令，新建一个牙白色固态层。

06 选择矩形遮罩工具█，绘制蒙版，如图197-3所示。

07 选择矩形工具█，绘制蒙版，如图197-4所示。

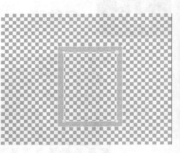

图197-3

图197-4

08 选择主菜单中的"效果"|"透视"|"斜面Alpha"命令，添加"斜面Alpha"滤镜，如图197-5所示。

09 在时间线空白处单击鼠标右键，在弹出的快捷菜单中选择"新建"|"纯色"命令，新建一个黑色固态层。

10 复制米色图层的"蒙版2"，粘贴至黑色固态层，如图197-6所示。

图197-5

图197-6

11 复制合成"方框",打开合成"方框2",删除黑色固态层。

12 选择米色固态层,打开图层的三维属性，设置图层y轴的旋转角度的关键帧,在0秒时为-90°,在1秒时为0°,如图197-7所示。

13 选择主菜单中的"合成"|"新建合成"命令,新建一个合成,命名为"鸽子",设置时长为13帧。

14 导入素材"鸽子蓝屏"至时间线,双击"鸽子蓝屏"图层,打开Layer窗口,如图197-8所示。

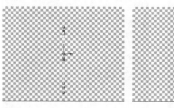 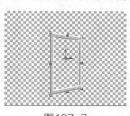 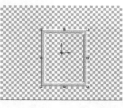

图197-7

图197-8

15 选择视频素材的入点为1秒03帧,出点为1秒16帧,如图197-9所示。

16 在时间线窗口中设置图层的基本参数,如图197-10所示。

图197-9

图197-10

17 设置图层的位移关键帧,在0秒时数值为(-49.0,90.5),在12帧时数值为(-35.5,140.0)。

18 选择矩形遮罩工具，绘制遮罩,如图197-11所示。

19 设置"蒙版1"中"蒙版路径"关键帧,在0秒时"顶部"为124,"左侧"为465,"右侧"为709,"底部"为392,在12帧时"顶部"为28,"左侧"为441,"右侧"为685,"底部"为296,如图197-12所示。

 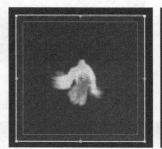  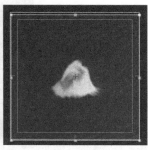

图197-11

图197-12

20 选择主菜单中的"效果"|"键控"|Keylight(1.2)命令,添加Keylight(1.2)滤镜,如图197-13所示。

21 展开Screen Matte(屏幕蒙版)选项组,设置参数,如图197-14所示。

图197-13

图197-14

22 展开Foreground Colour Correcton（前景颜色校正）选项组，设置参数，如图197-15所示。

23 在时间线空白处单击鼠标右键，在弹出的快捷菜单中选择"新建"|"纯色"命令，新建一个米色固态层。

24 将图层置于"鸽子蓝屏"的下一层，设置图层的轨道遮罩模式为"Alpha遮罩 鸽子蓝屏"，如图197-16所示。

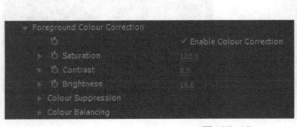

图197-15 图197-16

25 选择主菜单中的"合成"|"新建合成"命令，新建一个合成，命名为"鸽子发散"，选择预设为PAL D1/DV，设置时长为11秒。

26 拖曳合成"鸽子"至时间线，关闭图层的可视性。在时间线空白处单击鼠标右键，在弹出的快捷菜单中选择"新建"|"纯色"命令，新建一个黑色固态层。

27 选择主菜单中的Effect | Trapcode | Particular命令，添加粒子滤镜，展开"发射器"选项组，设置参数，如图197-17所示。

28 展开"粒子"选项组，设置参数，如图197-18所示。

图197-17 图197-18

29 设置"发射器"选项组中的"粒子数量/秒"的关键帧，在10帧时值为50，在15帧时值为0，如图197-19所示。

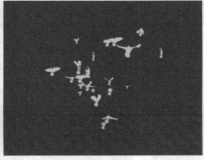

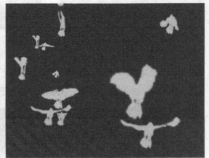

图197-19

第二部分：制作镜头1

01 选择主菜单中的"合成"|"新建合成"命令，新建一个合成，命名为"图"，选择预设为PAL D1/DV，设置

时长为3秒。

02 导入图片"图1"至时间线，设置图层的位移为（358.0，367.0），缩放比例为84%，设置图层的不透明度关键帧，在14帧时为100%，在2秒时为0%。

03 选择主菜单中的"效果"|"过渡"|"线性擦除"命令，添加"线性擦除"滤镜，如图197-20所示。

04 添加"线性擦除"滤镜，设置参数如图197-21所示。

图197-20 　　　　　　　　　　　　　　　图197-21

05 导入图片"图2"至时间线，设置图层的入点为1秒，设置图层的位移为（356.0，364.0），设置图层的不透明度关键帧，在1秒时为0%，在2秒09帧时为100%，如图197-22所示。

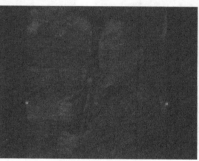

图197-22

06 选择主菜单中的"效果"|"过渡"|"线性擦除"命令，添加"线性擦除"滤镜，如图197-23所示。

07 添加"线性擦除"滤镜，设置参数如图197-24所示。

图197-23 　　　　　　　　　　　　　　　图197-24

08 导入图片"图3"至时间线，设置图层的入点为2秒，图层的缩放比例为96%，设置图层的不透明度关键帧，在2秒时为0%，在3秒时为100%，如图197-25所示。

图197-25

09 选择主菜单中的"效果"|"过渡"|"线性擦除"命令，添加"线性擦除"滤镜，如图197-26所示。

10 添加"线性擦除"滤镜，设置参数如图197-27所示。

图197-26   图197-27

11 选择主菜单中的"合成"|"新建合成"命令，新建一个合成，命名为"镜头1"，选择预设为PAL D1/DV，设置时长为9秒。

12 拖曳合成"光柱"至时间线，命名为"光柱1"，打开图层的三维属性，设置参数，如图197-28所示。

13 设置图层的不透明度关键帧，在2秒18帧时为100%，3秒08帧时为0%。

14 选择主菜单中的"效果"|"风格化"|"发光"命令，添加"发光"滤镜，如图197-29所示。

图197-28   图197-29

15 设置"发光阈值"的关键帧，在2秒时为40%，在3秒08帧时为42.5%；设置"发光半径"的关键帧，在2秒时为37，在3秒08帧时为182；设置"发光强度"的关键帧，在2秒时为1，在3秒08帧时为6，如图197-30所示。

16 复制"光柱1"图层，设置"光柱2"的位移为（410.0，288.0，0.0），如图197-31所示。

   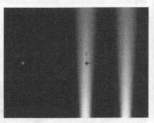

图197-30   图197-31

17 复制"光柱2"图层，设置"光柱3"的位移为（210.0，288.0，0.0），如图197-32所示。

18 复制"光柱3"图层，设置"光柱4"的位移为（10.0，288.0，0.0），如图197-33所示。

19 复制"光柱4"图层，设置"光柱5"的位移为（-190.0，288.0，0.0）。

20 复制"光柱5"图层，设置"光柱6"的位移为（-390.0，288.0，0.0）。

21 复制"光柱6"图层，设置"光柱7"的位移为（-590.0，288.0，0.0）。

22 复制"光柱7"图层，设置"光柱8"的位移为（-790.0，288.0，0.0）。

23 拖曳合成"方框"至时间线，打开图层的三维属性，设置图层的基本参数，如图197-34所示。

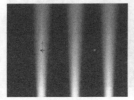 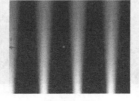  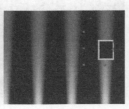

图197-32   图197-33   图197-34

24 设置图层y轴旋转角度的关键帧，在10秒时为-45°，在2秒时为0°。设置图层的不透明度的关键帧，在2秒18帧时为100%，在3秒08帧时为0%，如图197-35所示。

25 复制"方框1"图层,设置"方框2"的位移为(452.0,240.0,0.0),如图197-36所示。

图197-35　　　　　　　　　　　　　　　　　　　　图197-36

26 复制"方框2"图层,设置"方框3"的中心点为(384.0,309.0,0.0);设置位移关键帧,在0秒时数值为(214.0,240.0,-208.0),在2秒时数值为(202.0,240.0,0.0);设置图层y轴旋转角度的关键帧,在21帧时为0°,在2秒时为-180°,如图197-37所示。

27 复制"方框2"图层,设置"方框4"的位移为(52.0,240.0,0.0),如图197-38所示。

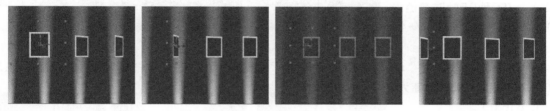

图197-37　　　　　　　　　　　　　　　　　　　　图197-38

28 复制"方框4"图层,设置"方框5"的位移为(-148.0,240.0,0.0)。

29 复制"方框5"图层,设置"方框6"的位移为(-348.0,240.0,0.0)。

30 复制"方框6"图层,设置"方框7"的位移为(-548.0,240.0,0.0)。

31 复制"方框7"图层,设置"方框8"的位移为(-748.0,240.0,0.0)。

32 在时间线空白处单击鼠标右键,在弹出的快捷菜单中选择"新建"│"摄像机"命令,创建一个自定义摄影机。

33 设置摄影机的中心点和位移关键帧,在07帧时中心点为(208.0,288.0,72.0),位移为(208.0,288.0,-212.0),在2秒时中心点为(208.0,288.0,48.0),位移为(257.5,283.0,-230.5),在3秒08帧时中心点为(208.0,288.0,-4.0),位移为(465.0,248.5,-1.5)。查看动画效果,如图197-39所示。

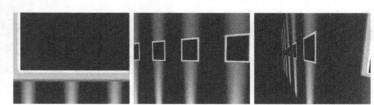

图197-39

34 选择文本工具█,输入字符"●",设置字符的颜色为橙色,大小为95,设置图层的出点为6秒10帧。

35 选择主菜单中的"效果"│Trapcode│Shine命令,添加光芒滤镜,设置参数,如图197-40所示。

36 设置Shine滤镜中"发光点"的关键帧,在5秒19帧时数值为(332.0,692.0),在6秒05帧时数值为(361.0,692.0)。

图197-40

37 选择主菜单中的"效果"│"风格化"│"发光"命令,添加"发光"滤镜,如图197-41所示。

38 选择主菜单中的"效果"│"模糊和锐化"│"高斯模糊"命令,添加"高斯模糊"滤镜,设置"模糊度"的关键帧,在5秒19帧时为90,在6秒05帧时为0,如图197-42所示。

图197-41 图197-42

39 设置图层的不透明度关键帧，在 2秒时数值为0%，在3秒08帧至5 秒19帧时为100%，在6秒10帧时 为0%。设置图层的位移关键帧，在 5秒19帧时数值为（293.0， 616.0），在6秒05帧时数值为 （320.0，616.0），如图197-43 所示。

图197-43

40 复制文本图层，设置图层"●2"下Shine滤镜中"发光点"的关键帧，在5秒19帧时数值为（367.0， 616.0），在6秒05帧时数值为 （321.0，616.0）。

41 设置图层的位移关键帧，在5 秒19帧时数值为（367.0， 616.0），在6秒05帧时数值为 （321.0，616.0），如图197-44所示。

图197-44

42 拖曳合成"图"至时间线，设 置图层的入点为3秒06帧，图层的 叠加模式为"线性光"。

43 设置图层的不透明度关键帧， 在3秒06帧时为0%，在3秒16帧 至5秒19帧时为100%，在6秒05 帧时为0%，如图197-45所示。

图197-45

44 拖曳合成"光柱"至时间线，设置图层的入点为5秒19帧。

45 设置图层的中心点为（360.0， 622.0），位移为（356.0， 608.0）；设置图层不透明度关键 帧，在5秒19帧时为0%，在6秒 16帧时为100%；设置图层的缩放 比例关键帧，在6秒16帧时为 100%，在7秒06帧时为0%，如图 197-46所示。

图197-46

46 选择主菜单中的"效果"|"风格化"|"发光"命令，添加"发光"滤镜，如图197-47所示。

47 选择主菜单中的"效果"|"过渡"|Linear Wipe命令，添加Linear Wipe滤镜，如图197-48所示。

图197-47

图197-48

48 拖曳合成"方框2"至时间线，设置图层的入点为5秒19帧。

49 设置图层的位移为（350.0，220.0），设置图层的缩放比例关键帧，在5秒19帧时为33%，在7秒06帧时为44%；设置图层的不透明度关键帧，在7秒06帧为100%，在7秒19帧时为0%，如图197-49所示。

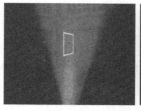

图197-49

50 拖曳合成"鸽子发散"至时间线，设置图层的入点为6秒13帧。

51 设置图层的位移关键帧，在8秒时数值为（344.0，238.0），在9秒时数值为（718.0，238.0）；设置图层的缩放比例关键帧，在7秒06帧时为100%，在9秒时为357%；设置图层的不透明度关键帧，在7秒06帧时为0%，在7秒19帧时为100%，如图197-50所示。

图197-50

52 将时间线置于9秒，选择摄影机图层，设置图层的中心点为（198.5，289.5，-4.0），位移为（455.0，250.0，-2.0）。

第三部分：制作镜头 2

01 选择主菜单中的"合成"|"新建合成"命令，新建一个合成，命名为"镜头2"，选择预设为PAL D1/DV，设置时长为6秒。

02 拖曳合成"光柱"至时间线，设置图层的缩放比例关键帧，在0秒时为868%，在1秒12帧时为122%。设置图层的不透明度关键帧，在1秒12帧时为100%，在3秒时为0%，效果如图197-51所示。

图197-51

03 选择主菜单中的"效果"|"风格化"|"发光"命令，添加"发光"滤镜，如图197-52所示。

图197-52

04 拖曳合成"方框2"至时间线，设置图层的入点为19帧。

05 设置图层的位移关键帧，在1秒12帧时数值为（354.0，270.0），在3秒时数值为（354.0，162.0）；设置图层的缩放比例关键帧，在19帧时为100%，在1秒12帧时为51%；设置图层的不透明度关键帧，在19帧时为0%，在1秒12帧时为100%，效果如图197-53所示。

06 选择文本工具 T，输入文本"忆"，设置文本的颜色为黄色，大小为120，选用"方正黄草"字体，加粗，如图197-54所示。

07 设置图层的位移关键帧，在1秒19帧时数值为（44.0，432.0），在2秒10帧时数值为（437.0，432.0），在3秒时数值为（159.0，432.0），在3秒13帧时数值为（210.0，366.0）；设置图层的缩放比例关键帧，在3秒时为250%，在3秒13帧时为100%；设置图层的不透明度关键帧，在1秒19帧时为0%，在2秒10帧至4秒06帧时为100%，在4秒19帧时为0%，效果如图197-55所示。

图197-53   图197-54

图197-55

08 选择主菜单中的"效果"｜"模糊和锐化"｜"高斯模糊"命令，添加"高斯模糊"滤镜，设置"模糊方向"为"垂直"。

09 设置"模糊度"的关键帧，在1秒19帧时为0，在2秒23帧时为500，在3秒11帧时为0。

10 选择主菜单中的"效果"｜"模糊和锐化"｜"高斯模糊"命令，添加"高斯模糊"滤镜，设置"模糊度"的关键帧，在1秒19帧时为0，在2秒12帧时为9，在3秒11帧时为0，如图197-56所示。

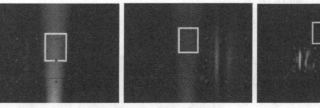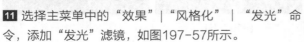

图197-56

11 选择主菜单中的"效果"｜"风格化"｜"发光"命令，添加"发光"滤镜，如图197-57所示。

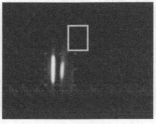

图197-57

12 设置"发光半径"的关键帧，在2秒23帧时为33，在3秒13帧时为0，在4秒时为200，在4秒19帧时为0，效果如图197-58所示。

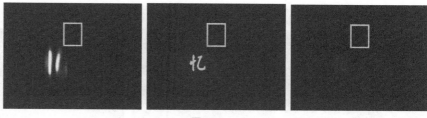

图197-58

13 复制"忆"图层，修改图层文本内容为"往"。设置图层的位移关键帧，在1秒19帧时数值为（290.0，432.0），在2秒10帧时数值为（-132.0，432.0），在3秒时数值为（492.0，432.0），在3秒13帧时数值为（310.0，366.0），效果如图197-59所示。

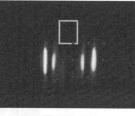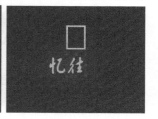

图197-59

14 复制"往"图层，修改图层文本内容为"事"。设置图层的位移关键帧，在1秒19帧时数值为（137.0，432.0），在2秒10帧时数值为（67.0，432.0），在3秒时数值为（312.0，693.0），在3秒13帧时数值为（408.0，366.0），效果如图197-60所示。

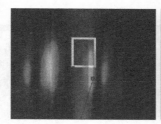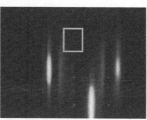

图197-60

15 选择文本工具 T，输入文本"忆往事"，设置文本的颜色为牙白色，大小为120，选用"方正黄草"字体，加粗，如图197-61所示。

16 设置图层的位移数值为（210.0，366.0），设置图层的不透明度关键帧，在4秒06帧时为0%，在4秒19帧时为100%，如图197-62所示。

图197-61 图197-62

第四部分：最终合成

01 选择主菜单中的"合成"|"新建合成"命令，新建一个合成，命名为"合成"，选择预设为PAL D1/DV，设置时长为14秒。

02 拖曳合成"镜头1"至时间线，设置图层的不透明度关键帧，在8秒10帧时为100%，在9秒时为0%。

03 拖曳合成"镜头2"至时间线，设置图层的入点为8秒10帧。

04 设置图层的不透明度关键帧，在8秒10帧时为0%，在9秒时为100%，效果如图197-63所示。

05 在时间线空白处单击鼠标右键，在弹出的快捷菜单中选择"新建"|"纯色"命令，新建一个黑色固态层。

06 选择矩形遮罩工具▣，绘制遮罩，如图197-64所示。

图197-63　　　　　　　　　　　　　　　　　　图197-64

07 导入音乐素材"忆往事"至时间线，放于底层。

08 单击播放按钮▶预览动画，如图197-65所示。

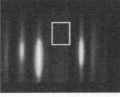

图197-65

实例 198　正尚传媒LOGO演绎

● **案例文件** ┃ 光盘\源文件\第13章\198 正尚传媒LOGO演绎

● **视频文件** ┃ 光盘\视频教学2\第13章\198.mp4

● **难易程度** ┃ ★★★★★

● **学习时间** ┃ 53分41秒

● **实例要点** ┃ 碎片创健立体字　　光斑组合　　Plexus空间效果

● **实例目的** ┃ 本例学习应用Optical Flares滤镜创建光斑照射的空间，通过Plexus插件创健几何分布的空间效果

┃ **操作步骤** ┃

第一部分：制作光效

01 打开软件After Effects CC 2014，选择主菜单中的"合成"|"新建合成"命令，创建一个新的合成，命名为"开篇"，选择预设为HDV/HDTV 720 25，设置时间长度为2秒15帧。

02 在时间线面板的空白处单击鼠标右键，从弹出的菜单中选择"新建"|"纯色"命令，新建一个固态层，命名为"光斑"。

03 选择主菜单中的"效果"|Video Copilot|Optical Flares命令，添加光斑滤镜，在效果控制面板中单击"选项"按钮，弹出对话框，选择Motion Graphics(19)-Spore光斑预设，调整Global Color为蓝色，查看光斑效果，如图198-1所示。

图198-1

04 在滤镜控制面板中调整Position XY和Center Position的数值，调整Color颜色为浅蓝色。如图198-2所示。

05 拖曳当前指针到合成的起点，激活Brightness关键帧，展开Flicker选项组，设置Speed 和Amount的关键帧，如图198-3所示。

图198-2   图198-3

06 拖曳当前指针到5帧，调整Speed的数值为94， 调整Amount为100。

07 拖曳当前指针到1秒20帧，复制Speed在5帧位置的关键帧， 拖曳当前指针到2秒08帧，调整Speed为100。

08 拖曳当前指针到2秒06帧，调整Brightness为100，拖曳当前指针到2秒10帧，调整期数为10。

09 选择图层的混合模式为"相加"，单击播放按钮，查看光斑的动画效果，如图198-4所示。

图198-4

第二部分：制作三维粒子

01 新建一个黑色图层，命名为"三维粒子 1"，选择圆形工具，绘制一个椭圆形蒙版，如图198-5所示。

02 拖曳当前指针到合成的起点，激活"蒙版路径"关键帧，拖曳当前指针到2秒10帧，调整蒙版的形状，如图198-6所示。

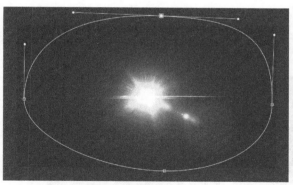 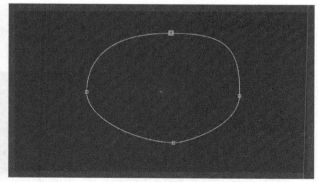

图198-5   图198-6

03 激活该图层的"独奏"属性，选择主菜单中的"效果"| Rowbyte | Plexus命令，添加一个三维粒子滤镜，如图198-7所示。

04 在Plexus Toolkit面板的"添加几何体"选项中选择"路径"选项，自动增加了Plexus Path Object面板，在底部的Plexus面板中勾选"所支持硬件启用GPU加速渲染"选项，如图198-8所示。

图198-7　　　　　　　　　　　　　　　　　图198-8

05 在Plexus Path Object面板中，调整"每个遮罩上的点"为115，展开"复制"选项组，设置"副本总数"为20，"拉伸深度"为6 250，效果如图198-9所示。

图198-9

06 在Plexus Toolkit面板中选择"添加效果器"为"噪波"，自动添加Plexus Noise Effector面板，设置"噪波振幅"为515，如图198-10所示。

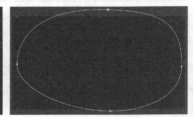

图198-10

07 在Plexus Toolkit面板中选择"添加渲染器"为"线条"，自动添加Plexus lines Renderer面板，如图198-11所示。

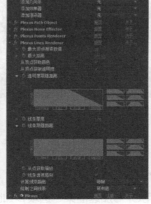

图198-11

08 在Plexus lines Renderer面板中选择"透明度跟随距离"和"线条跟随距离"应用第二种贴图，设置"线条厚度"为1.5，如图198-12所示。

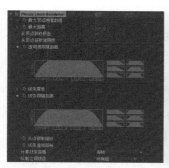

图198-12　　　　　　　　　　　　　　　　　　图198-13

09 在Plexus Path Object面板中，展开"复制"选项组，调整"旋转中心Z"为480，设置"Z起始角度"的关键帧，0帧时数值为85，2秒15帧时数值为0，效果如图198-13所示。

10 单击播放按钮，查看三维粒子空间的动画效果，如图198-14所示。

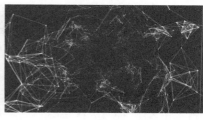

图198-14

11 在Plexus Noise Effector面板中，展开"噪波详细"选项组，设置噪波参数，如图198-15所示。

12 在Plexus Lines Renderer面板中调整"最大距离"为135，增加粒子空间中三角形的数量，效果如图198-16所示。

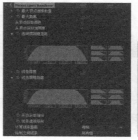

图198-15　　　　　　　　　　　　　　　　图198-16

13 选择图层"三维粒子 1"，添加"发光"滤镜，如图198-17所示。

14 创建一个摄像机，设置具体参数，如图198-18所示。

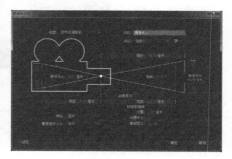

图198-17　　　　　　　　　　　　　　　　图198-18

15 新建一个空对象，激活3D属性，链接摄像机作为空对象的子对象，然后设置空对象的位置关键帧，0帧时数值为（640,360，-3500），2秒10帧时数值为（640,360，2040），模拟摄像的推拉运动。

16 取消该图层的"独奏"属性，单击播放按钮，查看开篇的动画预览效果，如图198-19所示。

图198-19

第三部分：制作立体文字

01 新建一个合成，命名为"文本01"，选择预设为HDV/HDTV 720 25，设置时长为10秒，选择文本工具，输入字符"优势媒体平台"，如图198-20所示。

图198-20

02 拖曳合成"文本01"到合成图标上，创建一个新的合成，重命名为"金属文字"，选择图层，添加"渐变叠加"样式，编辑渐变颜色，如图198-21所示。

图198-21

03 新建一个合成，命名为"镜头1"，选择预设为HDV/HDTV 720 25，设置时长为6秒，拖曳合成"文本01"和"金属文字"到时间线上，关闭可视性。

04 新建一个白色图层，命名为"立体字"，添加"分形杂色"滤镜，选择"分形类型"和"杂色类型"，设置"对比度""亮度"和"变换"等参数。如图198-22所示。

05 展开"子设置"选项组，设置"子影响"为47，调整"复杂度"和"演化"。如图198-23所示。

图198-22

图198-23

06 调整该图层的起点为1秒20帧，创建一个摄像机，起点为1秒20帧。具体参数设置如图198-24所示。

07 选择图层"立体字"，添加"碎片"滤镜，选择"视图"为"已渲染"，展开"形状"选项组，设置参数，如图198-25所示。

08 展开"作用力1"选项组，设置参数如图198-26所示。

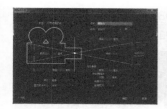

图198-24　　　　　　　　　　　图198-25　　　　　　　　　　　图198-26

09　展开"纹理"选项组，设置参数如图198-27所示。

10　选择"摄像机系统"为"合成摄像机"，展开"灯光"选项组，设置参数，如图198-28所示。

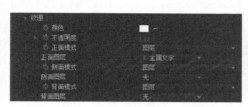

图198-27　　　　　　　　　　　　　　　　图198-28

11　新建一个空对象，链接作为摄像机的父对象，在2秒02帧调整空对象的位置并设置关键帧，如图198-29所示。

12　拖曳当前指针到1秒20帧，调整空对象的位置参数，如图198-30所示。

13　拖曳当前指针到5秒24帧，调整空对象的位置参数，效果如图198-31所示。

图198-29　　　　　　　　　　　图198-30　　　　　　　　　　　图198-31

14　拖曳时间线指针，查看最终预览效果，如图198-32所示。

图198-32

第四部分：完成镜头

01　拖曳合成"开篇"到时间线上，放置于顶层，按Alt键双击该图层，设置入点为10帧，设置不透明度关键帧，1秒20帧时数值为100%，2秒时数值为0，创建淡出动画。

02　新建一个黑色图层，命名为"光斑02"，添加Optical Flares滤镜，选择预设为Motion Graphic组中的Cool Flare，如图198-33所示。

03　选择该图层的混合模式为"相加"，拖曳当前指针到2秒02帧，设置光斑参数并设置关键帧，如图198-34所示。

图198-33　　　　　　　　　　　　　　图198-34

04 拖曳当前时间线指针到1秒20帧，调整Position XY和Brightness的数值，如图198-35所示。

05 拖曳当前时间线指针到2秒06帧，调整Position XY、Speed和Amount的数值，如图198-36所示。

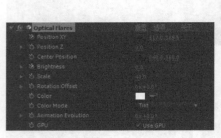

图198-35   图198-36

06 拖曳当前时间线指针到5秒13帧，调整Position XY的数值，效果如图198-37所示。

07 复制合成"开篇"时间线中的图层"三维粒子1"并粘贴到"开篇"的时间线中，重命名为"三维粒子2"，起点为1秒20帧，选择混合模式为"相加"。

08 选择图层"三维粒子2"，展开"蒙版"选项组，取消"蒙版路径"的关键帧，调整蒙版形状，如图198-38所示。

09 在Plexus Path Object面板中调整"每个遮罩上的点"为70，展开"复制"选项组，调整"副本总数"和"拉伸深度"分别为7和1 530，如图198-39所示。

图198-37   图198-38   图198-39

10 在Plexus Noise Effector面板中设置"噪波振幅"的关键帧，1秒20帧时数值为900，5秒24帧时数值为500。

11 选择图层"三维粒子2"，展开"蒙版"选项组，取消"蒙版路径"的关键帧，调整蒙版形状，如图198-40所示。

图198-40

12 在Plexus Path Object面板中展开"复制"选项组，设置"X起始角度"的关键帧，1秒20帧时数值为30，2秒02帧时数值为0。单击播放按钮，查看合成预览效果，如图198-41所示。

13 新建一个调节图层，命名为"变形调节层"，选择圆形工具绘制蒙版，并设置羽化值为80，效果如图198-42所示。

图198-41   图198-42

14 选择调节图层，添加"波形变形"滤镜，设置参数并为"波形高度"添加表达式：noise(time/1.5) * 50 + 25，如图198-43所示。

15 添加"百叶窗"滤镜，具体参数设置如图198-44所示。

图198-43　　　　　　　　　　　　　　　　图198-44

16 为调节层添加不透明度的关键帧，2秒02帧时数值为100%，2秒08帧时为0，3秒05帧时为0，3秒06帧时为100%，3秒08帧时为0。

17 单击播放按钮，查看镜头1的动画预览效果，如图198-45所示。

图198-45

第五部分：制作其余镜头

01 复制合成"镜头1"，重命名为"镜头2"，删除图层"开篇"，调整所有图层的起点到合成的起点，然后修改字符内容，再复制合成"镜头2"，重命名为"镜头3"和"镜头4"，修改文本字符，也可以根据需要修改Plexus滤镜参数和摄像机动画，创建不同的镜头内容，如图198-46所示。

图198-46

02 复制合成"镜头1"，重命名为"片尾"，删除图层"开篇"，调整全部图层的起点到合成的起点。

03 导入图片Logo到时间线面板的底层，关闭可视性，选择图层"Logo 3D"，在"碎片"滤镜面板中，调整贴图，如图198-47所示。

04 双击摄像机，调整摄像机参数，如图198-48所示。

 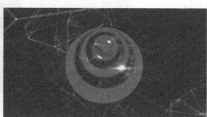 

图198-47　　　　　　　　　　　　　　　　图198-48

05 拖曳当前指针到合成的起点，选择空对象，调整变换关键帧，如图198-49所示。

06 拖曳当前指针到8帧，调整空对象的"Y位置"和"Z位置"的数值，如图198-50所示。

07 拖曳当前指针到1秒10帧，调整空对象的"Y轴旋转"为3度。拖曳当前指针到3秒，调整空对象的"X位置""Y位置"和"Z位置"的数值，如图198-51所示。

08 拖曳当前指针到4秒，调整空对象的"X位置""Y位置"和"Z位置"的数值，如图198-52所示。

| 图198-49 | 图198-50 | 图198-51 | 图198-52 |

09 设置摄像机的位置关键帧，0帧时数值为（0,0，-412），10帧时数值为（0,0，-1910）。

10 选择图层"三维粒子2"，在Plexus Path Object面板中调整参数，如图198-53所示。

11 调整"噪波幅度"的关键帧，0帧时数值为900，4秒15帧时数值为500。

12 在Plexus Lines Renderer面板中调整参数，如图198-54所示。

13 设置图层"三维粒子2"的不透明度关键帧，3秒时数值为100%，4秒时数值为15%。

14 选择调节图层，设置不透明度的关键帧，8帧时为100%，13帧时为0,1秒10帧时为0,1秒11帧时为100，1秒13帧时为0。

 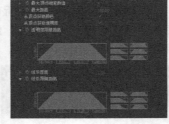 

| 图198-53 | 图198-54 |

15 新建一个合成，选择预设为HDV/HDTV 720 25，命名为"总合成"，设置时长为20秒，拖曳合成"镜头1""镜头2""镜头3""镜头4"和"片尾"到时间线上，设置合适的入点，并设置淡入效果，如图198-55所示。

图198-55

16 选择文本工具，创建文本层，如图198-56所示。

图198-56

17 设置文本图层的入点为18秒，应用"平滑移入"的动画预设。至此整个影片制作完成，单击播放按钮，查看影片的预览效果，如图198-57所示。

图198-57

音乐力量

- ● **案例文件┃** 光盘\工程文件\第13章\199 音乐力量
- ● **视频文件┃** 光盘\视频教学2\第13章\199.mp4
- ● **难易程度┃** ★★★★★
- ● **学习时间┃** 1小时28分41秒
- ● **实例要点┃** 创建重复阵列　　　图层叠加强化色彩感　　　创建发光效果
- ● **实例目的┃** 本例学习应用CC Repe Tile滤镜创建重复阵列，用一些简单的元素组建立体空间，通过合适的图层叠加模式和发光滤镜实现动感绚丽的影片

┃ 知识点链接 ┃

CC Repe Tile——创建重复阵列。
发光——创建对象的发光效果。

┃ 操作步骤 ┃

第一部分：制作镜头1

01 打开软件After Effects CC 2014，选择主菜单中的"合成"|"新建合成"命令，新建一个100×100的合成，命名为"红五星"，设置时长为10秒。

02 选择文本工具▣，输入字符"★"，设置颜色为暗红色，大小为80Px，如图199-1所示。

03 复制合成"红五星"，重命名为"黑五星"，修改文本颜色为黑色，在时间线面板中设置"旋转"为8.0°，效果如图199-2所示。

04 选择主菜单中的"合成"|"新建合成"命令，新建一个合成，命名为"五角星"，选择预设为PAL D1/DV，设置时长为10秒。

05 在时间线空白处单击鼠标右键，在弹出的快捷菜单中选择"新建"|"纯色"命令，新建一个深红色固态层。

06 选择主菜单中的"效果"|"生成"|"梯度渐变"命令，添加"梯度渐变"滤镜，调整参数，如图199-3所示。

图199-1　　　　　图199-2　　　　　图199-3

07 拖曳合成"黑五星"至时间线，置于深红色固态层的上一层，选择主菜单中的"效果"|"风格化"|CC Repe Tile命令，添加叠印效果滤镜，调整参数，如图199-4所示。

图199-4

08 再次拖曳合成"黑五星"和"红五星"至时间线中，在时间线面板中设置黑五星的缩放为125%，图层叠加模式为"柔光"，红五星的缩放为170%，图层叠加模式为"颜色减淡"，并调整其位置，如图199-5所示。

09 选择主菜单中的"合成"|"新建合成"命令，新建一个合成，命名为"黑五星阵列"，选择预设为PAL D1/DV，设置时长为10秒。

10 复制合成"五角星"中的深红色固态层和添加了CC Repe Tile滤镜的"黑五星"图层，调整CC Repe Tile滤镜的参数，如图199-6所示。

图199-5 · 图199-6

11 选择主菜单中的"合成"|"新建合成"命令，新建一个合成，命名为"镜头1"，选择预设为PAL D1/DV，设置时长为1秒。

12 拖曳合成"五角星"和"黑五星阵列"至时间线，打开两个合成的三维属性，调整合成"红五星"的位置，如图199-7所示。

13 设置"黑五星阵列"在5帧至8帧时的不透明度动画，"不透明度"由0%~80%，设置该图层的位置动画，y轴数值由-2~-40。

14 选择文本工具，输入文本1"THE POWER MUSIC"，设置颜色为白色，选择字体为Jetlink Bold YanKai，大小为50Px。

15 设置该图层的叠加模式为"颜色减淡"，打开图层的三维属性。

16 选择主菜单中的"效果"|"风格化"|"发光"命令，添加"发光"滤镜，调整参数，如图199-8所示。

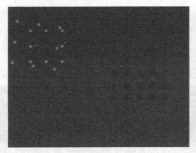

图199-7 · 图199-8

17 设置不透明度在4帧至11帧时的动画，在第4帧时数值为100%，第11帧时为0%。

18 选择主菜单中的"效果"|"透视"|"投影"命令，添加"投影"滤镜，调整参数，如图199-9所示。

19 选择文本工具，输入文本2"THE POWER MUSIC"，颜色为橙色，字体为Jetlink Bold YanKai，大小为50Px，放置于文本1的下一层，设置叠加模式为"屏幕"，打开图层的三维属性。

20 选择主菜单中的"效果"|"风格化"|"发光"命令，添加"发光"滤镜，调整参数，如图199-10所示。

图199-9　　　　　　　　　　　　　　　　　图199-10

21 选择主菜单中的"效果"|"模糊和锐化"|"高斯模糊"命令，添加"高斯模糊"滤镜，创建纵向模糊效果，调整参数，如图199-11所示。

22 复制高斯模糊滤镜，调整参数，如图199-12所示。

23 选择主菜单中的"效果"|"过渡"|"线性擦除"命令，添加"线性擦除"滤镜，调整参数，如图199-13所示。

图199-11　　　　　　　　　　图199-12　　　　　　　　　　图199-13

24 设置擦除关键帧在2帧至6帧的动画，"过渡完成"由65%~30%，10帧至12帧时，"过渡完成"由30%到65%。拖曳时间线，查看动画效果，如图199-14所示。

图199-14

25 复制文本1，放置于文本2的下一层，名为文本3，取消不透明度的关键帧动画，设置"不透明度"为100%。

26 设置该图层11帧到16帧时从右移至左下角的动画，如图199-15所示。

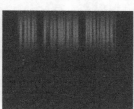

图199-15

27 复制图层"文本3"，设置不透明度的关键帧动画，在9帧至12帧，由0%到100%。

28 选择主菜单中的"效果"| Trapcode | Shine命令，添加光芒滤镜，调整参数，如图199-16所示。

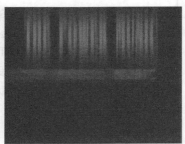

图199-16

29 设置Shine滤镜"发光点"的关键帧动画，让它跟随文本移动。拖动时间线查看动画效果，如图199-17所示。

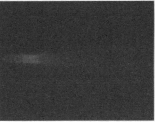

图199-17

30 在时间线空白处单击鼠标右键，在弹出的快捷菜单中选择"新建"|"纯色"命令，新建一个深红色固态层。

31 选择主菜单中的"效果"|"生成"|"梯度渐变"命令，添加"梯度渐变"滤镜，调整参数，如图199-18所示。

32 选择矩形遮罩工具，在镜头中央绘制一个长条矩形遮罩，覆盖文本1，如图199-19所示。

33 选择主菜单中的"效果"|"透视"|"投影"命令，添加投影滤镜，调整参数，如图199-20所示。

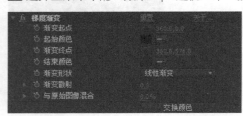

图199-18　　　　　　　　　图199-19　　　　　　　　　图199-20

34 设置深红色固态层的不透明度在0帧至10帧的关键帧动画，创建淡入淡出效果。

35 打开该图层的三维属性，设置x轴旋转关键帧，在0帧至3帧时由0°转到-80°；设置该图层沿z轴的位移动画，在0帧至3帧时由-150变为-40。

36 单击时间控制面板中的播放按钮，预览镜头1的动画效果，如图199-21所示。

图199-21

第二部分：制作镜头2

01 选择主菜单中的"合成"|"新建合成"命令，新建一个合成，命名为"红条"，选择预设为PAL D1/DV，设置时长为10秒。

02 在时间线空白处单击鼠标右键，在弹出的快捷菜单中选择"新建"|"纯色"命令，新建一个黑色固态层。

03 在时间线空白处单击鼠标右键，在弹出的快捷菜单中选择"新建"|"纯色"命令，新建一个深红色固态层。选择主菜单中的"效果"|"生成"|"梯度渐变"命令，添加"梯度渐变"滤镜，调整参数，如图199-22所示。

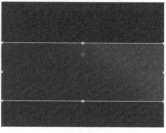

04 选择矩形遮罩工具▣，绘制一个长方形横条，如图199-23所示。

图199-22　　　　　　　　　　　　　　　图199-23

05 在时间线面板中设置该图层的"旋转"为-23°，"缩放"为175%，并调整图层的位置，如图199-24所示。

06 选择主菜单中的"效果"|"模糊和锐化"|"高斯模糊"命令，添加"高斯模糊"滤镜，设置模糊为5。

07 复制深红色固态层，在时间线面板中设置该图层的"旋转"为63°，"缩放"为145%，图层位置如图199-25所示。

08 选择主菜单中的"效果"|"透视"|"投影"命令，添加"投影"滤镜，调整参数，如图199-26所示。

图199-24　　　　　　　　图199-25　　　　　　　　　　图199-26

09 选择主菜单中的"效果"|"透视"|"斜面Alpha"命令，添加"斜面Alpha"滤镜，调整参数，如图199-27所示。

图199-27

10 复制"深红色纯色1"，在时间线面板中设置该图层的"旋转"为157°，"缩放"为145%，图层位置如图199-28所示。

11 复制"深红色纯色1"，在时间线面板中设置该图层的"旋转"为-23°，取消"缩放"的链接，设置数值为（786%，172%），并调整图层的位置，如图199-29所示。

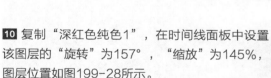

图199-28　　　　　　　　　图199-29

12 对"深红色纯色1"设置位移关键帧动画，从0帧至20帧，产生从右上向左下移动的效果，其余3层做小幅度移动，产生晃动效果。

13 选择主菜单中的"合成"|"新建合成"命令，新建一个合成，命名为"镜头2"，选择预设为PAL D1/DV，设置时长为1秒，拖曳合成"红条"至时间线。

14 选择文本工具，输入文本"THE POWER MUSIC"，设置颜色为鹅黄色，大小为250Px。

15 选择主菜单中的"效果" | "风格化" | "发光"命令，添加"发光"滤镜，设置"发光半径"为65，"发光阈值"为2.8。

16 选择主菜单中的"效果" | "透视" | "斜面Alpha"命令，添加"斜面Alpha"滤镜，调整参数，如图199-30所示。

17 复制文本图层，删除Bevel Alpha滤镜，添加Gaussian Blur滤镜，设置模糊为20。

18 调整文字大小为160。

图199-30

19 将两个文本图层放置于红条图层上，如图199-31所示。

20 在时间线空白处单击鼠标右键，在弹出的快捷菜单中选择"新建" | "空对象"命令，新建一个空物体，作为父层与两个文本图层做父子连接，如图199-32所示。

图199-31　　　　　　　　　　　　　　　　　图199-32

21 设置该图层与合成"红条"中图层1相同的位移动画。

22 单击时间控制面板中的播放按钮，预览镜头2的动画效果，如图199-33所示。

图199-33

第三部分：制作镜头3

01 选择主菜单中的"合成" | "新建合成"命令，新建一个合成，命名为"红五星阵列"，选择预设为PAL D1/DV，设置时长为10秒。

02 在时间线空白处单击鼠标右键，在弹出的快捷菜单中选择"新建" | "纯色"命令，新建一个橙色固态层。

03 选择主菜单中的"效果" | "生成" | "梯度渐变"命令，添加"梯度渐变"滤镜，调整参数，如图199-34所示。

图199-34

04 拖曳合成"红五星"至时间线，设置该图层的"缩放"为55%，"不透明度"为15%。

05 选择主菜单中的"效果" | "风格化" | CC Repe Tile命令，添加叠印效果滤镜，调整参数，铺满画面，选择Tiling模式为Random，如图199-35所示。

06 添加"高斯模糊"滤镜，设置"模糊度"为10，调整图层叠加模式为"叠加"，查看效果，如图199-36所示。

图199-35　　　　　　　　　　　　　　　　　图199-36

07 拖曳合成"红五星"至时间线，调整图层叠加模式为"溶解"。

08 选择主菜单中的"效果"|"风格化"| CC Repe Tile命令，添加叠印效果滤镜，调整参数，铺满画面，选择Tiling模式为Twist，如图199-37所示。

09 选择主菜单中的"效果"|"模糊和锐化"|"高斯模糊"命令，添加"高斯模糊"滤镜，设置"模糊度"为5。查看效果，如图199-38所示。

图199-37　　　　　　　　　　　　　　　图199-38

10 选择主菜单中的"合成"|"新建合成"命令，新建一个合成，命名为"镜头3"，选择预设为PAL D1/DV，设置时长为2秒。

11 拖曳合成"红五星阵列"至时间线，在时间线面板中设置该图层的"缩放"为240%，并调整图层的位置，如图199-39所示。

12 在时间线空白处单击鼠标右键，在弹出的快捷菜单中选择"新建"|"纯色"命令，新建一个暗红色固态层。

13 选择矩形遮罩工具█，绘制一个长方形横条遮罩，如图199-40所示。

14 在时间线面板中设置该图层的"旋转"为55°，"缩放"为180%，打开图层的三维属性█，调整不透明度动画，在0秒至1秒时"不透明度"由75%变为45%，调整图层到合适的位置，如图199-41所示。

15 在时间线空白处单击鼠标右键，在弹出的快捷菜单中选择"新建"|"纯色"命令，新建一个深红色固态层。

16 选择矩形遮罩工具█，绘制一个长方形横条遮罩。

17 在时间线面板中设置该图层的"旋转"为55°，"缩放"为150%。打开图层的三维属性█，调整图层位置，如图199-42所示。

图199-39　　　　　　　图199-40　　　　　　　图199-41　　　　　　　图199-42

18 复制"镜头2"中的文本"图层3"两次。在时间线面板中设置文本"图层1"的"旋转"为55°，"缩放"为50%，打开图层的三维属性█。

19 删除"斜面Alpha"滤镜，调整"发光"滤镜的参数，设置"发光半径"为10，图层叠加模式为"柔光"，查看合成效果，如图199-43所示。

20 调整文本"图层2"，在时间线面板中取消缩放等比连接，设置纵向值为215，"旋转"为55，打开图层的三维属性█。

21 在0秒至1秒设置位移关键帧动画，使文本"图层2"沿着深红色固态层由右下向左上移动，如图199-44所示。

图199-43   图199-44

22 打开两个文本图层和两个固态层的三维属性。在时间线空白处单击鼠标右键，在弹出的快捷菜单中选择"新建"|"摄像机"命令，新建一个摄影机。设置摄影机的位移关键帧动画，产生镜头小幅度晃动的效果。

23 单击时间控制面板中的播放按钮 ▶，预览镜头3的动画效果，如图199-45所示。

图199-45

第四部分：制作镜头 4

01 选择主菜单中的"合成"|"新建合成"命令，新建一个合成，命名为"镜头4"，选择预设为PAL D1/DV，设置时长为2秒。

02 在时间线空白处单击鼠标右键，在弹出的快捷菜单中选择"新建"|"纯色"命令，新建一个橙色固态层，添加"梯度渐变"滤镜，调整"起始颜色"为黑色，"结束颜色"为橙色，"渐变散射"为200，效果如图199-46所示。

03 拖曳合成"红五星"至时间线，在时间线面板中调整该图层的缩放比例为980%，旋转角度为-6°，不透明度为60%，并调整图层的位置，放置在镜头的偏左侧，如图199-47所示。

图199-46   图199-47

04 在时间线空白处单击鼠标右键，在弹出的快捷菜单中选择"新建"|"纯色"命令，新建一个深红色固态层，添加"梯度渐变"滤镜，调整参数，如图199-48所示。

05 选择矩形遮罩工具，绘制一个竖向的长条，设置图层的出点在15帧处。查看合成效果，如图199-49所示。

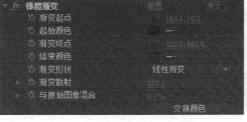 

图199-48   图199-49

06 选择主菜单中的"合成"|"新建合成"命令,新建一个合成,命名为"文字",选择预设为PAL D1/DV,设置时长为6秒。

07 选择文本工具,输入文本"□□□",颜色为白色,大小为140Px,如图199-50所示。

08 选择文本工具,输入文本"PMC",创建一个新的文本图层,颜色为白色,大小为190。添加"发光"滤镜,调整"发光半径"为15,如图199-51所示。

09 将合成"文字"拖至镜头4中,设置图层出点为15帧,设置文本图层的位移关键帧动画,在0帧至14帧,使图层从右向左移动。

10 选择矩形工具,绘制矩形蒙版,设置"蒙版扩展"的关键帧动画,在0秒至15帧时由7.0变为-230,效果如图199-52所示。

图199-50　　　　　　图199-51　　　　　　　　　　　　图199-52

11 在时间线空白处单击鼠标右键,在弹出的快捷菜单中选择"新建"|"纯色"命令,新建一个橙色固态层。选择矩形工具,在镜头中间部位绘制一条矩形遮罩,设置不透明度为40%,设置图层入点在16帧,出点在23帧,如图199-53所示。

12 选择文本工具,输入文本"POWER MUSIC CHANNEL",调整图层位置,放在画面中央。设置图层入点在16帧,出点在23帧,如图199-54所示。

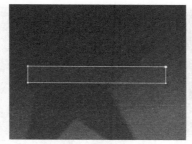 

图199-53　　　　　　　　　　　　图199-54

13 在时间线空白处单击鼠标右键,在弹出的快捷菜单中选择"新建"|"纯色"命令,新建一个橙色固态层,放在文本图层的下一层。

14 选择矩形工具,添加"梯度渐变"滤镜,调整参数,如图199-55所示。

15 在画面中间部位绘制一条矩形遮罩,设置图层入点在16帧,出点在23帧,如图199-56所示。

图199-55　　　　　　　　　　　　图199-56

16 设置图层的位移关键帧动画,如图199-57所示。

17 再次拖曳合成"文字"至时间线,放于画面的中间部位,设置图层的入点为23帧。

18 添加"发光"滤镜,调整"发光半径"为20,设置"发光强度"的关键帧动画,在23帧时为0,1秒时为1,如图199-58所示。

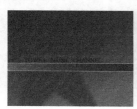   

图199-57　　　　　　　　　　图199-58

19 单击时间控制面板中的播放按钮 ▶，预览镜头4的动画效果，如图199-59所示。

图199-59

第五部分：制作镜头5

01 选择主菜单中的"合成"|"新建合成"命令，新建一个合成，命名为"吉他"，选择预设为PAL D1/DV，设置时长为2秒。

02 在时间线空白处单击鼠标右键，在弹出的快捷菜单中选择"新建"|"纯色"命令，新建一个橙色固态层。选择主菜单中的"效果"|"生成"|"四色渐变"命令，添加"四色渐变"滤镜，调整参数，如图199-60所示。

03 导入一张吉他图片"吉他"，在时间线面板中设置"缩放"为360%，选择主菜单中的"效果"|"风格化"|"发光"命令，添加"发光"滤镜，调整参数和图层位置如图199-61所示。

图199-60 图199-61

04 设置图层叠加模式为"强光"，设置图层吉他的位移关键帧动画，在12帧至1秒07帧，使画面由下向上移动，如图199-62所示。

05 设置橙色固态层的轨道遮罩模式为"Alpha遮罩 吉他.jpg"，打开吉他图层的可视性，复制该图层，如图199-63所示。

图199-62 图199-63

06 选择文本工具，输入文本"THE POWER MUSIC CHANNEL"，设置图层的混合模式为"点光"，如图199-64所示。

07 选择主菜单中的"效果"|"生成"|"梯度渐变"命令，添加"梯度渐变"滤镜，调整参数"起始颜色"为深灰色，"结束颜色"为白色，"渐变散射"为100。设置"渐变起点"的关键帧动画，在0秒至1秒08帧，使渐变起点由原位置向画面左上角移动，移出画面，如图199-65所示。

图199-64 图199-65

08 在时间线空白处单击鼠标右键，在弹出的快捷菜单中选择"新建"｜"调节图层"命令，新建一个调节层。

09 选择主菜单中的"效果"｜"生成"｜"梯度渐变"命令，添加"梯度渐变"滤镜，调整参数"起始颜色"为白色，"结束颜色"为黑色，在0秒至1秒08帧，设置"渐变起点"和"渐变终点"的关键帧动画，让渐变滤镜的白色区域由画面的右下角移至画面的中央，再移至画面的左上角，设置图层混合模式为"叠加"，如图199-66所示。

图199-66

10 复制合成"文字"，重命名为"文字2"，删除文本"图层1"的"发光"滤镜，修改字体颜色为黑色，修改文本图层2的颜色分别为红色、黄色和蓝色，如图199-67所示。

11 拖曳合成"文字2"至合成"吉他"中，在时间线面板中设置图层的缩放比例为50%，放至画面的右下角，图层混合模式为"相加"，如图199-68所示。

图199-67   图199-68

12 选择主菜单中的"合成"｜"新建合成"命令，新建一个合成，命名为"镜头5"，选择预设为PAL D1/DV，设置时长为2秒。

13 在时间线空白处单击鼠标右键，在弹出的快捷菜单中选择"新建"｜"纯色"命令，新建一个黑色固态层。

14 拖曳合成"吉他"至时间线，设置图层出点为1秒08帧。

15 复制合成"吉他"中的橙色固态层至时间线，设置图层的入点为1秒10帧，出点为1秒17帧。

16 导入一张话筒图片，设置图层的入点为1秒10帧，出点为1秒17帧，在时间线面板中设置图层叠加模式为"强光"，如图199-69所示。

17 在时间线面板中设置橙色固态层的轨道遮罩模式为"Alpha遮罩 话筒.jpg"。打开话筒图层的可视性，复制该图层，修改图层叠加模式为"柔光"，如图199-70所示。

 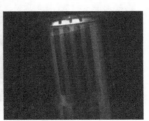

图199-69   图199-70

18 选择主菜单中的"效果"|"生成"|"梯度渐变"命令，添加"梯度渐变"滤镜，调整参数，如图199-71所示。

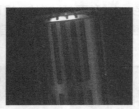

图199-71

19 选择主菜单中的"合成"|"新建合成"命令，新建一个合成，命名为"黄五星"，选择预设为PAL D1/DV，设置时长为10秒。

20 拖曳合成"红五星"至时间线，在时间线面板中设置"缩放"为157%。

21 选择主菜单中的"效果"|"颜色校正"|"色相/饱和度"命令，添加"色相/饱和度"滤镜，调整参数，得到黄色五星效果，如图199-72所示。

22 选择主菜单中的"效果"|"颜色校正"|"曲线"命令，添加"曲线"滤镜，提高画面亮度，如图199-73所示。

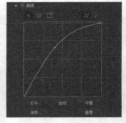

图199-72   图199-73

23 选择主菜单中的"效果"|"风格化"|CC Repe Tile，添加叠印效果滤镜，调整参数，如图199-74所示。

图199-74

24 拖曳合成"黄五星"至合成"镜头5"中，在时间线面板中设置图层的"旋转"为-13°，图层混合模式为"颜色减淡"，如图199-75所示。

25 设置图层的入点为1秒10帧，出点为1秒17帧，设置"黄五星"图层的位移关键帧动画，使图层从右向左移动，如图199-76所示。

图199-75   图199-76

26 单击时间线控制面板中的播放按钮,预览镜头5的动画效果,如图199-77所示。

图199-77

第六部分:最终合成

01 选择主菜单中的"合成"|"新建合成"命令,新建一个合成,命名为"合成",选择预设为PAL D1/DV,设置时长为6秒。

02 依次拖曳合成"镜头1"~"镜头5"至时间线。

03 设置"镜头2"的图层入点为17帧;"镜头3"的图层入点为1秒10帧;复制"镜头1"图层放置于"镜头3"图层的上一层,只保留图层的6帧至9帧画面,设置图层的入点为9帧;"镜头4"的图层入点为2秒12帧;"镜头5"的图层入点为3秒15帧。

04 在时间线空白处单击鼠标右键,在弹出的快捷菜单中选择"新建"|"调节图层"命令,新建一个调节层来调整这个片子的颜色。选择主菜单中的"效果"|"颜色校正"|"曲线"命令,添加"曲线"滤镜,如图199-78所示。

05 选择主菜单中的"效果"|"风格化"|"发光"命令,添加"发光"滤镜,调整参数"发光阈值"为40%,"发光半径"为20。

06 拖曳音乐"力量音乐"到合成中,放于合成的底层。

07 单击播放按钮![]预览动画,如图199-79所示。

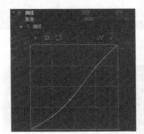

图199-78　　　　　　　图199-79

实例 200　飞云裳影音广告

- **案例文件** | 光盘\工程文件\第13章\200 飞云裳影音广告
- **视频文件** | 光盘\视频教学2\第13章\200.mp4
- **难易程度** | ★★★★★
- **学习时间** | 1小时32分10秒
- **实例要点** | 翻书动画　　图层置换
- **实例目的** | 本例学习应用分形杂色滤镜创建光线效果,应用粒子滤镜和光晕滤镜创建炫目的背景效果。

┃ 知识点链接 ┃

分形杂色与边角定位共同创建扇形光线，应用Particular和Optical Flares滤镜创建了多种粒子和光斑组合。

┃ 操作步骤 ┃

第一部分：旋转光线

01 打开软件After Effects CC 2014。选择主菜单中的"合成"|"新建合成"命令，新建一个合成，选择预设为HDTV 1080 25，然后调整"高度"为1 920，命名为"扇形光线"，设置时长为60秒。

02 新建一个黑色固态层，添加"分形杂色"滤镜，设置参数，如图200-1所示。

03 展开"演化选项"，勾选"循环演化"选项，设置"演化"关键帧，如图200-2所示。

图200-1　　　　　　　　　　　　　　图200-2

04 添加"边角定位"滤镜，设置参数，如图200-3所示。

图200-3

05 调整图层的变换参数，如图200-4所示。

图200-4

06 复制图层，设置混合模式，调整角度、缩放和不透明度，如图200-5所示。

图200-5

07 拖曳合成"扇形光线"到合成图标上，创建一个新的合成，重命名为"生长光线"。

08 激活3D属性，调整变换参数，如图200-6所示。

09 选择钢笔工具绘制蒙版，如图200-7所示。

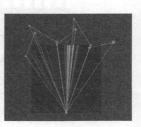

图200-6　　　　　　　　　　　　　　图200-7

10 在0帧到2秒2帧之间创建蒙版形状的
动画,如图200-8所示。

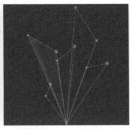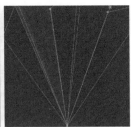

图200-8

11 选择蒙版4的模式为
"相加",其余均为"无",
如图200-9所示。

12 复制该图层,选择图
层的轨道遮罩模式均为
"相加",分别调整蒙
版模式,如图200-10
所示。

图200-9 图200-10

13 根据需要调整蒙版路径的关键帧,查看合成
预览效果,如图200-11所示。

图200-11

14 创建新的合成,选择预设为HDTV 1080 25,拖曳合成"生长光线"到图
层上,激活3D属性,调整变换参数,如图200-12所示。

图200-12

15 在合成起点、3秒和9秒08帧添加"Z旋转"的关键帧,数值分别为3、70和107度。

16 复制图层,调整关键帧的数
值,分别为-1、-73和-109
度。拖曳当前指针查看合成预览
效果,如图200-13所示。

图200-13

17 新建一个调节图层,添
加"三色调"滤镜,如图
200-14所示。

图200-14

第二部分：粒子特效

01 选择主菜单中的"合成"|"新建合成"命令，新建一个合成，命名为"中心粒子"，选择预设为HDTV 1080 25，设置时长为25秒。

02 在时间线空白处单击鼠标右键，从弹出的快捷菜单中选择"新建"|"纯色"命令，新建一个黑色图层，重命名为"粒子中线"，添加"CC Particle World"滤镜，设置Birth Rate（出生率）为8.9，Longevity（寿命）为4.23秒，展开Producer选项组，设置位置参数，如图200-15所示。

03 展开Particle选项组，设置参数，如图200-16所示。

04 展开Physics选项组，设置参数，如图200-17所示。

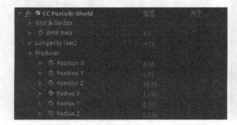

图200-15　　　　　　　　　　图200-16　　　　　　　　　　图200-17

05 拖曳当前指针，查看粒子动画效果，如图200-18所示。

图200-18

06 复制改图层，调整粒子参数，如图200-19所示。

图200-19

07 复制该图层，调整粒子参数，如图200-20所示。

图200-20

08 拖曳时间线指针，查看合成预览效果，如图200-21所示。

图200-21

09 创建一个新的合成，命名为"中心粒子-2"，选择预设为HDTV 1080 25，设置长度为15秒。

10 新建一个黑色图层，添加Particular滤镜，设置"发射器"参数，如图200-22所示。

11 展开"粒子"选项组，设置参数，如图200-23所示。

图200-22　　　　　　图200-23

12 复制图层，混合模式为"相加"，调整粒子参数，如图200-24所示。

13 在复制图层，调整粒子参数，如图200-25所示。

图200-24 图200-25

14 拖曳当前指针，查看粒子动画效果，如图200-26所示。

图200-26

15 创建一个新的合成，命名为"粒子喷射"，选择预设为HDTV 1080 25，设置长度为9秒。新建一个黑色图层，添加Particular滤镜，展开"发射器"选项组，设置参数，如图200-27所示。

16 展开"粒子"选项组，设置参数如图200-28所示。

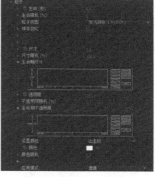

图200-27 图200-28

17 展开"物理学"选项组，设置参数如图200-29所示。

图200-29

18 设置"粒子数量/秒"的关键帧，1秒16帧时值为1070，1秒18帧时值为0。在合成的起点激活"位置XY"的关键帧，1秒18帧时调整数值为（2234,540），设置"速度"的关键帧，起点时数值为110，21帧时数值为70，1秒18帧时数值为50。

19 拖曳当前指针，查看粒子动画效果，如图200-30所示。

图200-30

20 复制粒子图层"粒子-1"，重命名为"粒子-2"，设置"缩放"为（-100,100%），如图200-31所示。

图200-31

21 复制粒子图层"粒子-1"，重命名为"粒子-3"，展开"发射器"选项组，调整"粒子数量/秒"的关键帧，第一个关键帧在23帧处数值为910，第二个关键帧在1秒01帧，数值为0，调整"位置XY"的第二个关键帧到1秒01帧。

22 调整其他粒子参数，如图200-32所示。

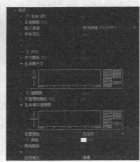

图200-32

23 复制图层"粒子-3"，重命名为"粒子-4"，设置"缩放"数值为（-100,100%）。查看粒子动画效果，如图200-33所示。

图200-33

第三部分：制作光斑效果

01 新建一个合成，选择预设为HDTV 1080 25，命名为"强光斑"，设置时长为3秒10帧。

02 新建一个黑色图层，添加Optical Flares滤镜，选择预设为Network Presets中的antique _digital项，调整颜色为暖调。如图200-34所示。

03 设置Optical Flares滤镜参数，在24帧激活Brightness的关键帧，如图200-35所示。

图200-34　　　　　　　　　　　　　　　　图200-35

04 拖曳当前指针到合成的起点，激活Position XY和Center Position的关键帧，调整Brightness的数值为0。拖曳当前指针到3秒8帧，调整Position XY、Center Position和Brightness的数值，如图200-36所示。

05 复制图层，选择图层混合模式为"相加"，调整Scale的数值为130%，拖曳当前指针到3秒8帧，调整Position XY和Center Position的数值，如图200-37所示。

图200-36　　　　　　　　　　图200-37

06 拖曳当前指针，查看光斑动画效果，如图200-38所示。

图200-38

07 新建一个合成，选择预设为HDTV 1080 25，命名为"光斑粒子合成"，设置时长为20秒。

08 拖曳合成"中心粒子-2"到时间线上，入点为1秒18帧，设置混合模式为"相加"，拖曳合成"中心粒子"到顶层，入点为1秒18帧，设置混合模式为"相加"。

09 新建一个黑色图层，命名为"光斑01"，添加"Optical Flares"滤镜，选择预设为Network Presets中的antique _digital项，调整颜色为暖调，如图200-39所示。

图200-39

10 在滤镜面板中设置参数，如图200-40所示。

图200-40

11 拖曳当前指针到1秒22帧，激活Position XY和Center Posision的关键帧，拖曳当前指针到1秒12帧，激活Brightness的关键帧，设置数值为50，拖曳当前指针到13帧，调整Brightness数值为115，激活Scale的关键帧，数值为100，效果如图200-41所示。

12 拖曳当前指针到合成的起点，调整Position XY、Center Posision和Brightness的数值，如图200-42所示。

图200-41 图200-42

13 拖曳当前指针到4秒03帧，调整Brightness和Scale的数值为分别为90和60。

14 拖曳当前指针到11秒08帧，调整Position XY、Center Posision、Brightness和Scale的数值如图200-43所示。

图200-43

15 拖曳合成"页1"至时间线，打开图层的三维属性，调整摄影机视图，如图200-44所示。

图200-44

第四部分：制作字幕

01 新建一个合成，选择预设为HDTV 1080 25，命名为"文本阵列"，设置时长为20秒。

02 选中文本工具输入字符，分别调整文本属性，组成一个文本阵列。如图200-45所示。

图200-45

03 选择文本图层"后期技术支持"，选择主菜单中的"动画"|"将动画预设应用于"命令，选择文本动画预设，如图200-46所示。

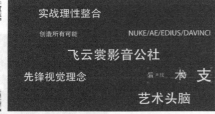

图200-46

04 选择文本图层"先锋视觉理念"，选择主菜单中的"动画"|"将动画预设应用于"命令，选择文本动画预设，如图200-47所示。

图200-47

05 选择文本图层"飞云裳影音公社"，选择主菜单中的"动画"|"将动画预设应用于"命令，选择文本动画预设，如图200-48所示。

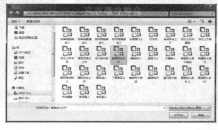

图200-48

06 单击播放按钮，查看文本动画效果，如图200-49所示。

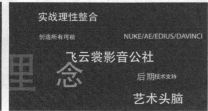

图200-49

07 用上面的方法，为其他几个文本图层添加动画预设"随机淡化上升""3D居中反弹""滑行颜色闪烁"和"随机回弹"，效果如图200-50所示。

图200-50

08 拖曳合成"文本阵列"到合成图标上，创建一个新的合成，重命名为"文字背景"，新建一个黑色图层，放置于底层，添加"四色渐变"滤镜，选择轨道遮罩模式为"Alpha遮罩"，如图200-51所示。

09 新建一个合成，选择预设为HDTV 1080 25，命名为"片尾字幕"，设置时长为10秒。选择文本工具，输入字符，如图200-52所示。

图200-51　　　　　　　　　　　　　　　图200-52

10 选择主菜单中的"图层"|"图层样式"|"投影"命令，添加"投影"样式，如图200-53所示。

图200-53

11 添加"斜面和浮雕"样式，如图200-54所示。

图200-54

12 添加"渐变叠加"样式，并编辑颜色渐变，如图200-55所示。

13 复制该图层的样式并粘贴到文本"1998"，效果如图200-56所示。

图200-55　　　　　　　　　　　图200-56

第五部分：特效合成

01 新建一个合成，选择预设为HDTV 1080 25，时长为12秒，命名为"广告"。新建一个黄色图层，设置具体参数，如图200-57所示。

02 选择圆形工具，绘制一个椭圆形蒙版，设置"羽化"为350，效果如图200-58所示。

图200-57

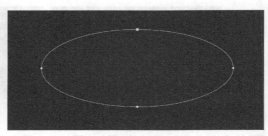

图200-58

03 设置该图层的"不透明度"关键帧，0帧时数值为0，2秒时数值为100%，创建淡入动画。

04 拖曳合成"文字背景"到时间线上，选择混合模式为"相加"，复制黄色图层的蒙版，设置该图层的不透明度为15%，效果如图200-59所示。

05 选择主菜单中的"效果"|"模糊和锐化"|"径向模糊"命令，添加"径向模糊"滤镜，设置参数如图200-60所示。

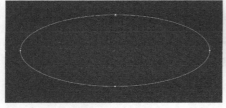

图200-59

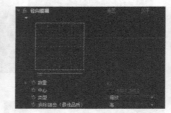

图200-60

06 拖曳合成"旋转光线"到时间线上，选择混合模式为"相加"，绘制椭圆形蒙版，设置蒙版羽化值为470，效果如图200-61所示。

图200-61

图200-62

07 复制图层"旋转光线"，效果如图200-62所示。

08 拖曳合成"强光斑"到时间线上，选择混合模式为"相加"，调整变换参数，效果如图200-63所示。

09 选择圆形工具，绘制一个椭圆形蒙版，设置蒙版羽化值为340，如图200-64所示。

图200-63

图200-64

10 拖曳合成"光斑粒子合成"至时间线，起点为1秒22帧，选择混合模式为"相加"，效果如图200-65所示。

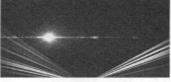

图200-65

11 拖曳合成"粒子喷射"至时间线，起点为6秒，选择混合模式为"相加"，效果如图200-66所示。

图200-66

12 拖曳合成"结尾字幕"至时间线，起点为7秒，设置"缩放"的关键帧，7秒时数值为4％，8秒时数值为100％，效果如图200-67所示。

图200-67

图200-68

13 选择主菜单"效果"|Trapcode|Shine命令，添加光芒滤镜，如图200-68所示。

14 拖曳当前指针到7秒，设置"发光点"和"相位"的关键帧，效果如图200-69所示。

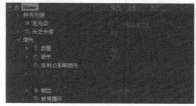

图200-69

15 拖曳当前指针到8秒，调整"发光点"和"相位"的数值，如图200-70所示。

图200-70

16 设置"光芒长度"的关键帧，7秒15帧时数值为0，8秒08帧时数值为5。单击播放按钮，查看合成预览效果，如图200-71所示。

图200-71

17 拖曳合成"广告"到合成图标上，创建一个新的合成，重命名为"最终合成"，导入音乐文件到时间线上，设置入点为15秒，并设置淡出关键帧，如图200-72所示。

图200-72

18 选择图层"广告"的混合模式为"相加"，拖曳合成"文字背景"到时间线的第二层，设置不透明度为10%。

19 绘制图圆形蒙版，选择模式为相减，设置羽化值为350，效果如图200-73所示。

图200-73

20 添加"高斯模糊"滤镜，设置"模糊度"为5，添加CC Color Offset滤镜，如图200-74所示。

图200-74

21 拖曳当前指针到1秒，设置图层不透明度的关键帧，拖曳当前指针到合成的起点，调整"不透明度"为0，创建该图层的淡入动画。

22 至此，整个广告片制作完成，单击播放按钮查看影片的效果，如图200-75所示。

图200-75